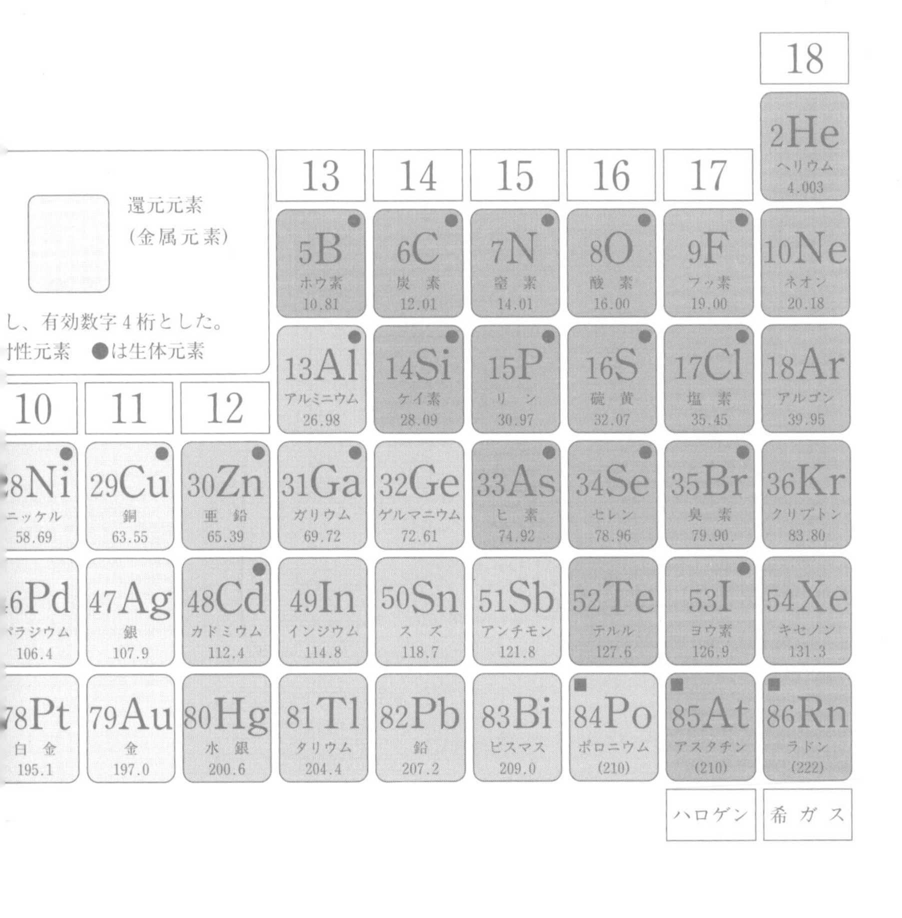

還元元素
(金属元素)
し、有効数字 4 桁とした。
†性元素 ●は生体元素
10
11
12
13
14
15
16
17
18
2He ヘリウム 4.003
5B ホウ素 10.81
6C 炭素 12.01
7N 窒素 14.01
8O 酸素 16.00
9F フッ素 19.00
10Ne ネオン 20.18
13Al アルミニウム 26.98
14Si ケイ素 28.09
15P リン 30.97
16S 硫黄 32.07
17Cl 塩素 35.45
18Ar アルゴン 39.95
28Ni ニッケル 58.69
29Cu 銅 63.55
30Zn 亜鉛 65.39
31Ga ガリウム 69.72
32Ge ゲルマニウム 72.61
33As ヒ素 74.92
34Se セレン 78.96
35Br 臭素 79.90
36Kr クリプトン 83.80
46Pd パラジウム 106.4
47Ag 銀 107.9
48Cd カドミウム 112.4
49In インジウム 114.8
50Sn スズ 118.7
51Sb アンチモン 121.8
52Te テルル 127.6
53I ヨウ素 126.9
54Xe キセノン 131.3
78Pt 白金 195.1
79Au 金 197.0
80Hg 水銀 200.6
81Tl タリウム 204.4
82Pb 鉛 207.2
83Bi ビスマス 209.0
84Po ポロニウム (210)
85At アスタチン (210)
86Rn ラドン (222)
ハロゲン
希ガス

64Gd ガドリニウム 157.3
65Tb テルビウム 158.9
66Dy ジスプロシウム 162.5
67Ho ホルミウム 164.9
68Er エルビウム 167.3
69Tm ツリウム 168.9
70Yb イッテルビウム 173.0
71Lu ルテチウム 175.0
96Cm キュリウム (247)
97Bk バークリウム (247)
98Cf カルホルニウム (252)
99Es アインスタイニウム (252)
100Fm フェルミウム (257)
101Md メンデビウム (258)
102No ノーベリウム (259)
103Lr ローレンシウム (262)

JN073024

新装版

地球学入門

惑星地球と大気・海洋のシステム

新装版 地球学入門

惑星地球と大気・海洋のシステム

酒井治孝 著

東海教育研究所

Introduction to Studies on the Earth　New Edition

Harutaka Sakai
Printed in Japan, 2021
ISBN978-4-924523-18-0

カバー写真：Google Earth
Image Landsat/Copernicus
Image IBCAO
Data SIO, NOAA, U.S. Navy, NGA, GEBCO

はじめに

地球学のすすめ

21世紀，私たちの前に立ちはだかっている人類の存続に関わる大きな問題が3つある．それは，（1）地球環境問題，（2）人口（食糧）問題，（3）エネルギー問題である．この三者は独立して解決できる問題ではなく，相互に深く関係しあっている．現在の人口増加率が続くと，2050年には世界の人口は85億人に達し，食糧生産は開発途上国における人口爆発に追いつけなくなることが予測されている．また人口が増加し，生活が豊かになることにより，石油・天然ガスの生産量は需要に追いつかなくなると予測されている．そして化石燃料の使用がこのまま続くと，2050年には大気中の二酸化炭素濃度が産業革命前の280ppmの2倍，560ppmになり，地球温暖化が加速することが推定されている．つまり人間活動は地球規模で環境に変化をおよぼす最大の要因となり，21世紀前半には食糧，エネルギー，地球環境の危機を迎えることになる．

これらの問題に人類が立ち向かう時，不可欠なことが2つある．1つは私たちの住む地球，「宇宙船地球号」とそのシステムについての地球科学的な理解と基礎知識である．もう1つは人間と地球をミクロにみると同時に，マクロにグローバルにとらえる広い視点と総合的な判断力である．コンピュータやインターネットが急速に普及した現代社会では，日常生活の中に地球科学的情報があふれている．気象衛星やアメダスによる気象予報や農作物・漁業情報，地震・火山観測網に基づく噴火予知情報，活断層分布や土砂災害危険地帯の情報など数限りない．これらを的確にとらえ判断することは，個人生活にとっても，国土開発や防災のためにも重要であり，現代人のリテラシー（基礎教養）として，地球科学の基礎を理解し，その知識をもっておく必要性は増している．

このように21世紀に生きる私たちにとって必修ともいえる地球科学であるが，日本の高校理科教育で「地学」を履修する機会はきわめて限られている．平成13年度の全国の高校での「地学」履修率は1%，私の大学の地球惑星科学科に入学してきた学生のうち，高校で「地学」を履修したものは0%であった．つまり中学校の理科で石ころや天気の話を習ったら，それ以降，高校で地学を学ぶ機会はほとんどないのが現状である．したがって大学の一般教養教育のカリキュラムにおける地球科学は，一生に一度の地学を学ぶチャンスだということになる．私の「一般地球科学」の講義を履修した文系の学生のひとりから，私はこんなことをいわれたことがある．

「私は朝一時間目の先生の講義を聴くために，朝５時すぎに起きて大学に来ています．私の高校では地学という科目がなかったんで，地学は習っていません．私は将来，法律関係の仕事につきたいと思っていますので，大学を卒業して社会人になったら，一生地学の講義を聴くことはないでしょう．だから，先生の講義は私にとって一生に一度だけまとまって聴く“一生ものの地学”なんです」と．

一方，多くの学生から毎年繰り返しいわれてきたことがある．それは，「地球科学のまとまった教科書，あるいは参考書を教えて下さい」ということである．ところが地球科学の基礎知識が過不足なく網羅され，１冊にまとまっている教科書は見当たらない．地球科学は物理学や化学と違って体系だっておらず，発展途上にある地球物理学，地質学，気象学，海洋学など様々な学問分野の総合科学である．したがって多分野にまたがって分担執筆された日本語のテキストはあるが，各分野の有機的つながりが明確でない．各分野の良い参考書やテキストを推薦することはできるが，これこそお奨めといえる１冊にまとまった一般地球科学のテキストがない．

そこで「一生ものの地学」を学ぶ学生のために，地球を総合的にとらえた，１冊にまとまった教科書を目指して執筆したのが本書である．もとより地質学の一介の研究者にすぎない私が，大気・海洋を含む地球全体を総合的に概説したテキストを執筆することは無謀であることは承知しているが，現状を考えあえて筆をとった次第である．

高校の「地学」の教科書を見ればわかるように，「地学」は地球に関する様々な現象から宇宙に至るまで，実に多岐にわたる学問分野をカバーしている．しかし本書ではそれらをすべて網羅することはせず，地球とそのシステムの基本的な事柄を扱うことにした．本書は，将来社会にでても役に立つ地球科学の基礎知識と，地球規模の現象のとらえ方や考え方を概説することを目指した．そこで本書の題名は，『地球学入門』とした．

もちろん，地球科学の学問としてのおもしろさもわかってもらいたいと願って執筆した．地球科学は科学の諸分野の知識と方法を駆使して，私たちの住む地球の謎を解く学問である．地球と生命の起源や進化を探ろうとすると，必然的に物理学や化学，生物学などの知識が必要になってくる．地質学，地球物理学，地球化学，古生物学などの知識と油田開発や海洋開発の技術が結集して，プレートテクトニクスという新しいパラダイムが生まれ，今再びCTスキャンの原理を使って地球深部の三次元立体構造が明らかになりつつある．また，従来ほとんど相互に関係がないかのように取り扱われていた固体地球と水圏・大気圏および生物圏が，密接に関係し合っていることがわかってきた．エルニーニョやモンスーンなどの気候システムの成立と変動には，大陸の位置や海陸分布，巨大山脈や深海底の深層水の誕生など様々な要素が複雑に絡み合っているのである．一見何の脈絡もないように見える個々の自然現象が，どこかで相互に関係し合って地球という１つのシステムをつくっているのである．その謎解きのおもしろさを読者と共有することができれば幸いである．

〈第２版の発刊に際し〉

本書は2003年の初版発刊以来印刷を重ね，2015年で第15刷となった．その間に読者の皆さんから頂いたご意見や誤りの指摘を踏まえて，新たに印刷するたびに改訂を行なってきた．また2004年のスマトラ沖巨大地震とインド洋の大津波，および2011年の東北地方太平洋沖地震と津波という，未曾有の巨大自然災害については，新たなコラムを書き加えることで対応してきた．しかし最近の人類の営為による地球環境の変化は激しく，それに伴う自然災害も発生するようになってきた．またエネルギーや人口の問題についても，技術開発や国際情勢の変化により新たな局面を迎えつつある．

そこで本書の内容と構成を修正し，第２版を出版した．まず従来から要望の多かった「堆積作用と堆積環境」についての第10章を新たに書き加えた．また「第３章　水と二酸化炭素の循環」と「第16章　人類による地球環境の変化」の一部を，最新の資料に基づき修正した．さらにカラー口絵「V 堆積作用と堆積環境」，「VI 地震・津波・土砂災害」を新たに付け加えた．

2015年３月には世界中のCO_2平均濃度が観測史上初めて400ppmを超え，同年６～７月は1880年以来最も暑い月となった．世界の平均気温は，過去15年の内13年までもが記録を更新し，上昇を続けている．日本国内でも，毎年夏には40℃に近い気温を記録するようになった．本書がこのような地球規模の変動と自然災害の理解に，少しでも役に立つことを願っている．

2016年１月31日　著者

目 次

はじめに v

第I部 惑星地球の環境 1

第1章 人類と地球の環境 2
1．水はなぜ必要か？／2．大気はなぜ必要か？／3．適当な温度はなぜ必要か？／4．金星・地球・火星の環境比較／5．地球表層の特徴

第2章 地球表層の温度 11
1．金星，地球，火星の表面温度／2．地球が金星のようにならなかった理由／3．地球が火星のようにならなかった理由／4．地球表層の温度と液体の水
コラム 太陽の質量を求める 19
コラム 科学の進歩の道筋：観察・観測，実験→解析→普遍化 21

第3章 水と二酸化炭素の循環 23
1．水の分布と循環／2．二酸化炭素の循環と温度調節機構
コラム 干上がった地中海 31

第II部 生きている固体地球 35

第4章 地球表層の構成と組成 36
1．地球の成層構造／2．地殻の構成と化学組成／3．造岩鉱物の組成と構造／4．火成岩の組成と組織・構造
コラム 地球内部の物質と圧力 54

第5章 プレートテクトニクス 59
1．プレートテクトニクス／2．大陸移動説と海洋底拡大説／3．海洋のライフサイクル／4．プリュームテクトニクス
コラム 地磁気は生きている 71
コラム 岩石の年齢と人骨の年代 81

第6章 火山と噴火 85
1．マグマと火山噴火／2．火山噴出物と運搬・堆積プロセス／3．火山噴火とマグマ溜まり／4．日本列島の火山／5．地球上の火山／6．月の岩石
コラム 南九州の大規模火砕流 101

第7章 地震と断層 105
1．岩石の破壊と流動／2．地殻の歪みと地震の発生／3．地震の発震機構と断層／4．地震の震度と規模／5．日本とその周辺の地震と活断層／6．地震と災害
コラム トンネル工事中に動いた断層─丹那断層と北伊豆地震 118
コラム スマトラ沖巨大地震とインド洋の大津波 124
コラム 東北地方太平洋沖地震と津波 130

第８章　日本列島の成り立ち　141
1．島弧としての日本列島／2．付加体の形成プロセス／3．日本列島の地質構造／4．日本列島の大陸からの分離／5．第四紀海水準変動と海岸平野
コラム　地滑りと土石流　162

第９章　岩石の風化と土壌の形成　165
1．堆積岩／2．土壌の形成
コラム　粘土とその利用　172

第10章　堆積作用と堆積環境　175
1．陸から海へ／2．河川と湖の堆積作用と堆積物／3．氷河による堆積作用と堆積物／4．風による堆積作用と堆積物／5．海洋の堆積作用と堆積物／6．堆積物の付加と沈み込み

第 III 部　大気・海洋の循環と気候変動　193

第11章　地球の熱収支と大気の大循環　194
1．太陽放射と太陽定数／2．地球大気の熱収支／3．熱エネルギーの輸送／4．大気の流れを起こす力／5．気圧配置と風系／6．大陸・海洋の分布と気圧配置／7．偏西風波動とジェット気流／8．ハードレー循環とロスビー循環（フルツの実験）
コラム　太陽の核融合とその寿命　214

第12章　海洋の構造と循環　219
1．海水の化学的性質／2．海洋の物理的性質と構造／3．海洋の循環
コラム　潮の満ち干　230

第13章　エルニーニョとモンスーン　233
1．エルニーニョ／2．モンスーン／3．エルニーニョとモンスーン
コラム　人類の発生と東アフリカ地溝帯　248

第14章　気候変動　251
1．気候変動の原因／2．ミランコヴィッチサイクルと気候変動
コラム　南極大陸の分裂と氷河期　256
コラム　古環境を解く鍵，安定同位体　264

第 IV 部　地球環境の変化と生物の進化　267

第15章　酸素の起源と生物の進化　268
1．酸素の起源／2．酸素の増加と生物の進化／3．陸上植物の出現／4．P-T境界とスーパープリューム／5．K-T 境界と隕石の衝突
コラム　ストロマトライトの栄枯盛衰　281

第16章　人類による地球環境の変化 285
1．人類と地球環境／2．フロンガスによるオゾン層の破壊／3．砂漠化／4．合成化学物質による汚染と環境ホルモン／5．地球環境問題への取り組み

あとがき 303
参考図書・地球科学関係のホームページアドレス 305
索引 313

第Ⅰ部

惑星地球の環境

地球にはなぜ生命が発生し，進化してきたのだろうか？　その謎を解く鍵は，地球の水と大気と温度にある．惑星表面の温度をコントロールしているのは，各惑星表面で受容する太陽放射エネルギーの量と惑星表面の反射能，および温室効果ガスの量である．地球のすぐ太陽側にある金星の表面温度は約470℃，気圧は約90気圧であり，とても人間が住める環境ではない．金星大気の大部分を占める二酸化炭素の温室効果によって，猛烈な高温の大気になっているのである．一方，隣の火星の表面温度は，北緯20°付近で夏の平均気温が－50℃，冬の平均気温が－80℃であり，大気圧は0.006気圧と低い．つまり地球の両隣の惑星表層の環境は，とても人間が住めるものではない．ところが地球の表層は平均温度15℃，１気圧で，温室効果ガスである二酸化炭素は0.04％しか含まれていない．つまり地球上では，もともと大気中に大量にあった二酸化炭素は水に溶け，生物の骨格や殻をつくる石灰岩として固定されているために，金星のような高温にならなかったのである．また地球の質量は月や火星よりずっと大きく，引力が大きかったので窒素や酸素などの気体分子を引力圏内に留めておくことができたのである．また地球上では二酸化炭素が，大気圏と水圏および固体地球の間を循環しているので，気温をほぼ一定に保つことができているのである．

第Ⅰ部では，生命を発生・進化させ，保護してきた惑星地球の環境の成り立ちについて概観する．

第1章

人類と地球の環境

21世紀に生きる私たちの生存にとって不可欠なものは何だろうか？　まず第一に必要なのは，水と大気と適当な温度である．その他に食糧としての生物，そして生物に栄養塩を供給する大地が必要であろう．これら５つの要素がなければ，生物として生命を維持していくのが困難である．それともう１つ，現代人にとってはエネルギーが必要である．現代人は１日１人当たり，原油４ℓ分に相当する約40,000kcalのエネルギーを消費している．現在人類が直面している地球環境問題の多くは，人間の消費活動と大量廃棄による水，大気，大地の汚染，生物の異常や絶滅，そして人為による温度の上昇や下降の問題である．

本章ではまず第一に，人間にとって必須なこの３つの環境要素について，それらがなぜ必要なのかを考える．また地球上の水，大気，適当な温度の起源と成り立ちを考えるために，地球に一番近い両隣の惑星，金星と火星表層の環境について比較検討し，地球表層の特徴を整理する．

1．水はなぜ必要か？

人間にとって水は不可欠である．食事はなくとも水さえあれば，体に蓄えられたエネルギーを使って生きのびることができる．では，水は私たちの体になぜ必要なのだろうか？　その秘密は私たちの体の組成にある．私たちの体の60%（重量%）が水である．新生児では80%が水である．骨の50%，筋肉の75%が水でできているのである．しかも腎臓では１日180ℓもの水を使って，老廃物を処理し濾過している．そのために人間は１日2.5ℓの水を必要としている．

では，水は人間の体の中でどんな役目を果たしているのだろうか．まず第一は溶媒としての役目である．体内の物質は水に溶かすことで，効率よい運搬ができる．血液という一種の水溶液によって酸素を毛細血管まで運び，二酸化炭素を溶かし込んで排出している．ところが昆虫には肺循環がないために，腹壁から空気を通す管が体の中にのびている．そのために酸素供給の効率は悪い．もう１つの役目は，生命現象の主役であるタンパク質が機能を果たすために水が必要である．アミノ酸が合成されタンパク質が形成されるとき，アミノ酸が

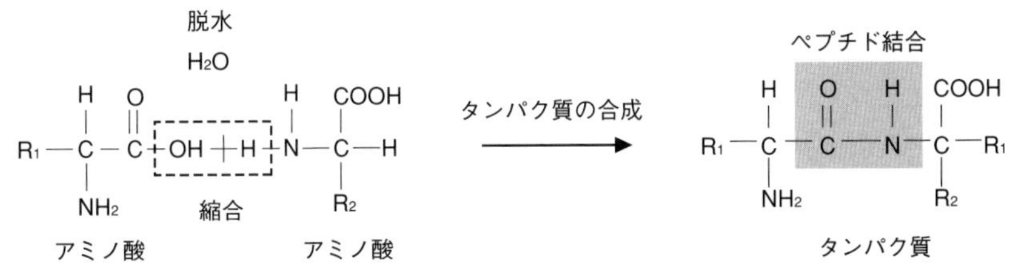

図 1.1 タンパク質はアミノ酸の脱水縮合によって形成される.

1個結合するごとに，1分子の水が生成され（図1.1），タンパク質の表面を水の膜でおおってしまう．核酸や多糖類にしても，それらが生体内で安定して機能するためには，水分子によっておおわれている必要がある．水分子の膜は，外界の温度変化やイオン濃度の変化や光の刺激を和らげる働きをしている．このような働きのために，水は人間の体にとって不可欠なものとなっている.

2．大気はなぜ必要か？

人間が通常の生活を営めるのは，充分な酸素がある標高4000m付近までである．一般に高山病の第1期症状が現れるのが標高4000mであり，これより上に人が定住している村はきわめて稀である．標高5000mになると大気中の酸素分圧は，平地の約半分になってしまい通常の生活はできない．つまり人間は厚さ4kmほどの大気の層の中でしか生存できないのである.

では，何のために酸素は必要なのだろうか．私たちは酸素呼吸している．呼吸によって取り入れた酸素によって，ブドウ糖やでんぷんなどの栄養素を酸化分解して，エネルギーのもととなるATP（アデノシン三燐酸）を生産している．その酸化反応のため酸素を必要としているのである．酸素は大気中に21%含まれているが，わずか0.03%しか含まれていない二酸化炭素も私たちにとって不可欠な重要な役割を果たしている.

私たち人間の食糧のおおもとは，光合成植物による糖類の生産にある．二酸化炭素と水と太陽の光によって，葉緑素をもつ光合成植物はエネルギー源となる糖類を生産する一方で，酸素呼吸に必要な遊離した酸素分子を発生する．現在，光合成によって年間465km^{3}の酸素分子が生産され，酸素呼吸や酸化作用に使われている．地球温暖化の原因となっている二酸化炭素であるが，私たちのエネルギーと呼吸のためになくてはならないものなのである.

3．適当な温度はなぜ必要か？

人間の体温は通常36～37℃である．これより１～２℃体温が上昇しただけで，私たちは正常な活動をできなくなる．45℃が致死温度といわれている．一方，体温が35℃になると方向感覚が鈍り，30℃になると無感覚になり，27℃で凍死することが知られている．耐熱性バクテリアの多くは55℃まで生きているので，低温殺菌の温度は60℃になっている．生物の中にはワムシや線虫のように，極低温で冷凍しても解凍すれば蘇生するものもいるし，トウモロコシのように－273℃で保存しても発芽するものもある．しかし，人間のように大型の動物が正常に活動できる温度は，非常に限られている．

人間の体の大部分は水でできている．雲仙の火砕流に巻き込まれた人たちに最初に施された手当は，水分補給だったという．つまり数100℃の火砕流に巻き込まれて，猛烈な脱水症状が起こったのである．人間の血液の80%あまりは水である．したがって100℃以上の環境では，当然血液も沸騰するのである．また水は常圧下では，０℃で凍結する．このように人間が快適にすごせるのは，18℃前後の限られた温度の中だけである．

4．金星・地球・火星の環境比較

地球表層の平均温度は15℃であり，窒素78%，酸素21%，二酸化炭素0.03%の大気で取り巻かれている（図1.2）．水は温度分布にしたがい，液体，固体，気体の三相が共存しており，表層の７割は液体の水でおおわれている．このような惑星表面の状態は，太陽系の惑星として普通なのであろうか？　隣の惑星，火星は人間が移住可能な星といわれている．では，地球の両隣の惑星の温度，大気，水の状態はどうなっているのだろうか？　地球の特徴を知るために，惑星探査船から送られてきた３つの環境要素についてのデータを比較してみる．

（1）温度

地球より太陽側にある隣の惑星金星は厚い雲におおわれているため（図1.3），太陽の光を反射して輝き，宵の明星，明けの明星としてよく知られており，その半径や質量が地球に似ていることから地球の兄弟星といわれてきた．しかし金星は公転方向とは逆方向に，つまり地球とは反対方向の時計廻りに周期243日で自転している．自転周期が長いために昼半球と夜半球で大きな温度差が予

	金星	地球	火星	木星
太陽からの平均距離 (10^8km)	1.07	1.49	2.28	7.78
質量 (10^{23}kg)	48.7	59.8	6.4	18,987
質量比 (地球＝1)	0.815	1.00	0.107	317.83
赤道半径 (km)	6052	6378	3397	71,492
密度 (g/cm^3)	5.24	5.52	3.93	1.33
赤道重力 (m/sec^2)	8.9	9.78	3.7	23.7
脱出速度 (km/sec)	10.36	11.18	5.02	59.57
大気圧 (気圧)	90	1	0.007	
表面温度 (℃)	470	15	－47	－148
大気組成 (%)				H_2 90
CO_2	97	0.04	95	He 10
N_2	3	78.1	2～3	
Ar	-	0.93	1～2	
O_2	-	21.0	0.1～0.3	
H_2O	雲下 100ppm 雲上 100～1ppm	400気圧 (海水を水蒸気に変換)	0.03 ＋氷冠に極少量	
反射能（アルベド）	0.78	0.30	0.16	0.73
温室効果がないときの表面気温	－46℃	－18℃	－56℃	
観測された表面気温	477℃	15℃	－47℃	－108℃
温室効果による気温の上昇	＋523℃	＋33℃	＋9℃	

図 1.2 地球型惑星の金星，地球，火星と木星（木星型惑星）の諸量の比較．

測された．観測された最高温度は720℃，最低温度は－40℃であり，平均温度は約470℃であった．常圧下の鉛の融点は327.5℃，スズの融点は232.0℃である．したがって金星表面では，鉛やスズが融けてしまうような高温状態である．

一方，金星とは反対側の惑星火星は，両極に氷床があり氷冠と呼ばれている（口絵 I.11）．氷冠では真冬には－130℃に下がるが，赤道地域では太陽の南中後に30℃まで上昇する．1997年に火星に軟着陸した火星探査機マーズ・パスファインダーは，北緯20度付近の夏の平均気温が－50℃，冬の平均気温が－80℃（年平均－60℃）というデータを送ってきた（図1.4）．つまり火星は平均気温－47℃の極寒の環境にあることがわかっている．

図 1.3　硫酸粒子の厚い雲に包まれた光り輝く金星（左），大気と水におおわれた青い地球（中），砂塵がおおう赤い星火星．北極に氷冠（右）．(NASA)

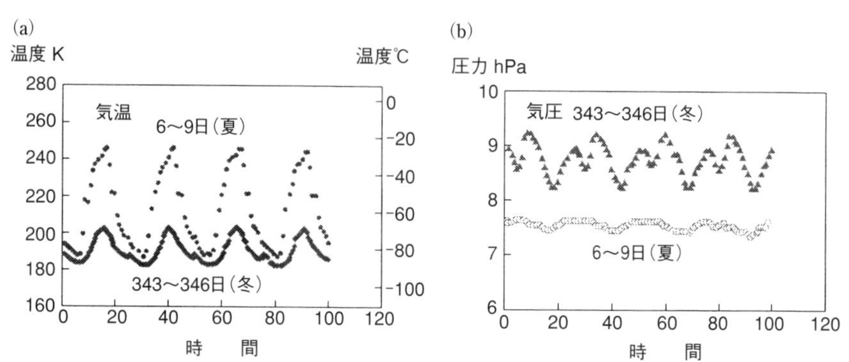

図 1.4　火星探査船，マーズ・パスファインダーから送られてきた，着陸後 6 〜 9 日目と343〜346日目の気温（a）と気圧の変化（b）．(NASA ホームページより；酒井均『地球と生命の起源』講談社ブルーバックス，1999)

（2）大気

金星には地球大気の90倍の，約90気圧の大気がある．その約97%が二酸化炭素で，他には 3 %の窒素が存在しており，水蒸気は0.1%にすぎない．酸素はほとんどない．気圧が90気圧ということは，地球では水深約1000m の水圧に相当する．金星は厚い雲におおわれているが，その粒子の多くは硫酸でできているらしい．

火星の半径は地球の約半分で，質量は地球の1/10しかないことから，その大気は希薄であることが予想されていた．実際，火星探査機の送ってきた大気圧は 4 〜 9 hPa（0.005〜0.007気圧）で，地球の高度35km 付近の大気圧と等しいことがわかった．希薄な大気の95%が二酸化炭素であり，残りは窒素とアルゴンからなる．火星では大気が希薄なため，惑星表面と大気の温度は同じにはならず，地面より大気温度の方が高い．

（3）水

金星大気にはわずかの水蒸気が含まれているが，温度が高いため液体や固体状態の水は存在しない．

火星には約0.1%の酸素と0.03%の水が存在することが知られている．しかし液体の水が存在する条件は限られており，地面から蒸発した水蒸気が氷晶となって霧や霜をつくっているのが観測されたにすぎない．火星の水に関して注目すべき点は，水が流れたような大峡谷や河川の地形の存在である（口絵I.10）．とくにマリネリス峡谷（口絵I.8）の北のルナ平原とクリュセ平原の間には，地球上の河川と酷似した蛇行や合流・分枝，河岸段丘などの地形が認められる．このような流路網は，洪水によってつくられたと考えられており，過去には火星にも液体の水が存在したと信じられている．

このように両隣の惑星であっても，その表層の環境は地球とは著しく異なり，火星への移住もそう簡単ではないようだ．木星型惑星といわれる木星以遠の惑星の大気の主要成分は，水素とヘリウムであり，火星以上に極寒の世界である（図1.2）．したがって私たち人類は，今しばらく地球に住み続けるしかない．

5．地球表層の特徴

太陽系の他の惑星と比べ，地球表層の特徴は次の５つに要約することができる．

①クレーター（隕石孔）の欠如
②７割が液体の水でおおわれている
③プレート運動による地殻変動
④大気が主に窒素と酸素からなる
⑤生命が発生・進化している

地球に一番近い天体である月の表面はクレーターだらけである（口絵I.6）．水星や火星にしても，火星の衛星にしても皆その表面は無数のクレーターにおおわれている（口絵I.10）．ところが地球上でこれまでに確認されたクレーターは126個にすぎない（図1.5，1.6）．地球だけなぜクレーターが少ないのだろうか．その理由は上記の②〜⑤による．

まず第一に，他の天体と違って地球の表面の７割は水におおわれている．ま

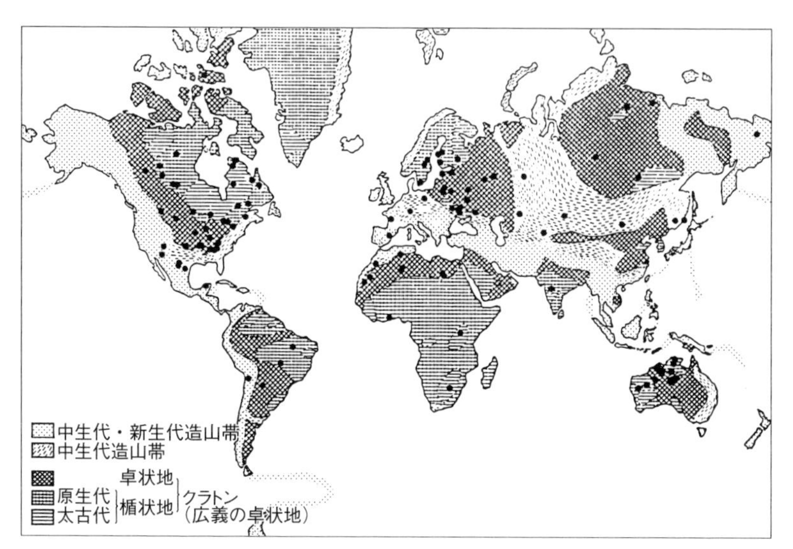

図 1.5　これまでに報告された主要な隕石孔（●）の分布．（松井孝典『科学 第58巻第11号』岩波書店，1988）

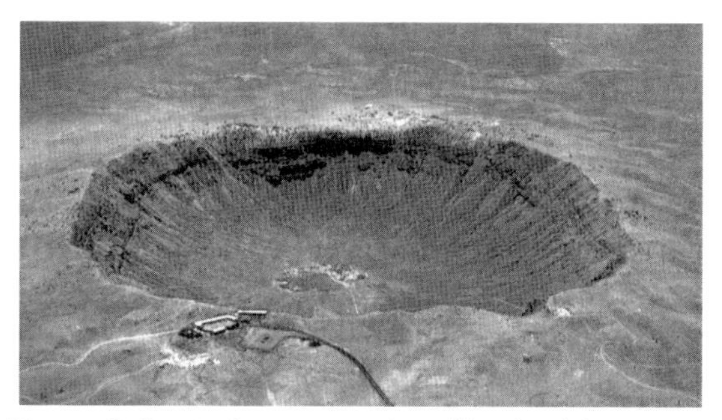

図 1.6　北米アリゾナのバリンジャー隕石孔．直径1.26km

た，地球の表層は厚さ約100kmのプレートにおおわれており，プレートが相互に運動し活発な地殻変動を生じている．プレート収束境界では古い海洋プレートが大陸の下に沈み込んでいる．これらの結果，いったんプレート表面に形成されたクレーターは，地殻変動で変形したり分断されたり，あるいは沈み込んだりしてその存在がわからなくなる．海洋プレート上に形成されたクレーターは，すぐに水におおわれ見えなくなってしまう．さらに地球上では岩石が絶えず水や大気と反応していて，長い年月の間に風化浸食されてしまう．さらに植物によっておおわれてしまい，大規模なクレーターであってもそれを識別することはできなくなってしまう．地球にも月や他の惑星同様，その創世期には大量の隕石や小天体が降り注いだと考えられているが，地球の 4 つの特徴によって，今では見えなくなってしまっているのである．

第2章

地球表層の温度

地球上の最高気温の記録は2005年にイランの砂漠で観測された70.7℃，一方，最低気温は南極ボストーク基地で観測された－89.2℃であり，その差は160℃に達する．地球表面の平均温度は15℃であり，それは日本では名古屋や京都の年平均気温に相当する．地球の古水温の研究（炭酸塩岩中の安定同位体を使った研究）によると，過去38億年にわたって地球表層では平均気温が０℃以下になったことも，100℃以上になったこともなかったという．

もし地球の大気が金星のように高温であれば，固体や液体の水は存在できない．また火星のように低温であれば，固体の水しか存在できない．特殊な細菌やバクテリアを除いて，地球上にはこのような厳しい環境下で生存できる生物はいない．地球のすぐ両隣にあるにもかかわらず，地球と両惑星の大気温度の違いには驚くばかりである．ではなぜこのような平均気温の差が生じたのであろうか．惑星表面の大気の温度は，何によってコントロールされているのだろうか．

第２章では惑星の表面温度を制御している物理的な条件について概説し，現在の地球と金星，火星の表面温度の違いをつくった原因について考える．

1．金星，地球，火星の表面温度

惑星の表面温度を決める主な因子は，次の３つである．

①太陽からの距離（太陽放射の量）

太陽から惑星表面に届く光の量は，両者の間の距離の２乗に反比例する．したがって太陽からの距離が遠いほど，その惑星が受容する太陽放射の量は少なくなる．

②惑星表面の反射能力（アルベド）

惑星表面の物質によって太陽からの光を反射する能力が異なる（図2.1）．雪や氷でおおわれていると入射エネルギーの46～86％が反射されてしまう．砂漠では24～28％が反射されるが，森林におおわれていると，３～10％が反射されるだけである．地球全体では太陽放射の30％が反射されている．大気が存在しない月では反射能力は小さく７％しかないが，厚い大気におおわれた金星では

物質の表面の反射能		太陽高度と水の表面の反射能	
地表の状態	反射能（%）	太陽高度	反射能（%）
砂　漠	24～28	90°	2.0
原　野	3～25	70°	2.1
裸　地	7～20	50°	2.5
草　原	14～37	40°	3.4
森　林	3～10	30°	6.0
黒い泥	8～14	20°	13.4
乾いた砂	18	10°	34.8
雪または氷	46～86	5°	58.4
地球全体	30	0°	100.0

図 2.1　地球表層の様々な物質の反射能（アルベド）．

78%，木星では73%が反射される．惑星表面の反射能力が大きいと，太陽エネルギーの入射量は減少する．

③温室効果ガスの量

地球に入射する太陽エネルギーは，可視光線部に極大がある．大気中に含まれる水蒸気や二酸化炭素は可視光線に対しては透明であるが，赤外線をよく吸収する（図2.2）．地球が宇宙空間に放射しているエネルギーは，赤外部に極大があるため（図2.3），水蒸気や二酸化炭素などの気体は赤外線をよく吸収して，大気の温度を上昇させる．この現象を温室効果と呼び，赤外線をよく吸収する3原子以上からなる気体分子を温室効果ガスと呼んでいる．CO_2，H_2O，CH_4（メタン），NH_3（アンモニア），O_3（オゾン），NO_2（二酸化窒素）などが大気中の主要な温室効果ガスである．

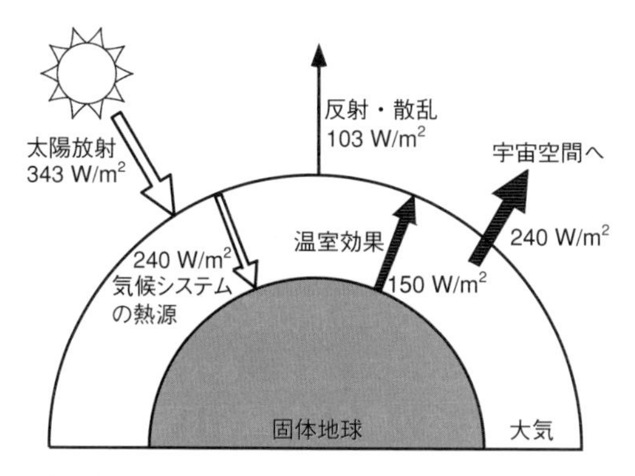

図 2.2　太陽放射と地球放射の収支．太陽放射の70%が気候システムの熱源となり，30%は宇宙空間へ反射・散乱される．

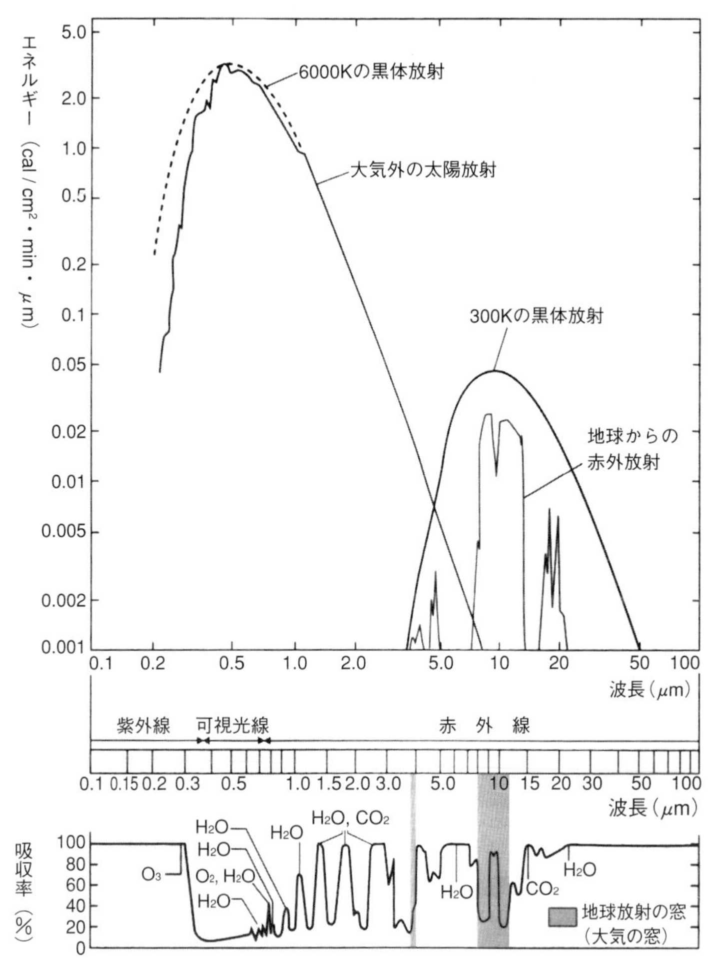

図 2.3　太陽放射と地球放射のスペクトル．太陽放射のエネルギーは可視光線部分（0.48 μm）に極大がある．一方，地球放射のエネルギーは赤外領域に極大がある．地球放射が大気中の水蒸気に吸収されない波長域（8 ～ 12 μm）は，地球放射の窓と呼ばれており，ここから多くのエネルギーが宇宙空間に逃げていく．（Sellers, 1965; Goody, 1954）

用語解説●温室効果と電子レンジ

温室効果と同様に，電磁波を吸収することによって分子振動を起こし，熱を発生させ，食べ物を温める電化製品が電子レンジ（電磁調理器）である（図 2.4）．電子レンジでは赤外線より長い波長12cm のマイクロ波を放射する．食

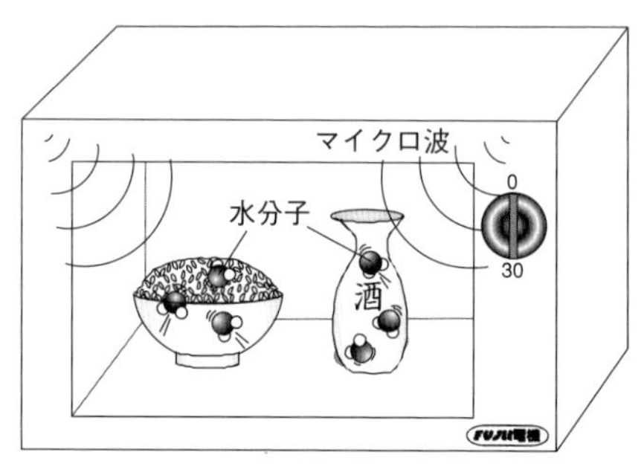

図 2.4 電子レンジの仕組み．食べ物に含まれる水の分子は，マイクロ波を吸収して振動し，熱を発生する．

べ物の中の水の分子はマイクロ波をよく吸収し，熱を発生し食べ物を加熱する．そのために加熱されて水分が散逸しないように，ラッピングをするのである．なお，マイクロ波はプラスチックやセラミックス，空気などを透過するが，金属は反射する．

一般に惑星表面では，太陽から受け取るエネルギー量と惑星が放射するエネルギー量が釣り合って温度が変化しない状態にあり，その温度を放射平衡温度と呼んでいる（p. 162参照）．金星と地球と火星の放射平衡温度をこの 3 つの因子だけを考慮に入れて計算すると次のようになる．ただし放射平衡温度は，どの惑星も入射するすべての太陽放射エネルギーを完全に吸収し，熱エネルギーに変換するものとして計算した．

まず最初に各惑星の太陽からの距離は，金星が1.08×10^8km，地球が1.50×10^8km，火星が2.77×10^8km（10^8km ＝ 1 億 km）である．各々の距離にしたがい，太陽放射の入射エネルギーは，それぞれ2600W/m^2，1380W/m^2，580W/m^2である．ところが，各惑星の反射能力は77～78%，30%，15%であるので，実際の入射量はそれぞれ，598W/m^2，966W/m^2，493W/m^2となる．この値をもとに各惑星表面の放射平衡温度を求めると，各々－46℃，－18℃，－56℃となる（11章 1，p. 162参照）．ところが実際に観測された平均表面温度は，＋477℃，＋15℃，－47℃である．この実測値と放射平衡温度の差が，温室効果ガスによる温度の上昇ということになる．つまり金星では90気圧，二酸化炭素98%の大気の温室効果によって＋523℃も温度が上昇しているのである（図1.2）．地球も温室効果がなければ平均温度－18℃の極寒の世界であるが，大気中の水蒸気や二酸化炭素の温室効果のおかげで平均温度+15℃に維持されているのである．一方，大気が希薄な火星では，温室効果によって+9℃温度が上昇しているに留まっている．

もし地球の大気が金星の大気のように二酸化炭素に満ちていたら，地球も金星同様の灼熱の惑星になったはずである．

2．地球が金星のようにならなかった理由

実は地球も金星のような灼熱の惑星になる可能性があった．石灰岩($CaCO_3$)を初めとする炭酸塩岩は，二酸化炭素とカルシウム，マグネシウム，鉄などが結合してつくられている．現在でも海水中に溶け込んだ二酸化炭素と河川によって海洋に運び込まれた金属イオンは結合し，石灰質な珊瑚の骨格や貝の殻，ウニの棘となって固定されている（図2.5）．沖縄の珊瑚礁やオーストラリアのグレートバリアーリーフなどは，二酸化炭素を炭酸塩岩として閉じ込めて，地球大気の二酸化炭素濃度を一定に保つ重要な役割をしているのである．もし世界中の石灰岩に固定された二酸化炭素が大気中に解放されると，大気圧は60～80気圧に上昇すると試算されている．そうすると地球は温室効果によって金星並みの灼熱の惑星になったはずである．

さらに二酸化炭素は石炭・石油のような化石燃料として地中に固定されている（図2.5）．この二酸化炭素は，もともと植物が大気中の二酸化炭素を植物体

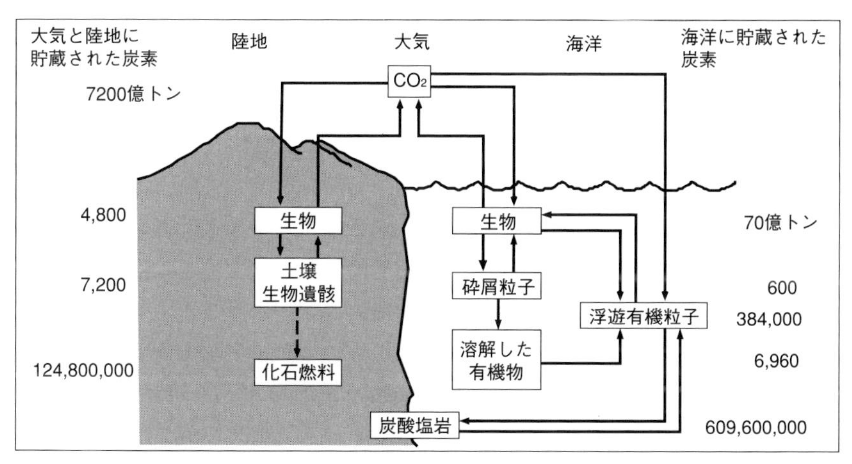

図 2.5　陸地と海洋における炭素の貯留槽とその内訳．(Garrison, 2002)

として固定したものである．化石燃料を燃やすことは，固定されていた二酸化炭素を解離し，大気中に放出することに他ならない．

地球にはその他にもう１つ温室効果ガスの貯留槽がある．地球表層の水の99.4%を貯留している海洋と氷床である．地球表層の温度が金星のように100℃以上であれば，これらに蓄えられた水はすべて蒸発し，その猛烈な温室効果によって地球表層の温度は急上昇するはずである．海の水が蒸発すると，大気圧は270気圧になると試算されている．このように二酸化炭素は炭酸塩岩に，水蒸気は液体の水あるいは氷として固定されているので，地球は現在の表面温度を保っているのである．

3．地球が火星のようにならなかった理由

火星には希薄な大気が存在するが，月には大気がない．そのために温室効果ガスによる温度の上昇はごくわずかである．一方，木星や土星などの大型の惑星表層は水素やヘリウムガスに満ちており，その平均密度は１～２g/cm^3と小さく（土星の密度は$0.69g/cm^3$と軽く，水に浮く）木星型惑星と呼ばれ，地球型惑星（地球の平均密度は$5.52g/cm^3$）と区別されている．火星や月と比べ，地球や木星型惑星には濃厚な大気がある．この違いの原因は，惑星の質量にある．

ニュートンの万有引力の法則によると，すべての物体と物体の間には，質量の積に比例し，物体間の距離の２乗に反比例する引力が働いている．惑星と惑星表層の物体あるいは大気を構成する気体の間にも万有引力が働いている．その大きさは各惑星の重力加速度で近似できる．地球の表面の物体には，$9.8m/s^2$の重力加速度が働いている．しかし地球の質量の1/10の火星表面では$3.7m/s^2$，月では$1.6m/s^2$と小さい（図1.2，2.6）．一方，地球の318倍の質量をもつ木星表面の重力加速度は$23.2m/s^2$である．したがって，重力加速度が小さければ，その惑星の引力圏から容易に脱出できるが，木星のように大きければ引力圏からの脱出は難しくなる．地球の引力圏からの脱出速度は11.2km/s であるが，火星，月では各々5.0km/s および2.4km/s にすぎない（図2.6）．一方，木星の引力圏からの脱出速度は約60km/s と非常に大きい．そのため木星では水素（分子量２）やヘリウム（分子量４）のような軽い元素がその引力圏内に大量に留まっているのである．地球の引力は水素やヘリウムをその引力圏内に留めるほど大きくなく，分子量の大きな二酸化炭素（分子量44）や窒素（分子量28），酸素

	太陽	月
地球からの距離 km	1.49×10^8	384,400
半径 km	696,000	1,738
質量 kg	1.989×10^{30}	7.35×10^{22}
平均密度 g/cm^3	1.41	3.34
組成	H_2, He	Si, O, Al, Ca, Fe
表面重力 m/sec^2	274	1.62
脱出速度 km/sec	618	2.38
自転周期	25日 9 時間	27日 7 時間
公転周期		同上
表面温度	5780 K	107℃（昼），－153℃（夜）
総放射量 J/sec	3.85×10^{26}	
年齢	約46億年	約45億年（最古の岩石）

図 2.6　太陽と月の諸量の比較．

(分子量32）だけが大気として残っているのである．地球より質量が小さな火星では，重い二酸化炭素がわずかに大気として残っているが，さらに質量の小さな月では，すべての気体が宇宙空間に脱出してしまい，その結果大気が存在しないのである．

もし地球の質量がもっと大きかったならば，大気は水素やヘリウムで充満していたであろうし，もっと質量が小さければ，水は存在しなかったであろう．このように惑星や衛星の質量が小さすぎると，生物の生存に必要な大気も海も保てないのである．

4．地球表層の温度と液体の水

地球表層の温度を考えるとき，液体の水が存在したことが地球を温室効果の暴走から救った重要な働きをしていることがわかる．地球より太陽に近い金星では，水蒸気は金星の大気圏外に脱出してしまい，重い二酸化炭素だけが取り残され，その温室効果のため灼熱の状態になっている．一方，地球に比べ太陽から遠く質量の小さな火星では，水が流れた形跡はあるものの，その引力が小さいために多くの気体は脱出してしまい，重い二酸化炭素の氷，ドライアイスが氷冠をつくっている．

地球表層には液体の水が存在したため，二酸化炭素や金属イオンを溶かすことができ，それらを岩石として固定することができた．また地球の質量が適当だったため，現在も水の分子が地球の引力圏内に留まっているのである．惑星表層の大気の存在量を，あるいは水のような液体の存在量を決めている要因は，次の4つである．

①遊離した気体が引力圏内に留まった量

②海水に溶けた量

③有機物や岩石として堆積した量

④極の氷の量

では，地球表層の温度を決める重要なファクターである水と二酸化炭素は，固体地球と大気，海洋の間をどのように循環しているのだろうか．次の章でそれを概観することにしよう．

用語解説●太陽放射と地球放射

太陽から宇宙空間に放射されているすべての電磁波を太陽放射という（図2.7）．電磁波は物質にぶつかると，透過するか，吸収されるか，反射あるいは散乱される．通常の物質は，決まった波長の電磁波しか吸収しない．太陽放射のうちX線や紫外線の一部は高層大気中の酸素原子に吸収される．また紫外線の一部はオゾン層によって吸収され，赤外線は二酸化炭素や水蒸気によって吸収される．しかし太陽放射の大部分を占める可視光線は，大気を透過し地表に達する．水圏に達した太陽放射のうち赤外線は，深さ1m以内で82%が吸収される．可視光線は深さ1mまでに約50%が，10mまでに90%が吸収され，100mまでにほぼ99%が吸収されてしまう（図2.8）．赤の光は4mまでに99%が吸収されるため，深さが10m以深では青と緑しか見えないことになる．一番深くまで届く青の光も254mまでに99%が吸収されてしまう．

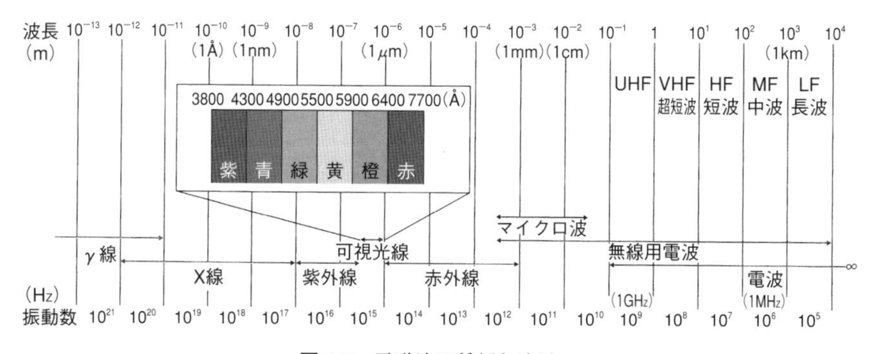

図2.7　電磁波の種類と波長．

光の色	波長（nm）	吸収率（水深 1 m）	99%吸収の水深
赤外線	800	82.0%	3m
赤	725	71.0	4
橙	600	16.7	25
黄	575	8.7	51
緑	525	4.0	113
青	475	1.8	254
紫	400	4.2	107
紫外線	310	14.0	31

図 2.8　海水中における光の吸収.

一方，地球から宇宙空間に放射されているすべての電磁波を地球放射という．地球放射の大部分が赤外線であるために，大気中の温室効果ガスによく吸収され大気を温める（図2.2）．ただし波長が 8 ～13 μm の領域の赤外線は吸収されずに宇宙空間に逃げ，大気を冷やしている．この部分を地球放射の窓と呼んでいる（図2.3）．

恒星の表面温度 TK とその放射エネルギーの極大値の光の波長 λm の間には，$\lambda m \cdot TK = b$（$b = 2.898 \times 10^{-3}$m・K）というウィーンの変位則が成り立っている．太陽放射のエネルギーの極大値は波長0.48 μm に相当するので，ウィーンの変位則から太陽表面の温度は約6000K と推定されている（図2.3）．一方，地球放射のエネルギーの極大値は11.4 μm にあるので，地球表面の温度は288K となっている．

●太陽の質量を求める

人間の体重のように秤で測ることのできるものならまだしも，地球や太陽のように巨大な物体の質量はどうやって測るのだろうか？　実はニュートン（1642～1727）の万有引力の法則，「すべての物体には，物体間の距離の二乗に反比例し，質量の積に比例した引力が働いている」という関係から，天体上での重力の値さえわかっていれば，その天体の質量が求められるのである（本文 p. 37参照）．ところが，惑星探査船を送って重力測定をしたことのない惑星や太陽については，その質量はどうやって求めるのだろう？

それは，今から400年あまり前にドイツの天文学者ケプラー（1571～1630）が導き出した，惑星の運動に関する法則から求めることができる．その法則はケプラーの第 3 法則と呼ばれ，次のように表される（図2.9，2.10）．

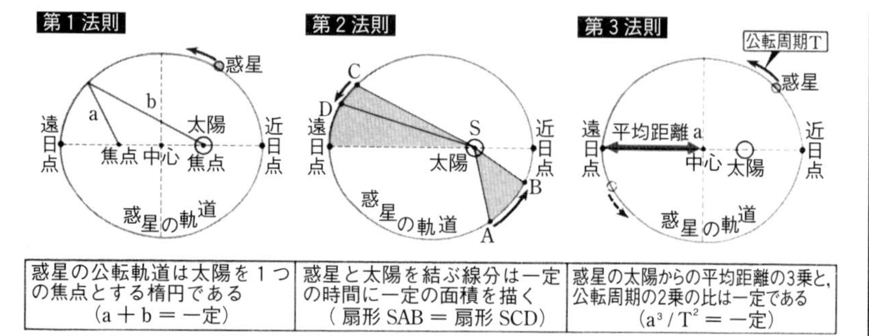

図 2.9　惑星の運動に関するケプラーの 3 法則．

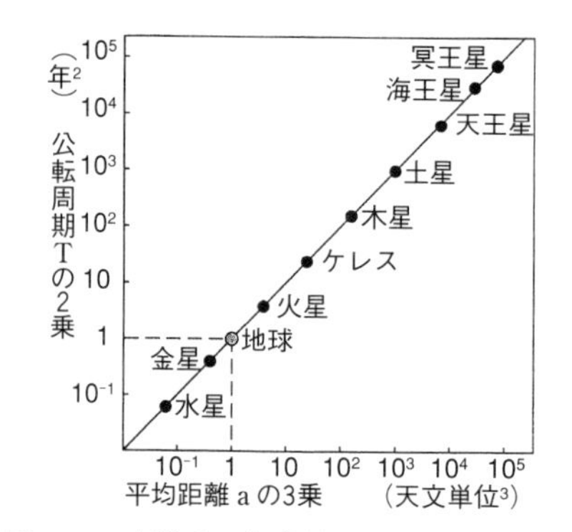

図 2.10　太陽系の各惑星についてケプラーの第 3 法則が成り立っている．

$\frac{a^3}{T^2}$ = 一定（a：惑星と太陽の間の平均距離，T：公転周期）

この惑星の平均距離 a と公転周期 T がわかっていれば，太陽の質量が求まるのである．それは次のようにして導き出される．

母天体（質量 M）の周りを円運動している小天体（質量 m）には，遠心力と引力が働き，両者は釣り合っている．それは次のように表すことができる．

$G\frac{Mm}{a^2}$（引力）$= ma\omega^2$（遠心力）……①（G：万有引力定数；ω：角速度）

①式から母天体の質量は，$M = \frac{a^3\omega^2}{G}$……②

ここで公転周期を T とすると，

$T = \frac{2\pi}{\omega}$ より $\omega^2 = \frac{4\pi^2}{T^2}$……③

③式を②式に代入すると，

$M = \frac{4\pi^2}{G}\frac{a^3}{T^2}$……④と表される．

このように，公転軌道の平均半径 a と公転周期 T がわかれば，母天体の質量が求まるのである．

地球は太陽を母天体として公転しており，その周期は 1 年，平均半径は約1.5億 km である．その値を④式に入れ太陽の質量を求めると，約2.0×10^{33}g となる．

月は地球を母天体として，公転周期27.3日，平均軌道半径38.4万 km で公転している．この値を④式に代入すると，地球の質量は約 6×10^{27}g と求まる．

なお，④式の母天体（太陽）の質量 M は一定であるので，この式はケプラーの第 3 法則そのものということになる．

太陽の半径は約70万 km である．その体積（V）を求め，太陽の平均密度（M/V）を求めると1.41g/cm^{3}となり，その値は地球の平均密度の1/4程度にしかならない．

このようにして求められた太陽系の惑星の総質量は，太陽系全体の総質量の0.1%にも満たない．太陽系全体の質量の99.9%は，太陽が占めているのである．

●科学の進歩の道筋：観察・観測，実験→解析→普遍化

ニュートンの万有引力の法則とそれに引き続く力学の 3 法則の発見は，その後の科学・技術の進歩の基点となっている．これらの法則はニュートンという天才によって発見されたことは間違いないが，それ以前に発見された惑星の運動に関するケプラーの法則がなければ，発見されることはなかった．また，ケプラーの法則は惑星の運動を詳細に記述した，ティコ・ブラーエのデータがなければ生まれなかった．つまり森羅万象に通じる普遍的法則の発見のためには，それ以前の研究の段階がいくつもあったのである．

ティコ・ブラーエ（1546～1601）はデンマークの貴族の家に生まれた．将来は政治家としての活躍を期待されていたが，彼は天文学の研究に没頭し，その成果と名声に対し，デンマーク王からフヴェーン島を下賜された．彼はその島に，望遠鏡が発明されていなかったその当時としては最高の観測精度をもつ天文台を建設し，天体の観測を連続して行った．彼はコペルニクスが1543年に提唱した地動説を信じていなかったが，その生涯をかけて惑星の運動を精密に観測し，膨大なデータを残した．

その助手であったケプラーは，1601年にティコ・ブラーエが死んだ後，その膨大な資料を20年かけて整理した．その過程で地動説が正しいことを確信したと同時に，火星の運動

の軌跡を解析し，1605年にケプラーの第２法則，面積速度一定の法則と第１法則，楕円軌道の法則を発見した．これらの研究結果は1609年に「新天文学」として発表された．さらに10年後，1618年にケプラーは第３法則，調和の法則を発見し，翌年『世界の調和』という書物を出版したのであった．オランダの眼鏡師によって発明された望遠鏡を使って，ガリレオが天体観測を始めたのが1609年である．その年の前後に，ケプラーの法則は精密な肉眼観測のデータをもとに発見されたのである．

ケプラーは惑星の運動に関する斬新で簡明な理論を発見したが，なぜ惑星が楕円軌道を描くのか，そしてなぜ公転周期と公転軌道の間に一定の関係があるのかについては，説明することはしなかった．その理由を問いつめ，物体の運動に関する慣性や加速度運動の考え方を導入し，宇宙観の基礎となる万有引力の法則を導き出したのはニュートンであった．ニュートンによって，惑星の運動に関するケプラーの法則は，より普遍的な万有引力の法則へと姿を変えたのである．

このように科学の法則の発見には，３つの段階がある．最初は正確無比の事実の観測・観察，２番目は蓄積された観測・実験データの解析に基づく具体的対象に関する法則性の発見，３番目は特定の対象に関する法則性から，より普遍的な一般則を導き出す過程である．複雑な軌跡を描く惑星の運動を精確に観測・記載し，そのデータを解析して法則を導き，さらにその中に潜む一般則を導き出す．このプロセスはすべての科学の進歩に通ずるものである．たとえば，海洋底の調査データの蓄積から海洋底拡大説が生まれ，それがプレートテクトニクスという地球表層の運動に関する理論に発展し，さらに地球内部の対流運動を総合的にとらえるプリュームテクトニクスに進化してきたプロセスも，同様な視点でとらえることができる．

万有引力の法則の発見やプレートテクトニクスの確立に至るプロセスは，ひとりの人間が観測・観察，実験，解析，普遍化のすべてに秀でていることはないことを教えている．科学者の中には一生涯をかけて観測・実験データを残す人もいれば，そのデータを解析・抽象化し，数式として表すのが得意な人もいる．異なる得意分野をもつ研究者の交流によって，初めて科学は進歩するのである．また一方，望遠鏡や電子顕微鏡の発明のように，観測・実験機器の発明や技術革新によって科学が飛躍的に進歩してきたのも事実である．これからの地球科学の進歩にとって大切なのは，得意分野を異にする研究者間の交流と新しい技術の開発・導入であろう．

第3章

水と二酸化炭素の循環

私たちは液体の水がなければ生きていけない．また，適度の二酸化炭素がなければ光合成植物によるエネルギー生産ができなくなり，食糧を得ることができなくなる．人間の生存に不可欠なこの水と二酸化炭素は，地球表層の大気圏―水圏―岩石圏を循環しており，長い地質時代を通して増減を繰り返してきた．つまり，水は水蒸気・水・氷と三相に形を変えつつ，また岩石や粘土の中に固定されたり放出されたりして，その量を変化させてきた．では，水はその相を変化させながら，どのように循環しているのだろうか？　空の雲はどの位の時間，雲で居続けるのだろうか？　海に流れ込んだ水はどの位の期間，海に居続けるのだろうか？　また，二酸化炭素は大気と海洋と固体地球の間で形を変えながら，どのように循環しているのだろうか？

一方，二酸化炭素も動植物の体や石灰岩・土壌などとして固定されたり，海洋水の中に溶け込んだりして，その量を変化させてきた．さらに陸上火山や中央海嶺の火山活動を通して，二酸化炭素は大気中に放出され続けてきた．恐竜が生息していた1億年ほど前には中央海嶺の活動が活発で，大気中の二酸化炭素が増大し地球は温暖であったらしい．もし恐竜が生きていた時代から現在まで，火山から放出された二酸化炭素が大気中に蓄積され続けていたならば，現在の地球はもっと高温状態になっていたはずである．ところが地球は5000万年前以降寒冷化の一途をたどり，90万年前以降は氷河期と間氷期が繰り返すようになった．氷河期には大気中の二酸化炭素は0.018%にまで減少したことが知られており，温室効果ガスである大気中の二酸化炭素の濃度は，地質学的な時間スケールでの地球の温暖化や寒冷化とリンクしていることは間違いない．

第3章では，人間の生存にとって不可欠で，地球の環境をコントロールしている水と二酸化炭素の循環について概説する．

1．水の分布と循環

水は地球の全質量の0.5%を占めていると推定されている．そのうち地球表層には，総計13.7億 km^3 の水があると試算されている．その内の97.2%が海水であり，残り2.8%が陸水である（図3.1）．淡水の総量は地中海の海水の10倍以上に相当する．その全淡水の3/4にあたる2.1%が氷床・氷河に分布しており，さらにその90%が南極氷床で占められている．残り0.7%のうち0.6%が地下水

分布形態	水の量（cm^3）	水の総量に対する百分率%	平均滞留時間
淡水湖	125×10^{18}	0.009	10年
塩水湖・内陸海	104×10^{18}	0.008	
河川水	1.1×10^{18}	0.0001	2週間
宙水・土壌中の水分	66.6×10^{18}	0.005	
地下水	8400×10^{18}	0.62	
氷床・氷河・万年雪	$29{,}000\times10^{18}$	2.15	1.5万年
大気	12.9×10^{18}	0.001	10日
海洋	$1{,}319{,}800\times10^{18}$	97.2	37,500年

図 3.1　自然水の分布と割合および平均滞留時間．

であり，河川・湖沼・土壌中の水を併せても，全体の0.1%に満たない．そのうち0.001%が大気中に水蒸気として存在している．私たちに飲料水を供給している淡水湖と河川の水は，各々0.009%と0.0001%にすぎない．つまり大気中には全河川の水の10倍の水が貯蔵されているのである（図3.1）．

海水は蒸発することによって分別され，純粋な水となり，雨となって地表に戻ってくる．年平均降水量の地球全体での平均は，約1000mm（陸上で741mm，海上で1135mm）である．したがって1000mm を365日で割った値が，日平均降水量（2.74mm/ 日）ということになる．地球全体で１日で降る雨の総量は，日平均降水量に地球の表面積（$5.1\times10^8km^2$）をかけて求めることができる．では大気中には何日分の降水に相当する水蒸気が蓄えられているのであろうか．その値は約10日間である．それは大気中の総水蒸気量（$12.9\times10^{18}cm^3$）を，地球全体で１日に降る雨の総量で割って求めることができる．つまり大気中の水蒸気は，平均すると10日に１回の割合で降水と蒸発を繰り返していることを意味している（図3.1）．水が水蒸気として大気中に存続する時間を，大気中の水の滞留時間という．

一方，海洋からは蒸散によって年間$3.6\times10^5km^3$の水が大気に戻っている．海水の総量は$13.5\times10^8km^3$であるから，河川の流入を考えずに蒸発だけを考えると，3750年で海水は干上がってしまうことになる．海洋の平均水深は3795mであるから，年間１m ずつ干上がっていく勘定になる．しかし実際には河川が海に流入しているので，海水の総量はほぼ一定に保たれており，海水の総量$13.5\times10^8km^3$を河川水の年間流入量$3.6\times10^4km^3$で割った値，37,500年が海水の平均滞留時間となる．

ただし地中海のように閉じた環境では，蒸発量の方が降水と河川からの流入

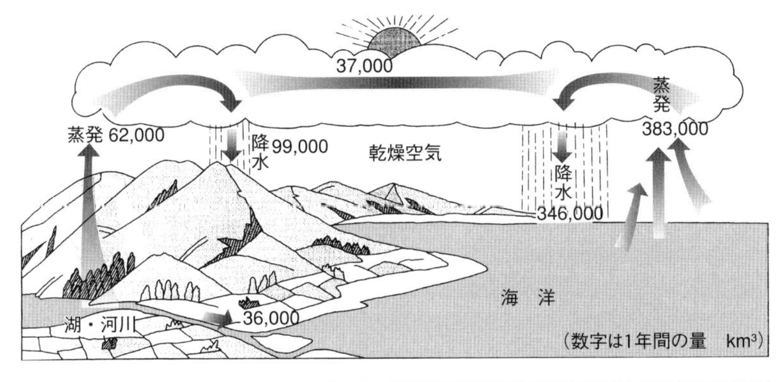

陸地	海洋
降水 $10 \times 10^{13} m^3/y$ 蒸発 $6 \times 10^{13} m^3/y$	蒸発 $38 \times 10^{13} m^3/y$ 降水 $34 \times 10^{13} m^3/y$
流出 $3.6 \times 10^{13} m^3/y$	流入 $3.6 \times 10^{13} m^3/y$

図 3.2 自然水の陸地と海洋における循環.(『最新図表地学』浜島書店,2002)

量を上回り,海面が低下することになる.現在地中海には大西洋の水が流れ込んでいるので,そのようなことは起こっていない.しかし,ジブラルタル海峡が閉じ外洋から孤立した600〜500万年前,地中海は干上がってしまったことが地中海の深海掘削の結果わかっている.この事件は,その地質時代の名前をとって,「メッシニアン塩分危機」と呼ばれている(コラム記事参照).

2. 二酸化炭素の循環と温度調節機構

金星の例で見たように,惑星表層の温度の決定には,温室効果ガスである二酸化炭素の量が大きな役割を果たしている.二酸化炭素は大気,海洋,堆積物(炭酸塩岩),土壌,生物の間を,形を変えて循環している.したがって地球大気中の二酸化炭素の量は決して一定ではなく,長い地質時代の間では変動し,二酸化炭素が多かった時代には暖かく,少なかった時代には寒かったことがわかっている.しかし変動するといっても,金星や火星のようになったわけではなく,温度を一定に保とうとする自然の調節機構が働き,温度が暴走することはなかった.その温度調節機構について解説する前に,二酸化炭素(換言すると炭素)の循環の様子を概観しておこう.ただし地球表層の炭素はCO_2以外の物質としても存在するから,存在量や移動量はCに換算した形で表示する.

二酸化炭素は地球表層の5つの貯蔵庫(以下の①〜⑤)に,各々違った形で

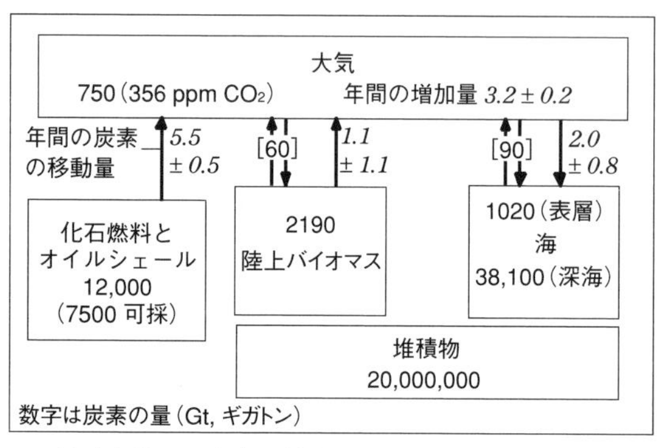

図 3.3 地球全体での炭素の循環．イタリック数字は人間活動による移動量．[ ] の数字は自然の移動量．(IPCC, 1994)

貯蔵されている（図3.3）．

①堆積物：炭酸塩あるいは炭酸塩岩として2000万 Gt（ギガトン：10億トン）．数百万年かけて循環するので，短期の循環には影響しない．毎年大気との間で90Gt のやりとりをしている．

②海洋水：海水中に溶け込んだ HCO_3^- や CO_3^{2-} などのイオンの形で3.9万 Gt．このうち98%は深海にあるので，数十年オーダーでの大気との交換には影響しない．

③化石燃料：石油・石炭の形で1.2万 Gt．

④陸上生物圏：2190Gt．森林が炭素の固定に一番大きな働きをしている．毎年大気との間で60Gt やりとりしている．

⑤大気：750Gt．産業革命前までは600Gt であったが，その後250年間の化石燃料の燃焼により150Gt 増加．

化石燃料を燃やすことにより，毎年大気中には5.5 ± 0.5Gt の炭素が放出されている．また森林の破壊により，年間1.1 ± 1.1Gt の炭素が放出されている．したがって，大気中には毎年6.6 ± 1.6Gt の炭素が放出されている．このうち3.2 ± 0.2Gt が大気中に残留し，温室効果によって温度を上昇させている．また2.0 ± 0.8Gt は海に吸収されている．したがって大気中に放出された6.6 ± 1.6Gt の炭素のうち5.2 ± 1.0Gt の行方はわかっているが，残りの1.4Gt はどこに行ったのか不明であり，missing sink と呼ばれている．

産業革命以前，大気中の二酸化炭素は280ppm だったが，毎年残留した二酸化炭素が増加することにより，2011年には390.9ppm になり，2013年から世

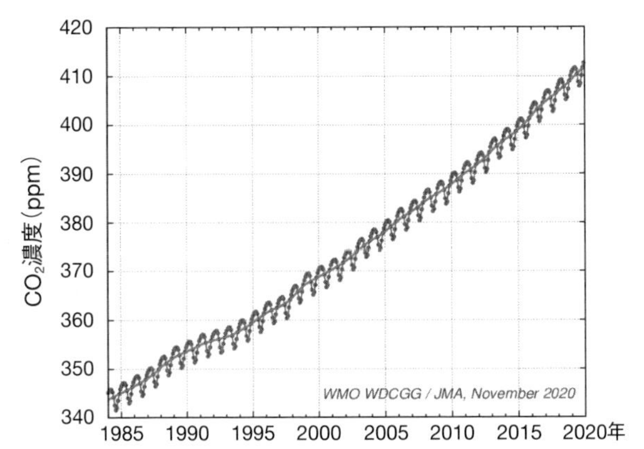

図 3.4 大気中の二酸化炭素濃度の経年変化（1985〜2020年）.（気象庁ホームページ,『気候変動監視レポート2020』より）. ハワイのマウナロア観測所では, 2020年5月に417.1ppmの最高値を観測した.

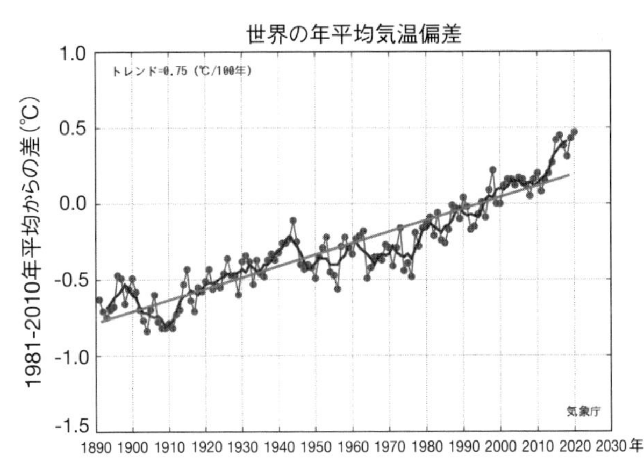

図 3.5 地球全体で平均した地上気温の変化. 100年につき約0.7℃の割合で温暖化している. ただし1980年以降は, 10年につき約0.18℃と3倍の速度で温暖化が進んでいる. 曲線は平均値の5年移動平均.（気象庁ホームページ,『気候変動監視レポート2020』より）

界各地で短期間だが400ppmを越えたという報告が相次ぐようになった（図3.4）. そして2015年3月には月間の世界40地点の観測所の平均濃度が, 初めて400ppmを越え400.83ppmとなった. 産業革命以前の水準から120ppm増加したことになるが, このうちの半分は1980年代以降に増加したものである. さらに2019年には410.5ppmとなり, 増加の一途をたどっている.

この二酸化炭素の増大に対応して2020年の世界の平均気温は, 1981-2020年の平均値より0.47℃高くなり, これまでで最も暑い年となった. なお1890年以

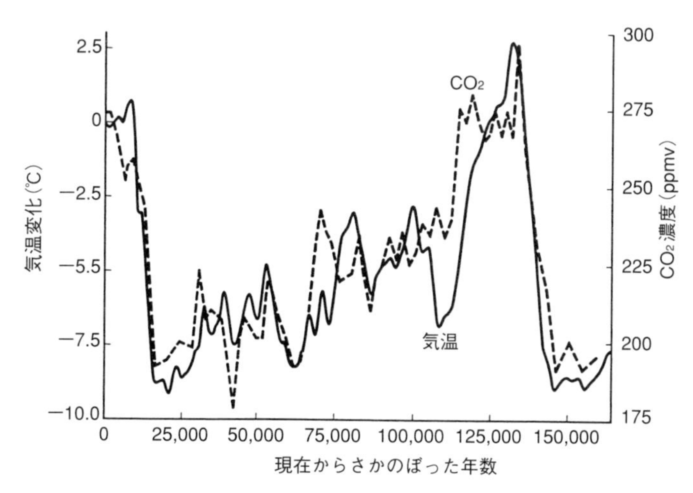

図 3.6　南極ボストーク基地の氷床コアの分析から得られた過去17.5万年の気温と二酸化炭素濃度の変化．（Barnola ほか，1987）

降，世界の平均気温は0.7℃ /100年の割合で上昇を続け，産業革命前と比べると現在は１.25℃上昇している（図3.5）．

2013年のICCP5次評価報告書では，このままの状態が続けば21世紀の末には世界の気温は1～3.5℃上昇し，それに対応して海水準は15～95 cm 上昇すると予測している．

一方，南極氷床の中に含まれる気泡の研究からは，過去16万年間に大気中の二酸化炭素濃度は増減を繰り返し，80ppm の増減に伴い温度は10℃増減したことが知られている（図3.6）．もし過去の例にしたがうと，産業革命以降の二酸化炭素濃度の上昇により10℃の温度上昇が予想されるが，実際には0.9℃程度しか変化していない．この違いの原因は，二酸化炭素濃度の上昇にかかった時間の違いによるのかもしれない．すなわち地球のシステムでは，二酸化炭素は１万年オーダーの長い時間で増減し，それに対して温度もゆっくり上昇・下降する．しかし，人間活動によって自然のリズムより速い速度で二酸化炭素が増加したために，温度調節機構が充分働いていないのかもしれない．

以上の議論には，火山や温泉から大気中に放出される二酸化炭素は含まれていない．実際には毎年1.5億トンの二酸化炭素が火山活動によって，大気中に供給されている．供給された二酸化炭素は光合成により植物に固定される．また雨水に溶け込んだ二酸化炭素は炭酸あるいは重炭酸イオンとなり，石灰岩を

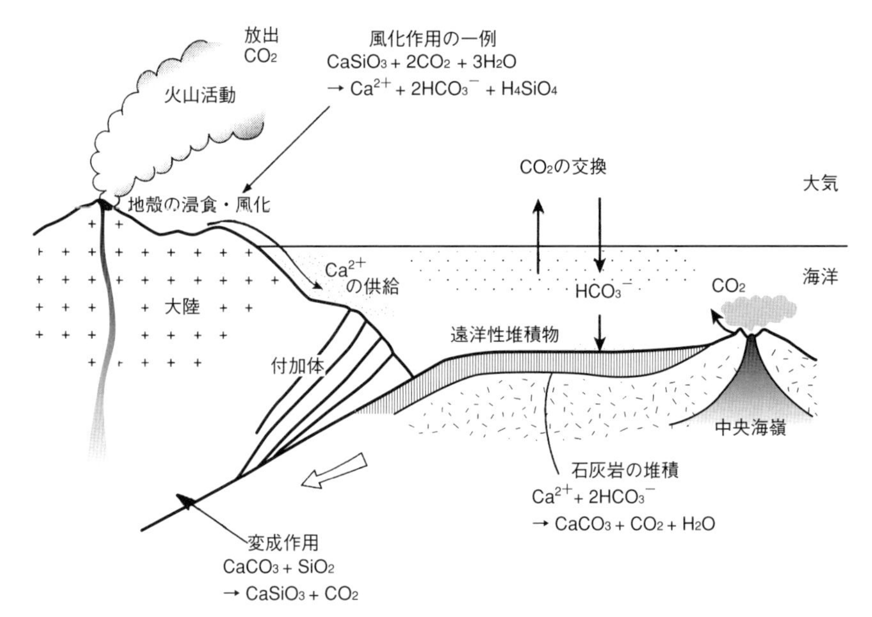

図 3.7　二酸化炭素の循環と火山活動，風化・堆積作用との関係．$CaSiO_3$はカルシウム珪酸塩で珪灰石と呼ばれている．(Broecker, 1985．平朝彦『地球のダイナミックス』岩波書店，2001を改作)

溶解する．海洋の水にもその pH に応じて二酸化炭素は溶け込み，炭酸・重炭酸イオンとなっている．大気中の二酸化炭素の総量は6000億トンと推定されているので，もし地球上のすべての火山活動が停止したら，二酸化炭素は4000年で消費されつくしてしまう．

一方，大陸は長い年月をかけて風化・浸食されており，岩石を構成している鉱物は化学的風化作用により分解され金属原子は水に溶け込み，イオンとなって海に運ばれる．大陸をつくっているかこう岩や海洋底の玄武岩にもっとも多く含まれる鉱物である斜長石には，ナトリウムやカルシウムがたくさん含まれている．水に溶け込んだカルシウムイオンは海に運ばれ，生物活動を通して炭酸イオンと結合して再び炭酸塩を形成している（図3.7)．炭酸塩でできた生物の骨格や殻はサンゴ礁などとして浅海に堆積する一方，海洋底に降り積もって堆積岩となっている．一般に深海底はこうして形成された厚さ800m 以上の地層におおわれている．深海底に堆積した炭酸塩岩はプレート運動により大陸縁辺の海溝に運ばれ，大陸下に沈み込んでいく．沈み込みの進行に伴い，温度と圧力が上昇すると深海底堆積物中の炭酸塩は，周囲の珪酸塩鉱物と反応し二酸化炭素を分離する．そして再び二酸化炭素は火山ガスとなって大気中に散逸する．このように二酸化炭素は数千万年から数億年単位の時間の中で，固体地球と大気・海洋を循環しているのである（図3.7）．

自然界には，火山活動によって大気と海洋に加わる二酸化炭素の量と，生物によって有機物あるいは炭酸塩岩として固定される二酸化炭素の量を等しくすることによって，大気温度を一定に保とうとする働きがある．たとえば，二酸化炭素の量が増えて温室効果のために温暖化が起こると，大気中の飽和水蒸気量が増し，湿度が上昇し降雨量が増える．その結果，土壌中の二酸化炭素濃度が増え，化学的風化作用が盛んになり，陸地から解け出すカルシウムの量が増大する．したがって，二酸化炭素が増加したぶんカルシウムイオンの溶脱も増え，方解石として沈殿することにより，増加した二酸化炭素は除去される．ただしこのプロセスは地質学的な時間の中で起こるので，急激な二酸化炭素の増大に対しすぐにこのメカニズムが働き温暖化が止まるわけではない．

地球が寒冷化すると大気中の二酸化炭素濃度はどうなるのだろうか．海水への溶解量は減少し，海水の蒸発量は減少する．そのために大気中の二酸化炭素濃度は上昇する．一方プレートの運動速度が変化しない限り，火山からは一定の量の二酸化炭素が排出され，大気中の二酸化炭素濃度は増大する．その結果，温室効果ガスの増大により温暖化に向かう．このように，光合成植物と生物による炭酸塩岩の生成およびプレート運動により，地球は極端な温暖化や寒冷化に至らず，生物が活動できる範囲の温度に保たれてきたのである．

●干上がった地中海

地中海（黒海を含む）は日本海の約３倍，297万 km^2の面積をもち，その平均深度は約1500m である（図3.8）．外洋とは長さ約50km，幅14km，深度286m のジブラルタル海峡でつながっている．地中海地域は乾燥気候下にあるため，河川による流入量より蒸発量の方が多く，その結果毎年約3300km^3の海水が失われ，地中海の海面は年間約１m 低下している．それを補うため大西洋から海水が流入し，地中海の海水位は保たれている．もし，ジブラルタル海峡が閉じてしまうと，地中海の大部分は約2000年の間に干上がってしまい，塩湖が点在する砂漠になってしまうものと考えられる．ところが今から500～600万年前，地中海は本当に干上がってしまったのである．

1970年，西地中海のバルセロナ沖合水深約3000m の深海底を掘削したところ，M 層と呼ばれていた地層から硬石膏（$CaSO_4$）とストロマトライトが発見された（図3.9）．この２つの堆積物は乾燥気候下の潮間帯のような環境で形成される．それはすなわち，かつて地中海が干上がり，その底に石膏やストロマトライトが堆積したか，あるいはそれらが堆積したあと地中海の海底が3000m 沈降したか，そのどちらかの可能性を示していた．その堆積物の年代は500～600万年前のメッシニアンと呼ばれている時代であった．メッシニアンはシチリア島のメッシナ市に由来しており，イタリアではその時代は岩塩が形成された時期として広く認められていた．そしてその岩塩や石膏を含む蒸発岩層は，スペイン，ギリシャ，トルコ，イスラエル，チュニジアなどの地中海を取り巻く国々にも分布していた（図3.9）．また地中海の深海底にM 層は広く分布していたが，陸上のメッシニアン期の蒸発岩層との間に落差3000m の大断層があるわけでもなかった．一方，このメッシニアン期を境に多くの生物が絶滅しており，中新世と鮮新世の境界となっていた．これらの事実は，約500～600万年前に地中海は完全に干上がったことを示していた．

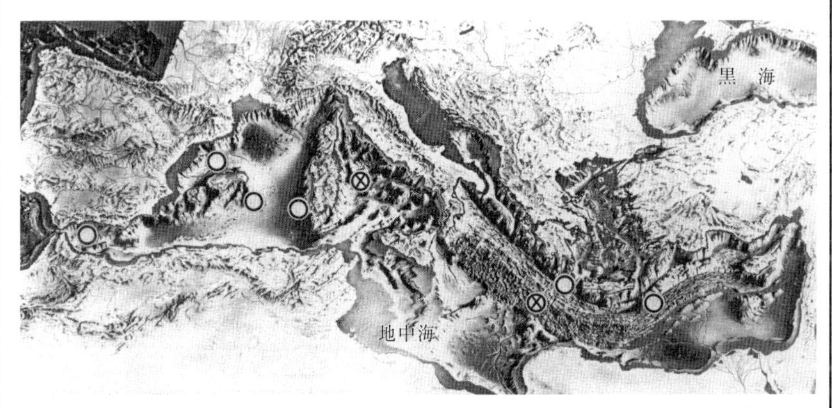

図 3.8　地中海の海底地形と深海掘削地点．（DSDP Initial Report XIII, 1973）

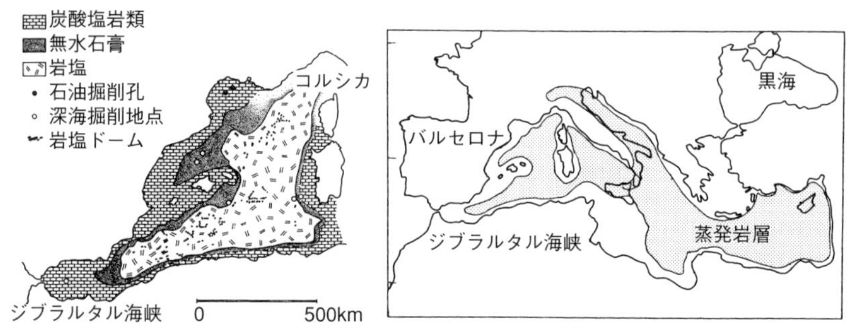

図 3.9　地中海とその周辺陸域における500〜600万年前の蒸発岩層の分布．(DSDP Initial Report XIII より Hsu, 1973)

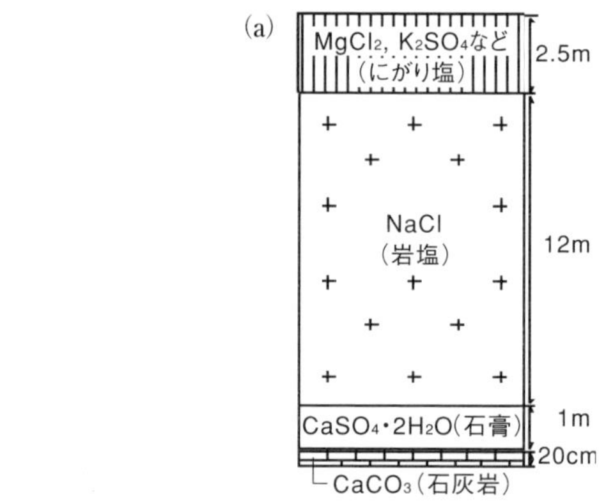

(b)

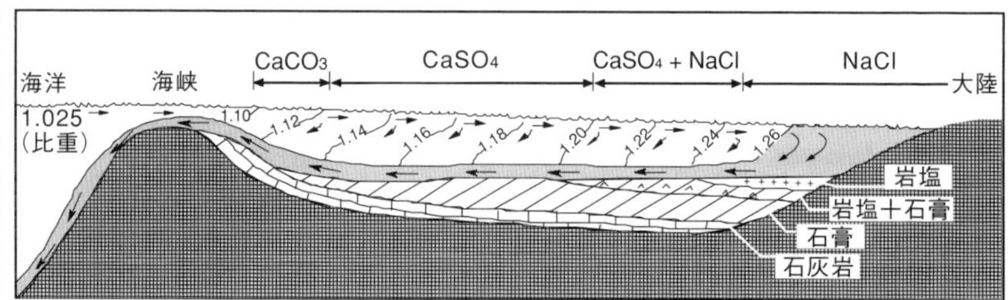

図 3.10　(a) 厚さ 1 km の海水が蒸発してできる蒸発岩層の重なり．(b) 蒸発岩の形成に伴う海水の比重の変化．(Scoffin, 1987; Scruton, 1953)

つまり地殻変動と約550万年前の世界的海水準の低下により，ジブラルタル海峡が閉じてしまい，地中海は塩性砂漠と湖の集合体になったのである．その結果，地中海に生息していたほとんどの海生生物が死滅してしまったのである．そして約500万年前，再び大西洋の水が地中海に流れ込み，大西洋に起源をもつ生物が住むようになったのである．

この地中海が干上がったという説は，大陸移動説と同様，最初は学会から歓迎されなかった．しかし，その後の深海掘削により，M 層をなす厚い蒸発岩層が地中海各地で確認されると同時に，その下には深海堆積物が分布していることが判明した．蒸発岩層の厚さは1000～3000m に達し，総量は100万 km^{3}に達する．これはすなわち，何度も海水が流入しては乾固するプロセスが繰り返したことを示している．また蒸発岩層は，海水が蒸発するときと同様に，溶解度の低いものから順番に積み重なっていた．つまり最下部から石灰岩→石膏→岩塩→マグネシウム塩や塩化カリウムからなるにがり塩である（図3.10）．このような蒸発岩層は世界中の大陸の地層に見られ，大陸衝突によって大陸間にあった海が閉じるとき，および大陸が分裂を開始し，海水が割れ目に流入し始める時期（アメリカ大陸とアフリカが分裂し始めた頃や現在のジブチがその好例）に形成されやすいことがわかっている（図3.11）．

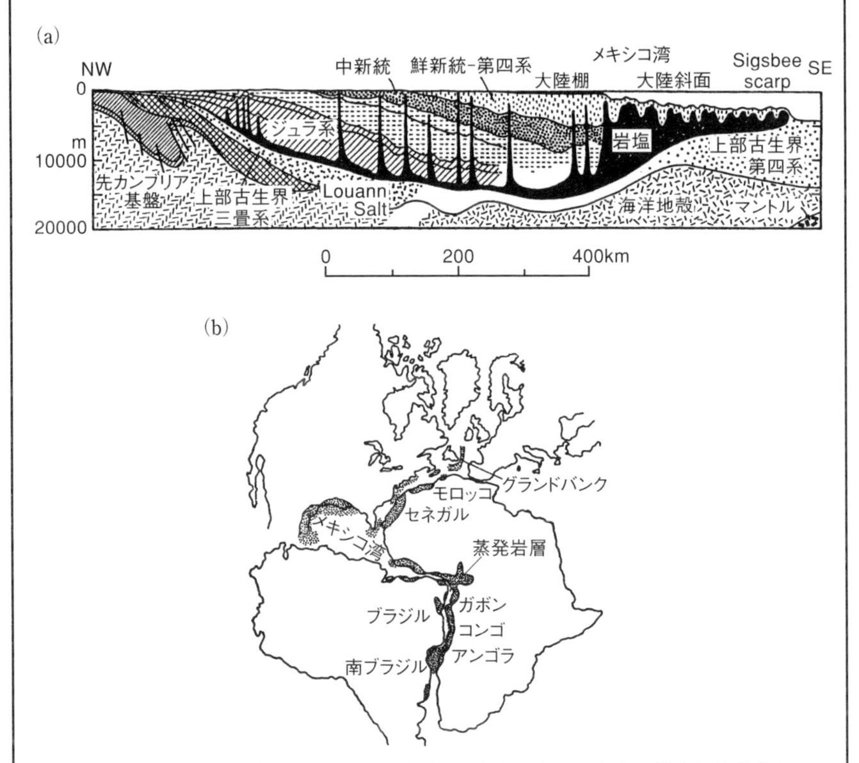

図 3.11　(a) メキシコ湾からミシシッピー河下流域の地下に広がる岩塩層と岩塩ドーム．(King, 1977)；(b) 大西洋誕生時に形成された蒸発岩層の分布．(Evans, 1978；水谷伸治郎『地球科学 9 地質構造の形成』岩波書店，1979より転載)

第II部

生きている固体地球

地球は現在でも活動的な惑星である．火山の噴火は地球内部の熱エネルギーが放出されていることを，地震は地球表層の岩石に圧力が加わり，破壊が生じていることを示している．このような地球表層で起こる様々な地殻変動は，プレートテクトニクスという考え方で統一的に説明されている．すなわち，地球の表層はかこう岩質の大陸と玄武岩質の海洋底から構成されており，中央海嶺で生産された海洋プレートは，年間数センチメートルの速度で運動し，その縁辺の海溝で大陸プレートの下に沈み込むというものである．プレートとプレートが接するところでは，地震や火山活動，造山運動などの地殻変動が起こっている．では地震はどのようなメカニズムで発生し，火山はどのようなプロセスを経て噴火するのであろうか？　また地震と活断層はどのような関係にあるのだろうか？　海溝に沈み込んだプレートはその後どうなるのだろうか？

第II部ではこのような固体地球の成り立ちと変動について概説する．また私たちの住む日本列島の基本構造とその形成プロセス，および現在の姿についても簡単に紹介する．

固体地球表層の岩石は，常時大気と水と接し変化し続けている．風化作用で生まれた粘土は，地滑りや土石流など自然災害の元凶となる一方，有機物と混じり，農業に不可欠な土壌となっている．第II部では，このような粘土化や土壌化のプロセスについても言及する．

第4章

地球表層の構成と組成

万有引力の法則から求められた地球の平均密度は，5.52g/cm^3である．ところが地球表層の地殻をつくるかこう岩のそれは2.67g/cm^3，玄武岩のそれは2.8g/cm^3であり，ともに地球の平均密度の半分ほどしかない．私たちの足下に転がっている石ころや砂粒の平均密度は，まず間違いなく3.0g/cm^3以下である．この事実は，地球内部が地球表層の岩石よりずっと重い物質でできていることを示唆している．地震波の解析から，地球は内核・外核，マントル，地殻に四分され，軽い物質ほど上部に濃集した階層構造を成していることがわかっている．

では，私たちの生活の場となっている地球表層の地殻はどんな物質でできているのだろうか？　実は地殻の75%（重量%）は珪素と酸素で構成されている．珪素と酸素という２つの元素からなる鉱物は石英（水晶）であるが，その石英の成分が地殻の75%を占めているのである．その内47%近くが酸素の重量である．さらに体積%でいうと，94%が酸素原子から構成されている．それは換言すると，富士山の体積の94%は酸素原子ということである．この酸素と珪素がつくる構造の中に様々な元素がはいって，様々な鉱物がつくられているのである．その鉱物が集まったのが岩石である．

では，地殻はどんな岩石でできているのであろうか？　また岩石をつくる鉱物は，どのような化学組成と結晶構造をもっているのだろうか？　鉱物のミクロな結晶構造の知識は，土壌の形成過程や土木・建設工事の基礎としての岩石や粘土の理解に欠かせない．また岩石が溶融したマグマが噴出する火山活動や，岩石の破壊現象である地震を理解するための基礎でもある．

第４章では地殻を中心に，地球の構成と構造をマクロとミクロな視点から概観する．

1．地球の成層構造

（1）地球の質量と平均密度

太陽系の全質量の99.9%は，地球の約33万倍の質量をもつ太陽によって占められているが，太陽の密度は1.41g/cm^3と地球の約1/4しかない．惑星や衛星の質量は揮発成分の存在量を決定するが，質量を体積で割って得られる密度は，その惑星の化学組成を示す．地球の質量は約6.0×10^{27}g，そして平均密度は5.52g/cm^3と求められている．惑星の質量は，衛星の運動を調べるか，あるいは惑星探査船による重力測定によって推定することができる．地球の場合は重力の値と地球の半径がわかっているので，万有引力の法則からその質量を求めることができる．万有引力の法則によると，２つの物体の間には物体の質量に比例して，物体間の距離の２乗に反比例して引力が働く．地球上の引力はほぼ重力に近似でき，1 kg の物体には9.8N の力が働いている．したがって地球とその表面の1 kg の物体の間には次のような関係が成り立っている．

$$F = G\frac{Mm}{R^2}$$

F：万有引力，G：万有引力定数（$6.67 \times 10^{-11} N \cdot m^2 kg^{-2}$），
R：地球の平均半径，M：地球の質量，m：物体の質量

$$9.8N = \frac{6.67 \times 10^{-11}\ N \cdot m^2 kg^{-2} \times Mkg \times\ 1\ kg}{(6.37 \times 10^6)^2\ m^2}$$

これから質量 M を求めると，5.96×10^{24}kg となる．一方，地球の体積 V は，

$V = \frac{4}{3}\pi R^3$ より $1.08 \times 10^{27} cm^3$ と求められる．

したがって，密度 $\rho = \frac{M}{V}$

$$= 5.96 \times 10^{27} g / 1.08 \times 10^{27} cm^3$$

$$= 5.52 g/cm^3$$

ところが地球表層にある岩石の密度は2.5～3 g/cm^{3}であり，地球の平均密度の半分程度しかない．つまりこの事実は，地球の内部には表層にある岩石よりずっと密度の大きな物質が存在することを示唆している．ただし密度の違いには２つの場合がある．１つは地球内部が高圧のため圧縮されて，高密度の物質に相転移している場合，もう１つは地表の岩石と違って化学組成が違っている，たとえば重金属のような重い物質からできている場合である．

（2）重力と引力

地球上の引力と重力の値はほぼ等しいとして地球の質量を求めた．しかし地球が自転しているため，実際には引力と遠心力の合力が重力となる（図4.1）．遠心力は緯度によって異なり，赤道上で最大となり，質量 1 kg の物体が受けている遠心力は約0.034N である．赤道上の遠心力は引力の値の1/289の小さな値であるが，それによって地球の赤道半径は極半径より21.3km 長くなってい

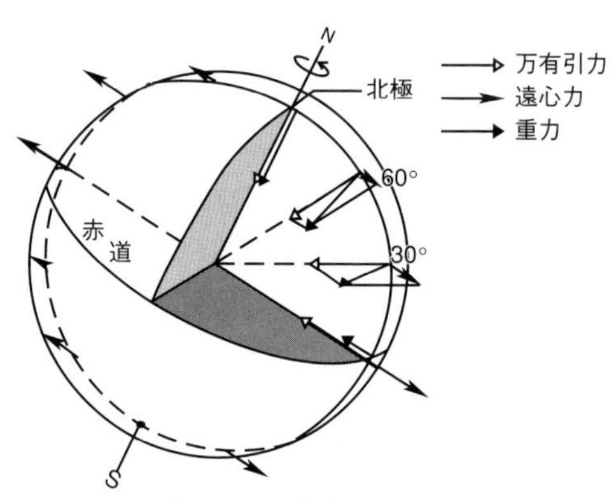

図 4.1 自転している地球とその上の物体の間には，万有引力と遠心力が働いている．両者の合力を重力と呼ぶ．遠心力 f は $f = mr\omega^2\cos\phi$ で表され（m：物体の質量，r：地球の半径，ω：自転の角速度，ϕ：緯度），赤道上で最大，極で最小となる．赤道上の 1 kg の物体に働いている遠心力の大きさは，約0.034N であり，引力（約9.81N）の1/289である．

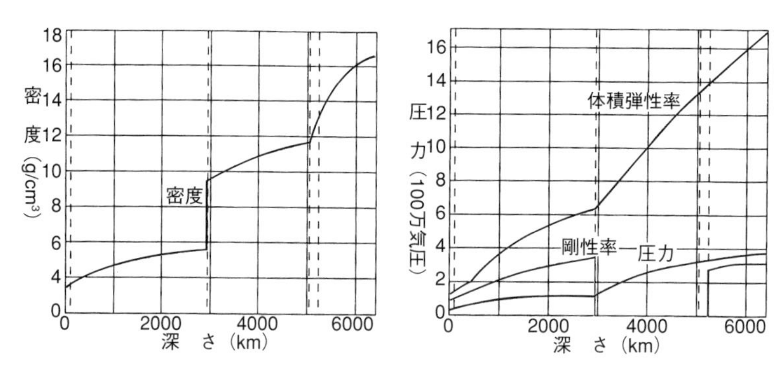

図 4.2 地球内部の密度，体積弾性率，剛性率，圧力の変化．コラム「地球内部の物質と圧力」p. 54を参照．(Bullen, 1936)

る．地球が完全な球よりどれだけ扁平になっているかを扁平率と呼び，次のようになっている．

$$扁平率 = \frac{(赤道半径 - 極半径)}{赤道半径} = \frac{1}{298}$$

地球の半径が緯度によって異なるため，重力の値も緯度によって異なり，赤道では9.78m/s^2，極では9.83m/s^{2}と変化する（図4.3）．また地下に高密度な物質がある場合には重力の値は相対的に大きくなり，軽い物質があると相対的に小さくなる．

緯度（°）	標準重力値（m/s²）	高さ（km）	標準重力値（m/s²）*
90	9.83219		
80	9.83062	35	9.673
70	9.82610	30	9.688
60	9.81918	25	9.703
50	9.81070	20	9.719
40	9.80169	15	9.734
30	9.79325	10	9.749
20	9.78637	5	9.765
10	9.78188	0	9.780
0	9.78033		

＊赤道上の値

地名	緯度	経度	高さ（m）	実測値（m/s²）
稚内	45°25′	141°40′	96.2	9.806227
札幌	43°3′	141°21′	15.0	9.804776
青森	40°39′	140°46′	2.4	9.803111
秋田	39°44′	140°8′	20	9.801758
仙台	38°15′	140°51′	127.8	9.800658
前橋	36°24′	139°4′	111.2	9.798297
東京	35°39′	139°41′	28.0	9.797632
館山	34°59′	139°52′	6.0	9.797864
新潟	37°55′	139°3′	3.0	9.799755
松本	36°15′	137°58′	611	9.796541
浜松	34°42′	137°43′	33.1	9.797346
京都	35°2′	135°47′	59.8	9.797078
奈良	34°42′	135°50′	104.9	9.797047
和歌山	34°14′	135°10′	13.9	9.796892
広島	34°22′	132°28′	1.0	9.796587
高松	34°19′	134°3′	9.3	9.796988
高知	33°33′	133°32′	0.9	9.796257
福岡	33°36′	130°23′	31.2	9.796286
鹿児島	31°33′	130°33′	5.0	9.794712
レイキャビク	64°8′	21°57′	8.0	9.822650
パリ	48°50′	2°13′	65.9	9.809260
ワシントン	38°54′	77°2′	0.2	9.801043
シンガポール	1°18′	103°51′	8.2	9.780660
ブエノスアイレス	34°34′	58°31′	9.4	9.796900
昭和基地	69°0′	39°35′	14.0	9.825256

図 4.3　地球の赤道半径が極半径より長いため，重力の値（重力加速度）は極で最大，赤道で最小となる．また高度が高くなるほど，重力値は小さくなる．$1\ m/s^2 = 10^2$ gal（ガル）．（『理科年表』丸善，1986）

（3）地震波の速度分布と成層構造

もし地球が均質な物質でできていたとすると，深さとともに圧力が高くなり物質の密度が増化するので，地震波速度は増大するはずである．ところが実際に観測から求められた地震波速度の速度分布には，4つの深度で不連続が見られる（図4.4）．この不連続面の存在は，地球内部が層構造をなしていることを示し，物質の急激な相変化あるいは化学組成の変化があることを示している．

深さ7～40kmの不連続面は，その発見者の名前をとってモホロビチッチ不連続面（モホ面）と呼ばれている．これより上の地殻では地震波のP波の速度が5～7km程度であるが，その下のマントルでは約8kmに増加する（図4.4）．

P波速度はマントル最上部で8km/sの速度に達するが，深さ70～200km付近で再び7.8km/s程度に減速する．この部分を低速度層と呼んでおり（図4.5）．ここでは岩石が部分的に数%程度融解している可能性がある．マントルには深さ400kmと670kmに，圧力の増加に伴う相転移による不連続面が存在することが知られている（コラム「地球内部の物質と圧力」p. 54を参照）．

低速度層より深いマントルでは，P波速度は深度とともに増加し，最大約14km/sに達するが，深さ2900kmで急激に減速し8km/sに戻る．また，この深度より以深ではS波が伝わらなくなる（図4.4）．この不連続面をグーテンベルグ不連続面と呼び，これ以深を核と呼ぶ．

マントルを構成する物質は超高圧実験に基づき，かんらん岩（口絵II.10）とそれが相変化した岩石から構成されていると考えられているが，マントル下

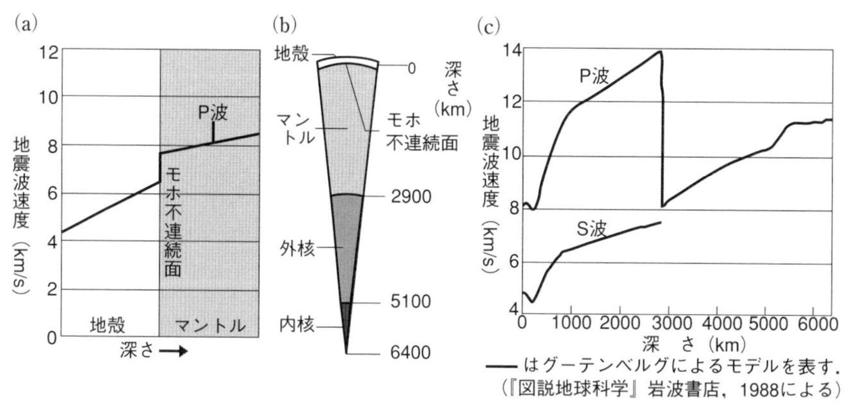

図4.4　地震波速度と地球の内部構造．(a) 地殻内のP波速度は5～7km/sであるが，マントルでは8km/sとなる．(b) 地震波速度分布 (c) に基づく，地球の内部構造．

部についてはまだ不明なことが多い．

深度5100km付近でP波速度はもう一度急激に増加する．この不連続面を境に上部を外核，下部を内核と呼んでいる（図4.4）．核は鉄やニッケルなどの金属でできていると考えられているが，外核は液体，内核は固体と考えられている．その根拠になっているのが，地震波のシャドーゾーンの存在である．

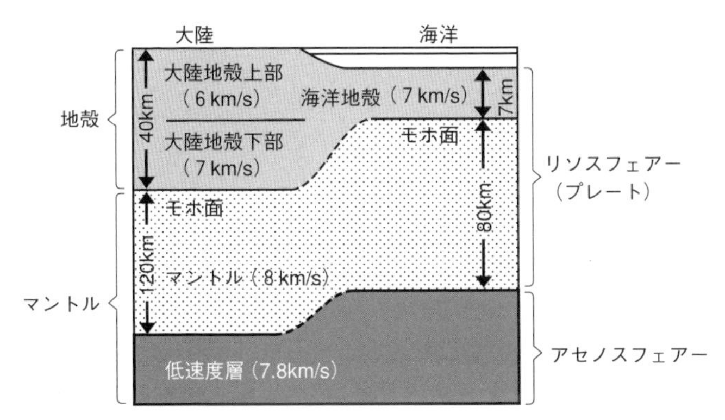

図4.5　地球表層の構成．大陸地殻はかこう岩質の上部と玄武岩質（はんれい岩質）の下部に二分される．地殻とマントル最上部の厚さ80～120kmはプレートと呼ばれており，その下には低速度層（アセノスフェアー）が分布している．

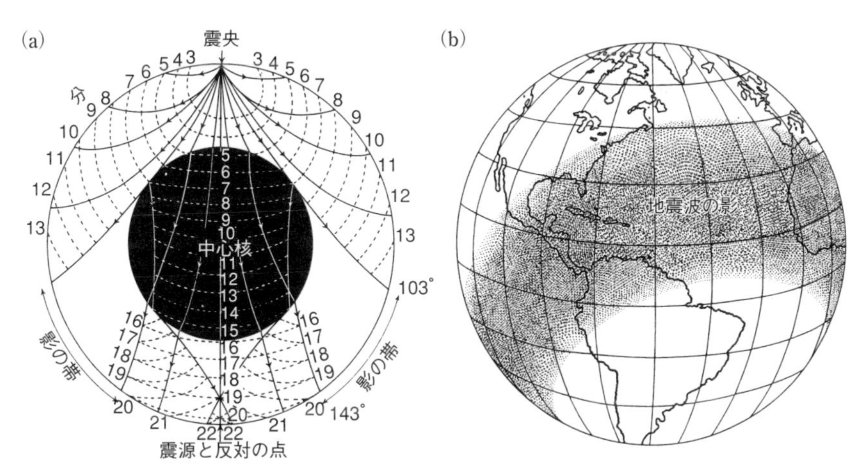

図4.6　(a) P波は地球内部を貫通し，地震発生の約22分後には地球の反対の地点に到達する．S波は液体の外核を通過できず，P波は核とマントルの境界で屈折するため，震央距離103°～143°の地域では地震波が観測されない（地震波の影，シャドーゾーン）．(b) 日本で発生した地震波のシャドーゾーン．（Holmes, 1978；上田・貝塚・兼平・小池・河野訳『一般地質学 III』東京大学出版会，1984）

日本で大きな地震が発生したとすると，地震波は核を通過して約22分後には20,000km 離れた地球の反対側に到達する．ところが震央から11,500km から16,000km 離れたドーナツ状の地帯には届かない．つまり中南米や西アフリカなど震央距離103° から143° の地域では，地震が観測されないのである（図4.6）．このような現象は地球上のどの地点で発生した地震でも共通して認められる．この地震波が到達しない地帯のことを地震波の影，シャドーゾーンと呼んでいる．いったん観測されなくなったＰ波は，143° より遠隔地では再び観測されるようになるが，Ｓ波は観測されない．これらの観測事実は，マントルと核の密度が異なるため，その境界で波が屈折して起こったものであり，また103° より以遠ではＳ波が観測されないことは，核が液体であることを示している．ただし，5100km 以深ではＰ波速度が急増することから（図4.4），内核は固体であると考えられている．

地球内部の構造と構成は，このように地震波を使って間接的に調べられているが，この推定が間違っていないことを示す証拠が隕石の研究から示されてい

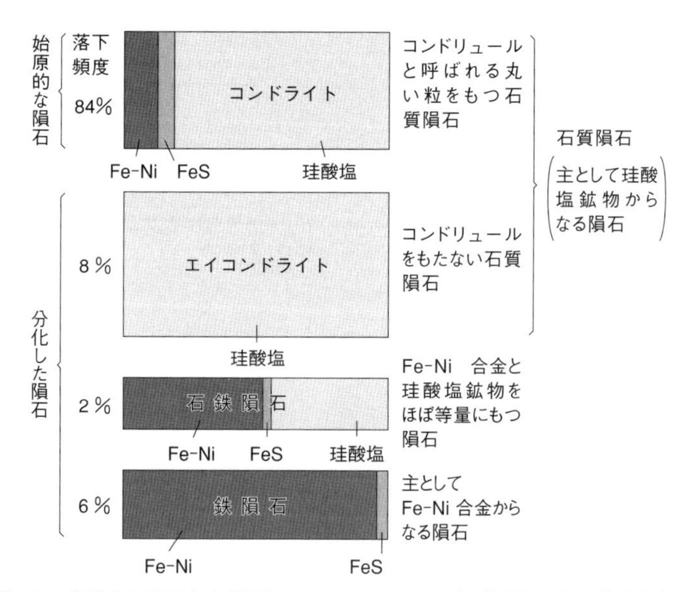

図 4.7 地球上に落下した隕石は，コンドリュールと呼ばれる丸い粒子をもつ石質隕石（コンドライト；口絵I.14）とコンドリュールをもたない石質隕石（エイコンドライト），およびFe-Ni 合金からなる鉄隕石に大別される．

る．地球上に落ちてくる隕石は，火星と木星の間にあったもう１つの惑星が他の天体の衝突によって破壊され，散らばったものと考えられている．隕石の組成はかんらん岩を主体とした石質隕石と鉄とニッケルからなる鉄質隕石に二分され，これまでに発見された各々の割合は93％と６％になっている（図4.7）．この割合は地球の地殻・マントルと核の体積の割合，84％と16％に類似している．おそらく石質隕石は地殻とマントルに，鉄質隕石は核に相当し，石鉄質隕石は核とマントルの境界の物質に対応しているものと思われる．なお石質隕石も鉄質隕石も様々な方法で年代測定されているが，その年代値は45～46億年前を示し，地球の年齢と同じである．

2．地殻の構成と化学組成

地球の表面積$5.10\times10^{8}\mathrm{km}^{2}$の29.2％が陸で，70.8％が海で占められている．陸の平均高度は840mであり，海の平均深度は－3795mである（図4.8）．地球表面の高度毎の分布面積を調べると，０～1000mが20.8％を占め，－4000～5000mが23.4％を占めており，高度分布は二極化している．ところが地球の隣の金星や火星，そして月の高度分布を調べると１つの高度帯に集中する（図4.9）．これは地球の表層が，性質の異なった２つの地殻から構成されていることによる．

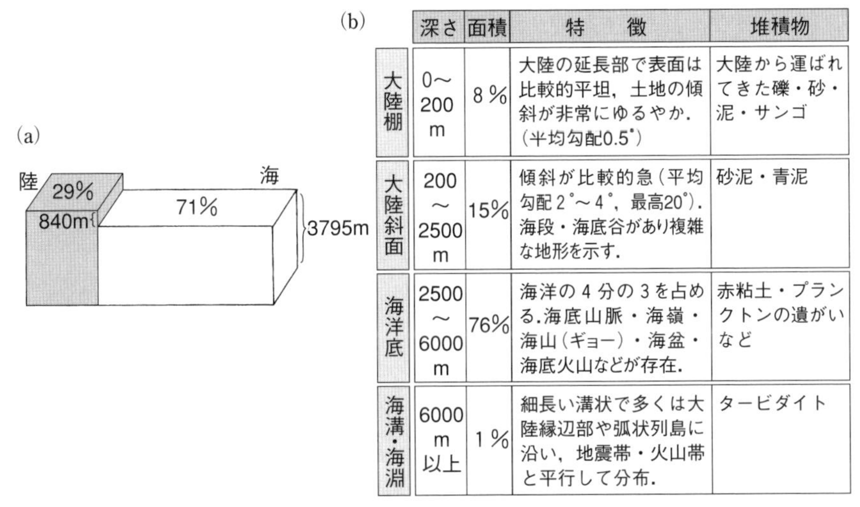

	深さ	面積	特　　徴	堆積物
大陸棚	0～200m	8％	大陸の延長部で表面は比較的平坦，土地の傾斜が非常にゆるやか．（平均勾配0.5°）	大陸から運ばれてきた礫・砂・泥・サンゴ
大陸斜面	200～2500m	15％	傾斜が比較的急（平均勾配２°～４°，最高20°）．海段・海底谷があり複雑な地形を示す．	砂泥・青泥
海洋底	2500～6000m	76％	海洋の４分の３を占める．海底山脈・海嶺・海山（ギョー）・海盆・海底火山などが存在．	赤粘土・プランクトンの遺がいなど
海溝・海淵	6000m以上	1％	細長い溝状で多くは大陸縁辺部や弧状列島に沿い，地震帯・火山帯と平行して分布．	タービダイト

図4.8　(a) 陸の平均高度と海の平均深度．(b) 海底の地形区分とその特徴．

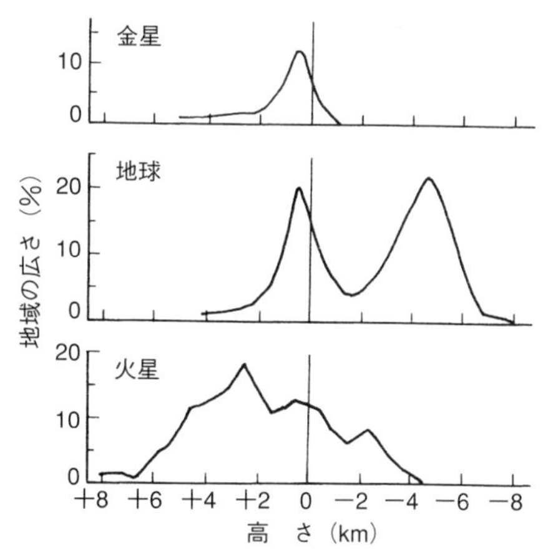

図 4.9　惑星表面の高さの頻度分布．地球だけがバイモーダルである．（Masursky ほか，1980）

（1）大陸地殻と海洋地殻

大陸と海洋ではそれを構成する岩石の種類や厚さ，構造や年齢などが著しく異なっている．それは以下の表のようにまとめられる．

	大陸地殻	海洋地殻
厚さ	約40km	約 7 km
岩石	上　部：かこう岩質 下　部：はんれい岩質	最上部：遠洋性堆積物 上　部：玄武岩質 下　部：はんれい岩質
密度	上　部：2.6～2.8g/cm^3 下　部：2.8～3.0g/cm^3	2.8～3.0g/cm^3
年齢	40億年前～現在までの 様々な年代の岩石	2 億年より若い 数億年で更新される

大陸地殻の69%はクラトン（剛塊）と呼ばれる25億年より古い岩石から構成された，現在は地殻変動のない安定した地域である（図4.10）．クラトンの周辺にはそれより若い年代の様々な造山帯からなる変動帯が取り巻いており，それは大陸地殻の15%を占めている．また，アフリカ大地溝帯や北米のベースン&レーンジのように，地殻が引き延ばされ薄くなっている地帯が10%，日本列島のような火山弧が 6 %を占めている．大陸地殻の平均的な厚さは約40km であるが，ヒマラヤやアルプスのような大陸が衝突してできた造山帯では，地殻

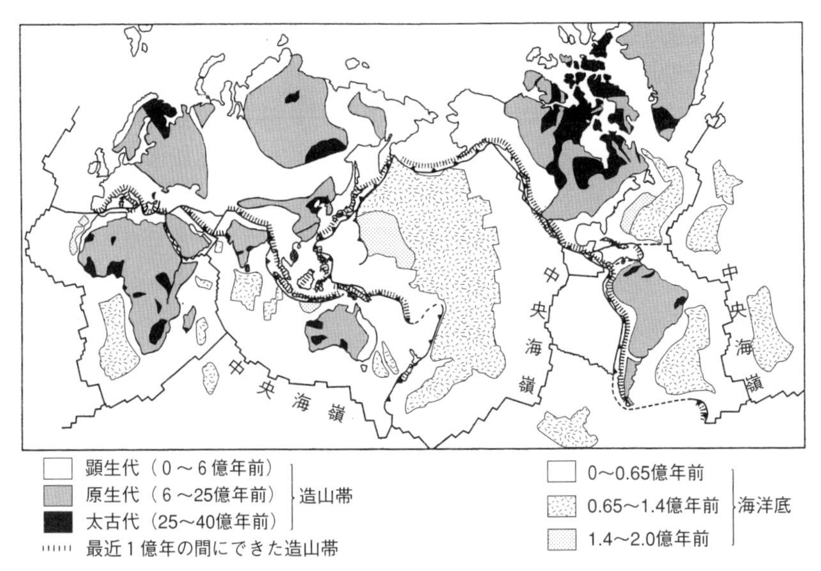

図 4.10 世界の造山帯と海洋底の年代分布．（丸山茂徳『科学 第68巻 第10号』岩波書店，1998）

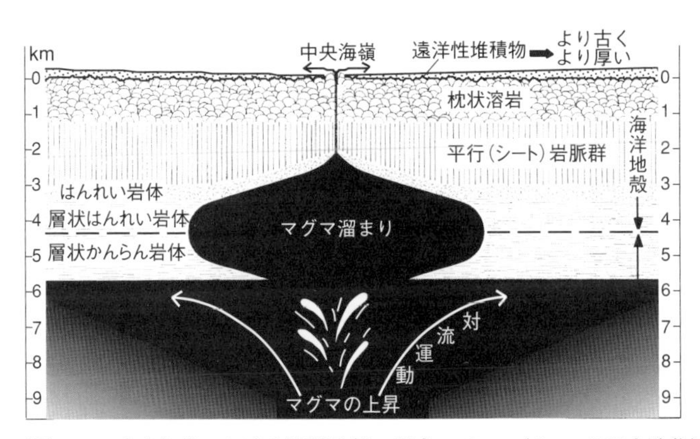

図 4.11 中央海嶺における海洋地殻の形成モデル．（Gass, 1982を改作）

の厚さは2倍近くに達する．

大陸地殻上部は主にかこう岩質（SiO_2 約70%）の岩石で構成されているが，海洋地殻は主に玄武岩質（SiO_2 約50%）の岩石から構成されている．日本列島のように海洋と大陸の境界に位置する島弧（弧状列島）は，かこう岩と玄武岩の中間的な組成をもつ安山岩質（SiO_2 約60%）の岩石からなっている．大陸地殻を構成する岩石は，実際には様々な年齢と種類の岩石から構成されている．

一方，海洋地殻は驚くほど均一な岩石組み合わせから構成されている．すなわち第１層と呼ばれる最上部は，海洋生物の遺骸を中心とした厚さ数百メートルの遠洋性堆積物であり，その下の第２層は枕状溶岩とそれを供給した平行岩脈群からなる（図4.11）．第３層は層状はんれい岩からなり，その下に層状かんらん岩を伴うことがある．このような岩石組み合わせと積み重なりの順序は，世界中どこの海洋底でも同じである．海洋地殻第２・３層は中央海嶺で生産され，第１層はその後の海洋底拡大過程で堆積したものである．

なお風化浸食作用に常時さらされている大陸上では堆積速度が速く，1000年に100～1000mm の堆積速度である．しかし海洋底では陸源の砕屑粒子の供給は非常に限られ，風化浸食作用もないため堆積速度は遅く，1000年に１～数ミリメートル程度である．したがって海洋底の堆積物１m には，過去100万～数十万年の記録が残されていることになる．

（２）岩石・鉱物・ガラス

地殻を構成している岩石の基本粒子が鉱物である．かこう岩は石英，長石，雲母という３つの基本的な鉱物の集合体であるが，各鉱物の量比や粒度は不均一であり，含まれる副成分鉱物や化学組成は似ているが一定ではない．

鉱物はどの部分をとっても一定の化学組成をもち，均一な内部構造をもつ天然の無機物である．したがって石英の化学組成は地球上どこでも SiO_2 であり，同じ物理的性質（硬度，劈開，密度など）をもつ．

鉱物は原子が規則正しく配列した結晶から構成されている．結晶の構成原子は，ある一定の方向では一定の間隔と周期で規則正しく並んでいる．その結果，同じ結晶構造をもつ鉱物は，同じ結晶形態や劈開をもっている．

一方ガラスは非結晶であり，原子の配列に規則性がない（図4.12）．岩石や鉱物を融解して急冷すると，天然ガラス（たとえば黒曜石やガラス質火山灰）になる．したがって，かこう岩を融解して急冷するとかこう岩質ガラス（化学組成はかこう岩），玄武岩を融解・急冷すると玄武岩質ガラスとなる．

鉱物は温度や圧力などの物理的条件によって結晶構造を変化させ，別の鉱物に変化する．たとえば石墨の化学組成は炭素Ｃであり，その密度は $2.2g/cm^3$ で柔らかく，真っ黒な色をしている．しかし温度1000℃，圧力が４万気圧以上の高圧下では硬く，透明なダイアモンド（密度 $3.5g/cm^3$）に変化する（図4.13）．

石墨は炭素原子が六角亀の甲状に結合した層がゆるやかに積み重なる結晶構造をもつが，高圧下では炭素原子が共有結合した密なパッキングのダイアモンドに変化する．このように化学組成が同じでも結晶構造が異なるものを多形（同質異像）の関係にあるという．

なお鉱石とはある特定の元素や鉱物が濃集し，それを抽出しても採算がとれる価値をもった岩石のことをいう．Al や Fe の鉱石としての最低濃度は約30%，

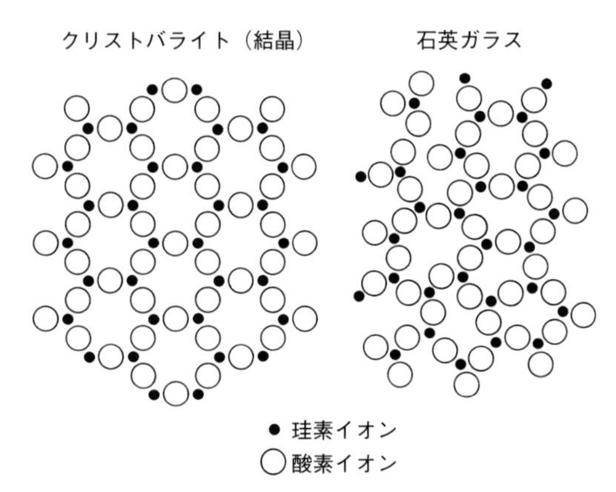

図 4.12　鉱物（結晶）とガラス（非結晶）の構造の違い．クリストバライトと石英ガラスの化学組成は同じだが，石英ガラスをつくる原子は規則正しく配列していない．

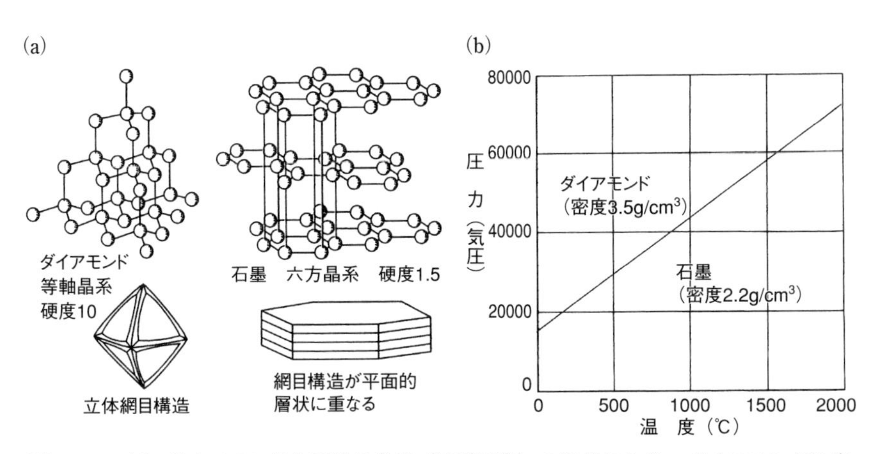

図 4.13　(a) ダイアモンドと石墨は多形（同質異像）の関係にある．ダイアモンドは炭素原子のつくる四面体が積み重なった密な結晶構造をなし，密度が高い．一方，石墨（グラファイト）は六角形の網状シートが平行に重なった層状構造をなし，密度は低い (b)．

U は0.1%である．

（3）地殻の化学組成と鉱物組成

地殻を構成する岩石の割合は，玄武岩質の岩石が42.9%，かこう岩質の岩石が10.4%，両者の中間的な安山岩質の岩石が11.2%，変成岩と堆積岩が35.3%を占めている（図4.14 a）．これを鉱物の割合で見ると，斜長石39%，正長石12%，石英12%，輝石11%，角閃石 5 %，雲母 5 %．粘土鉱物 5 %，その他の鉱物11%となっており，地殻の半分が長石でできていることがわかる（図4.14 b）．

地殻の約99%は以下の表に示した 8 つの元素から構成されている．その中でも酸素と珪素の占める割合が圧倒的に多く，重量%で74.32%，体積%で94.63%を占める．つまり石英の成分 SiO_2 が地殻の大部分を構成している．また酸素と珪素の体積%は，各々93.77%と0.86%になっており（図4.15），地殻

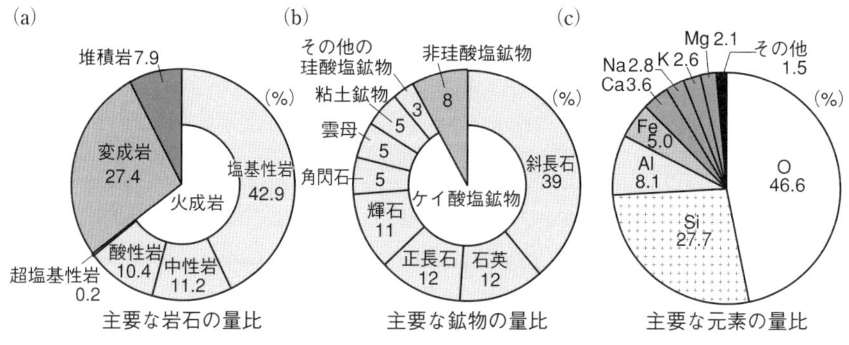

図 4.14　地殻を構成している主要な岩石，鉱物，元素の量比．

	重量%	原子%	イオン半径（Å）	体積%
O	46.60	62.55	1.40	93.77
Si	27.72	21.22	0.42	0.86
Al	8.13	6.47	0.51	0.47
Fe	5.00	1.92	0.74	0.43
Mg	2.09	1.84	0.66	0.29
Ca	3.63	1.94	0.99	1.03
Na	2.83	2.64	0.97	1.32
K	2.59	1.42	1.33	1.83
計	98.59	100.00		100.00

図 4.15　地殻を構成する主要元素の組成．（Mason, 1966）

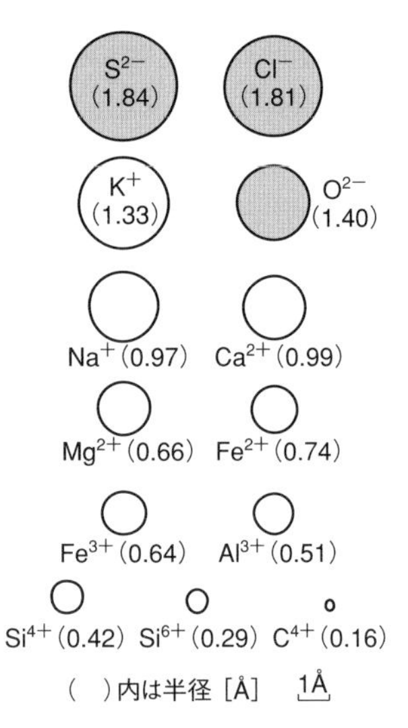

図 4.16　地殻を構成する主要なイオンの大きさ．

の大部分は酸素原子で占められていることがわかる．これは酸素のイオン半径（1.40Å）が珪素のイオン半径（0.42Å）の3倍以上であることに由来する（図4.16）．

3．造岩鉱物の組成と構造

（1）造岩鉱物の結晶構造

地殻の主要な岩石を構成する造岩鉱物の92%が珪酸塩鉱物である．その結晶構造の基本単位となっているのは，SiO_4の四面体である．Oのイオン半径はSiのそれより3倍以上大きいために，Siは4つの酸素がつくる小さな空間におさまる形になっている（図4.17）．OとSiの間は共有結合しており，結合力は強い．Siは＋4価の電荷をもつので，$(SiO_4)^{4-}$となる．SiO_4の四面体がつくる様々な構造の中に陽イオンが分布し，四面体を電気的に結合させ，各鉱物特有の構造がつくられている．その結合様式は，イオンの半径と電気陰性度（どの位電子を引きつけるかの順番）によって決まっている．

珪酸塩鉱物はSiO_4四面体の酸素原子の共有の仕方によって，6つのグループにわけられる（図4.18）．

①1つも共有されない：独立四面体構造――Si-Oの組成$(SiO_4)^{4-}$

　例：かんらん石$(Mg, Fe)_2SiO_4$，ざくろ石，ジルコン$(ZrSiO_4)$

図 4.17　珪酸塩鉱物の基本構造をなす SiO_4四面体のモデル.

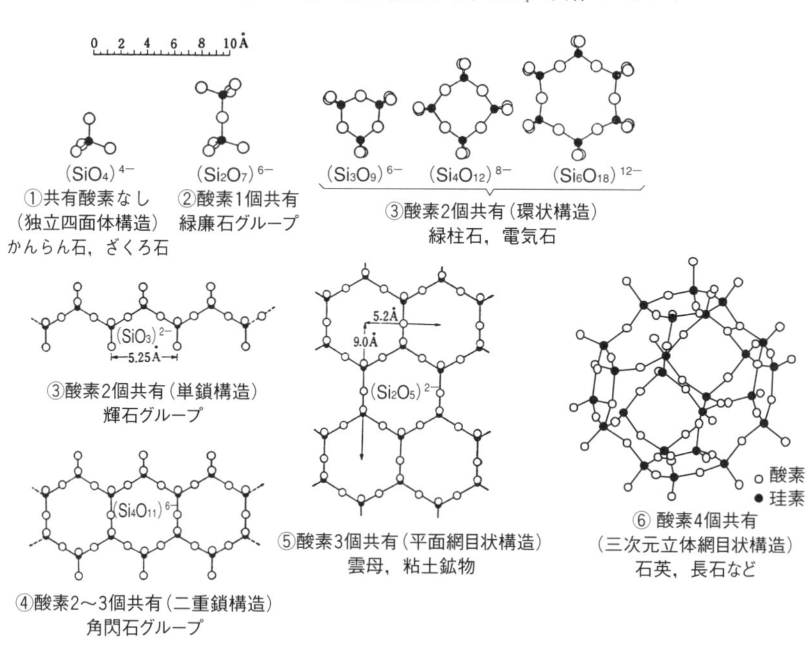

図 4.18　地殻を構成する主要な造岩鉱物の結晶構造.

②１個共有：$(Si_2O_7)^{6-}$

　例：緑簾石グループ，ローソナイト

③２個共有：単鎖状構造—— $(SiO_3)_n^{2-}$

　例：輝石グループ—— (Ca, Mg, Fe) SiO_3

　　リング状構造—— $(SiO_3)^{2-}$

例：緑柱石，電気石，菫青石

④ 2 ～ 3 個共有：二重鎖状構造── $(Si_4O_{11})_n^{6-}$

例：角閃石グループ

⑤ 3 個共有：二次元網目状構造── $(Si_4O_{10})_n^{4-}$

例：白雲母 $K_2Al_6Si_6O_{20}(OH)_4$，滑石，粘土鉱物

⑥ 4 個すべて共有：三次元立体網目状構造── $(SiO_2)_n$

例：長石 (K, Na, Ca) $(Al, Si)_4O_8$，石英，方解石

（2）主要造岩鉱物の構造と化学的・物理的性質

地殻を構成する主要岩石をつくる鉱物は 6 種類である．このうち石英，長石，白雲母は無色鉱物と呼ばれ，残りの 3 つは有色鉱物と呼ばれる．

①石英：SiO_4四面体が三次元的につながり，立体網目構造をつくっている．Si と O だけからなり，珪酸鉱物と呼ばれる．硬く風化されにくく，大陸地殻の風化最終残留物となる（口絵 IV.19）．自形の透明な結晶は水晶と呼ばれる．

②長石：石英同様，SiO_4四面体が立体網目構造をつくっているが，一定の割合で Si（＋ 4 価）の位置に Al（＋ 3 価）が入っている．電気的中性を保つため，立体構造の比較的大きな隙間に K，Ca，Na などの陽イオンが含まれている．これらの陽イオンが溶脱され，$(OH)^-$と結びついて粘土が形成される．乳～桃白色，拍子木状（口絵 II.11）．

③雲母：逆向きに重ね合わせた一対の SiO_4四面体の二次元網目構造の繰り返

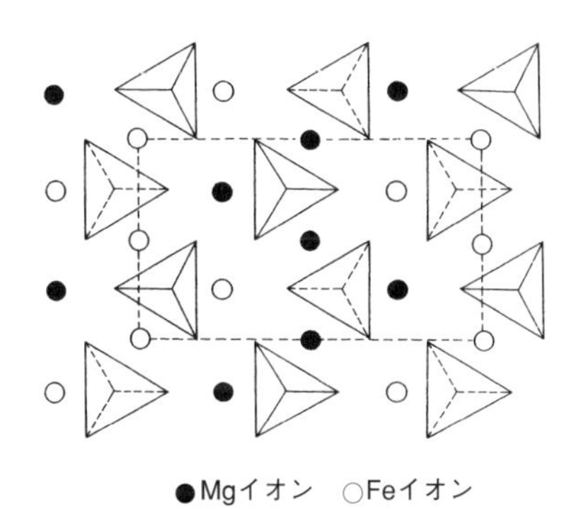

図 4.19　独立四面体が Mg イオンと Fe イオンで結合されたかんらん石の結晶構造．Mg と Fe は相互に置換して固溶体をなす．

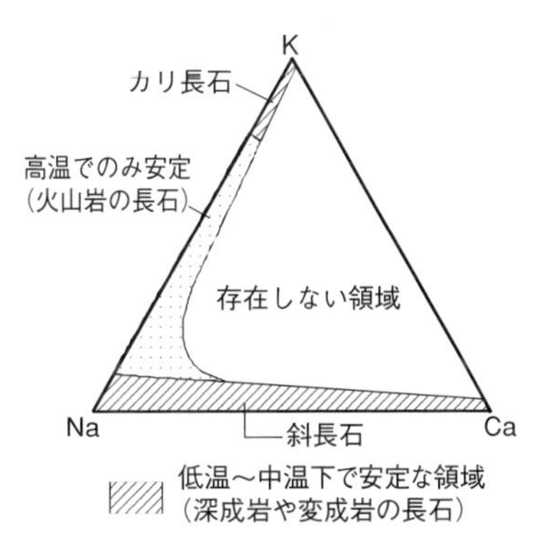

図 4.20　長石は K，Na，Ca を端成分とする固溶体である．

しからなる．網目と網目の間に，Al，K，Mg，Fe などの陽イオンと $(OH)^-$ が入って電気的に結合している．この結合力は弱く，剥げやすい劈開面となる（口絵 III.12a）．粘土もこれと同様な構造をしている．

④輝石：SiO_4四面体が鎖状につながり，鎖と鎖の間に Mg，Fe，Ca などの陽イオンが入った鉱物．ほぼ90° で交わる劈開をもつ．一般に黒緑色で，短柱状（口絵 III.9）．

⑤角閃石：輝石のつくる鎖状の構造が二重になり，間に陽イオンの他に $(OH)^-$ を含む．ほぼ120° で交わる劈開をもつ．黒緑色で，長柱状（口絵 III.12a）．

⑥かんらん石：独立した SiO_4四面体の間に Mg，Fe などの陽イオンが入った鉱物（図4.19）．特定の方向の劈開はなく，オリーブ～若草色や橙茶色で，短柱状のコロコロした形をしている（口絵 II.10）．結合力が弱く，陽イオンは容易に溶脱され，化学的風化が進む．

なお長石や雲母はほぼ一定の組成をもつが，固溶体をつくるので，特定の結晶構造の位置にある原子が，異なる元素の原子と入れ替わり得る．たとえば長石では，K，Na，Ca が様々な割合で相互に入れ替わり，K に富むカリ長石と Na あるいは Ca に富む斜長石という 2 つのグループをつくっている（図4.20）．また雲母では K を含む白雲母と Mg，Fe を含む黒雲母にわかれる．このように固溶体の中で相互に入れ替わりうる成分を端成分と呼んでいる．

4．火成岩の組成と組織・構造

（1）火成岩の分類―化学組成と冷却速度

火成岩は冷却速度の違いによって火山岩と深成岩に二分される（図4.21）．火山岩は地上あるいは地下浅い所で急速に冷却した岩石であり，噴出前に結晶化していた斑晶と急冷してできたガラス質基質からなる．一方，深成岩は地下深くでゆっくり冷却されて結晶化した粗粒の鉱物の集合体からなる．同じ化学組成のマグマであっても，冷却速度の違いにより異なる組織をもった火成岩となる．たとえば海洋地殻をつくる玄武岩は，ゆっくり冷却すると輝石，かんらん石，斜長石からなる完晶質のはんれい岩になる．一方，大陸地殻をつくるかこう岩質のマグマが地上に噴出すると流紋岩となる．玄武岩と流紋岩の中間的な組成をもつ安山岩が地下深所でゆっくり固結すると閃緑岩となる．

火成岩は化学組成の違いにより玄武岩（はんれい岩），安山岩（閃緑岩），流紋岩（かこう岩）に三分される（図4.21）．主要成分である SiO_2の量比によっ

		超塩基性岩	塩基性岩	中性岩	酸性岩
斑状組織	火山岩		玄武岩	安山岩	流紋岩
	半深成岩		粗粒玄武岩（ドレライト）	ヒン岩	かこう斑岩
等粒状組織	深成岩	かんらん岩	はんれい岩	閃緑岩	かこう岩
SiO_2（重量%）		45% ←	52%	→ 66%	
色指数		約70%（黒っぽい）←	約35%	→ 約15%（白っぽい）	
比重		約3.2 ←		← 約2.7	

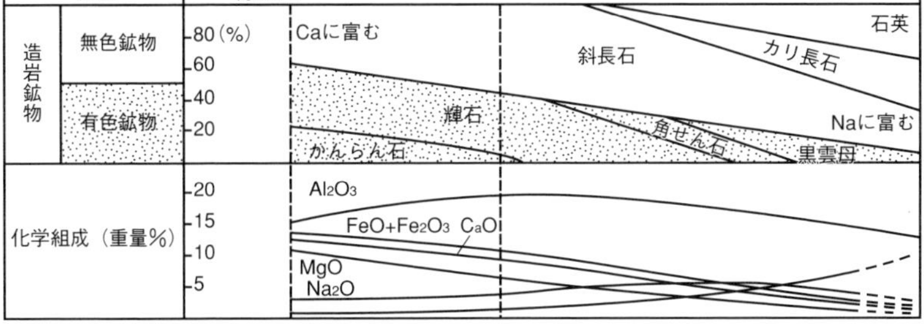

造岩鉱物
無色鉱物
有色鉱物
80（%）
60
40
20
Caに富む
斜長石
カリ長石
石英
Naに富む
輝石
かんらん石
角せん石
黒雲母
化学組成（重量%）
20
15
10
5
Al_2O_3
$FeO+Fe_2O_3$
CaO
MgO
Na_2O

図 4.21　火成岩の分類と鉱物・化学組成.

て約52%以下の玄武岩，約52～66%の安山岩，66%以上の流紋岩に三分される（図4.21）．またSiO_2の量に対応してマグマから晶出する鉱物の組み合わせも上図のように変化する．鉱物の組み合わせにより，有色鉱物の多い玄武岩質なものは黒っぽく比重が大きく，ほとんど無色鉱物からなる流紋岩質のものは白っぽく比重が小さい．

（2）火成岩の構造と産状

マグマが地上に噴出せず，地下で冷却・固結した岩石はその大きさや形に関係なく深成岩と呼ばれている．私たちは活動的な火山の下でマグマがどのようにして地上に供給されているのか，直接観察することはできないが，隆起・浸食された火成岩の観察からマグマの供給経路やマグマ溜まりについて学ぶことができる．

地下でマグマが固結した火成岩は，深成岩あるいは半深成岩と呼ばれる．その規模と周辺の母岩との関係から，4つの基本的なタイプにわけられている．

①底盤（バソリス）：巨大な岩体で，母岩とは非調和な関係にある．延長1000km以上，幅250kmを超えるものもある．日本列島では白亜紀後期のかこう岩底盤が長野県から琵琶湖，広島を経て佐賀県まで広く分布している．

②岩株（ストック）：分布面積が100km^{2}以下の小さな岩体で，母岩とは非調和な関係にある（口絵II.13）．

③岩脈（ダイク）：母岩の成層構造に斜行・直交している板状の岩体（口絵II.13，III.6）．規模は問わない．ジンバブエの巨大岩脈は延長約500km，幅8kmのはんれい岩体からなる．火山体が開析・浸食されると，マグマを供給した火道が固結した岩頸から，岩脈が放射状に出ていることが認められる．また，巨大な酸性のマグマが地表近くで固結あるいは地表に噴出した場合，環状の割れ目ができ，そこにマグマが貫入してリング状岩脈が形成されることがある．宮崎県の大崩山には，約1400万年前のかこう岩質マグマの上昇と陥没に伴い，長径30km以上の巨大なリング状岩脈が形成されている．

④岩床（シート）・岩餅（シル）：母岩の成層構造に調和的な岩体（周辺の地層に沿う）のうち，板状で急傾斜したものをシート，緩傾斜したものをシルと呼ぶ（口絵II.12）．ゴンドワナ大陸が分裂した三畳紀末からジュラ紀初めにかけて，南アフリカには広大なカルー粗粒玄武岩（ドレライト）のシルが，南極大陸にはフェラー粗粒玄武岩のシルが形成された．

●地球内部の物質と圧力

人体の解剖の成果について書かれた『解体新書（1774)』は，日本の近代医学の出発点となった．230年前に『解体新書』に書かれた人体の内部についての知識レベルと地球内部の構造についての現在の知識レベルを比べると，まだまだ地球内部についての知識レベルは低いといわざるを得ない．それは地球の内部が人体のように簡単に解剖して観察することができないからである．

地球表層の諸現象については，1960年代にプレートテクトニクスが登場し，諸現象を統一的に説明できるようになった．しかし地球内部の物質と構造については，まだわかっていないことばかりである．ただし，隕石とマントルの岩石の研究や地球の核に相当するような超高圧状態を発生できる実験装置の開発により，この分野の研究は近年長足の進歩をとげている．

地球内部の密度は，温度・圧力と物質の組成によって決まる．このうち圧力による変化は，観測によって求められた地震波の速さから推定することができる．地震波のP波速度（Vp）とS波速度（Vs）と物性との関係は次のように示すことができる．

$$\mathrm{Vp} = \sqrt{\frac{\mathrm{K}+\frac{4}{3}\mu}{\rho}} \quad \cdots\cdots ①$$

K：体積弾性率，μ：剛性率，ρ：密度

$$\mathrm{Vs} = \sqrt{\frac{\mu}{\rho}} \quad \cdots\cdots ②$$

なお岩石のような弾性体は圧縮すると体積が小さくなり，密度が大きくなる．体積弾性率は弾性体が圧縮されて，どの程度縮んで重くなるかを示すものであり，体積弾性率が大きいほど圧縮されにくい．また剛性率は物質の変形のしやすさについての指標であり，剛性率が大きい物質ほどねじりにくい．また液体は形の変化に対し無抵抗なので，剛性率はゼロである．したがって，S 波速度（Vs）は 0，つまり液体中は伝わらない．

式①，②より $\frac{K}{\rho} = Vp^2 - \frac{4}{3} Vs^2$ となり，地球内部の任意の深度における地震波速度がわかっていれば，その地点での体積弾性率と密度の比を求めることができる．1936年にオーストラリアの地球物理学者ブレンは，地球内部の各深さにおける体積弾性率を推定し，深さによる密度の変化を明らかにした（図4.2）．彼が求めた密度は，マントル最上部で3.32g/cm^3，マントル最下部で5.68g/cm^3，核の最上部で9.43g/cm^3，地球の中心で12g/cm^{3}であった．また地球の中心部の圧力は約400万気圧に達することも明らかになった．

地球深部で圧力が増加すると，物質の結晶構造が変化し（相転移），それに伴い密度と地震波速度が増加する．マントルは地球の全体積の82.6%を占め，そこでどのように結晶構造が変化するかということは，マントルの対流運動やプレート運動の起源を理解する上で非常に重要である．そこで1960年代以降，超高圧を発生させる装置の開発が進んだ．超高圧に耐えうる圧力室をつくるために，様々な超合金が使われた．最終的には 2 個のダイアモンド結晶の間に鋼板を挟んだ，ダイアモンド・アンビル型と呼ばれる装置が最も適当であることがわかった（図4.22）．ダイアモンドは合金と違って光や X 線を通すので，レーザー光線を使って試料室の温度を上昇させたり，X 線を使って結晶構造の解析ができるのである．鋼板にあけられた小さな穴の中で，加熱された試料の色を観測することによって，温度を測定することもできる．したがって，ダイアモンド・アンビルは「地球内部を覗く窓」とも呼ばれている．

このような超高圧実験装置を使った研究により，マントル上部では 2 つの深度で相転移が起こっていることが明らかにされた：約400km におけるカンラン石〔(Mg,

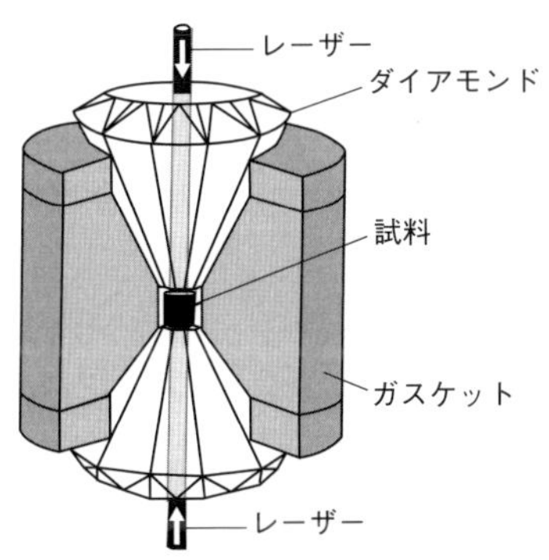

図 4.22 超高圧 - 高温を発生するダイアモンド・アンビル装置．数十万気圧，2000℃までの地球内部の状態をつくり，物性の変化を調べることができる．

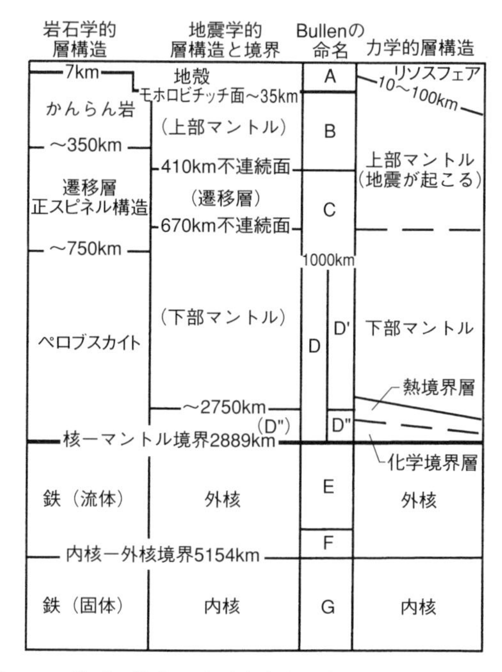

図 4.23 岩石の構成，地震波速度，力学的性質による核・マントルの区分．（川勝均編『地球ダイナミクスとトモグラフィー』朝倉書店，2002）

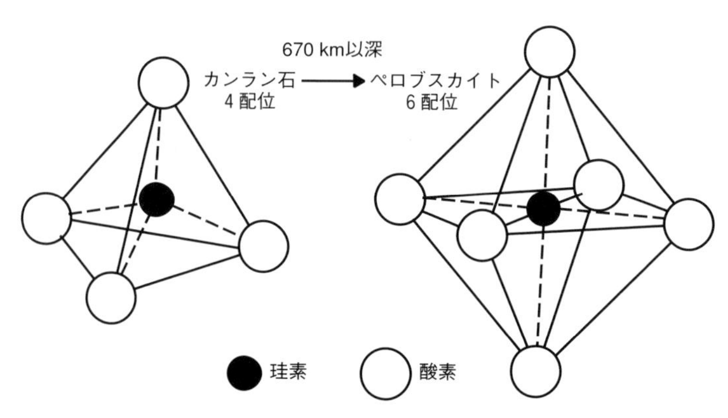

図 4.24 かんらん石は670km 以深の下部マントルでは，6 配位のペロブスカイト構造に変化する．

$Si)_2SiO_4$〕のスピネル構造への転移と約670km におけるスピネル構造からペロブスカイト構造への相転移である（図4.23）．後者は上部マントルと下部マントルの境界となっている．上部マントルでは，Si 原子 1 個に対し O 原子が 4 個の 4 面体構造が基本になっているが（4 配位），下部マントルでは Si 原子 1 個に対し O 原子が 6 個結びついた（6 配位），より密なパッキングのペロブスカイト構造からできている（図4.24）．

海溝から沈み込んだプレートは，周囲のマントルより低温で重いため深さ670km までは自重によって沈み込む．しかし，その下は相転移のため密度が高くなっており，沈み込めずいったんこの深度で滞留する（口絵 II.3）．ここでプレートは長い時間をかけて相転移し，ある程度量が多くなるとマントルの下底に向け沈降していく．これはコールドプリューム（プルームとも表記される）と呼ばれている．コールドプリュームの沈降に伴い，高温のマントル物質が上昇したものがホットプリュームと呼ばれている（図5.25）．このようにマントルの運動には，地球深部での相転移が大きな役割を果たしているのである．

第5章

プレートテクトニクス

大地と海は太古の昔からそこに在って動かないもの，不動なものと古来から堅く信じられてきた．ところが20世紀後半に起こった地球科学の革命によって，それまで人類が共通にもっていた地球観は180度転換した．つまり「大地は動く，海も動く」，そして「地質学的長い時間の中では，大陸と海洋は位置を変え，形を変える」と．

20世紀初頭，ドイツの気象学者アルフレッド・ウェーゲナー（1880～1930）によって提唱された大陸移動説は，当時の学会からは異端の説として葬り去られたが，1960年代初めにイギリスの古地磁気研究グループの研究が発端となって復活した．また1961～62年にアメリカの海軍研究所のディーツ（1914～95）とプリンストン大学の岩石学者ヘス（1906～69）によって提唱された海洋底拡大説は，海洋底の地磁気異常の縞模様の研究によって数年を待たずに証明され，海洋底の掘削による年代決定によって動かぬ事実となった．さらにトランスフォーム断層やホットスポットなどの斬新な概念の導入により，地球表層の構造と運動は統一的に説明できるようになった．それを総合的にまとめたのが，プレートテクトニクスである．1970年代半ばまでに完成したプレートテクトニクスによって，地球表層で起こる火山や地震，断層や褶曲などの地殻変動は初めて統一的に説明することができるようになった．また大陸の衝突・分裂と海洋の発生と消滅，およびそれに伴う造山運動や変成作用もプレートテクトニクスの視点に立って説明できるようになった．

第５章では現在の地球表層の地殻変動がプレートテクトニクスによってどのように理解されているかを概観する．また大陸移動説と海洋底拡大説が，どのようにして証明されたのかを概説する．

1．プレートテクトニクス

(1) プレートテクトニクスとは

地球の表層は地殻と最上部マントルから構成される硬いリソスフェアー（岩石圏）でおおわれている．地球を卵にたとえれば，リソスフェアーは殻の部分に相当する．リソスフェアーの下には部分融解しているために軟らかく，地震波速度が遅い低速度層がある（図4.5）．卵の殻の直下に相当する低速度層から構成されている部分はアセノスフェアー（岩流圏）と呼ばれている．リソスフ

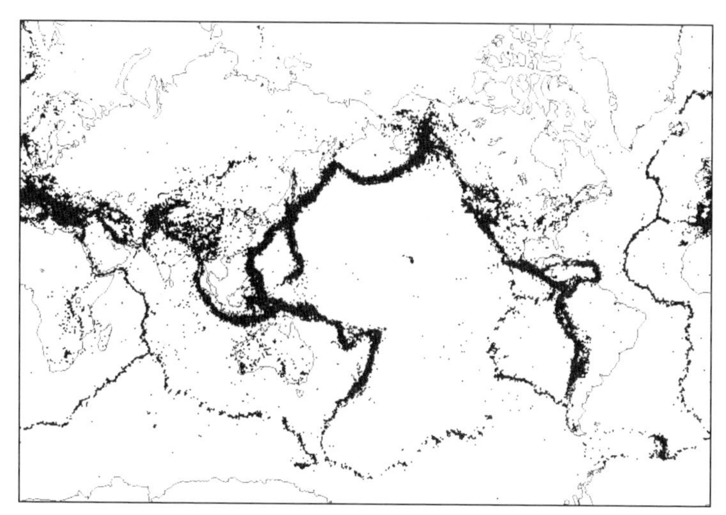

図 5.1a　最近の世界の主な地震活動．50km より浅い地震の震央分布（1991～2000年）．（アメリカ地質調査所のホームページより）

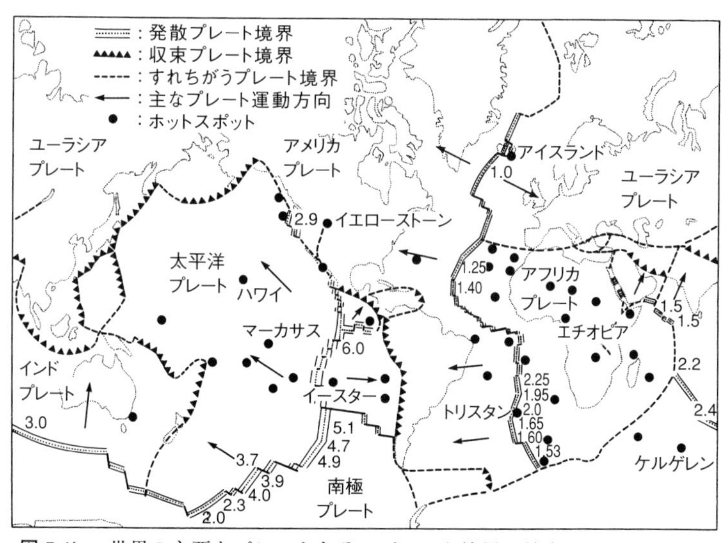

図 5.1b　世界の主要なプレートとそのプレート境界．数字はプレートの拡大速度（cm/y）．（Crough, 1983）

ェアーは十数枚の大小のプレートから構成されている．「プレートは軟らかいアセノスフェアーの上を年間 1 ～10cm の速度で運動しており，プレートが相互に接する境界部分で，地震や火山，造山運動などの地殻変動が発生している．

しかし，プレートそのものはほとんど変形しない（剛体に近似できる）」というのが，プレートテクトニクスの考え方である．地震の震源分布という観点からは，震央分布の帯で囲まれたブロックがプレートであり，地震が帯状に発生しているところがプレート境界ということになる（図5.1a）．球面にへばりついた板であるプレートがほとんど変形せずに運動しているということは，その変位は地球の中心を通る１つの軸の周りの回転によって記述できることを意味している．

プレートにはほとんど大陸だけからなる大陸プレート（ユーラシアプレート）やほとんど海洋だけから構成される海洋プレート（たとえば太平洋プレート），そして大陸と海洋からなるプレート（たとえば，北アメリカプレート）がある（図5.1b）．また，プレートの境界はそこで発生している相対運動のタイプにより，広がる境界（発散境界），縮まる境界（収束境界），すれ違う境界（平行移動境界）にわけられ，各々は中央海嶺，海溝（大陸同士が衝突する衝突帯も収束境界である），トランスフォーム断層に相当する（図5.1b）．プレートテクトニクスが1960年代後半に誕生した背景の１つは，1950年代まで未知の世界であった海洋底についてのデータが蓄積され，理解が進んだことにある．そこで次に海洋底と３つのプレート境界について概説する．

（２）中央海嶺

太平洋や大西洋の中央部には総延長60,000kmにおよぶ大山脈が横たわっている（図5.2，口絵I.15）．深度4000〜5000mの海洋底からそびえ立つ，2000〜3000mクラスの大山脈は陸上の山脈と同様，地殻が圧縮されてできたものと考えられていた．ところが1953年，大西洋の音響測深データに基づき海底の詳細な地形図をつくっていた，ラモント地質研究所のブルース・ヒーゼンとマリー・サープは，中央海嶺の頂上に深い谷があることに気づいた（図5.2，口絵I.15）．この中軸谷は大西洋中央海嶺の他の地点や他の海洋の中央海嶺からも報告された．その後の調査により，中央海嶺に引っ張りの力が働き，正断層が形成され中軸谷が誕生したことが判明した．また中央海嶺直下で発生する地震の発震機構は例外なく正断層型の地震であることも明らかにされ，海洋底の大山脈は大陸上の山脈とは異なるメカニズムで形成されていることが明らかにされた．

中央海嶺をつくっている岩石のほとんどは玄武岩であり，しかも多くは枕状

(a)

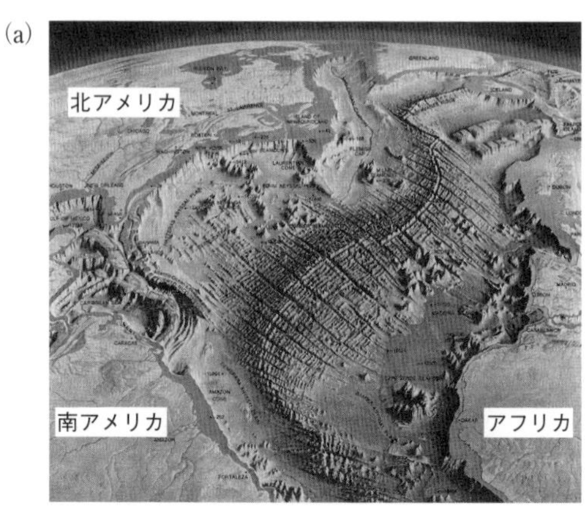

(b)

(c)

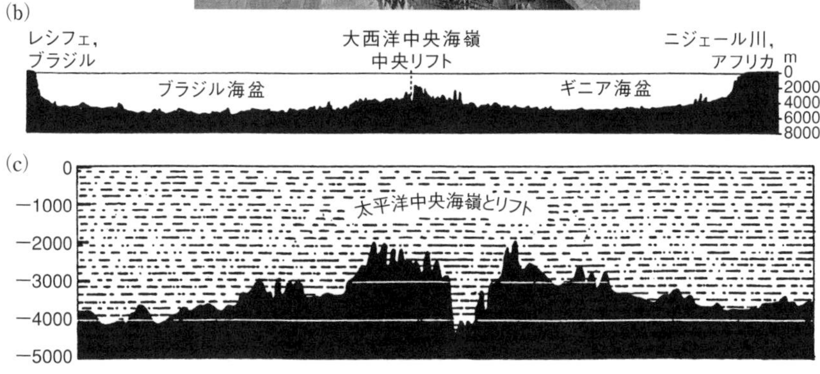

図5.2 (a) 北大西洋の海底地形図．中央海嶺とそれに直交するトランスフォーム断層および大陸斜面から大陸棚に至る地形が明瞭に示されている．(アメリカアルミニウム社より)．(b) 大西洋中央海嶺を横断する地形断面図．南米東端とアフリカのギニア湾を結ぶ断面．(c) 中軸谷とその周辺の拡大断面図．横幅725km．(Heezen, 1959)

溶岩である（図4.11，口絵II.5）．また中央海嶺では地殻熱流量が高く，その直下の地震波速度分布は，マントル物質がわき上がってきていることを示す．また重力は負の異常を示し，中央海嶺下に軽い物質からなるマグマ溜まりがあることを示唆している（図4.11）．つまり中央海嶺は溶融したマントル物質が噴出する火山性の山脈なのである．

(3) 海溝

太平洋の縁辺は深度6000m以上の溝状の窪地である海溝によって取り巻かれている（口絵I.15）．海溝は太平洋の西縁では日本列島のような弧状列島と平行に分布し，太平洋の東縁ではアンデス山脈のような陸弧と平行に分布している．海溝には周囲の弧状列島や大陸から運ばれた砂や泥が堆積している（図5.3）．

海溝の外側斜面直下では浅発の正断層型地震が，内側斜面下では逆断層型の地震が発生している．海溝から弧状列島を経て大陸に至る地域では，逆断層型の地震が発生しており，その震源の深さは海溝から遠くなるほど深く，深発地震面を形成している（図5.4）．この面は発見者の名前にちなんで和達－ベニオフ帯と呼ばれている．この深発地震面こそ，海洋プレートが大陸プレートの下に沈み込む際に両プレート間に蓄積した歪みが解放されて形成されたものである．

海溝では地殻熱流量は低いが，直ぐ陸側の火山弧では高くなる（図5.4）．ま

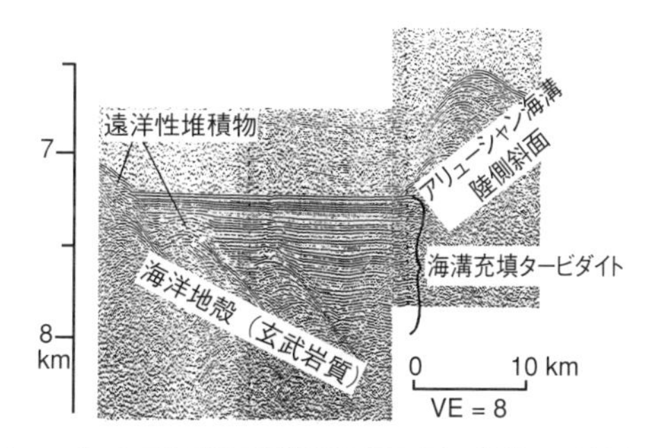

図 5.3　アリューシャン海溝の音響測深断面図．海溝には陸上からもたらされたタービダイトが水平に堆積している．(Buffington, 1973)

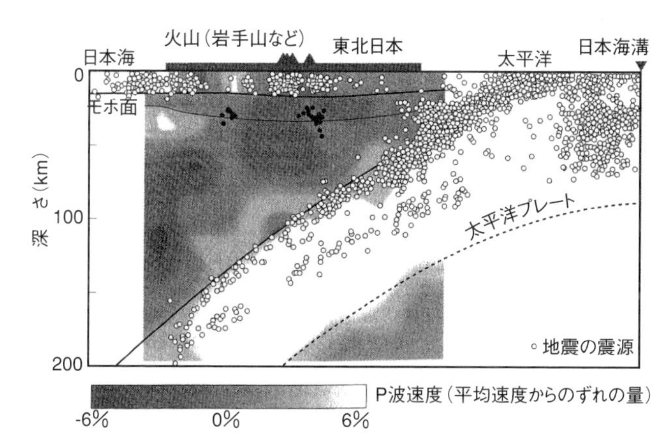

図 5.4　東北日本弧を東西に横切るP波速度断面図と地震の震源分布．（長谷川昭『マグマと地球』（株）クバプロ，1998）

た海溝に沿って重力異常は負の値を示す．薄い海洋地殻のすぐ下に密度の高いマントルがある海溝では，重力異常は正の値を示すことが期待される．ところが海溝では重力異常は負の値を示す．これは沈み込んだプレートによって地形が引き下げられていることを示す．

（4）海洋底

太平洋や大西洋のような大洋（Ocean）の底は，海洋底あるいは大洋底と呼ばれている．海洋底は深さ4000〜5000mの平坦面からなり，地震や火山のような地殻変動は不活発である．また海洋底の最上部は遠洋性堆積物からなり（表カバー，口絵3, 4），その直下は玄武岩質の枕状溶岩からなる（図4.11）．

海洋底の地殻熱流量は，中央海嶺から遠ざかるほど小さくなる．また，その深度は中央海嶺から遠ざかるほど深くなる．

（5）トランスフォーム断層

中央海嶺はそれに直交する断層群によって短冊状に切られ，ずれている（図5.2，口絵I.15）．そのずれ（水平変位量）は最大1400kmに達する．この断層は通常の横ずれ断層とは明らかに異なった動きをしている．図5.5に示すように中央海嶺が横にずれていたとすると，右横ずれ断層と判断される．ところが，この断層に沿って横ずれ運動が起こっているのは，海嶺と海嶺の間だけである．右側の海嶺から誕生した左側の海洋プレートは左方向に運動する．一方，左側

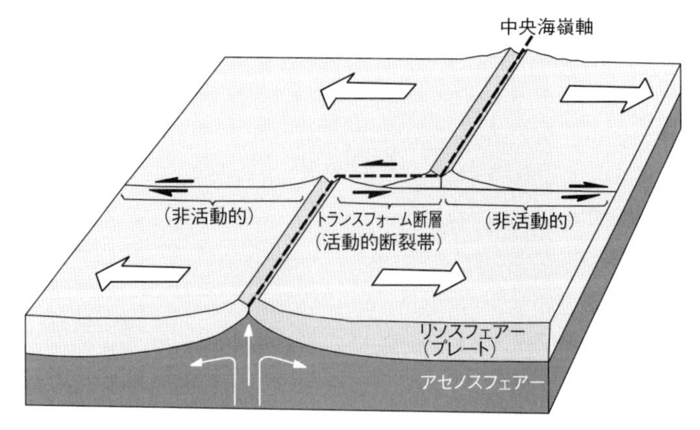

図5.5　中央海嶺を横切るトランスフォーム断層とその活動状態．
海嶺軸と海嶺軸の間だけが活動的であることに注意．

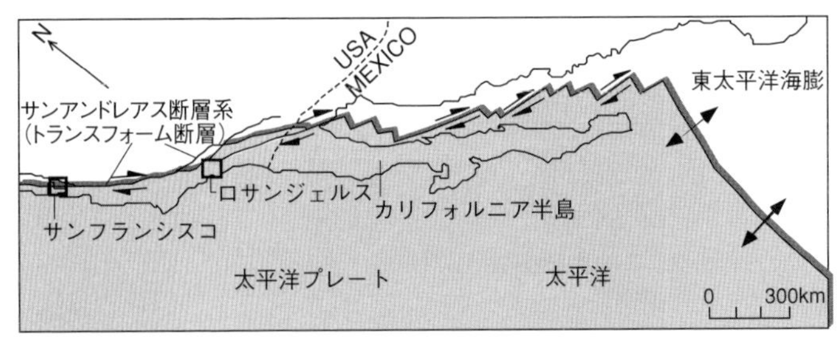

図 5.6 陸上を走るトランスフォーム断層，サンアンドレアス断層．サンフランシスコとロサンジェルスを結ぶ右横ずれ変位を示す大断層．陸上の南北延長は1000 km に達する．

の海嶺から誕生した右側の海洋プレートは右側に移動する．その結果，トランスフォーム断層に沿う運動は左横ずれセンスをもつ．同様に中央海嶺が見かけ上左横ずれ的にずれているときは，右横ずれ運動が起きているのである．したがって中央海嶺はトランスフォーム断層によってずれているのではない．

トランスフォーム断層の多くは，海洋底に分布しているが，北アメリカ西部のサンフランシスコとロサンジェルス近郊を走るサンアンドレアス断層のように，陸上に2000km 以上にわたって続くものもある（図5.6）．またトランスフォーム断層は海嶺と海嶺をつないでいるほか，海溝と海溝，あるいは海溝と中央海嶺をつないでいることもある．なおトランスフォーム断層に沿う相対運動の方向は，プレートの運動方向を示している．

2．大陸移動説と海洋底拡大説

（1）大陸移動説とマントル対流説

海洋底拡大説が提唱され，プレートテクトニクスが確立する50年以上前に，大陸は移動し，海洋の姿も大陸の形も不変のものではないことを説いたドイツ人の気象学者がいた．アルフレッド・ウェーゲナー（1880～1930）である．彼は大気物理学が専門でありながら，当時の地質学や地球物理学のデータを総合し，大陸移動説という革命的な考え方を固体地球科学の世界にもち込んだ．彼の唱えた大陸移動説によると，約 3 億年前にすべての大陸は集合し，パンゲアという超大陸をつくっていたが（図5.7），その後北のローラシアと南のゴンドワナという 2 つの大陸にわかれた．その後さらにゴンドワナ大陸は分裂・移動し，その一部であったアフリカとインドは北上しユーラシア大陸に衝突し，アルプス山脈やヒマラヤ山脈をつくったというものであった．

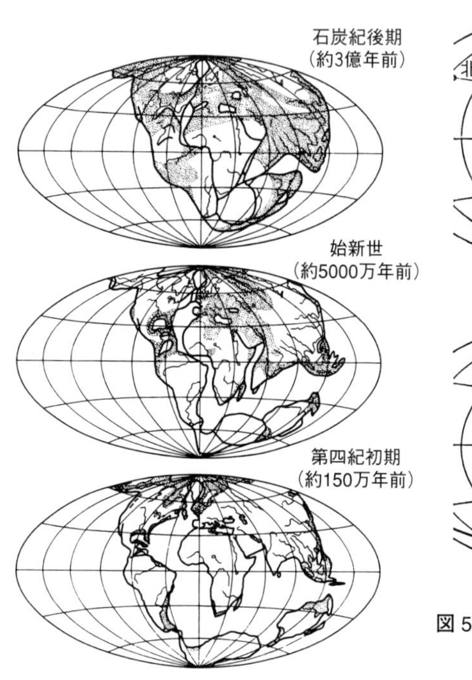

図 5.7 ウェーゲナーが提唱したパンゲアの分裂と大陸移動．砂目の部分は浅い海を示す．(Wegener, 1929)

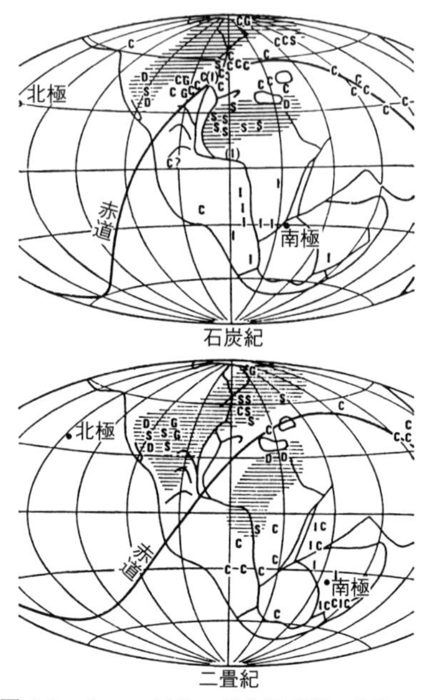

図 5.8 ウェーゲナーが大陸移動の証拠の1つとして示した，パンゲア大陸上の古環境指標堆積物の分布．横線の部分は乾燥地域（亜熱帯高圧帯に相当)．C：石炭，D：砂漠，S：岩塩，G：石膏，I：氷河．(Wegener, 1929)

ウェーゲナーは大陸移動説を裏付ける数々の地質学的状況証拠を集めたが(図5.8)，大陸を動かす原動力を物理学的にうまく説明できなかった．そのために彼がグリーンランド探検中に死去した後は，大陸移動説は絶えてしまった．

ただし，イギリスの地質学者アーサー・ホームズは，大陸移動の原動力をマントル上部の熱対流に求めるマントル対流説を唱えた．マントル対流説によると，マントルの上昇流が大陸とぶつかった結果大陸が分裂し，新しい海洋底を生成する．大陸下のマントルの流れと海洋下のマントルの流れが合流する海溝で，玄武岩は相変化を起こしエクロジャイト（ザクロ石と輝石からなる）となって重くなり下降し，それが大陸を移動させるという斬新なものであった．

しかし，このようなプレートテクトニクスの先駆けとなった説は葬り去られ，マントル対流説だけがホームズの教科書の中だけで細々と生き続けた．大陸も海洋も移動するというこれらの説が1960年代に復活したのは，それまでほとんど未知の世界であった海洋底の知識が蓄積されたこと，そして古地磁気学という新しい手法が開発されたことによる．

（2）海洋底拡大説

1961年にプリンストン大学の岩石学の教授であったヘスは，海洋底の生成と消滅および運動に関する，それまでの常識を超えた考えを提唱した．それが海洋底拡大説である．ヘスは中央海嶺をマントルのわき出し口と考え，そこで新しい地殻が生産され，海溝で再びマントルに沈み込んでいくというプレートテクトニクスの根本的な考え方を示した（図5.9）．さらに海洋底の大部分が白亜紀より若く，その上の堆積物は数十億年も海が存在していたにしては薄すぎることから，海嶺の両側に拡大する速度は年間数センチメートルであり，海洋底は2～3億年で更新されると主張した．また中央海嶺でわき出したマントル物質のかんらん岩には水が加わり蛇紋岩となり，蛇紋岩が海溝で沈み込んだ後脱水した水が海水の起源となったと説いた．この説は当時の学会には受け入れられず，彼はこの説を「Geopoetry（地球についての詩）」と称して発表した．

ほぼ同じ頃にディーツも同様な説を提唱した．彼は地球表層の厚さ70km程度のリソスフェアーが，軟らかいアセノスフェアーの上を動いているという考えを述べている．

海洋底が拡大しているという説は，その後数年のうちに古地磁気学的手法に

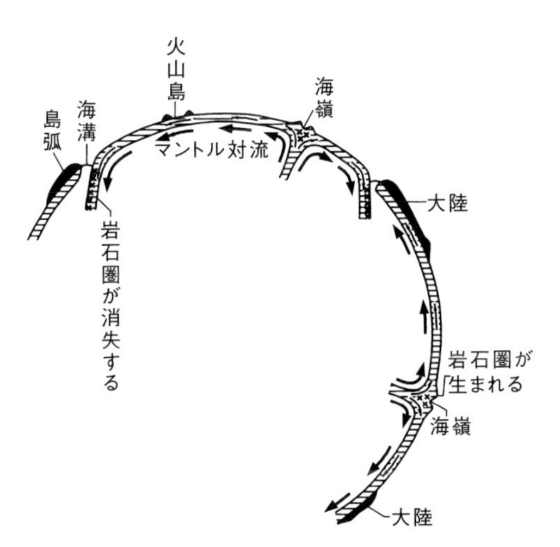

図 5.9　海洋底拡大説の模式図．（上田誠也『新しい地球観』岩波新書，1971）

よって証明され，さらに海洋底の掘削により確認された．次にどのようにしてこの仮説が証明されたのかをみてみよう．

(3) 古地磁気学的証拠

地磁気の逆転と熱残留磁気

海洋底の岩石に記録された過去の地磁気のデータから，海洋底拡大説が証明された話に入る前に，地磁気がどのように岩石に記録されるのか，また地磁気が逆転するという現象について簡単に説明しよう．

地球には磁場があり，その磁力線に沿って磁石は北磁極と南磁極を指す．磁極は自転軸が地球の表面と交差する地理的北とはずれており，その差を偏角という（図5.10）．つまり偏角とは磁針のN極が真北からずれている角度をさす．一方，地球磁場の磁力線は赤道地域では水平面にほぼ平行であるが，緯度が高くなるにつれ水平面とは大きく斜行する（図5.11）．その角度のことを伏角と呼ぶ．任意の緯度（θ）とその地点の伏角（I）の間には，$\tan I = 2 \tan \theta$という関係がある．この偏角と伏角および磁場の強度（地磁気の三要素と呼ばれる）で，その場所の地球磁場を記述することができる（コラム「地磁気は生きている」p. 71参照）．

過去の地球磁場が岩石中に化石として残ったものを，残留磁気と呼んでいる．その中でもっとも安定なものが熱残留磁気である．岩石中には様々な磁性鉱物

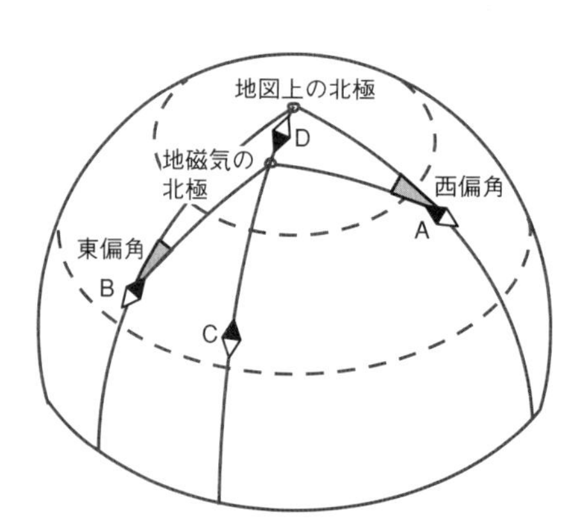

図5.10　磁針の指す北と地図上の北との差を偏角と呼ぶ．A地点（西偏），B地点（東偏），C地点（偏角0）．

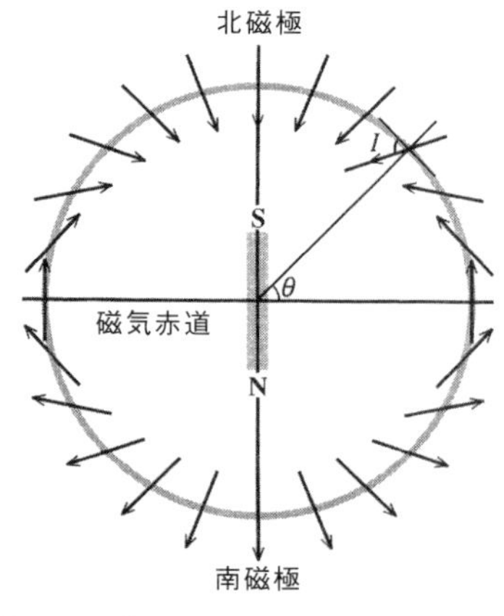

図5.11　磁針の伏角（I）は磁気赤道で0°であり，磁極では90°となる．

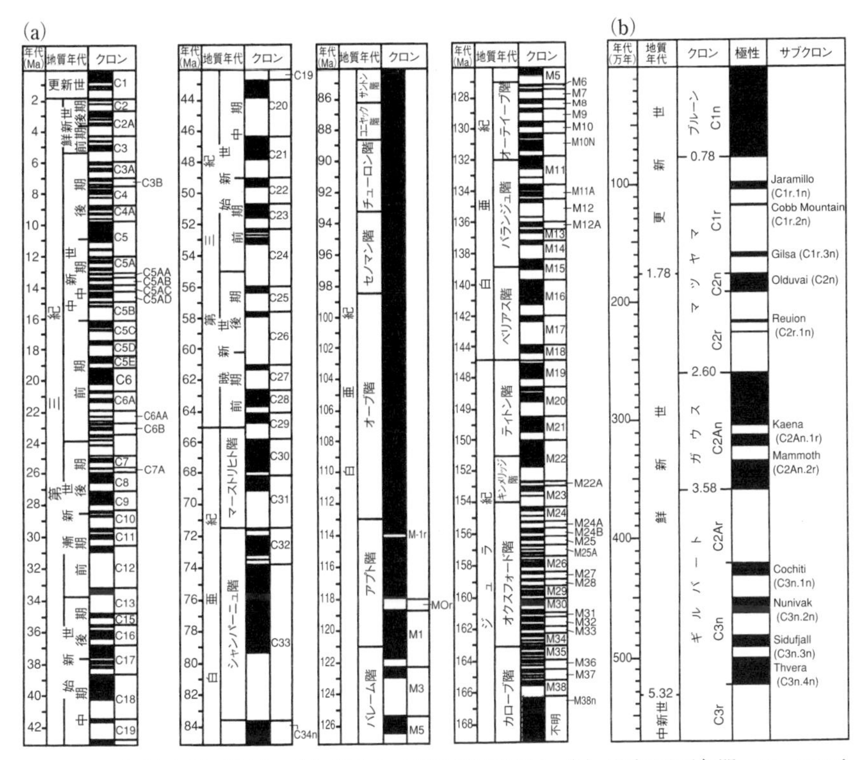

図 5.12　地磁気極性逆転表．(a) 過去約1億6600万年間と (b) 過去500万年間．Ma: 100万年前（小玉一人『古地磁気学』東京大学出版会，1999）

が含まれているが，一定の温度を超えると磁性を失う．一方，火山から噴出した溶岩は，地球磁場の中でゆっくり冷却する際，一定の温度をすぎた際にその場所の地球磁場にしたがった磁気を得る．この磁気のことを熱残留磁気と呼び，磁気を得る温度のことをキューリー温度という．火山岩の中に普通に含まれる磁鉄鉱のキューリー点は575℃である．

岩石の残留磁気を調べると，ある特定の時代の岩石は，現在の地球磁場とほぼ正反対の方向に帯磁している．この事実は，過去に地球磁場が逆転していたことを示す．現在の地球磁場方向に帯磁したものを正帯磁（黒），逆方向に帯磁したものを逆帯磁（白）と呼んでいる．これまでの研究により，ジュラ紀以降70回以上地磁気は逆転したことが知られており，これに年代の目盛りを入れることにより，地層の年代を決定したり，大陸間の異なる地層を対比することが行われている（図5.12）．

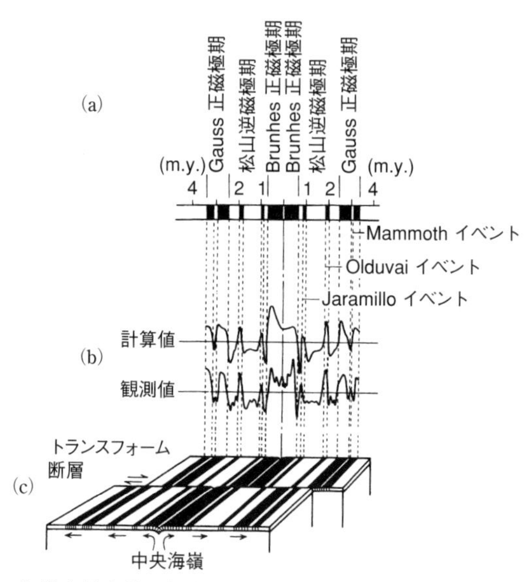

図 5.13　海洋底拡大説の証明．バインとマシューズが提唱した海洋地殻のテープレコーダー・モデルは，アイスランド南方のレイキャネス海嶺の磁気観測データに年代の目盛りを入れることによって証明された．(上田誠也『新しい地球観』岩波新書，1971)

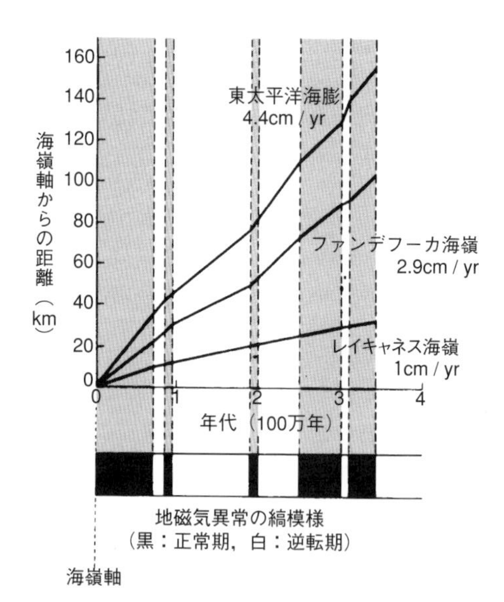

図 5.14　過去約350万年間にわたる東太平洋と北大西洋の中央海嶺の拡大速度の変化．(Vine, 1966)

海洋底の地磁気の縞異常から拡大速度を求める

1963年，ケンブリッジ大学のバインとマシューズは，北大西洋のアイスランド南方の中央海嶺を横断する地磁気の観測データに基づき，地磁気のテープレコーダーモデルを提唱した．彼らは中央海嶺で玄武岩が噴出し冷却したときに熱残留磁気を得，その後両側に拡大したために正帯磁した部分と逆帯磁した部分が中央海嶺を軸に対称的に配列している（地磁気の縞異常）ことを指摘した(図5.13)．つまり中央海嶺で誕生した海洋地殻は一種の磁気テープであった．

さらに1966年には陸上から得られた地磁気の逆転の年代をもとに，海洋底の拡大速度を求めた．すなわち，海嶺軸から地磁気逆転境界までの距離をその年代で割れば，その年代から現在までの平均拡大速度が求められる．このようにして，アイスランド南方の北大西洋では約 1 cm/y，東太平洋では4.6cm/y で海洋底が拡大してきたことが明らかにされた（図5.14）．

●地磁気は生きている

誰でも子供の頃，理科の実験で棒磁石をセルロイド板の下に置き，その上に鉄粉をまいた経験があるだろう．鉄粉はＮ極とＳ極を結ぶ磁力線に沿って，虹の架け橋のように配列し驚いた．そのとき，地球にも同様な磁場があり，磁力線に沿ってコンパスの磁石は常に北を指すことを教わった．地球の中に仮想的な１本の棒磁石を置くことで，地球の磁場はうまく説明できるとも習った（図5.15）．もし地球の磁場が本当に棒磁石のようなものでできているとしたら，磁力線の方向や強さはいつも一定で変わらないはずである．とこ

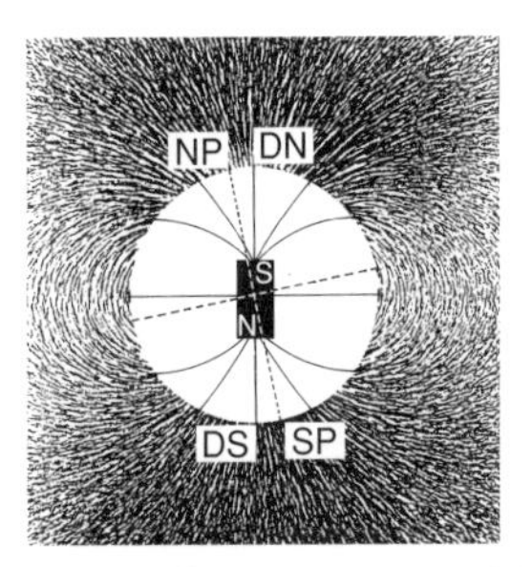

図 5.15　地球磁場の模式図．棒磁石の上にガラス板をのせ，その上に鉄粉をまくと，磁場にしたがい鉄粉が並ぶ．DN と DS は磁北極と磁南極，NP と SP は地理的北極と地理的南極を表す．(Holmes, 1978；上田・貝塚・兼平・小池・河野訳『一般地質学 III』東京大学出版会，1984)

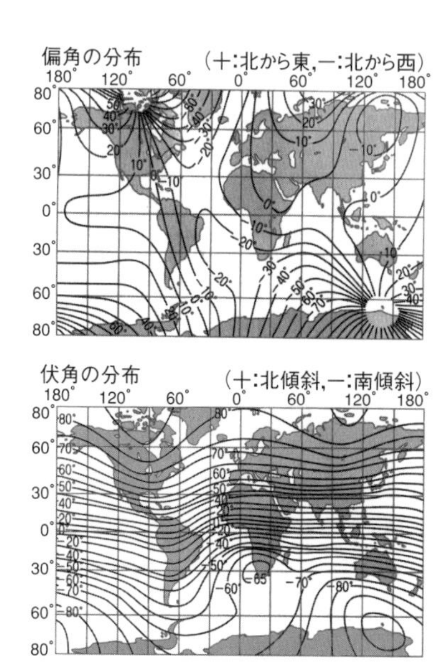

図 5.16 偏角磁気図と伏角磁気図.（Barraelough & Fabiano, 1977）

ろが実は，磁力線の方向も強さも決して一定でなく，少しずつだが変化していることがわかっている．また磁石の指す北は，地図の北とも違っているのである．

地球の極というとき，それは3つある．1つは地理的極であり，地球の自転軸と地表面が交差する点を指している．これは地図上の北極と一致している．もう1つは磁力線が集中する点であり，磁極と呼ばれている（図5.16）．この他に地磁気の極と呼ばれている仮想的棒磁石の極がある．それは現在の地球磁場をもっともよく説明できる仮想的棒磁石が地表と交差する点である．この3者の地球上の位置は次のようになっている．

地理的極………90°N，90°S
磁極…………76.2°N，100°W と 65.8°S，139.3°E
地磁気の極……73°N，100°W と 68°S，143°E

地理的北と磁石の指す北との水平面内での差を偏角といっている．また磁針と水平面のなす角度を伏角と呼んでいる．偏角と伏角により，その地点での磁力線の方向を記述することができる．現在日本での偏角は西に6°～10°であり，伏角は44°～58°である．日本とその周辺の偏角については17世紀以来の記録が残っており，1800年頃を境に偏角は東から西に変わっている．また陶器や磁器を焼いた窯の土の残留磁気あるいは噴出の記録が残っている溶岩の熱残留磁気を調べることによって，過去の地磁気の方向の変化が明らかにされている（図5.17）．

紀元600年頃に建立された法隆寺の五重塔と金堂を結ぶ伽藍（がらん）の中軸線は，現在の磁北より約20°西にずれている．また寺院の周囲の道路は，中軸線に対し直交している．そこで寺院を建立した7世紀初頭の古地磁気データを調べたところ，西偏20°あまりであった．

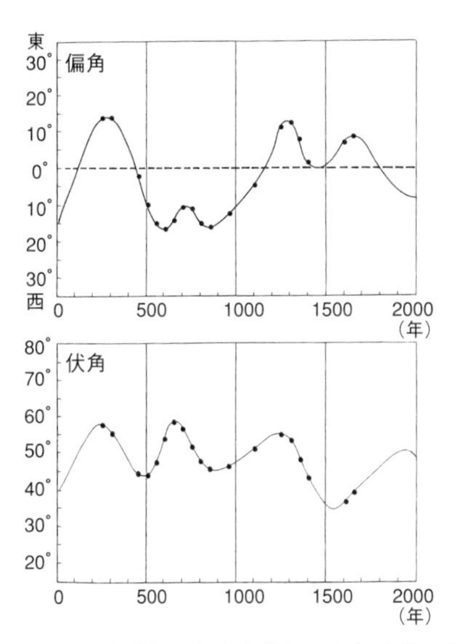

図 5.17 西南日本における地磁気の偏角と伏角の永年変化．（広岡公夫，1971）

これは法隆寺が建立されたとき，磁石を使って北の方位を求め，建築の基準線としたことを示唆している．

日本列島の約1500万年より以前の火山岩や火成岩の熱残留磁化を調べたところ，西南日本の岩石が示す極の方向は系統的に東に約50°あまりずれていた．一方，東北日本のそれは西に30°あまりずれていた．ところが約1500万年前より若い岩石には，系統的なずれは認められなかった．この事実から，約1500万年前西南日本は時計回りに約50°回転し（図8.13），東北日本は反時計回りに約30°回転し，大陸から分離したことが明らかとなっている．

地磁気の強さも時代とともに変化していることがわかっている．地球磁場の強度は過去約200年の間，毎年0.05%ずつ弱くなっており，この傾向が今後も続くと2000年後には地球磁場がゼロになってしまう．

このような地球磁場の変化は，地球が仮想的棒磁石という考えでは説明することができない．主に金属鉄からなる外核部分が運動することによって，電磁誘導的に地球磁場が発生しているものと考えられるが，詳しいメカニズムはまだわかっていない．

（4）深海掘削による海洋底の年代決定

1968年から69年にかけて，アメリカの４つの海洋研究所が合同で深海掘削するプロジェクトが始まった．深海掘削計画（DSDP: Deep Sea Drilling Project）と呼ばれたこのプロジェクトの最初の課題は，海洋底をボーリングし海洋地殻

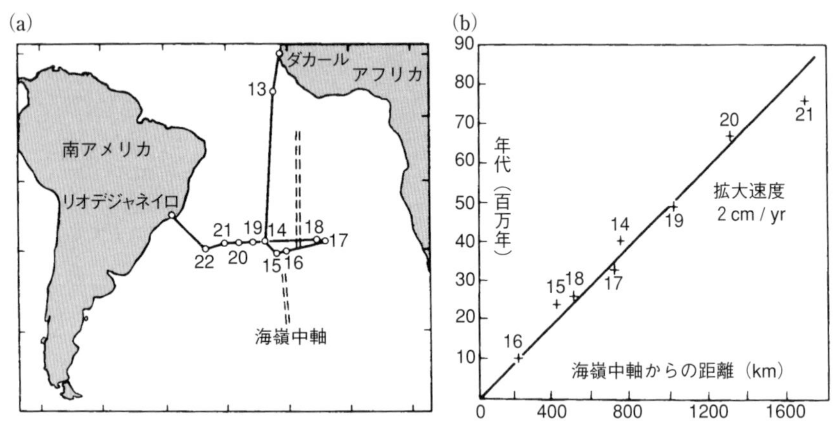

図 5.18　グローマーチャレンジャー号による大西洋の深海掘削により，海洋底拡大説は動かぬ事実となった．(a) 第 3 次航海のボーリング地点，(b) 海嶺中軸からの距離と基盤岩（海洋玄武岩）直上の堆積物の年代から，過去約7500万年にわたり拡大速度は一定であったことが明らかになった．(Maxwell ほか，1970)

の岩石を採取し，年代を決定し，海洋底拡大説を直接証明することであった．

そのためにリオデジャネイロ沖合の南大西洋の中央海嶺を横断する深度3400～4000m の10地点でボーリングが行われた（図5.18）．海洋地殻の最上部を占める遠洋性堆積物の基底（すなわち海嶺玄武岩の直上）から得られた浮遊性有孔虫化石（カバー口絵 7）を使って，各地点の海洋地殻が中央海嶺で誕生した年代が求められた．その結果，中央海嶺から遠ざかるにつれ海洋底の年齢は古くなることが，約7000万年前まで遡って確認された．中軸谷より200km 離れた地点が約1000万年前，800km 離れた地点が4000万年前であった．そして南大西洋の海洋底の拡大速度は，過去7000万年を通じて約 2 cm/y と推定されたのである（図5.18）．

(5) ホットスポットとプレート運動

海洋底拡大説やプレートテクトニクスは，地球表層で起こる地震や火山を初めとする様々な地殻変動を，見事に統一的に説明することができた．ところが，プレートテクトニクスでもうまく説明できないものがあった．それはハワイのような大洋（Ocean）の真ん中にある火山であった．この他にもドイツのライン川やフランスの中央高地の火山，バイカル湖南方や中国東北部など大陸内部の火山などの成因は，プレートテクトニクスでは説明できなかった（図5.1）．

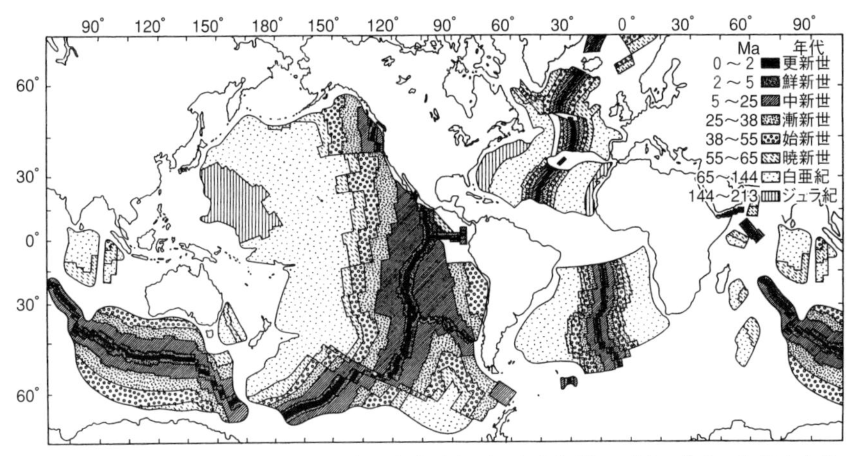

図 5.19 深海掘削の結果得られた海底の年代分布図．中央海嶺の両側で若く，海嶺から遠ざかるにつれて古くなる．Ma: 100万年前（Pitman ほか，1974）

このような火山の成因を説明するために，トロント大学のウィルソンは1963年にホットスポットという奇抜なアイデアを提唱した．

ホットスポットとは，マントルから煙のようにプリューム状に熱い物質がわき上がっている所で，その位置は移動せずマントル内部に固定されていると考えられた．ホットスポットからわき上がったマグマは，プレート上で噴出し火山を形成する．プレートはホットスポットの上を移動していくので，しばらく時間が経過すると古い火山はプレートの運動方向に移動し，ホットスポット上には新しい火山が誕生する（図5.21）．このようにしてプレート上には次々と火山が誕生し，プレートの運動方向に火山列が形成される．このようにしてできたのが，太平洋プレート上につらなるハワイ海山列であり，その延長上にある天皇海山列もホットスポット起源だと考えられている（図5.20，5.21）．

この説を裏付けている証拠は，海山の年齢と活動度（地形）である．ハワイ海山列の中でもっとも東に位置するハワイ島には，マウナロア（4170m）やキラウエア（1247m）のような活火山が分布しており，島の面積は最大である．その年齢は43万年前から現在に至る．その北西のマウイ島は80～130万年前，オアフ島は260～370万年前と次第に古くなり（図5.20），ハワイ島から2500km離れたミッドウェー島の年齢は2720万年前である．天皇海山列では，もっとも南に位置する桓武海山が4200万年前で，もっとも北に位置する約7000万年前の明治海山まで順次古くなっていく．

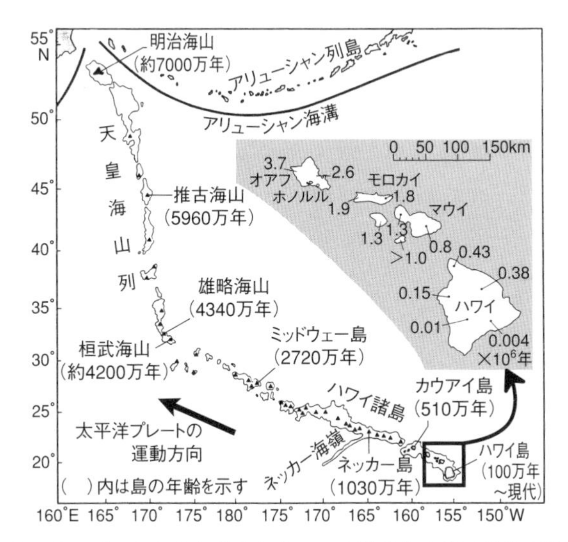

図 5.20 ホットスポットにより誕生したハワイ諸島および天皇海山列とその年代．現在ホットスポットの直上に位置するハワイ島が一番若く，西あるいは北に位置している海山ほど古い年代を示す．(Clague & Dalrymple, 1987)

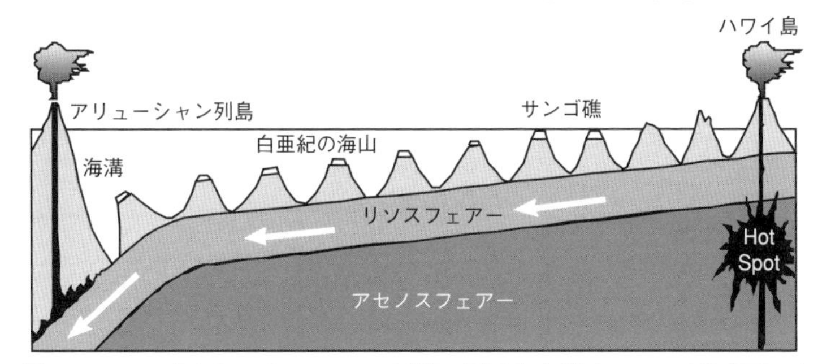

図 5.21 ハワイからアリューシャン列島に至る海山群は，ハワイ島直下のホットスポットによって形成された．海山は太平洋プレートの運動によって西方に移動し，最後は海溝に沈み込む．(Skinner & Porter, 1987)

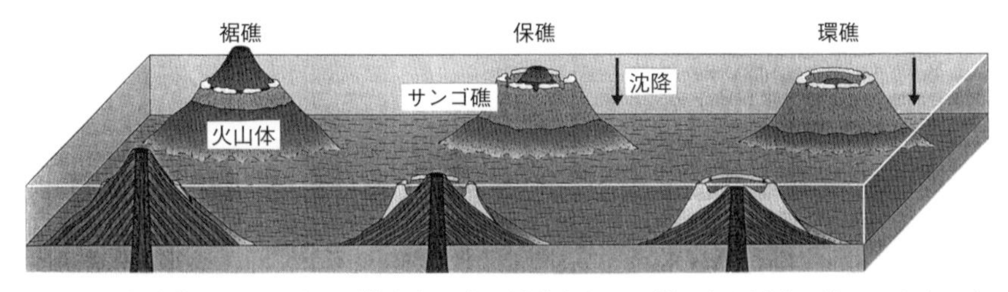

図 5.22 海洋島のサンゴ礁の形態と火山島の活動度との関係．火山活動が終わると火山島は沈降を始め，サンゴ礁は裾礁から保礁，環礁へと変化する．(Garrison, 2002)

もっとも新しいハワイ海山の周辺にはほとんどサンゴ礁は発達していないが，古い海山になると火山体は沈降し，それを取り巻いてサンゴ礁が発達し，裾礁をつくっている（図5.22）．ミッドウェー島のように古い火山では，山体は水面下に没し，その上にサンゴ礁が環礁を形成している．さらに古い火山では，火山体もその上のサンゴ礁も水面下に没し，平頂海山となっている（図5.21）．

これらの事実はホットスポットというアイデアでうまく説明することができる．また，ホットスポット起源の海山の列の方向は，プレートの運動方向を示し，海山間の距離を海山の年齢差で割れば，その間のプレートの平均速度が求まることになる．ミッドウェー島とハワイ島の間の距離と年齢差から，太平洋プレートの平均運動速度は約 9 cm/y と求められる．この値は地震のスリップベクトルから求められた太平洋プレートの現在の運動速度とほぼ一致している．ハワイ海山列と天皇海山列の方向が異なることは，4200万年ほど前に太平洋プレートの運動方向が北北西から西北西に変化したことを示している．

3．海洋のライフサイクル

地球上に分布している大洋（Ocean）は，周縁部の活動状態から 2 つにわけられる．1 つは大西洋のように大陸プレートに連続し，拡大し続けているものであり，もう 1 つは太平洋のように大陸の下に沈み込み，縮小しているものである．目を転じて大陸の方からその縁辺部の活動状態をみると，南北アメリカ大陸の東岸のように，地震も火山もない非活動的な大陸縁辺とアジア大陸東岸のように地殻変動の活発な大陸縁辺とに二分される．では大西洋はいつまでも拡大を続け，北アメリカ東岸はいつまでも非活動的な縁辺であり続けるのであろうか．地球は球体をしているので，いつまでも拡大し続けることはあり得ない．大西洋の縁辺でもいつか沈み込みが発生し，アメリカ大陸東岸が活動的縁辺に変化するのである．トランスフォーム断層やホットスポットなどの卓抜なアイデアを出したツゾー・ウィルソンは，プレートテクトニクスの観点から大洋の一生を 6 つの時期にわけ，造山運動との関係を次のように論じている（図5.23）．

第 1 期：ホットスポットの活動により大陸の中に断裂が発生し（三重点），2 つに分裂を開始．現在の東アフリカ地溝帯がそれに相当する．

第 2 期：分裂が進み，大陸は 2 つに分離し，その間に海洋底が誕生する．現在のアデン湾や紅海がそれに相当する．

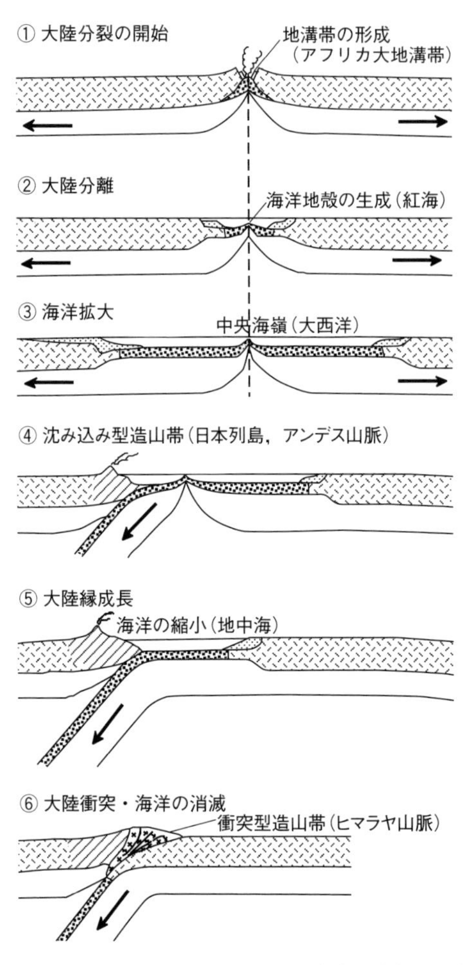

図 5.23 ウィルソンサイクルの 6 つのステージ．海洋の発生から消滅までを示す．

第 3 期：海洋底の拡大が続き，2 つの大陸は遠くに離れてしまう．現在の大西洋がそれに相当する．

第 4 期：非活動的であった大陸縁辺に破壊が生じ，海洋プレートが大陸下に沈み込みを開始し，大陸縁辺には弧状列島が形成される．現在の西太平洋がそれに相当する．

第 5 期：海洋を挟む 2 つの大陸は近づき，海洋底は狭くなり隆起運動が発生する．第 4 期の火山活動は継続．現在の地中海がそれに相当する．

第６期：大陸間の海は消滅し，２つの大陸の衝突・合体が起こり，衝突山脈が形成される．現在のヒマラヤ・チベット地域がそれに相当する．

このように海洋底は中央海嶺でマントルから誕生し，拡大を続け大陸下に沈み込み再びマントルに帰っていく．一方，大陸は海洋プレートに比べて軽いため，離合集散を繰り返し，いつまでも地球表層にあり続けるのである．

4．プリュームテクトニクス

プレートテクトニクスとホットスポットによって，地球表層の変動は統一的に説明できるようになった．しかし，なぜ中央海嶺でマントル物質がわき出し，海溝で沈み込んでいくのか，また沈み込んだプレートはその後どうなるのかなど，プレートテクトニクスの原動力に関する問題は残されたままである．問題が未解決である原因は，マントルに関する知識が不充分で，一体マントルの中で何が起こっているのかがよくわかっていないことにあった．

ところが1980年代の後半になって，地震の観測データを使って地球内部の３次元構造を構築する技術が発達し，マントルの中の構造がわかるようになってきた．それはＸ線を使って人間の体の断層映像を調べ，３次元的に再構築する手法と類似することから地震波トモグラフィーと呼ばれている．

大きな地震が発生すると世界各地に設置された地震計によって，その地震波が観測される．もし震源と観測点の間に周辺より地震波の速度が遅い部分があったとすると，そこを通過してきた波は遅く観測点に到達する．様々な経路で伝搬した地震波の到達時間を組み合わせて解析することにより，地震波速度の遅い部分の三次元立体構造を求めることができる（図5.24）．

地震波トモグラフィーによって，マントル全体が関係する巨大な低速度域が，南太平洋と南アフリカの下（深度2400～2800km）に認められ，そこから地球表層に向かって高温の物質がわき出しているようだ（口絵 II.2）．また海洋プレートが沈み込んだ西太平洋地域では，冷たく比較的高速度の領域が深度400～1000km 付近に横たわっていることが明らかになった（口絵 II.3）．これは上部マントルと下部マントルの境界である深度670km 付近では，冷たいスラブ内のカンラン石の相転移が進みにくく，滞留したために起こったものと理解されている（図5.25）．ただし中央アメリカでは，沈み込んだプレートが670km 付近で停滞することなくマントルの最下部にまで到達していることが示されている（口絵 II.3）．深度670km 付近で停滞していたスラブが蓄積され，高温下で

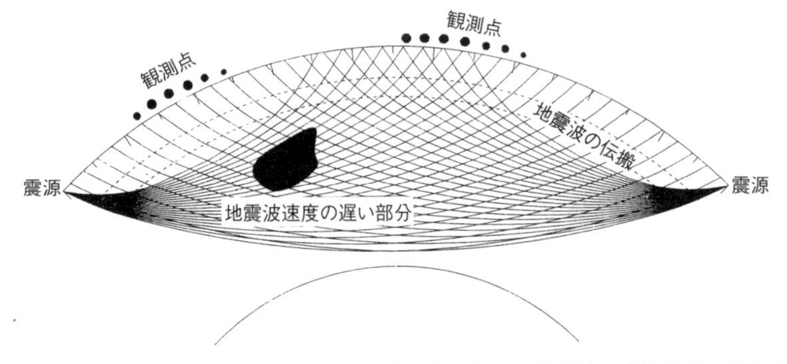

図 5.24 地震波トモグラフィーの原理．黒丸の大きさは，地震波の到達時間の遅れを示している．（川勝均編『地球のダイナミクスとトモグラフィー』朝倉書店，2002）

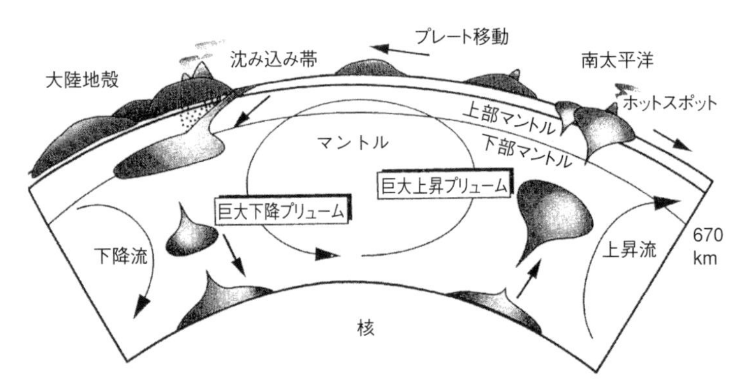

図 5.25 核－マントル境界で発生したスーパープリューム（プルームとも表記）の上昇と沈み込んだ冷たいスラブの下降によって，マントル対流は駆動されている．（丸山茂徳『マグマと地球』（株）クバプロ，1998）

高圧相への相転移が進むと，短期間の内にコア－マントル境界まで落ちて行き，その反流として高温の物質が上昇を開始すると考えている研究者もいる．

地震波トモグラフィーという新しい手法が開発され，これまでほとんど取り付く島のなかった地球の深部構造がわかり始めたところである．今後地震の観測点が増えるとともに，より精度の高い地球内部の三次元構造が明らかにされ，地球のダイナミクスが解明されることが期待されている．

●岩石の年齢と人骨の年代

歴史学的側面をもっている地球科学において，地球の進化や生物の進化という不可逆過程を読みとるためには，地球史に正確な年代軸を入れることが不可欠である．その年代の目盛りを数値で表し，地球の年齢や人類の誕生と進化などを具体的に語ることができるようになったのは，20世紀後半になってからである．この絶対年代の測定の原理は，10億年前の岩石の年齢を求める場合も，縄文時代の人骨の年代を測定するときも変わらない．

絶対年代測定法の開発の出発点は，1897年のキューリー夫妻の放射性元素の発見に遡る．彼らはピッチブレンド鉱というウラン鉱石から，ポロニウムとラジウムという強い放射能をもった元素を発見し，それが熱エネルギーを絶えず放出していることに気づいた．その後，1902年にはラザフォードによって，「原子は自発的に放射性壊変し，異なる元素に変わる」という仮説が提唱され，1913年には同位体（原子量は異なるが，化学的性質は同じ元素）の概念が確立され，天然の放射性壊変法則が確立された．たとえば，ウラン238はヘリウムの原子核を放出する α 壊変（原子番号 2 減少，質量数 4 減少）を 8

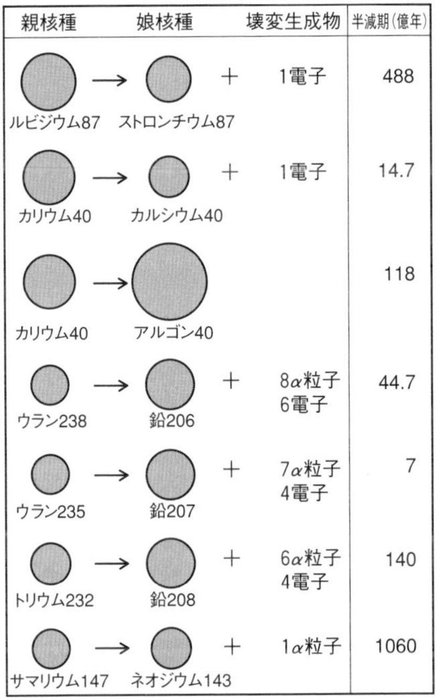

親核種	娘核種	壊変生成物	半減期(億年)
ルビジウム87	ストロンチウム87	＋ 1電子	488
カリウム40	カルシウム40	＋ 1電子	14.7
カリウム40	アルゴン40		118
ウラン238	鉛206	＋ 8α粒子 6電子	44.7
ウラン235	鉛207	＋ 7α粒子 4電子	7
トリウム232	鉛208	＋ 6α粒子 4電子	140
サマリウム147	ネオジウム143	＋ 1α粒子	1060

図 5.26　年代測定に利用されている主要な放射性元素とその半減期．

回，電子とニュートリノを放出する β 壊変（原子番号１増加）を６回行って，最終的には安定な鉛206となる（図5.26）．このとき元になる元素を親元素と呼び，新しく生まれた元素を娘元素という．放射崩変の速度（半減期と呼ばれ，親元素の半分が壊変し，娘元素になる時間で表す）は，どのような物理化学的条件下でも一定なので，現在残っている親元素と新しく生まれた娘元素の量を測定することができれば，放射性壊変を始めた年代，すなわちその岩石が生まれた年代がわかるはずである．

この原理は1906年にラザフォードによって提唱されたが，実際に年代測定が行われるようになったのは，半世紀近く後であった．その障害は，普通の岩石中の放射性鉱物の量がウラン鉱石などに比べ極微量であり，その定量ができなかったことにあった．現在では放射壊変によってつくられた同位体をガス化・イオン化し，磁場中で重いイオンと軽いイオンをふるい分け質量を測定する質量分析計が開発され，1/100億程度の同位体比でも測定できるようになっている．

若い年代の試料，たとえば人骨や米粒などの考古学的な試料に対しては，^{14}C 法と呼ばれる測定法が使われる．これは宇宙から成層圏に飛び込んできた中性子が，窒素原子^{14}Nに衝突することによって生まれた炭素の同位体^{14}C を利用した年代測定法である（図5.27）．炭素の同位体は誕生するとすぐに酸化され二酸化炭素となり，これが植物や動物に摂取さ

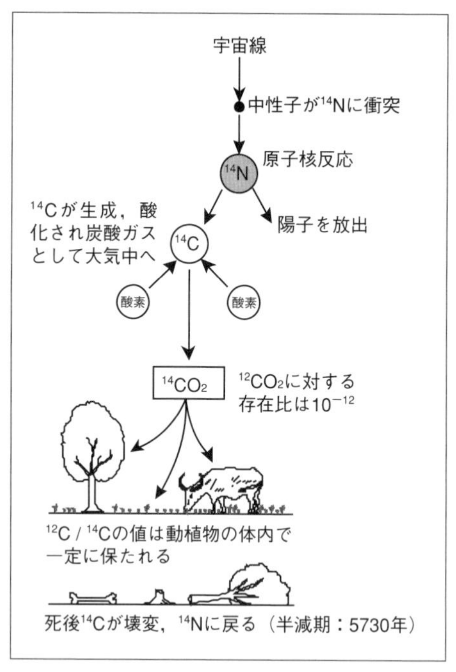

図 5.27　^{14}C 年代測定の原理．

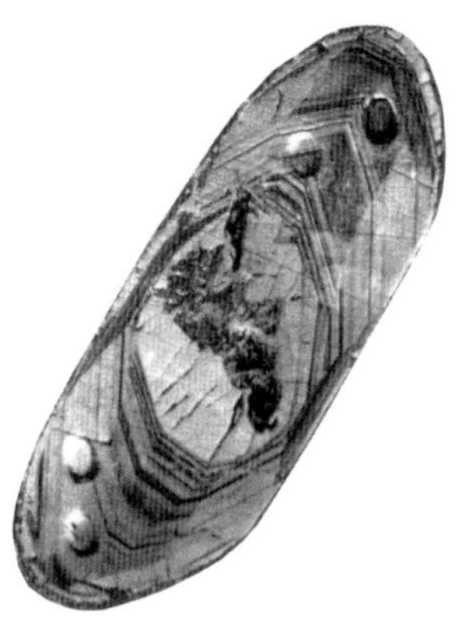

図 5.28 世界最古の39.6億年の年代値をもつ，アカスタ片麻岩中のジルコン結晶（全長0.5mm）．レーザー光線を照射したスポットの大きさは20×30 μm.（Bowingほか，1989）

れ体内に蓄積する．生物が死ぬと外界からの^{14}Cの供給はなくなるので，遺体が燃焼しない限り β 崩壊を続け，約5700年の半減期で安定な^{14}Nに戻ってしまう．そこで生物遺体中の^{14}C濃度を測定し，現在の生物体中の^{14}C濃度と比較すれば，その生物が死んでから，あるいは^{14}Cが生物体に固定してからの経過年数が求められる．歴史時代の遺物であれば，^{14}C年代測定値を資料からわかっている年代値と比較検証することができる．また樹木であれば，年輪を数えることによって得られた年代値とその年輪部分の^{14}C年代測定値を比較検証することができる．このような方法によって，^{14}C年代測定法には間違いがないことが確認されている．質量分析技術の進歩により，現在では微小な米粒1個や化石花粉などでも年代を求めることができるようになっている．ただし半減期が短いために，約45,000年より古い試料について年代を求めることはできない．

古い岩石の年代を測定する方法の1つとして，ウラン－鉛法がある．かこう岩の中には，通常ジルコン（$ZrSiO_4$）と呼ばれる微小な鉱物がたくさん含まれており（口絵II.15），この中に放射性元素が濃集している．この中の親元素であるウランと娘元素である鉛の量比を測定すれば，その岩石が形成された年代を求めることができる．ウラン238は半減期45億年で鉛206に壊変する．またウラン235は半減期7.1億年で鉛207に壊変する．この鉛の同位体比の研究から，地球の年齢は45.5億年と求められている．ただし，これまでに実際に測定された岩石のうち最古のものは，カナダ北部に分布するアカスタ片麻岩であり，39.6億年の年代値が報告されている（図5.28）．

最近では技術革新により，数百ミクロンの大きさのジルコン粒子にレーザーを照射し，微小部分をガス化させた試料の質量分析が行われるようになっている．その結果，ジルコン粒子の中心部は30億年以上の古い年代を示すが，縁辺部分では1000万年程度の若い年代を示す例などが報告されている．これは物理化学的変化に強いジルコンが，造山運動によって地殻物質が再溶融されるたびに成長してきたことを物語っている．年代測定技術の進歩により，地球史はより精度の高いものになっているのである．

第6章

火山と噴火

地球が生きている惑星であることをもっとも強く感じるのは，火山の噴火あるいはその映像を見たときであろう．ハワイのキラウエア山から流れ下る灼熱の溶岩や1994年の雲仙普賢岳噴火の際の民家に迫り来る火砕流などの映像は，地下に高温の融けている物質があり，莫大な熱エネルギーが地球内部に眠っていることを教えてくれる．

現在，地球表層には約700個の火山があるが，そのうち約550個が日本列島のような島弧あるいはアンデスのような陸弧に分布している．一方，海洋には約60,000km 以上にわたって続く大山脈，中央海嶺が分布しており，玄武岩質の溶岩を噴出し新しい海洋地殻を生み出している．火山および中央海嶺から噴出するマグマ（珪酸塩の溶融体と結晶の集合体）の平均温度は約1000℃である．火山噴火は地球内部から様々な有用金属をもたらすと同時に，揮発成分である水，二酸化炭素，亜硫酸などを大気中に放出している．火山の噴火には溶岩をとろとろ流す静かな噴火から，成層圏にまで達する噴煙柱を吹き出す爆発的な噴火まで様々である．爆発的な噴火をする火山は，過去に多くの災害をもたらしてきた．カリブ海に浮かぶマルチニーク島モン・ペレーの1902年の噴火のように，一度の噴火で3万人近い島民が火砕流に巻き込まれ死んでしまった例もある．

火山は不規則に分布しているわけではない．また噴火のプロセスも，火山ごとにある程度科学的に解明されている．火山国日本に住む私たちは，火山性土壌や温泉を上手に利用するためにも，また火山災害を軽減するためにも，もっと火山について知る必要がある．第6章では，火山および火山噴出物の分布と構造および火山噴火のプロセスとメカニズムについて概説する．

1．マグマと火山噴火

火山から噴出する溶岩や火砕流堆積物などの起源となった，高温の溶融物質をマグマと呼んでいる．実際には溶融物質だけでなく，そこから晶出した結晶と少量の二酸化炭素や水などの揮発成分を含む．マグマは一般に珪酸塩の溶融体で，その45～75%がSiO_2からできている．噴出時のマグマの温度は普通900℃から1200℃の範囲にある．マグマは流体であるため流れる．その流れやすさ，「粘性」には1億倍に達する大きな幅があり（図6.1），その結果噴火現象や火山体の形に様々な影響を与えている．

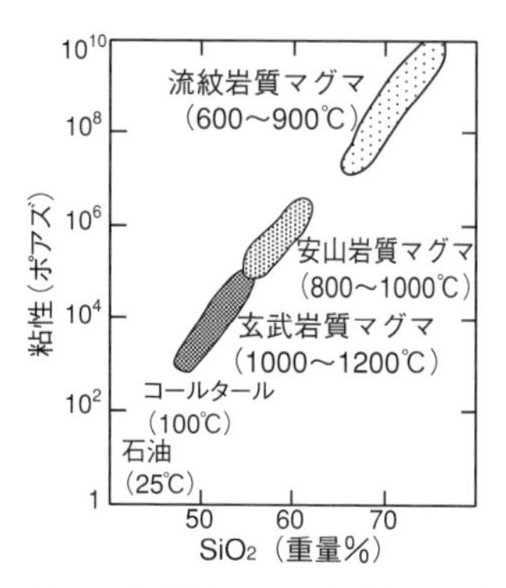

図 6.1　マグマの粘性と SiO_2の含有量の関係．粘性が高いマグマは流れにくく，粘性が低いマグマは流れやすい．

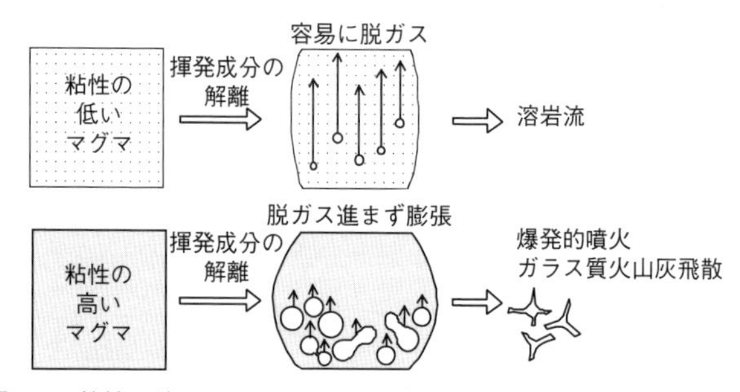

図 6.2　粘性の違いはマグマからの脱ガスの難易をコントロールし，噴火の様式や火山体の形にも影響をおよぼす．

粘性はマグマの温度と化学組成によって支配される．温度が高いほど流れやすく，温度が低いほど流れにくい．SiO_4の重合度が高いほど，また SiO_2の含有量が多いほど粘性は高い．また，Mg や Fe などの陽イオンは重合を妨げ，粘性を低くする．したがって玄武岩質のマグマは温度が1000～1200℃で，粘性が100～数百ポアズ（粘性の単位：dyn・sec/cm^2）と低いので流れやすい．ところが流紋岩質のマグマは温度が600～900℃で，粘性が数千万～数10億ポアズと高く，流れにくい（図6.1）．

火山の噴火は，地下深くの高圧下でマグマに溶け込んでいた揮発成分が，マグマの上昇に伴い低圧下で解離し，急激に体積膨張することによって引き起こされる．これはビールやコークなどの炭酸飲料の栓を開けたときと同じ現象である．つまり高圧下で液体中に二酸化炭素を溶解させておき，いきなり栓を抜

噴火の様式	ハワイ式	ストロンボリ式	ブルカノ式	プリニー式	プレー式	水蒸気爆発
噴火の特徴	割れ目から粘性の低い玄武岩質の溶岩を流出させる．	比較的粘性の低いマグマが間欠的に爆発噴火，半固結溶岩を数百メートルの高さに噴き上げる．	高圧の火山ガスにより，溶岩を数千メートルの高さに噴き上げる．	発泡した溶岩を10,000m以上の高さに噴き上げる．	山頂火口に溶岩円頂丘が形成される．その斜面の一部が崩壊して小規模な火砕流を生じる．	マグマの熱で生じた高温高圧の水蒸気が爆発的な噴火活動を引き起こす．
火山の例	キラウエア（ハワイ） マウナロア（ハワイ）	ストロンボリ（イタリア） 伊豆大島三原山（1986～87） 阿蘇山	ブルカノ（イタリア） 桜島 浅間山	セントヘレンズ（アメリカ，1980） ピナツボ（フィリピン，1991）	モンプレー（西インド諸島，1902） 雲仙普賢岳（1990～）	三宅島（1983） スルツェイ（アイスランド，1963）
火山体	盾状火山	成層火山	成層火山	成層火山 カルデラ火山	成層火山 カルデラ火山 （溶岩円頂上）	マール
噴火の様子	穏やかに噴火 溶岩流が多い			爆発的に噴火 火山弾や軽石，火山灰が多い	爆発的で熱雲を伴う	爆発的噴火
特徴的な噴出物	アア溶岩 パホイホイ溶岩	紡錘状火山弾	塊状溶岩　パン皮状火山弾	軽石 スコリア	火砕流	破砕されたガラス質岩片
噴出物の外観	黒・暗灰色 ←			→ 灰・淡灰色	灰・淡灰色	———
マグマの性質	玄武岩質 ←		安山岩質 →	デイサイト質～流紋岩質	安山岩質～デイサイト質	———
マグマの粘性（SiO_2量）	低い（少ない）←			→ 高い（多い）	高い（多い）	———
マグマの温度	1200℃ ←	1100℃	1000℃	→ 900℃	900℃	———

図 6.3　噴火の様式と火山体，噴出物，マグマの性質との関係．（『最新図表地学』浜島書店，2002に加筆）

くと減圧し，溶けていた二酸化炭素が泡となって噴出する．粘性の低いマグマの場合，低圧下で気体はただちに解離・上昇し大気中に放出される（図6.2）．その結果，激しく発泡することなく（破片化することなく），溶岩流となって流れ下るか（口絵 III.2），あるいは小爆発を起こして溶岩を噴火口の周囲に飛び散らせる（ストロンボリ式噴火；口絵 III.1）．したがって火山体は緩やかな傾斜の盾状火山（たとえばハワイのマウナロア）となり，小爆発の場合には急傾斜のスコリア丘（たとえば阿蘇の米塚）となる（図6.3）．

一方，流紋岩質やデイサイト質のマグマの場合，粘性が高いためマグマの中の揮発成分は解離してもすぐに上昇できず，マグマのガス圧は高まり大爆発を起こす（図6.2）．その結果，マグマは破片状に粉砕され，急激に冷却し火山ガ

図 6.4　マグマ水蒸気爆発によってつくられたハワイのダイアモンドヘッド．
火山噴出物が成層している様子（上）と上空から見た爆裂火口（下）．

ラス（口絵 III.17）や軽石片（口絵 III.15，16）となって遠くまで吹き飛ばされる（ブルカノ式噴火）．時には，成層圏に達する巨大な噴煙柱をつくり（プリニー式噴火），それが崩壊して火砕流や降下火山灰となる．したがって火山体は裾広がりの成層火山となる（図6.3）．

このようなマグマそのものに起源をもつマグマ性噴火の他に，高温のマグマが地下水や浅海の海水などに接触して発生するマグマ水蒸気爆発がある．水 1 g は常温・常圧下で 1 cm^3の体積を占めるが，1000℃になると約4500cm^3に急激に膨張する．そのため上昇してきたマグマが地下水に接触すると，水は瞬時に水蒸気となり体積膨張し爆発する．マグマは急冷・破砕され，ガラス質の破片が爆裂火口の周囲に堆積する．このようにしてできたのが，伊豆大島の波浮の港（口絵 III.7）やハワイのダイアモンドヘッドである（図6.4）．なお地下数百メートル以深や水深4000m を超える海洋底などでは，高い圧力のため気化が急激に進行しないため，マグマ水蒸気爆発は起こらない．

2．火山噴出物と運搬・堆積プロセス

(1) 溶岩流

マグマが破片状にならずに，そのまま液体として火口から流出したものを溶岩流と呼んでいる．充分に揮発性ガスを含む溶岩は，約700℃まで流動する．

固結した溶岩の形態は粘性によって異なり，粘性の低いものからパホイホイ溶岩，アア溶岩，塊状溶岩（図6.5）と三分される．

溶岩流が冷却・固結する際には，大気と接している表面と大地と接してい

図 6.5　粘性の高い，桜島の大正噴火（1914）による塊状溶岩（左）と粘性の低い，ハワイのキラウエア火山の縄状溶岩（右）.

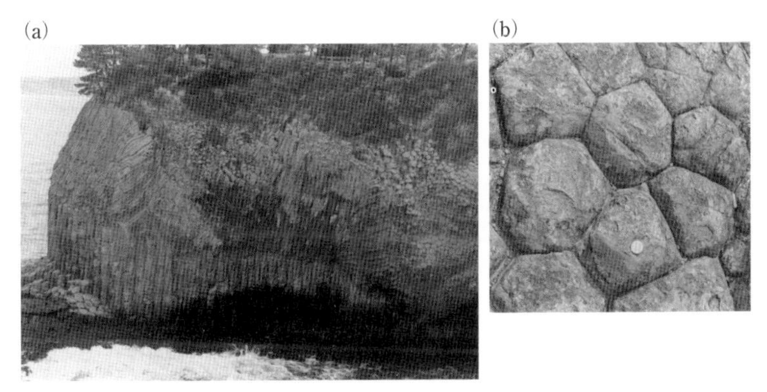

図 6.6　玄武岩溶岩の柱状節理（a）とその多角形の断面（b）．佐賀県七ツ釜の北松浦玄武岩類．コインの直径は2.8cm.

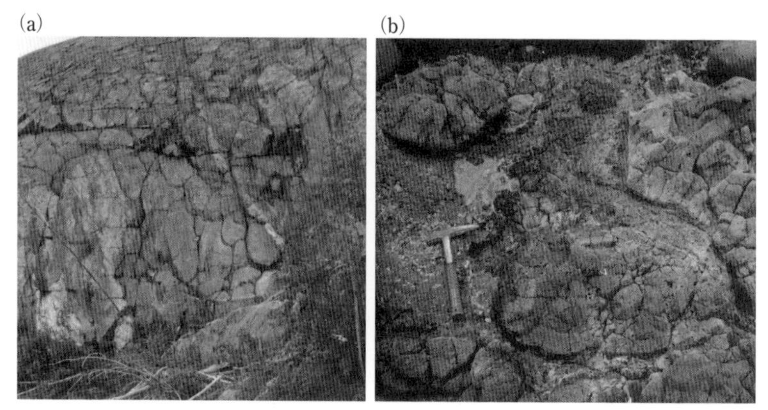

図 6.7 玄武岩質枕状溶岩．(a) 約27億年前に深海底に噴出した枕状溶岩．造山運動によって直立している．左側が上位．カナダ北部，イエローナイフ．(b) 湖成層中の枕状溶岩とその破片からなるハイアロクラスタイト．“枕”の周縁部だけが急冷し，ガラスとなっている．長崎県面高．

る下面から冷却が始まる．溶岩流の基部には自重による冷却割れ目，板状節理が形成され，一方，上部と下部には冷却・脱ガスの結果，多角形の収縮割れ目が形成される（図6.6）．次第に冷却が進み等温面が上から下へ，下から上へ移動するのに伴い，収縮割れ目が延びてできたのが柱状節理（図6.6）である．これらの節理は地下水の貯留場所として，また斜面崩壊の原因として重要である．

（2）火砕流

高温のマグマ起源の砕屑物とガスが混合して，重力により高速で流れ下る現象を火砕流という．高温の固相と気相が混合した一種の粉体流のために見掛けの密度や粘性は低く，そのため溶岩流より高速でより遠方まで流れ下る（図6.8）．高温の岩片からはガスが解離・噴出すると同時に，周囲の大気が取り込まれ熱膨張するため，見かけの密度が $1\,g/cm^3$ より小さくなり，海面や湖面上を流れたものも知られている．火砕流は谷沿いに流れ下り，広大な平坦地あるいは台地（鹿児島のシラス台地，図6.20や十和田湖周辺の台地）を構成していることが多い．

1902年，西インド諸島のモン・ペレー火山の噴火では，火砕流によって山頂火口から 8 km 離れた山麓の港町サン・ピエールが壊滅し，28,000人が死亡し

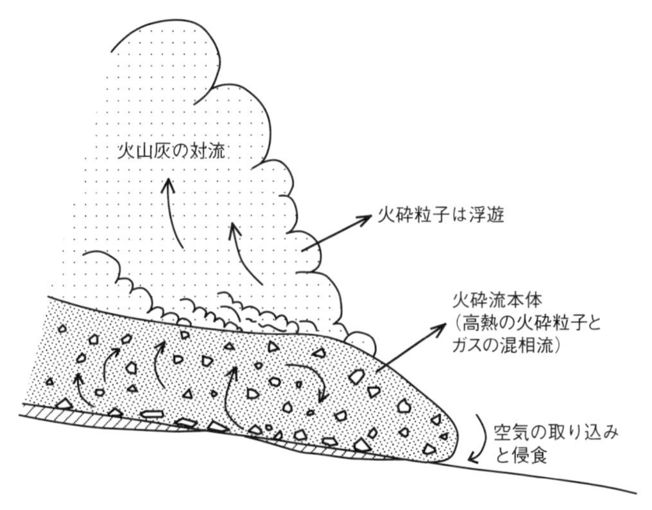

図 6.8　火砕流の内部構造の模式図.

た．この時の火砕流の速度は150m/秒（時速540km）に達したと推定されているが，町に堆積した火砕物はわずか30cmあまりであった．すなわち爆発後逃げるまもなく火砕流が町に到達し，高温のガスと粉体によって窒息し，蒸し焼き状態になったのである．

火砕流は山頂付近の溶岩ドームが崩壊あるいは爆発して発生する小規模なもの（雲仙普賢岳平成噴火の火砕流；口絵 III.12）と大量の発泡したマグマが噴出する大規模火砕流にわけられる．噴出物の体積が100km^{3}を超えるような火砕流が噴出すると，大規模な火山性の窪地，カルデラ（ポルトガル語で大鍋の意味）が形成される（図6.18，口絵 III.11）．

（3）岩屑なだれ

火山の噴火に伴い山体が大規模な崩壊を起こす現象を岩屑なだれと呼んでいる．岩屑なだれには大小様々の（大きいものは直径100mを超す）火山体の破片が含まれており，山麓に丘陵状の流れ山をつくる．1980年のセントヘレンズ火山の噴火（図6.9）や1792年の雲仙普賢岳の噴火に伴う眉山の崩壊（口絵 III.14），1888年の磐梯山の噴火などがこれに相当する．眉山の例では，有明海に流れ込んだ岩屑なだれによって津波が発生し，15,000人もの死者を出した．

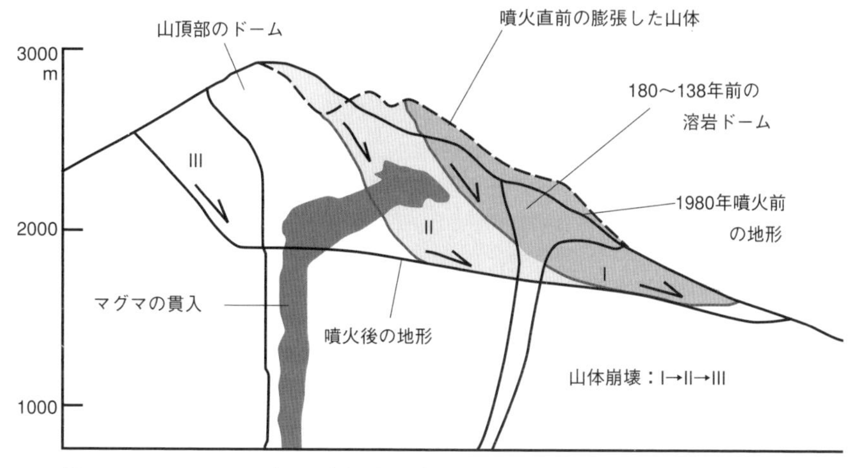

図 6.9　セントヘレンズ山の噴火（1980年5月18日）から山体崩壊に至るプロセス.（Tilling, 1982）

（4）火山砕屑物（テフラ）

火山噴出物のうち破片状のものを火山砕屑物といい，粒径により 2 mm 以下を火山灰，2 mm ～64mm を火山礫，64mm 以上を火山岩塊と呼んでいる（図 6.10）．また火口から放出されたとき，破片がまだ高温であったために紡錘形に塑性変形したものを，火山弾と呼んでいる．外側は大気に触れて急冷したためガラス質で，内部からガスが放出したために気泡やひび割れができていることが多い．流紋岩質やデイサイト質の火山砕屑物のうち気泡が多く，白っぽくガラス質のものを軽石と呼ぶ（口絵 III.15）．一方，玄武岩質で黒っぽいコークス状のものをスコリアと呼ぶ（口絵 III.8）．

	粒子の直径	特定の外形をもたない	特定の外形をもつ	多孔質
火山砕屑物	64mm以上	火山岩塊	火山弾 溶岩餅 スパター ペレーの毛 ペレーの涙	軽石 スコリア （岩滓）
	2 ～64mm	火山礫		
	2 mm以下	火山灰		
溶岩	パホイホイ型，アア型，塊状，枕状（水中）			

図 6.10　火山噴出物の分類

3．火山噴火とマグマ溜まり

火山の寿命は一般に数万～50万年であり，その活動は間欠的である．多量のマグマの噴出後には，数十年から数百年間の休止期がある．1回の噴火活動の中では，噴火様式や噴出物に一定の規則的変化が認められる．

富士山が最後に噴火した1707年の宝永噴火では，噴火中に噴出物の化学組成が変化した．最初の4日間は激しく火山灰を噴出し，90km離れた江戸にも厚さ5cmの降灰があった．その後，デイサイト質の軽石と火山灰を噴出し，引き続き黒色の玄武岩質スコリアと火山灰を噴出したのである（口絵III.8）．

また天明の飢饉が起こった1783年の浅間山の噴火では，最初に火山灰や軽石が噴出し，次に火砕流が噴出し，最後に溶岩を流出して火山活動は終息に向かった．

多くの火山の噴火がこのような規則性を示す．つまり最初に軽い揮発性ガスが噴出し，次に軽い成分とガスの混合物が噴出し，最後に重い成分のマグマが噴出しているのである．この経験則から，火山の地下にはマグマが溜っている空間があり，その中では重力による分化が起こり，軽いものほど上にあることが推測されている．

ハワイのキラウエア火山では，噴火に先立つ数カ月から数年の間，山頂部は次第に膨らみ，噴出後地表は沈下することが認められている．つまり，休止期間中にマグマ溜まりにマグマが供給されて圧力が増加し，噴出後マグマ溜まりの圧力は減少するのである．キラウエア火山のカルデラの直下には深さ3～7km，直径3kmあまりの地震の発生しない部分がある（図6.11）．そこには高温で溶融したマグマ溜まりがあるので，脆性破壊つまり地震は起こらないものと理解されている．

マグマ溜まりに相当する過去の貫入岩体が地表に露出し，詳しく検討されたのがグリーンランドのスケアガード岩体である．この岩体は東西7km，南北9.5km，深さ約10kmと推定される逆円錐形のはんれい岩質貫入岩体である．この空間を満たしたマグマは対流しながら結晶を晶出し，鉱物は次々に沈積し，残液は次第にSiO_2に富むようになっていった．かんらん石は上部ほどFe成分に富み，斜長石は上部ほどNa成分に富んでいる．このように地上に噴出することのなかったマグマ溜まりの中では，重力による結晶分化作用が起こっている（図6.12）．

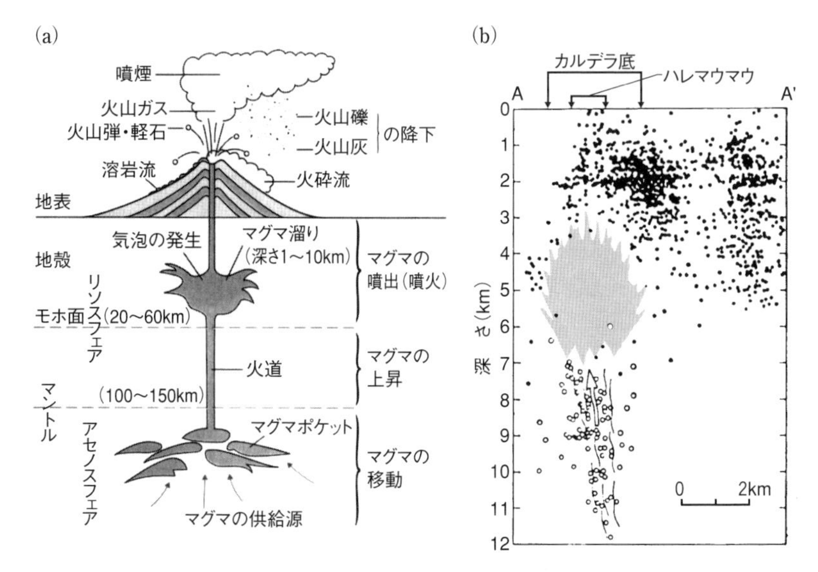

図 6.11　(a) 推定された火山の地下構造とマグマの上昇・噴出過程.（『最新図表地学』浜島書店, 2002）; (b) ハワイのキラウエア火山山頂下の震源分布. 地震の発生していない網目部分は, 推定されたマグマ溜り.（Koyanagi ほか, 1976）

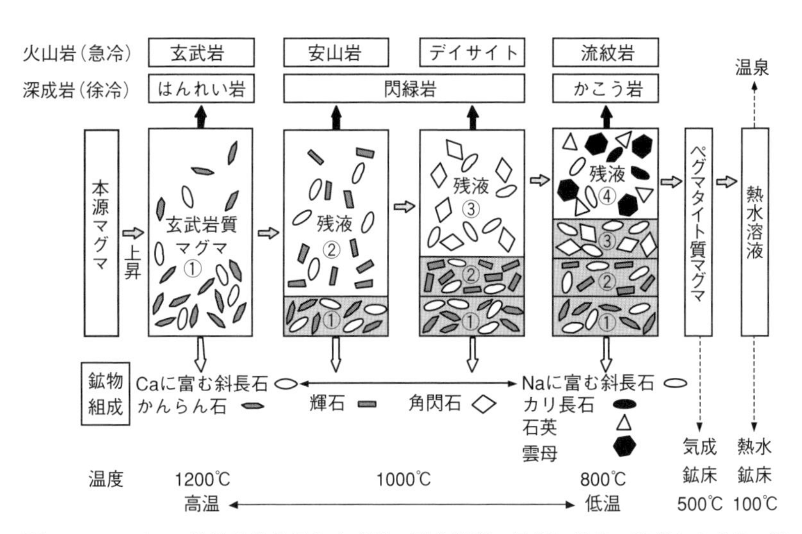

図 6.12　マグマの結晶分化作用と火成岩の形成過程. 早期に晶出・沈積した鉱物（陰影部）が除去されることにより, 残液はアルカリやシリカに富むようになる.

一方，数百年の間に間欠的に噴出した溶岩の化学組成が変化することがある．たとえば桜島から噴出した溶岩のSiO_2の含有量は，次のように次第に減少している．

	1471～76年	1779年	1914年	1914年
SiO_2	66%	64%	61%	59%

これはマグマ溜まりの中に，重い玄武岩質のマグマが供給されていることを示唆している．

4．日本列島の火山

（1）火山弧と火山前線

日本列島に分布する多くの火山は，島弧の中軸から内側の火山弧に分布しており，そのもっとも海溝側の火山を結んだ線を火山前線（火山フロント）と呼んでいる（図6.13）．つまり地殻熱流量の低い海溝から大陸に向かって，最初に火山が出現する地点を結んだ線であり，ここで急に地殻熱流量が高くなる．火山前線は世界中の島弧や陸弧でも認められ，海溝で沈み込んだ海洋プレート

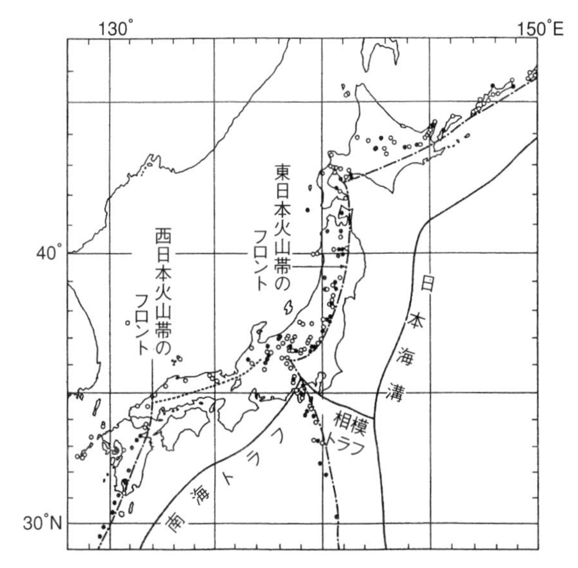

図 6.13　日本列島における第四紀火山の分布と火山フロントの位置．黒丸は活火山，白丸はそれ以外の第四紀火山．（杉村新『岩波講座 地球科学 10 変動する地球 I』岩波書店，1978）

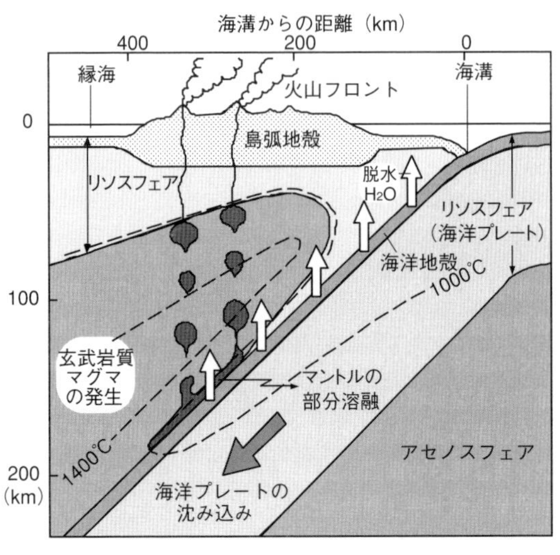

図 6.14　沈み込み帯における島弧火山活動のマグマ発生モデル．（巽好幸『沈み込み帯のマグマ学』東京大学出版会，1995を改作）

が深度約110±20kmに到達した点のほぼ直上に位置している（図6.14）．したがってプレートの沈み込みの角度が大きいマリアナ弧やトンガ弧では，海溝からすぐの50km付近に火山前線ができているが，沈み込みの角度が小さいアリューシャン列島や中部アンデス山脈では，海溝から遠く300〜400kmあまり離れた地点に火山前線が分布している．火山前線の内側には，沈み込んだ海洋プレートの上面が深さ170kmに達するあたりまで火山が分布している．東北日本弧で火山前線に相当する火山帯は那須火山帯と呼ばれ，内側のそれは鳥海火山帯と呼ばれている．

火山弧の中で火山前線上の火山はもっとも数が多く，噴出量も多い．火山前線上の火山はSiO_2に飽和したソレイアイト岩系の岩石であり，NaやKなどのアルカリに乏しい．しかし内側に向かうと噴出物はアルカリに富み，SiO_2に不飽和なアルカリ岩系になり，含水鉱物である角閃石や雲母を含むようになる．

火山弧のマグマはどこで，どのようにして発生しているのだろうか．日本列島の火山弧の下，深さ50〜140kmのマントルの温度は1350〜1400℃に達し，部分溶融している．通常このような圧力下ではマントルを構成するかんらん岩は融解しないが，水が充分にあると融け始める（図6.15）．日本列島下に沈み込む海洋プレートの上部は，水をたくさん含んだ遠洋性堆積物から構成されて

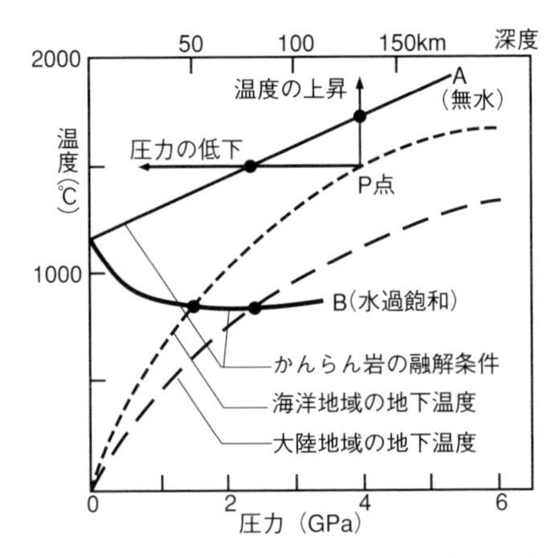

図 6.15 マグマの発生と地下の温度・圧力の関係．上部マントルのかんらん岩が部分融解し始める条件は，温度の上昇あるいは圧力の低下である．水が過飽和な条件下では融解温度は下がる．

おり，その脱水反応によって部分溶融しているのである（図6.14）．マントルかんらん岩から少しずつ融け出した液滴は，火山前線の地下約30～40kmの深さでマグマとなるが，火山弧の内側では地下50～60kmでマグマとなることが実験的に確かめられている．このようにしてマントルから最初に生じるマグマは，玄武岩質マグマである．玄武岩質マグマは，上昇過程で地殻下部のかこう岩質岩石を融かしたり，結晶分化して流紋岩やデイサイト質マグマを生じると考えられている（図6.12）．

なお西南日本弧のうち中国・近畿地方には活火山はなく，明瞭な火山弧を欠く．ただし島根県の大山や三瓶山のように第四紀に活動した火山はある．

（2）単成火山とホットリージョン

西南日本の中国地方から北部九州を経て五島列島にいたる地域には，プレートの沈み込みでは説明することのできない火山や溶岩台地が分布している．これらの火山の多くは，1回だけ活動した短命の火山であり，単成火山と呼ばれている．多くはアルカリ玄武岩類の溶岩とスコリアから構成されており，その規模は何度も噴火を繰り返している複成火山に比べると小さい．

噴出年代は約1000万年前から現在にわたる．その中の最大のものは，唐津から佐世保にかけて広く分布する松浦玄武岩類（図6.6）であり，最大厚さ350m

の玄武岩台地を形成している．これよりさらに大規模な溶岩台地が，中国東北地区からアムール河流域，北朝鮮国境地帯（たとえば白頭山）には広く分布しており，地殻熱流量も高い．この広大な火山地帯にはマントルから熱い物質がわき上がっており，ホットスポットあるいはそれより広範囲なホットリージョンと考えられている．

5．地球上の火山

地球上にマグマが噴出し，火山が形成されている場所は大きくみると次の3つに大別される．

①**中央海嶺**：マントルかんらん岩が年間約10cm の速度で上昇し，深さ30～50km で部分融解を始め，10～20%融解して中央海嶺玄武岩（MORB）と呼ばれるマグマを生じている（図4.11）．中央海嶺の直下数キロメートルの地点にマグマ溜まりがあり，そこでマグマは一部結晶化している．中央海嶺玄武岩は年間約20km^{3}生産されており，地球全体で生産されるマグマの80～90%を占めている．

②**ホットスポット**：地球深部から上昇してきたマントルプリュームに起源をもつ火山が生成している．ホットスポットによる火山活動は，海洋プレート上（ハワイ，タヒチ，レユニオンなどの海洋島），大陸上（フランス中央高地，イエローストーンなど），中央海嶺上（アイスランド）など，地球上の様々な場所で起こっている（図5.1b，6.16a）．

地震波トモグラフィーによると，マントルプリュームは深度2900km のコア－

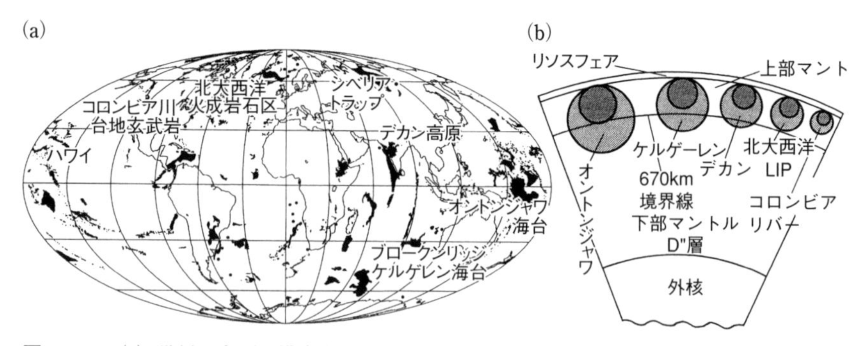

図 6.16　(a) 世界の主要な洪水玄武岩台地と海台の分布図．(b) 洪水玄武岩を供給したマントルプリュームの大きさ．（高橋栄一・中嶋勝治『科学 第67巻 第7号』岩波書店，1997）．

マントル境界から直接上昇しているスーパープリュームと，上部マントルと下部マントルの境界付近から上昇してくる二次あるいは三次のオーダーのプリュームにわけられる．前者の例はタヒチを中心とした南太平洋スーパープリュームであり，後者の例がハワイである．マントルプリュームは深さ100km付近でキノコ雲状に側方に広がり，タヒチでは直径数千キロメートルの，ハワイでは直径1000kmほどのプリュームヘッドをもつ（図6.16b）．

地球深部から上昇してきたプリュームが地球表面に達し，ホットスポットが形成され始めた時期には，比較的短い期間に非常に大量の溶岩を噴出し，洪水玄武岩と呼ばれている．インドのデカン高原は，今から約6600万年前インド亜大陸がレユニオン（マダガスカルの東方）ホットスポットの直上を通過したときの洪水玄武岩であり，約100万年の間に105～106km^{3}の玄武岩溶岩が噴出している．パプアニューギニア東方のオントンジャワ海台は（図6.16a），約１億年前に現在の南太平洋スーパープリュームが地表に達したときの洪水玄武岩であり，その後の太平洋プレートの運動により現在の位置まで移動したものである．

③沈み込み帯：日本列島のようなプレートの沈み込み帯では，水によってマントルかんらん岩の融点が下がり，部分融解が起こりマグマのもとになる液滴が形成され，それが分離・集積し，上昇することによって火山が生成している．海洋プレートが深度約110kmに達するとプレート表層の含水鉱物が不安定になり，島弧側のマントルに水が放出され最高1400℃に達する部分溶融帯がつくられている（図6.14）．水が充分にあると，下部地殻をつくっている玄武岩質岩石の融解開始温度は，水がないときに比べ400℃も低下し（図6.15），流紋岩質の組成をもつマグマを直接生成することができる．また，マントルかんらん岩の融解によって生じた玄武岩が，地殻を上昇する過程で結晶分化作用や融解した地殻物質と混合することによっても，流紋岩質マグマや安山岩質マグマが生じる．

6．月の岩石

地球の衛星である月の表層はマグマの活動によって形成されたことが，アメリカによるアポロ計画やソ連によるルナ計画によって明らかになった．その成果は地球の形成初期におけるマグマの活動についても重要な情報をもたらした．そこで月の岩石とマグマ活動について以下に概説する．

酸化物	高地の岩石 はんれい岩質 斜　長　岩	海の岩石 高アルミニウム 玄　武　岩
SiO_2	44.5	45.5
TiO_2	0.35	4.1
Al_2O_3	31.0	13.9
FeO	3.46	17.8
MnO	——	0.26
MgO	3.38	5.95
CaO	17.3	12.0
Na_2O	0.12	0.63
K_2O	——	0.21
P_2O_5	——	0.15
Cr_2O_3	0.04	——
合計	100.15	100.50

図 6.17　月表層の岩石の化学組成．白っぽく光っている高地は斜長岩で，黒い海の部分は玄武岩で構成されている．

アポロ17号が月から採集してきた岩石のうちもっとも古い岩石は45億年の年齢を示し，地球を初めとする太陽系創生期の年代と一致する．その岩石はかんらん岩（口絵II.10）やトロクトライト（斜長石とかんらん石からなる）であった．つまり地球のマントルや地殻を構成する岩石と何ら変わらなかった．また月の表面の黒っぽく見える，いわゆる月の海の部分（口絵I.6）は玄武岩質岩石であり（図6.17），地球の海をつくる玄武岩とほとんど変わりなかった．しかし白っぽく見える月の高地の部分は（口絵I.6），主に斜長石から成る斜長岩や斜長岩質のはんれい岩からできており（図6.17），かこう岩は発見されなかった．月の斜長石に富む高地の年代は大部分41億年より古く，一方，月の海の部分に分布する玄武岩の年代は，多くが38～30億年で，高地の岩石より若かった．また月の地震観測の結果，月の地球に面したほうの地殻の厚さは60km，反対側の地殻の厚さは約100kmであった．

これらの事実から，月は創生期に表面から数百キロメートルにわたって融解していたというマグマオーシャン仮説が提唱されている．すなわち月の創生期には，微小天体や微粒物質の集積のエネルギーが熱となって，表面付近が高温になりマグマオーシャンが形成された．それが冷却する過程で軽い斜長岩が表層に浮かび上がり，重いかんらん石や輝石が沈降・集積し地殻が形成された．そのようにしてできた地殻に隕石が衝突し，再溶融してできた玄武岩質マグマが地表に噴出しクレーターを埋めたと考えられている．

月の質量は地球の1/80と小さく，急速に冷却したために25億年前にはほとんどの火山活動は終息した．一方，地球は月に比べ質量が大きかったので，現在もマントルが対流しプレート運動が続いている．また地球には創生期から液体状の水があったため，含水鉱物である雲母や角閃石が生成し，かこう岩質の大陸地殻がつくられたと考えられている．

●南九州の大規模火砕流

1991年6月3日に雲仙普賢岳で発生した火砕流は，火山学者3人を含む43人の犠牲者を出した．その映像の迫力によって，「火砕流」という言葉は日本人の中に定着した．マスコミはこぞって「大火砕流」と書きたてたが，地質学者の多くは，「それはないよ！　あれはミニ火砕流だ」という思いで記事を読んだ．というのは過去の火山の噴火では，普賢岳の数千倍の規模の火砕流の噴出が数多く知られていたからである．しかも，その大噴火

図6.18　九州を縦断する火山列とカルデラ．ランドサット衛星画像．

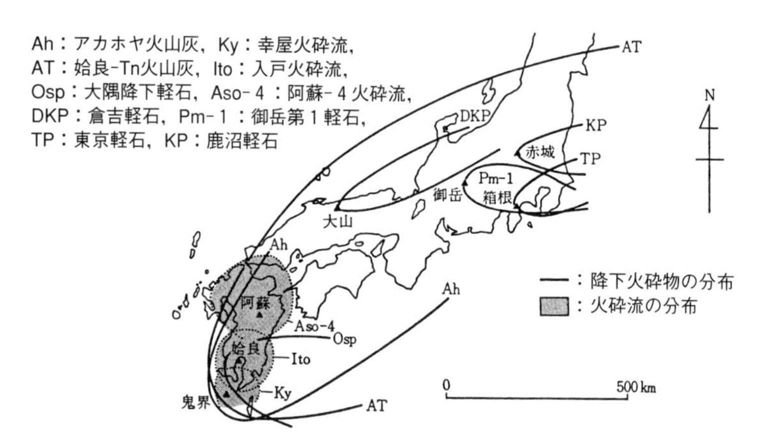

図 6.19　西南日本および関東の第四紀火山から噴出した火砕流堆積物と降下軽石・火山灰の分布．（町田洋『火山灰は語る』蒼樹書房，1977）

は雲仙火山と同じ九州で，最近10万年の間に立て続けに起こっていたのである．その噴火の跡は北から南に，阿蘇カルデラ，加久藤（かくとう）・小林カルデラ，姶良（あいら）カルデラ，阿多（あた）カルデラ，喜界（きかい）カルデラとして残されている（図6.18；カルデラとはポルトガル語で大鍋の意味）．

中九州の阿蘇カルデラは，南北25km，東西18km，カルデラ壁の標高差は300～700m であり，日本最大のカルデラとして知られている．約30万年前以降4回，100km^{3}オーダーのマグマを噴出し，大きな陥没地形をつくっている．その中でも最大の噴火にともなう噴出物は「Aso-4」として知られている（口絵 III.13）．約8.5～8.9万年前に発生した「Aso-4」は山を越え谷を埋め，約100km 北方に位置する福岡市まで到達している．また，現在は有明海で隔てられた雲仙や周防灘をはさんで150km 離れた山口県の秋吉台まで到達している．このことは火砕流が高温の発泡したマグマの破片とガスからなり，高速で流れ下ったことを示している（ゆっくり流れたのでは冷却されてしまい，すぐに運動を停止してしまう）．上空まで噴き上げられたAso-4のテフラは偏西風によって東方に運ばれ，東北地方にまで到達している（図6.19）．Aso-4噴火後，阿蘇カルデラの中には湖が形成された．しかし，その後カルデラ壁の西縁を活断層によって切られたために湖水が排出してしまい，現在は約5万人の生活と生産の場となっている．

桜島は年間100回以上噴煙を上げる，日本中でもっとも活動的な火山の1つである．この活動的な桜島は，東西20km，南北約75km の火山性地溝，鹿児島地溝のほぼ中央に位置し，20km 四方の巨大な姶良カルデラの南縁にできた小さな火山である（図6.18，口絵 III.11）．この姶良カルデラは今から22,000年前の大噴火によって形成された火山性の陥没盆地である．カルデラ形成時の火砕流や降下軽石などの総噴出量は500km^{3}に達し，世界でも第1級の大規模な噴火であった．姶良カルデラから噴出した入戸火砕流は，非常によく発泡した流紋岩質の軽石からなり，谷を埋めて厚く堆積した火砕流堆積物（地元ではシラスと呼ばれている；口絵 III.15）は，広大な台地をつくっている（図6.20）．

図 6.20 鹿児島湾の奥に位置する姶良カルデラから噴出した，降下軽石と火砕流堆積物がつくるシラス台地の崖．その下に風化して赤色化した阿多火砕流堆積物が分布．鹿児島湾志布志．

一方，鹿児島湾の入り口の指宿沖には，阿多火砕流を噴出した阿多カルデラが分布している（図6.18）．阿多カルデラからは24万年前以降，多数の火砕流や降下軽石が噴出しているが，その中で最大のものは10～11万年前に噴出した阿多テフラであり，その総量は200km^{3}を超えるものと推定されている．薩摩半島や大隅半島北部では，入戸火砕流堆積物の直下にデイサイト質の阿多火砕流堆積物が広く分布している（図6.20）．

このような中・南九州の大規模火砕流は，成層圏まで達する巨大な噴煙柱が崩壊することによって形成されており，その噴出物の体積は100～200km^{3}に達する．ところが雲仙普賢岳の噴火で観測された火砕流は，頂上に誕生した溶岩ドームが崩壊することによって形成されたものであり（口絵 III.12），その累積（１回の火砕流ではない）の体積ですら0.2km^{3}にすぎない．阿蘇カルデラや姶良カルデラを形成した火砕流の噴出量と比べると1000倍の違いがある．このような大規模火砕流を有史時代に人類が観測したことはない．もしこのクラスの火砕流を伴う噴火が発生したならば，九州の半分が焼けてしまい，その体積を九州全土に均等に分散したとすれば，九州全土が数メートルの厚さの火山灰や軽石におおわれてしまうことになる．

第7章

地震と断層

日本人がもっとも恐れている自然災害，それは地震であろう．20世紀には1923年の大正関東地震，1995年の兵庫県南部地震など数多くの地震が日本列島を襲い，多くの人命と莫大な社会資本を奪い，大きな損害を与えた．現在，私たちがもっとも恐れている地震は，21世紀の関東地震であろう．大正関東地震の発生から80年が経過し，そろそろ忘れていた災害がやってくるのではないか？　もし国家機能の多くが集中し，人口稠密な東京が直下型地震に襲われたら，日本という国は壊滅的損害を受けるであろう．そういう想定のもとに，首都移転が議論されている．

このように恐れられている地震とは，一体何だろうか？　それを一言で表せば，地球表層の岩石の破壊とそのエネルギーの伝搬ということになる．では，なぜ地殻やマントルを構成している岩石が破壊するのだろうか？　日本列島のようなプレート境界では，プレート相互の運動により岩石に力が加わり，歪みが生じている．その歪みが岩石の破壊強度を超えたとき，破壊が生じるのである．その破壊面のうち，変位を生じているものを断層と呼んでいる．断層の中でも，比較的最近の地質時代に活動し，将来も活動する可能性のある断層を活断層と呼んでいる．日本列島およびその周辺海域には多数の活断層が分布しており，中には高速道路と並走しているものや新幹線を横切っているものもある．

プレート境界の変動帯に位置する国の宿命として，私たちは地震災害から逃れることはできない．そこで地震被害を最小限度に食い止めるためにも，地震と断層についての基本的な知識を知っておくことが大切である．第７章ではそのような観点から，地震と断層について概説する．

1．岩石の破壊と流動

地震とは，地殻やマントルを構成する岩石が破壊し，そのエネルギーが波となって伝わる現象である．岩石に外力を加えると，岩石の内部には応力（ストレス）が加わり，形や大きさが変化する．この変形量と元の形や大きさとの比を歪みという．応力が増し，歪みが蓄積され，その岩石の破壊強度に達すると急激に破壊が生じる（脆性という）．この破壊強度に達したときの歪みを限界歪みという（図7.1）．また岩石によっては破壊を起こさずに変形が進み（延性

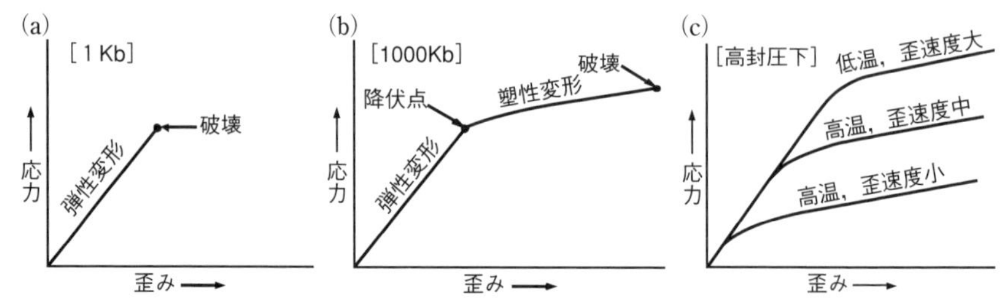

図 7.1　岩石の破壊試験における応力と歪みの関係．(a) 低封圧下で弾性変形した後，岩石の強度限界に達すると脆性破壊が生じる．(b) 高封圧下では，降伏点を超えると塑性変形が始まる．(c) 高封圧高温下で歪み速度が小さい条件では，塑性変形が進む．

という)，大きな永久変形を生じるものもある．岩石は脆性と延性の両方の性質を併せもつ．一般にかこう岩は脆性を示し，硬いがもろく，断層を生じやすい．一方，石灰岩は延性を示し，軟らかく流動し（口絵III.22)，褶曲を生じやすい．常温常圧下での岩石の破壊試験では，一般に歪みが１～２％蓄積すると最大強度に達し，脆性破壊が生じている（口絵III.23，24)．

ただし同じ岩石でも，その場所の物理的条件によって変形の様式が変わる．すなわち温度が上昇したり，深度が大きくなり封圧が増したり，間隙水が充満していると，脆性的な変形は起こりにくく，塑性変形が卓越するようになる(図7.1)．また同じ岩石でもゆっくり歪みが蓄積すると，急速に歪みが蓄積したときより小さな応力で破壊や永久変形が生じる（図7.1)．

地震予知とは，ある地域に蓄積している歪みが限界に達しているかどうか，そしてどの位近い将来に破壊を起こす可能性があるのかを予知することである．

2．地殻の歪みと地震の発生

地震を予知するためには，地殻にどのような応力が働き，どの方向にどの位歪みがたまっているのかを観測し解析する必要がある．そのために日本では約6000点の一・二等三角点を設置し，日本全国を三角網でおおい，一定期間ごとに三角測量を繰り返してきた（図7.2a)．再測量することによって，２つの測量の期間に三角点がどのように動き，三角形がどのように変形したかを求め，その地域の歪みを求めることができる（図7.2b)．また地震の発生により各地点がどのように移動したかを調べることにより，地震を発生した断層の位置を推定することもできる．その結果，日本列島全体の平均として，東西～西北西‐東南東に圧縮されており，年間10^{-7}（1/1000万：１km が年間0.1mm ずつ伸

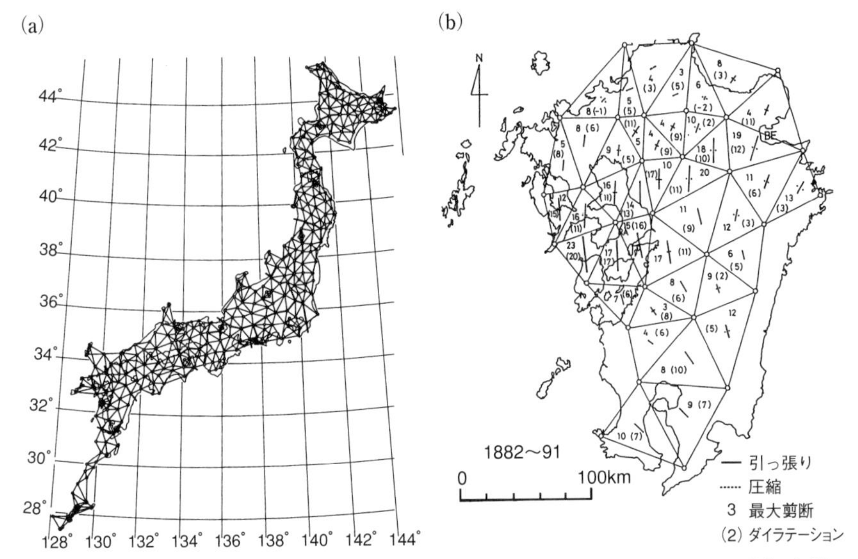

図 7.2　(a) 日本全図をカバーする国土地理院の一等三角点測量ネットワーク．(b) 九州の三角点測量から得られた地殻の水平歪．中九州の別府 - 島原地溝帯は，南北引っ張りの状態にある．(多田堯，1984)

縮）のオーダーで歪みが進行していることが判明している（図7.3）．最近ではレーザー光線を使ったジオディメーターや GPS（Global Positioning System, 汎地球測位システム）を使って，さらに精度良く測量できるようになってきている（口絵 II.4）．

地震の前後で地面がどのように上下・水平方向に変形したかを調査すると，歪みの分布を知ることができる．大正関東地震の際，震源に近い平塚付近は 2 m ほど隆起したが，東に約50km の品川や西に約50km の沼津付近では，ほとんど変動がなかった（図7.4）．つまり50km につき 2 m（1/25,000）の歪みで破壊が生じたことを示唆している．多くの地震について，地震に伴う変動量の分布を調査したところ，限界歪みは10^{-4}～10^{-5}（1/1万～1/10万）であることがわかっている．日本全体の歪みの平均は年間1/1000万（10^{-7}）であるから，100年から1000年経てば地震が発生することになる．

実験室の破壊試験では，歪みが 1 ～ 2 %蓄積すると破壊が生じるのに，実際の地震ではそれよりずっと小さな歪みで破壊が生じるのはなぜだろうか．それは破壊試験で使われる岩石が均質で，既存の割れ目がないことによる．地殻は物理的性質の異なる様々な岩石で構成されており，その上既存の断層がたくさ

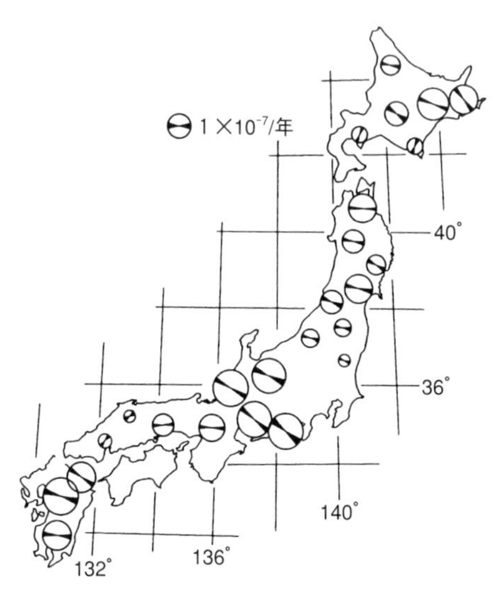

図 7.3　三角測量から求められた最近60年間の日本列島各地域における水平変動．矢印の方向と円の大小はそれぞれ，短縮の方向と最大剪断歪みを示す．（原田健久・葛西篤男『測地学会誌』第17巻，日本測地学会，1971）

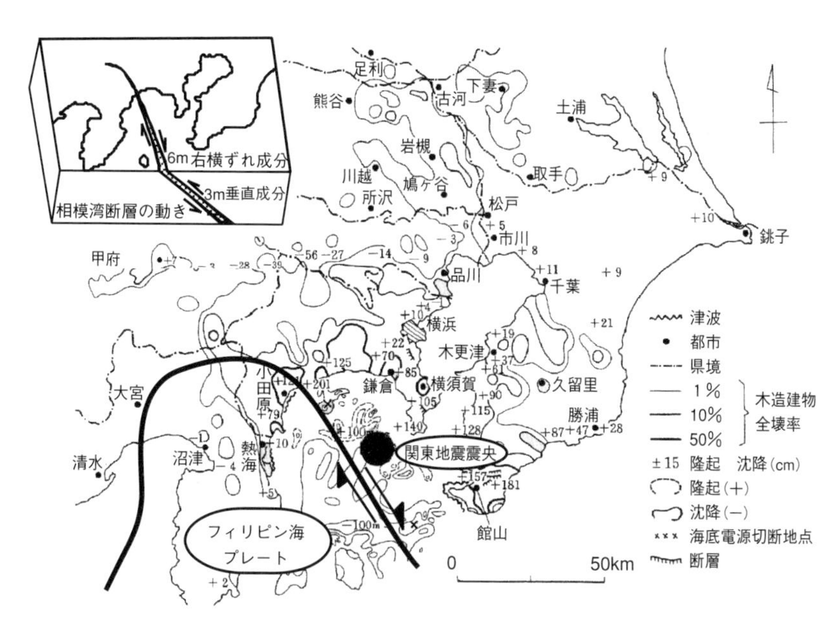

図 7.4　大正関東地震（1923年 9 月 1 日，M =7.9）に伴う地盤の上下変動分布と震源となった相模湾断層の動き．（宇佐美龍夫『資料 日本被害地震総覧』東京大学出版会，1975を改作）

ん存在する．したがって破壊されやすい既存の断層に沿って，小さな歪みで破壊が生じるのである．

日本列島で発生した地震には名前がつけられている．関東地震，新潟地震，濃尾地震，十勝沖地震という名前からわかるように，地震による地殻変動の広がりは，県あるいは複数の県が集まった地方止まりである．九州地震や北海道地震は知られていない．これはすなわち，一続きの歪みが蓄積され，破壊が生じる空間的大きさに限度があることを示している．日本列島周辺では200km程度の空間が歪み，破壊のエネルギーを放出するのである．最近では地震波形の解析から，破壊が生じた断層面の長さや幅，方向や断層面上のずれを求め，断層の発生・進行・停止を破壊過程としてとらえることができるようになった．それによると日本列島とその周辺で発生する地震は，150～200km の長さの断層面をもつ．ただし，1960年に発生したマグニチュード8.5のチリ地震は，800km×200km の断層面をもっていたことがわかっている．

3．地震の発震機構と断層

岩石（岩石のみならずすべての物体）に働く力は大きく３つにわけられ，それぞれに対応した３つのタイプの断層が生じる（図7.5）．圧縮の力が働いたときには，逆断層が形成され，上盤が下盤の上にのし上がる．逆に引っ張りの力が働いたときには，正断層が形成され，下盤に対し上盤が下がる．また水平面内で反対方向にずりの力が働いたときには，横ずれ断層が形成される．断層を挟んで反対側のブロックが右に動いた場合は，右横ずれ断層であり，左に動いた場合は左横ずれ断層である．

地殻浅所の温度・圧力条件下では，ずれの向きが破壊面上にあるような剪断破壊が生じる．室内実験において岩石試料に力を加えたとき，生じた破壊面と外力との成す角度は45°より小さくなる．この角度を内部摩擦角と呼び，岩石

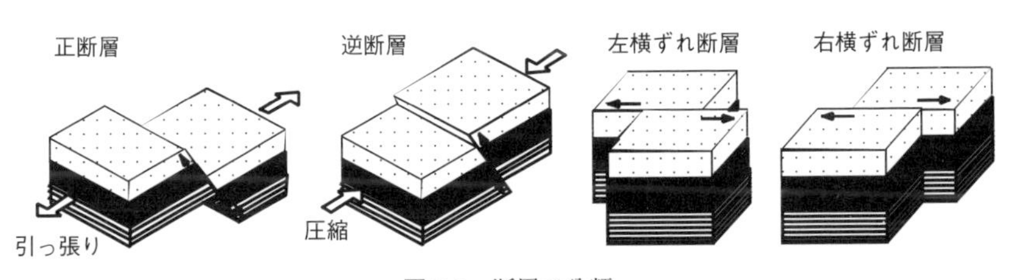

図 7.5　断層の分類

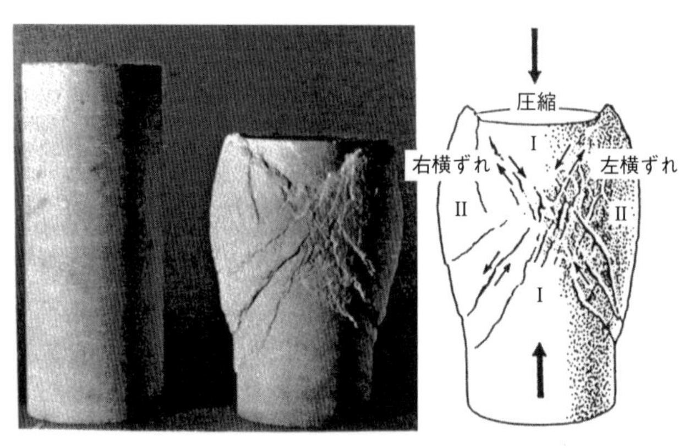

図 7.6　岩石（大理石）の破壊試験によって生じた共役剪断面と各ブロックの動き．
(Paterson, 1958；藤田和夫『変動する日本列島』岩波新書，1985)

の種類と物理的条件によって異なる．破壊はしばしば交差する 2 つの断層面によって生じることがあり，これを共役剪断面と呼ぶ（図7.6）．2 つの剪断面に挟まれた角を剪断角と呼び，このようにして形成された断層を共役断層と呼ぶ．共役断層においては，2 つの剪断面の二等分線の方向が最大圧縮軸の方向となる．

地震を起こした力の種類により，地震は圧縮による逆断層型，引っ張りによる正断層型，ずりによる横ずれ断層型にわけられる．逆断層型の地震が発生したときに観測点に最初に到達する P 波は，観測点を震源の方に引く下向きの波

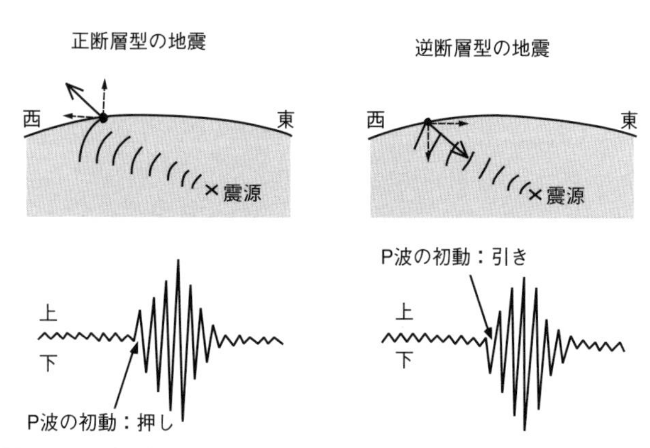

図 7.7　P 波の初動と地震の発震機構の関係を示す概念図．初動が押しだと正断層型の地震，引きだと逆断層型の地震である．

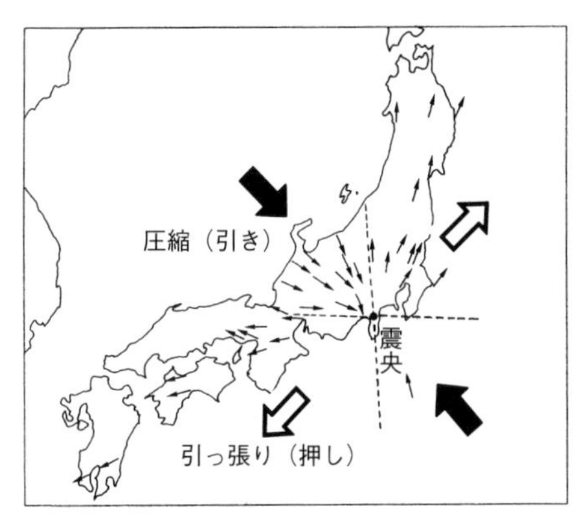

図 7.8 北伊豆地震（1930）のＰ波の初動分布．押しと引きの４象限にわかれる．（和達清夫，1933を改作）

になる（図7.7）．一方，正断層型の地震が発生したとき最初に到達する波は，観測点を押し上げるような上向きの波である．さらに横ずれ断層型の地震では，観測点が震源に引かれる地域と押し出される地域にわかれる（図7.8）．このように地震波の初動によって，震源に働いた力と地盤の動きを推定することができる．

用語解説●地震波の種類と性質

地震の時に発生する波は，地球内部を貫通して伝搬する実体波と，地球の表面に沿って伝搬する表面波に二分される．実体波は振動方向が波の進行方向に平行な縦波（Ｐ波）と，進行方向に直交する横波（Ｓ波）にわけられる（図7.9）．Ｐ波（primary wave，伝搬速度５～６km/s）は，Ｓ波（secondary wave，３～４km/s）の約1.7～２倍の速度で地殻内を伝わるので，最初に観測点に到達する．したがって，震源から遠い地点ほどＰ波が到着してからＳ波が到着するまでの時間（初期微動継続時間）が長いことになる．Ｐ波は破壊の時の衝撃が粗密波となって伝わるもので，Ｓ波は岩石の変形が伝わるものである．大気や水のような流体は，そもそも形をもっていないのでＳ波は伝わらない．地震発生時に海上の船内にいたならば，Ｓ波は伝わらずＰ波の振動だけが伝わってくる．

一方表面波は，地球内部に向かってそのエネルギーが急激に減衰するので，

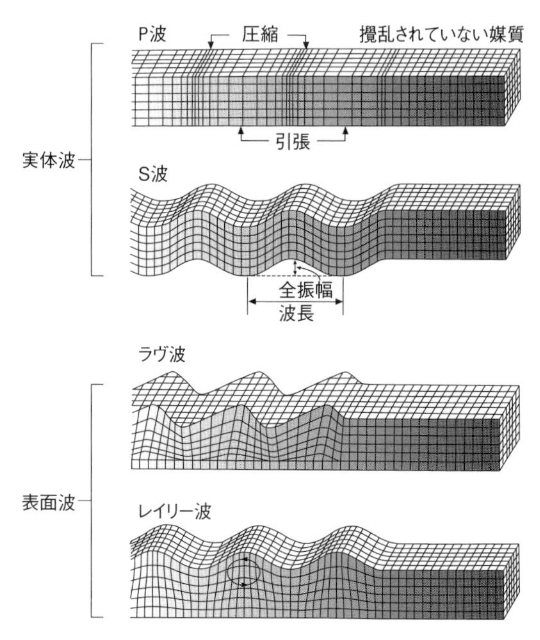

図 7.9　地震の波は地球の内部にまで伝わる実体波と表面だけしか伝わらない表面波にわけられる．さらに実体波はＰ波とＳ波に，表面波はラヴ波とレイリー波にわけられる．(B. A. ボルト，『地震』古今書院，1995を改作)

地球表面だけしか伝わらない．ラヴ波は水平な面内で伝搬方向に対して直交方向に振動する波で，上下方向の変位をもたない．もう１つのレイリー波は，波の伝搬方向に平行な鉛直面内で上下と前後方向に振動する．２つの表面波の伝搬速度は，Ｓ波より遅い（図7.9）．

4．地震の震度と規模

地震の大きさの尺度として古くから用いられてきたのが，震度である．地震の際の家屋や建物などの揺れが同じ程度であった地点を連ねた線を等震度線と呼び，それによって地震動の中心を決定した．日本でも０から７までの震度階が気象庁によって定められていたが，1996年からは地震動の際の地盤加速度や変位などを測定できる強震計を使って，震度判定が成されるようになった．ただし震度はその地点の地盤や建物の構造によっても変化するので，必ずしも震央に近いところで震度が大きいわけではなく，地震の規模あるいはエネルギーを表すことはできない．

地震の規模を表す指標として広く用いられているのは，カリフォルニアのリヒターが考案した地震波の振幅を用いる方法である．リヒターは近地地震の規模マグニチュード（M）を，震央から100km 離れた標準地震計に記録された地震波の最大振幅の対数（10を底にする）で示すことを提唱した．

$$M = \log_{10} a \qquad (a：最大振幅，単位\ \mu m)$$

したがって，マグニチュードが１上がるごとに，地震の振幅は10倍になる．さらにリヒターは，震央距離による地震動の減衰を考慮に入れた方法を開発し，小さな地震でもマグニチュードを求めることができるようにした．しかし大地震の規模については必ずしも正確ではないことがわかり，現在ではさらに改良を加えた尺度が使用されている．

最近地震学者は地震の規模の尺度として，震源となった断層面の方向と大きさ，ずれなどをパラメーターとした地震モーメント（Mo）という概念を導入し，地震波の解析から震源情報をよりよく表せるようになっている．

地震のマグニチュードから地震のエネルギー（E）を見積もるのは複雑な過程を経るが，その結果から次のような経験式が得られている．

$$\log E = 1.5M + 4.8 \qquad (E：エネルギー，単位はジュール)$$

この式から，マグニチュード M が１減ると logE は1.5減り，エネルギーは1/30に減少する．つまり M ＝ 5 の地震の1000回分のエネルギーが，M ＝ 7 の地震のエネルギーに相当するのである．その地域の岩石の破壊強度が小さいと，小さな地震はたくさん起こるが，巨大な地震を発生させるだけのエネルギーを蓄積できないのである．ところが破壊強度が大きいと，地震の回数は少ないが巨大な地震を起こすだけの歪みをため得ることになる．これまでに記録された世界最大の地震は M ＝8.9（モーメント・マグニチュード Mw ＝9.5）である．これ以上の M ＝10とか M ＝12の地震が発生しないということは，地殻やマントルをつくっている岩石がそれほど大きなエネルギーをため得ないことを示している．

地震のエネルギーと断層の面積に関係があるということはすなわち，断層と地震のマグニチュードの間に関係があることを示している．地震を起こした活断層の長さ（L）および地震の際の変位量（d）と地震のマグニチュード M との間には，次の関係があることがわかっている．

$$\log L\ (km) = 0.6M - 2.9$$

$$\log d\ (m) = 0.6M - 4.0$$

この経験式によれば，M ＝ 7 の地震は長さ20km の断層を生じ，1.5m 変位することになる．またM ＝ 8の地震が起これば80kmの断層が生じ，6 mの変位を生じることになる．この経験式は日本の地震に関して成り立つものであり，地球上の他の地域では異なった経験式が得られている．

5．日本とその周辺の地震と活断層

地震の発生場所をプレートテクトニクスの観点から整理すると，プレート境界地震とプレート内地震にわけられる．プレートテクトニクスではプレート内では地震は起こっていないと近似したのであるが，実際にはプレート内部でも地震は起こっているのである．とくに大陸と大陸の衝突帯では，プレート境界だけで歪みは解消できず，プレート境界から数千キロメートル離れた大陸内部でも多数の地震が起こっている（たとえばユーラシア大陸内部のタクラマカン砂漠周辺やモンゴルの地震）．ただし地震の頻度はプレート境界断層が圧倒的に多い．

日本列島とその周辺海域で起こっている地震は，次の3つのタイプにわけられる（図7.10）．

①**プレート境界地震**（図7.10）：日本列島下に沈み込んでいる海洋プレートとユーラシアプレートの境界に沿って発生する地震である．東北日本弧では太平洋プレートが約28°で，西南日本弧ではフィリピン海プレートが約10°～30°で沈み込んでいる．そのためプレート 境界は圧縮場となり，低角逆断層型の地震が発生している．火山前線より50～70km東側のアサイスミックフロント（こ

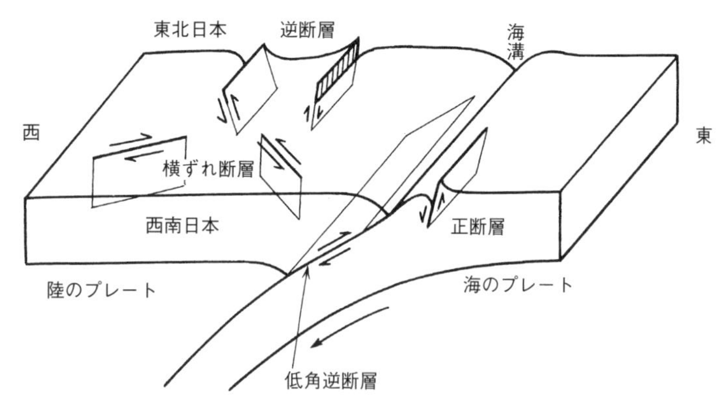

図7.10　日本列島とその周辺で発生する地震は，主に3つのタイプにわけられる．
（島崎邦彦・松田時彦編『地震と断層』東京大学出版会，1994）

の線より西側で地震が急激に減少する．図5.4参照）から海溝までは，浅発地震が密に発生している．

②陸域プレート内地震（図7.10）：沈み込む海洋プレートの圧縮により，日本列島下の深さ20km付近までの地殻で発生している地震（図7.11b）．東北日本では南北に走る高角の逆断層，西南日本では北東－南西の右横ずれ断層と北西－南東に走る左横ずれ断層(両者は共役な関係にある)で地震が発生している．

③海洋プレートの曲げによる地震（図7.10）：海洋プレートが沈み込む際，プレートの曲げによりプレート表層部が引っ張りの場となり，海溝外縁付近で正断層型の地震を発生している（図8.2参照）．

地震の多くは地下深部で発生しており，破壊面が地表に達することは少ない．しかし，地震によって破壊面そのものである断層が地表に現れることがある．1891（明治24）年の濃尾地震（M＝8.0）は，これまでに記録された日本で最大規模のプレート内地震である．地震によって地表が破壊され地震断層（根尾谷断層）が約80kmにわたって追跡され，それに沿って水平方向に最大8m，垂直方向に2～3mの食い違いが見られた．この地震断層により初めて，急激な断層運動が地震の原因であるという考え方が地質学者に生まれたが，1970年代までこの説は日本の地震学者には受け入れられなかった．

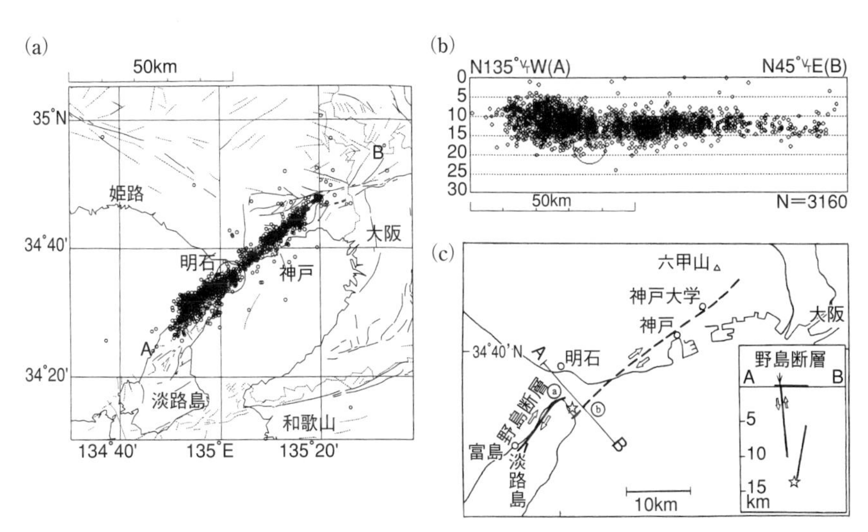

図 7.11　兵庫県南部地震（1995）の余震分布（a）とA－B面内での垂直断面図（b）．（c）震源となった断層の分布．（気象研究所，中村浩二による．池田安隆ほか『活断層とは何か』東京大学出版会，1996）

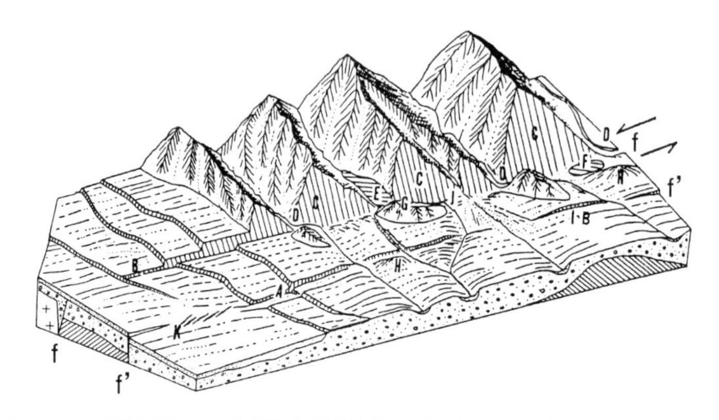

図 7.12 活断層沿いの典型的な断層変位地形の例．A，断層溝；B，低断層崖；C，三角末端面；D，河川の屈曲（横ずれ河川）；E，断層池（せき止め池）；F，断層池（サグポンド）；G，閉塞丘（シャッターリッジ）；H，ふくらみ（マウンド）；I，眉状断層崖；J，截頭谷；K，雁行地割れ（エシェロンクラック）；f，f'，断層．（池田安隆ほか『活断層とは何か』東京大学出版会，1996）

1960年代のプレートテクトニクスの出現とともに，水平横ずれ断層についての理解が深まり，日本列島各地で活断層の研究が活発に行われるようになった．しかし活断層という言葉が国民全体に浸透したのは，1995年の兵庫県南部地震の際に淡路島に出現した野島断層（口絵 VI2）とその北方延長線上の活断層の直上に位置した神戸の地震災害の激しさが報道された時であった（図7.11，口絵 VI1）．

活断層とは，「最近の地質時代に繰り返し活動し，今後も再び活動する可能性のある断層」と定義されている．最近の地質時代とは，一般には地質学の年代区分の中でもっとも新しい第四紀あるいはその後期（約100万年前以降）と考えられている．では，どのようにしてその断層が最近の地質時代に活動したことが証明されているのだろうか．その答えは，断層が約100万年前以降に形成された地層や地形を切って変位させていることを探し出すことである．たとえば最近の大規模噴火によって日本全国に飛散した火山灰層（テフラ）は，よい等年代面となる．また氷河性の地形や段丘，河川の流路や谷，山の稜線なども最近の地質時代に形成されたものである（図7.12；口絵 III.20，21，25）．また人類の残した考古遺跡や歴史時代の遺跡もよい時代面を示す．これらを手がかりにして，日本とその周辺の活断層の分布図と活動の履歴や性格についてのカタログがつくられている．

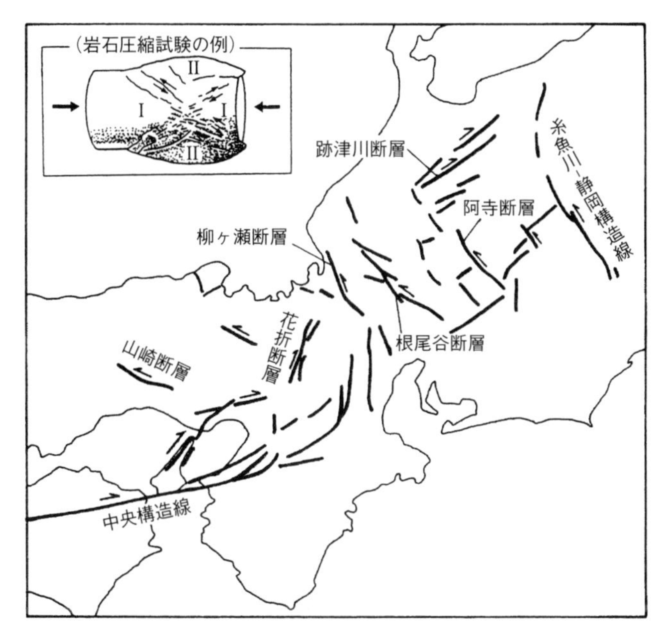

図 7.13　近畿・中部地方の主要な活断層分布図．北西－南東の断層は左ずれ，北東－南西の断層は右ずれであることは，この地域が東西圧縮の応力場にあることを示す．（松田時彦『動く大地を読む』岩波書店，1992を改作）

中部・近畿地方の活断層分布を見ると，北西－南東の断層は左横ずれ，北東－南西の断層は右横ずれであり，両者は共役の関係にあることを示す（図7.13）．つまり，この地域が太平洋プレートの沈み込みによって，東西圧縮場になっていることがわかる．

●トンネル工事中に動いた断層—丹那断層と北伊豆地震

東京と大阪を結ぶ日本の大動脈，東海道本線と新幹線は，伊豆半島の真ん中を南北に走る丹那断層を横切っている．この断層の東西7.8kmはトンネルになっている（図7.14）．もし丹那断層を震源とする地震が発生すれば，断層に沿って岩盤が動き，天の岩戸のようにトンネルを塞いでしまうことが予想される．時速200kmで新幹線が走行中に丹那断層が動いたら，大惨事になることは間違いない．ところが実は1930年11月26日未明，この丹那トンネルを掘削中に断層が動き，横に移動した岩盤でトンネルは塞がれてしまったのである．

1918年に始まった掘削工事は，伊豆半島の中心部で30～50mの大破砕帯にぶつかり，出水や崩壊で難航していた．破砕帯の中の水を排水するために水抜坑を堀り，土砂の噴出を食い止めるためにシャッターをつくるなど対策を講じていた．その矢先に丹那断層を震源としたマグニチュード7.3の北伊豆地震が発生したのである．この地震によってトンネルの東側の岩盤が北方にほぼ水平に2.1mずれ，断層面上にはひっかき傷（断層擦痕）が残されていた．また，この断層の延長部では30kmにわたって，断層の東側は北に，西側は南に移動したのである（図7.14）．この地震によって大きな災害が生じたが，幸いなことに工事中のトンネルが崩壊するようなことはなかった．

この丹那断層のように，比較的最近の地質時代に活動し，将来も活動する可能性のある断層は活断層と呼ばれている．日本列島はプレート収束境界の地震帯に位置しているため，全国各地に活断層が分布しており，活断層をさけて鉄道や高速道路網を建設することは難しい．そこで大型の構造物の建設に先立ち活断層の活動履歴を調べ，地震の発生周期や破壊の性格，地震発生のメカニズムを明らかにし，将来の活動予測をすることが必要になってきた．そのための先駆的研究が行われたのが，丹那断層である．

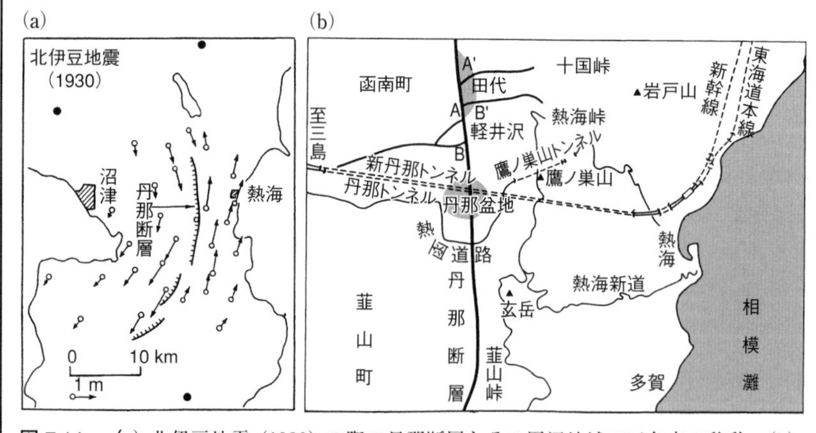

図 7.14　(a) 北伊豆地震（1930）の際の丹那断層とその周辺地域の三角点の移動．(b) 丹那トンネルを南北に切る丹那断層とその活動による川の流路の変位（A-A', B-B'）．（松田時彦『活断層』岩波書店，1995）

箱根から伊豆半島にかけての地質を研究していた火山学者久野久（1910〜1969）は，伊豆半島の西側斜面の河川が丹那断層で途切れ，上流部がなくなっていることに気づいた．丹那断層に沿ってその東側を探したところ，1 km ほど北に行くと上流部が見つかった（図7.14b）．丹那断層を横切る河川には，決まってこのパターンが認められた．断層を挟んで分布が食い違っている第四紀の溶岩も，断層の西側を 1 km 北に移動させるとぴったり続くことがわかった．したがって 1 回の地震で約 2 m 左ずれするようなマグニチュード 7 クラスの地震が，溶岩噴出後500回発生することにより，現在見られる 1 km の食い違いが生じたものと推定した．

その後，溶岩の年代測定ができるようになり，それが噴出・冷却したのは約50万年前であることが判明した．50万年の間に500回地震が起こったということから，地震活動の周期（再来周期）は平均約1000年であることがわかった．1930年に北伊豆地震が発生し，この地域の歪みが解放されたので，丹那断層が震源となる次の地震の襲来は，1000年後の2930年頃と予想される．しかし，これはあくまでも地震が規則正しく1000年ごとに起こればの話であり，実際にはばらつきがあるはずである．そこで最近の実際の再来周期を調べるために，丹那断層を跨いでトレンチ（溝）が掘られた（口絵 III.26，27）．

トレンチが掘られた丹那断層盆地には，最近堆積した地層が厚くたまっている．地震が発生し，断層が動くと断層の両側の地層はずれ，その上にまた地層が積み重なっていく．

(a)

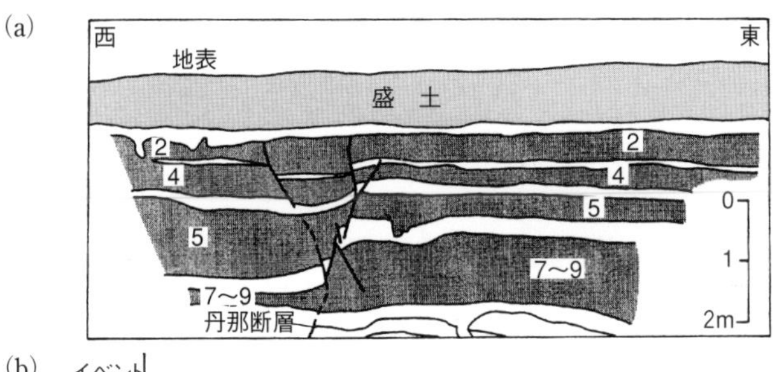

(b)

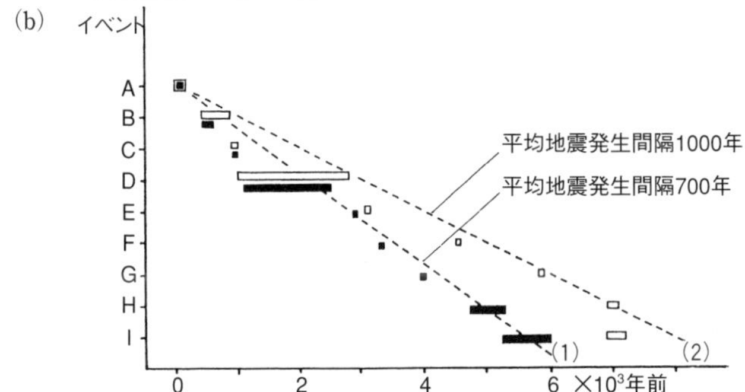

図 7.15　(a) 丹那断層のトレンチの壁面のスケッチ．(b) 調査から得られた過去の地震の記録．（丹那断層発掘調査研究グループ『地震研彙報 58』東京大学地震研究所，1983）

その時，相対的に下にずれ，窪地になったところには，上にずれた側より厚く地層はたまり，過去の地震の記録が地層に残されることになる．また地層の中には富士山や伊豆半島，遠くは九州から飛来した年代のわかっている火山灰が含まれている．これを過去の時間面として，トレンチに現れた断層と地層の関係から，過去の地震の記録を調べたのである．その結果，過去6000～7000年については，700～1000年の周期で地震が発生していることが判明したのである（図7.15）．したがって次の北伊豆地震は，早くて2630年頃に起こると予想されている．
（丹那トンネルの掘削工事と北伊豆地震については，吉村昭著『闇を裂く道』文春文庫，1990に詳しく書かれている．活断層を貫通するトンネル工事がいかに困難を極めたものであったかがよくわかる．一読をお奨めする．）

またフィリピン海プレートに属する伊豆半島の活断層は，北北東 - 南南西の左横ずれ断層と西北西 - 東南東の右横ずれ断層のセットからなり（図7.16），それは北西方向への圧縮に起因することがわかっている（コラム「トンネル工事中に動いた断層」を参照）．

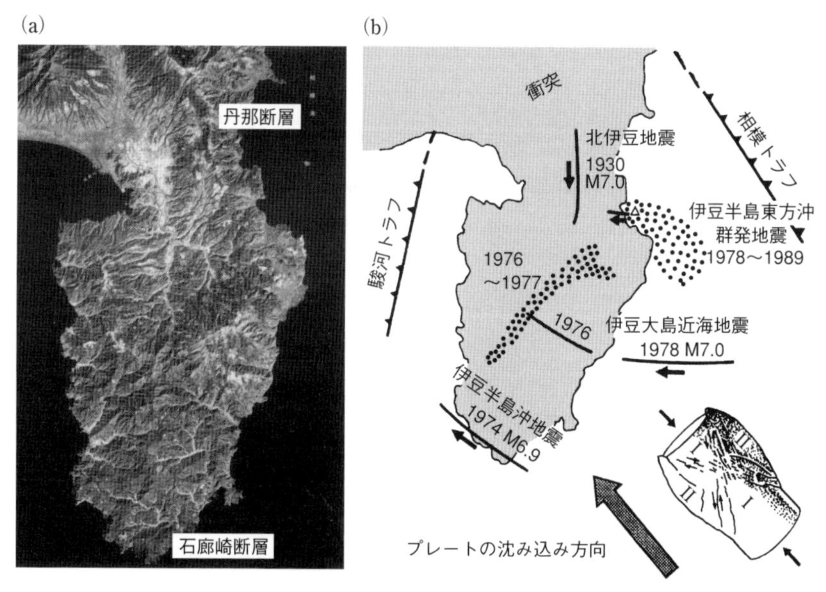

図 7.16　(a) 伊豆半島とその周辺地域のランドサット衛星画像．(b) 伊豆半島の活断層のうち，南北の断層は左ずれ，西北西 - 東南東の断層は右ずれであり，それはこの地域が北西 - 南東の圧縮応力場にあることを示す．（井田喜明『科学 第59巻 第10号』岩波書店，1989を改作）

6．地震と災害

地震を予知するとは，ある地域の岩石が限界歪みに達し，まもなく破壊が始まることを事前に察知することである．ここで問題なのは，実際の破壊が発生する時間をどこまで正確に予知できるかということである．1975年2月4日，中国東北部で発生した海城地震（M＝7.3）では，事前に24時間以内に地震が発生することが予知され，住民に緊急警告が出され，被害を最小限に止めることができた．この画期的な地震予知の成功は世界的な関心を呼んだが，日本ではそのような短時日内の予知に成功した例はない．様々な地震予知の方法が研究されているが，本当に実用段階にあるものはない．ただし活断層の分布や再来周期，中・長期的な地震予知は実用段階にあるので，地震災害の危険がある地域は，災害を最小限に食い止めるため，事前に防災および災害軽減対策をたてておく必要がある．地震災害を軽減するためには，次のようなことが必要である．

（1）地域の地盤・地形特性を知った土地整備と開発

土木構造物の建設や都市開発計画にあたっては，活断層の位置や破砕帯の幅，軟弱地盤の分布状態，地盤沈下地域，過去の地震災害などを調べ，開発地点の地震災害危険度を認知し立地評価をした上で，場所の選定や設計を行う．

日本の都市の大部分は，河川の下流域や海岸の軟弱地盤地域に発達している．河川敷，埋積された湖沼，干潟や砂丘など液状化しやすい土質の地帯に構造物を建設する際には，十分な注意が必要である．固結しているように見える砂やシルトでも，地震による振動で容易に液状化し，建造物の支持ができなくなり，建造物が沈下や倒壊することがしばしば起こっている（たとえば1964年の新潟地震の際のアパートの倒壊）．

兵庫県南部地震（M＝7.2）では幅約2kmの被害中心域が帯状に約20kmあまり追跡され，「震災の帯」と呼ばれている．その軸部では震度7の激震を記録した．とくに倒壊率が高かったのは，基盤岩に隣接する軟弱な第四紀層の地帯であった．また1923年の関東地震（M＝7.9）で家屋の倒壊率が高かったのは，河川または旧河川沿いの沖積層が厚く堆積した下町低地であった．大きな構造物を建設する際には，埋没河谷の直上とそれに隣接する地域および埋め立て地には充分に注意を払う必要がある．

海底下で地震が発生し，海底が急激に上昇あるいは沈降した場合，海面は盛り上がり，巨大な波「津波」がつくられ広がっていく．津波の速度は水深と重力加速度の積の平方根に比例するので，水深が4000m であれば津波は秒速200m（時速約700km）で伝わっていく．海岸に近づき浅くなると速度は遅くなるが，波のもつエネルギーは変わらないので，その分波高が高くなる．1960年のチリ地震で発生した津波は，太平洋を横断し24時間後に日本列島に到達した．その時の波高は5m 以上で，142名の死者・行方不明者を出した．津波が良く襲来するリアス式の三陸海岸の中には，波高20m 以上の津波に襲われた地域もあり，防潮堤がつくられたり，集落ごと高台に移転したりしている．

（2）構造物の耐震性の検討

1989年サンフランシスコで発生したロマプリータ地震では，二階建て高速道路の支柱の構造上の欠陥によって多くの被害が出た．しかし鉄骨の筋交いを入れ補強していた部分は，被害が軽微であった．日本の高速道路の橋脚は，サンフランシスコの高速道路橋脚に比べ鉄筋が充分に入っており，構造の工夫もされているので，関東地震クラスの振動に耐えられるといわれていた．しかし1995年の兵庫県南部地震では，阪神高速道路の橋脚が約600m にわたって倒壊し，耐震設計基準の見直しや古い設計基準で建設された構造物の補強が迫られた．

兵庫県南部地震では6400人を超す死者が出たが，その原因の約90%が家屋の倒壊による圧死であった．その原因の多くは古い家屋の耐震抵抗力の低下や人災ともいうべき補強工事の手抜きにあった．また1階に広い空間が多く，2階以上の自重を支える壁や支柱が充分になかったために倒壊した鉄筋コンクリート建造物の被害が目立った．建設費の上昇を抑えながら，耐震安全性を向上させる技術の開発が必要である．

（3）地震時の対応システムづくりと普及活動

地震災害の軽減にとって一番大切なのは，地震直後の迅速かつ適切な初動である．日本列島が地震帯の上にある以上，必ず地震はやってくる．そしてどこが危険なのかについては，世界でも有数のデータの蓄積をもっている．とくに人口が密集する都市では，地震の襲来を想定して，危機管理体制を構築しておく必要がある．残念ながら兵庫県南部地震の際には，政府も自治体も初動が適切ではなかった．被災情報の収集と分析が遅れ，行政が早期に適切な対策を講じることができなかった．この教訓を生かし，地震災害時の政府，自治体，各種事業所，市民の情報ネットワークシステムを整備することが必要である．そのためにはまず，市民一人ひとりが都市防災の必要性を認識し，防災計画の立案および防災事業へ参加することが大切である．

どこの国でも，被害地震が起こった直後には爆発的な熱意と政治的支援によって，将来の震災予知と震災軽減に対する努力が続けられる．しかし震災の日から時間が経つに連れ，半減期１年程度の減衰曲線を描いて活動度は低下するという．地震の再来周期が100〜1000年ということであれば，毎年どこかで起こる洪水や土砂災害に比べ，震災の記憶は早く忘れ去られるのが人の世の常であろう．しかし，その被害が社会に与える影響が甚大であることを考えると，地質学者や地震学者は地震と地震災害およびその軽減について，もっと積極的に活動を行い，社会に訴え続けるべきであろう．

●スマトラ沖巨大地震とインド洋の大津波

2004年12月26日，午前7時58分53秒（現地時間），スマトラ島沖（北緯3.3°，東経95.9°）で発生したマグニチュードMw 9.0の巨大地震によって引き起こされた津波は，東南アジアや南アジア，さらにはアフリカ東岸の国々を襲い，史上最悪の津波災害を引き起こした．津波が発生した翌日，6600人を超すと報じられた犠牲者の数は日ごとに増え，1カ月後にはインド洋沿岸12カ国の死者・行方不明者の合計は22万人に達した．この未曾有の災害を引き起こした地震そのものによる被害は，スマトラ島北部で震度5の揺れによって2階建て以上の建造物が損壊した程度で，一般の家屋にはほとんど被害はなかった．被害の大部分は津波によるものであった．ではインド洋を横断するような巨大なエネルギーを持った津波は，どのようにして発生したのであろうか？　また地震国日本は，過去にどのような津波災害を被っているのだろうか？

スマトラ－アンダマン大地震

インドネシアのジャワ島，スマトラ島の南方沖合には，ジャワ海溝，スンダ海溝が並走しており，その北方延長はアンダマン諸島の西方沖合に続いている．このジャワ・スンダ海溝はインド－オーストラリアプレートとユーラシアプレートの収束境界をなし，インド洋の海洋底がユーラシア大陸の下に年間4～5 cmの速度で北北東に沈み込んでいる．スンダ海溝とスマトラ島の間に並ぶ島々の珊瑚礁の調査から，この地域では約230年に1回の間隔でMw 8クラスの地震が発生しており，今後数十年以内に次の地震が起こる可能性が指摘されていた．今回の地震はまさに予測された地域を震源域として発生したもので，震源断層の位置はスンダ海溝の東方約70～110kmと推定されている．

ただ想定外だったのは，余震活動の広がりがきわめて大きく，それは北緯3°から14°の総延長約1300km，幅200～250kmに達した（図7.17）．つまり北海道を除いた日本の総面積に相当するような広大な面積にわたって地殻が破壊し，断層に沿って東側のブロックが西側に覆い被さるように突き上げたのである．地震を発生させた断層面は東に約10°傾いており，破壊は秒速2～3 kmの速度で南から北に進んだ．断層運動開始から終了まで約8分かかり，その間の断層運動の地震モーメントは，10^{23} Nmであったと算出されている．また断層運動によるズレは最大29.3mであったと推定されている．

GPS観測によって求められた地震による水平変位量は，アンダマン・ニコバル諸島で最大7 m，スマトラ島で約1 mであった．またアンダマン島北部や西部では1 m程度の隆起が観測され，水面下にあった珊瑚礁が海面上に広く露出するようになった．しかしアンダマン島南部やニコバル諸島では，1 m以上の沈降が観測されている．隆起した地域と沈降した地域の境界をなすピボットラインは，海溝から約145kmの位置に走っており，断層面の上端付近に位置する島では隆起が，断層面の下端部付近に位置する島では沈降が起こったものと考えられる（図7.17）．

1900年以降，世界中で起こった地震の中では，スマトラ－アンダマン大地震は4番目の規模の地震であったが，その余震域の大きさは20世紀最大の地震であった1960年のチリ地震（Mw 9.3）を凌駕するものであった．

インド洋を横断した津波とその災害

この地震のような海溝型の逆断層性の地震では，上盤が突き上がることにより，その上にあった水塊が盛り上がり，押し波となって伝搬する（図7.18）．震源域が大きいほど巨大な水塊が盛り上がり，巨大な津波を引き起こす．ただし逆断層性の地震でも，上昇した上盤の背後は沈降するため海面は下がり，引き波により海水は海岸より一時後退する．この地震でも，タイのリゾート地であるプーケット島では，最初海水が沖合に引き，その後水塊が作る壁のような津波が押し寄せたことが報告されている．プーケット島には地震発生から1時間25分後に第1波が到達し，検潮儀による波高は，最高2.2mを記録している．ベンガル湾を横断した津波は，2時間36分後インド東岸の都市チェンナイに到達し（最大波高3.24m，図7.19），さらにインド洋を横断し8時間49分後には，アフリカ東岸のケニアに到達している（最大波高1m）．

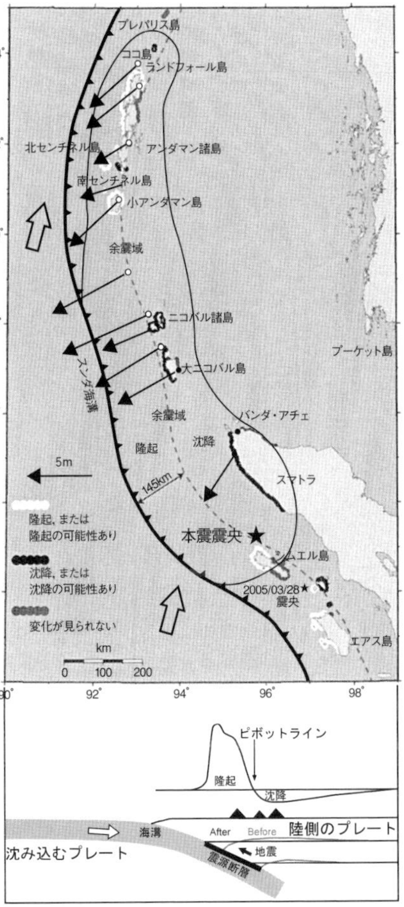

タイのプーケット島は震源から直線距離で約600km，　インドのチェンナイは3倍以上の約2000km以上離れている．ところが津波の到達時間は1時間あまりしか違わない．その秘密は，「津波の伝搬速度は水深の平方根に比例する」という下記の関係にある．

図7.17　スマトラ－アンダマン大地震の広大な余震域（1300km×250km）と地域ごとの水平変動（矢印）．ピボットラインを挟んで西側は隆起域，東側は沈降域になっている．（飛田・林『月刊地球号外56号』海洋出版，2006；Mohanty, 2006を改作）

$v=\sqrt{gh}$（v：津波の速度，g：重力加速度，h：水深）

インド洋の海洋底の水深は4000～5000mである．したがって，津波の伝搬速度は時速約

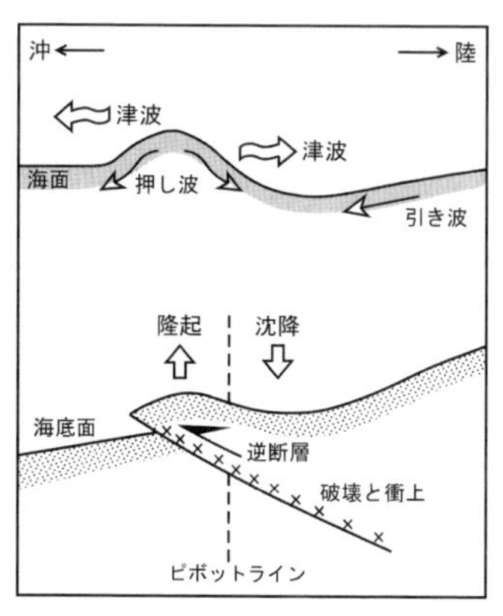

図7.18　逆断層型の海底地震活動による地盤の変化とそれに伴う津波発生の関係.

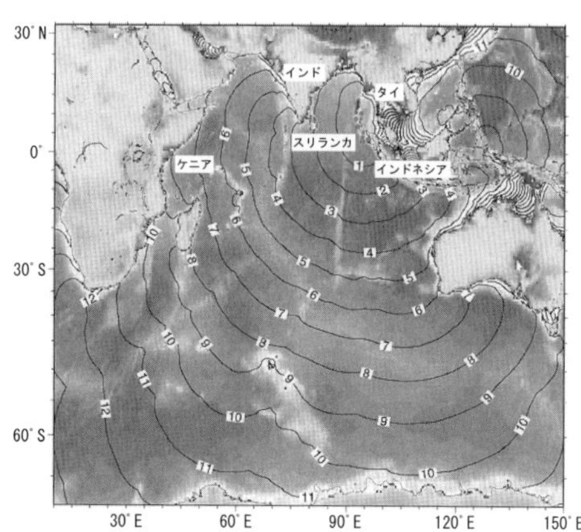

図7.19　スマトラ－アンダマン大地震の余震域を波源とみなして推定された，インド洋沿岸までの津波到達時間.（産総研ホームページ,『インド洋の地震・津波』より）

700～800km（ジェット機並みの速度）となる．ところがプーケット島とスマトラの間の海の水深は2000m より浅く，200m 以浅の大陸棚の部分も広い．平均1000m として速度を求めると，時速360km 程度と遅い（とはいっても新幹線より速い）．そのためにプーケット島に到達するまでに時間がかかったのである．

さらに水深が浅く10m になると，時速は36km と遅くなる．その結果，津波が陸地に近づくと後続の速い波が前方の遅い波に追いつき，波高は高くなり30m 以上に成長する．さらにリアス式海岸のような湾や入り江では，狭い空間に大量の水塊が流れ込むために，津波はいっそう高くなる．スマトラ島北端の町，バンダ・アチェでは波高が34.9m に達していたことが，植生が剥ぎ取られた津波痕跡などの調査から判明している．そのために津波は海岸線から 4 km 以上も内陸まで侵入し，海岸線から約 2 km までのほとんどすべての家屋は破壊・流出し，死者は 3 万人に達した．津波のエネルギーは水深が深いとほとんど減衰しないため，震源から遠く離れたインド南部でも犠牲者は15,000人に達し，スリランカでは 3 万人を超えた．

このようにインド洋全域に未曾有の災害をもたらした原因の 1 つは，津波の波源となった地殻の破壊が，南北1300km，東西200～250km ときわめて大規模であったことに求められる．もう 1 つの原因は，インド洋沿岸地域ではこのような巨大地震が起こると思っていなかったために，津波の危険性に対する認識が低く，太平洋沿岸地域のような津波警報・防災システムがまったく整備されていなかったことにある．

日本列島を襲った津波：（1）日本海岸

津波は，「Tsunami」と表記され，日本語に起源を持つ国際的な学術用語となっている．

これは日本が他の国々に比べ頻繁に津波に襲われ，その現象が古くから広く知られていたことに由来する．「津」は港や波止場の意味であり，嵐でもないのに突然，防波堤を越えて港を襲う大波を津波と呼ぶようになったのである．

日本列島を襲った津波で記憶に新しいのは，1983年５月26日の日本海中部地震（M7.7）と1993年７月12日の北海道南西沖地震（奥尻地震，M7.8）による津波である（図7.20）．両者とも震源域は水深3000mを超える日本海盆東縁の海洋性地殻に広がっているが，後者では南半部が2000mより浅い大陸斜面の部分も含む．この地域は，日本海がアジア大陸から分裂・拡大したときの正断層が構造の基本をなしているが，約300万年前以降，東西圧縮の場になり逆断層が発達している地域である．

日本海中部沖地震の震源は，秋田県能代市の沖合約100kmで，破壊が生じた余震域は南北140km，東西40kmであった．震源に近い秋田市などでは最大震度５が記録され，国内で104名の死者を出したが，その内100名が津波による犠牲者であった．地震発生後約７分で最初の引き波が到達し，その８分後に津波の第１波が到達している．地震発生が正午だったために，男鹿市の海岸に遠足に来ていた43人の小学生と教師２人が津波に巻き込まれた．この津波の最大波高は14mに達し，多くの漁船が陸に打ち上げられた．

この地震を発生した断層は発震機構や測地学のデータから，南南西方向に延びた，東傾斜の逆断層であったと推

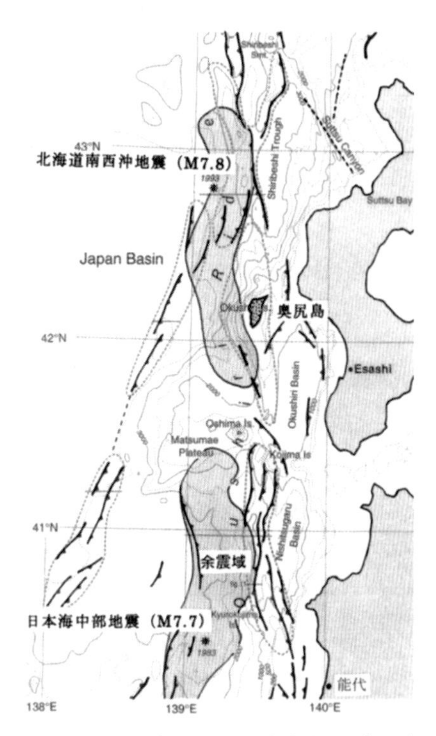

図7.20　日本海東縁海域の活断層の分布と津波の波源となった余震域（灰色）．（岡村ほか『地調月報49巻１号』，1998を改作）

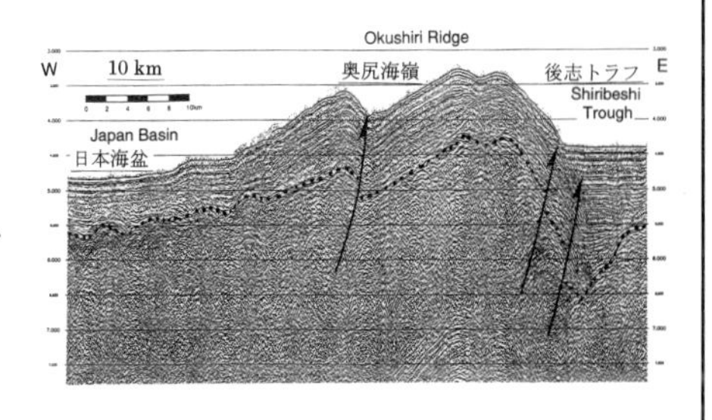

図7.21　北海道南西沖地震の震源域となった奥尻海嶺と後志トラフ境界部の音波探査断面．西傾斜の活断層により非対称な背斜構造が形成されている．（岡村ほか『地調月報49巻１号』，1998より）

定されている．この南北性の逆断層が数多く発達する断層帯の南方延長は佐渡近海まで続いている（図7.20）．一方，北方延長は北海道の西方沖合に続き，利尻・礼文島の沖合に達している．

日本海中部地震の10年後に，奥尻島の南方から北北西の地域を震源域として発生したのが，北海道南西沖地震であった．奥尻海嶺とその東に広がる後志トラフの境界部に沿って走る西傾斜の逆断層に沿って（図7.21），延長150km，幅40kmにわたる地域で破壊が起こったものと推定されている（図7.20）．

震源域が奥尻島に隣接していたため，地震発生後3～5分後には津波が襲来し，奥尻島では197名の犠牲者が出た．被害がもっとも大きかったのは，島南部の三方を海に囲まれた海岸段丘上の青苗地区であった．地震発生が22時17分と夜遅かったため，朝の早い漁師の家では寝込みを襲われた状態で，高さ10m以上の津波によって壊滅的被害を被った．また島の西にある藻内地区では，津波の最大波高は30mに達したことが，地震後の調査によって明らかになった．津波の第1波は島の西側から押し寄せたが，その後北海道にぶつかって反射し戻って来た波や回折した波が押し寄せた．青苗岬では2m以上の津波が1時間に13回も観測された．奥尻島の島民の中には，日本海中部地震のときに津波被害を受けた者もいて，その経験から迅速に避難して助かった者も多くいた．

日本列島を襲った津波：（2）太平洋岸

日本には日本書紀の時代から津波の記録が残っているが，その多くは太平洋岸，ことに東北の三陸地方に多い．太平洋プレートが沈み込む日本海溝近傍（図5.4）で発生したM8.0を超す巨大地震により，過去400年の間に4回の大きな津波災害を被っている．1896年（明治29年）6月15日の明治三陸地震津波は，三陸沖150kmを震源とするM8.5の大地震によって引き起こされた．震度はそれほど大きくなかったが，最大波高38.2mに達する津波が満潮時に次々に集落を襲い，犠牲者は22,066人に達した．唐丹村（現在は釜石市）では総人口2807人の75%にあたる2100人が死亡し，田老町でも2565人の74%にあたる1875人が死亡するという壊滅的な被害を被った．1933年（昭和8年）には，岩手県沖250kmの海溝外縁でM8.1の正断層型の地震（海洋プレートの曲げによるプレート内地震；図7.10，8.2参照）が発生し，それに伴う津波が三陸海岸の村々を襲い，3064名の犠牲者が出ている．

この2つの地震による津波は，太平洋を横断しアメリカ西海岸にまで到達しており，ハワイには2～9mの津波が襲来し大きな被害を与えた．一方，南米チリ沖で1960年5月23日に発生したM8.5のチリ地震により発生した津波は，太平洋を横断し22時間30分後には約18,000km離れた三陸海岸に到達した．ハワイ島ヒロでは波高約11mの津波が，また日本でも波高1～5mの津波が記録され，142名の死者・行方不明者が出た．

フィリピン海プレートが沈み込む西南日本弧や琉球弧でも（図8.1），海域の地震に伴い発生した津波の記録が数多く残されている．南海トラフの陸側斜面の海溝型地震発生帯は（口絵III.31），ほぼ100～150年の間隔でM8クラスの地震を繰り返し発生し，津波を引き起こしている．過去の東海・東南海・南海地震では，東海，近畿，四国，九州東岸にわたる広い範囲に津波災害をもたらしている．

また琉球列島では，1771年に石垣島の南東沖合数10km を震源とした推定 M7.4の八重山地震により巨大な津波が発生し，八重山諸島全体で12,000人余の犠牲者を出したことが知られている．地元では明和の大津波と呼ばれ，もともと海岸にあった珊瑚礁の巨礫（最大10m に達する）が波によって多数高台まで運ばれており，その標高をもとに津波の高さは最大85m に達したものと推定されている．この津波のために八重山諸島の人口は激減し，元に戻るまでに約150年を必要とした．

山体崩壊による津波の発生

地震による地盤の変動によって発生する津波のほかに，大規模な山体崩壊でも津波が発生することが知られている．1792年の雲仙普賢岳の噴火活動に伴い発生した眉山の崩壊による津波は，後に「島原大変，肥後迷惑」と呼ばれるようになった大災害をもたらした．半年以上続いた火山性の群発地震の後，普賢岳の前山をなす眉山（876m）が，幅 1 km，長さ約 2 km にわたって突如崩壊し，0.34km^{3}の土砂と岩塊を有明海に押し出した．現在島原港外に点在する大小の島々は，その時の岩屑なだれによってつくられたものである（口絵 III.14）．大量の土砂と岩塊の流入により波高10m に達する津波が発生し，島原領内では9924人が岩屑なだれと津波により死亡した．津波は有明海を渡り肥後の国の海岸に到達し，4653人がその犠牲となった．

このほかに世界的に有名な例として，インドネシアのクラカトア火山の1883年の大噴火によって発生した津波がある．火山体の大部分を吹き飛ばした爆発的噴火により巨大な津波が発生し，36,000人が犠牲となった．この時の津波は遠くアラスカやヨーロッパでも観測されている．

津波の教訓と災害対策

三陸地方のように昔から津波災害を繰り返し受けてきた地域の住民の間には，津波の怖さについての伝承や津波から逃れた人々の逸話などが数多く残っている．またその教訓を基に，防潮堤や水門がつくられ，津波襲来時の避難路が整備されており，その結果被害が食い止められた実例も多い．海岸地域で津波から逃れる唯一の方法は，地震・津波警報が出たら迅速に高台，あるいは 2 階建て以上の鉄筋コンクリート造りビルに避難することである．

日本列島の近海で地震が発生した際には，2 ～ 3 分後に気象庁から津波警報が出される．また遠隔地地震津波については，太平洋沿岸の25カ国が太平洋津波警報組織をつくって，情報を迅速に伝達・共有できるシステムが構築されている．スマトラ沖地震とインド洋津波を教訓にして，インド洋沿岸の津波警報組織を整備すると同時に，各国が津波に関する啓蒙・防災に努めることが必要である．

（Mw：地震モーメントから計算されたマグニチュード，M：リヒタースケールによるマグニチュード．7 章 4．地震の震度と規模を参照）

●東北地方太平洋沖地震と津波

2011年3月11日14時46分に宮城県沖約130km付近（北緯38度6分12秒，東経142度51分36秒）を震央として発生した地震は，マグニチュード9.0という日本観測史上最大の超巨大地震であった．地震の揺れは約3分間続き（図7.22），遠く北海道や九州まで到達した．本震が発生して15分～2時間後には，最大波高9m，最大遡上高40mに達する津波が東北地方の海岸を次々に襲い，仙台平野では海岸から6km内陸まで浸水した．この東日本大震災による死者は16,278人，行方不明者2,994人，そのうち9割以上が津波による水死者であった（2014年3月11日現在）．また東京電力福島第1原子力発電所が地震と津波に襲われ，原子炉の炉心溶融により水素爆発が起こり，放射性物質が大量に漏れ出すという事故が発生した点でも未曾有の災害であった．地震が発生して3年経過した現在でも，26万7419人が避難生活を強いられている．

日本は地震国で，大正関東地震や兵庫県南部地震ほかの多くの地震と明治・昭和の三陸地震津波を経験しており，地震学的研究は世界のトップクラスであり，地震観測網は世界一を誇っていた．東北地方の太平洋側沖合ではプレートの沈み込みによる海溝型のマグニチュード8～7クラスの地震が発生することが想定され，地震予知が行なわれていた．しかしマグニチュード9に達する超巨大地震が発生することは，地震学関係の研究者は想定していなかったのである．この“想定外”の巨大地震と津波は，どのような特徴を持ち，どのようなメカニズムで発生したのであろうか．これまでの研究で明らかになったことの概要を紹介する．

更新されたマグニチュード

東北地方太平洋沖地震の規模を表すマグニチュード（M）について気象庁は，地震発生直後の14時49分にM7.9と発表した．しかし16時にはM8.4と発表し，さらに17時30分にはM8.8，そして2日後の3月13日になってM9.0と更新された．このようにマグニチュードが3回更新されたことに，この地震の特異性が表れている．最初のM7.9とM8.4は，気象庁が過去90年余りにわたって一貫して使ってきた固有周期5～6秒の地震計の最大振幅を用いて求めた気象庁マグニチュード（Mj）である．この方法で求めたマグニチュードは，短周期のガタガタした揺れは捉えられるが，M8.5以上の超巨大地震によって発生する200～1000秒の長い周期のゆっくりした揺れを正確に捉えられないという欠点があった．そこで超巨大地震については，長周期の地震波を含む地震波形全体を用いて，地震を起こした断層運動の破壊の強さから求めるモーメントマグニチュード（Mw）によって地震の規模が表されてきた（7章 地震と断層，p113参照）．しかし，国内の広い周期をカバーできる地震計の多くは振り切れていたため，世界中の観測点のデータを集め，長周期の200～1000秒の波に注目して地震波形の解析を行なった．その結果，Mw 9.0という最終的な値が算出された．そのエネルギーは大正関東地震の約45倍，兵庫県南部地震の約1450倍に相当するもので，1900年以降世界中で発生した地震のうち4番目の規模であることが判明した．

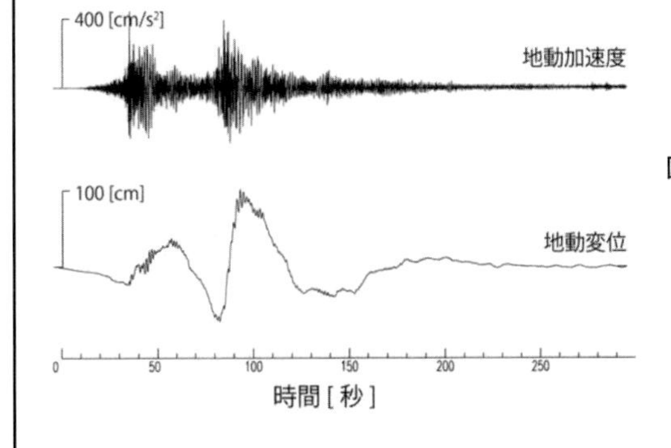

図7.22　牡鹿半島の強震計地震計に記録された東北地方太平洋沖地震波動．約50秒の間隔で２つの強い地震波群が到来したことが分かる．100数十秒にわたる長い揺れは長時間の断層破壊過程を示す．（防災科学技術研究所）

連動型地震の破壊プロセス

この地震の震央に最も近い宮城県の牡鹿では，地震発生の約45秒後に最初の強い揺れが観測され，一度揺れが小さくなってから再び強い揺れが観測された．地震の波形を見ると，約50秒の時間差で２つの地震が発生したように見える（図7.22）．波形の分析から，この地震はプレート境界の陸地側の深い部分と海溝側の浅い部分を往復する形で破壊が進行したこと，また地震は４つの震源領域で，３つの地震が連動して発生したことが分かった（図7.23）．

1．地震発生から３秒間は，牡鹿半島沖の海溝陸側の深度25km で破壊が生じた．
2．その後40秒間はより深部の約40km まで陸地に向かって破壊が伝搬し，周期の短い激しい揺れを生じ，宮城県を中心に大きく震動した．
3．発生から60～75秒後には，プレート境界での破壊滑りは海溝付近まで達した．この破壊により長周期の地震波が生じ，海底面の変動に伴い大規模な津波が発生した．
4．その後，再び海溝陸側に向かって破壊が進み，茨城県北部沖合で地震が発生し，大きな破壊は約100秒後までには終息した．

この地震の震源域（断層破壊が生じた地域）は南北500km，東西200km，深さ40～５km に広がり，断層に沿う変位量は海溝に近づくほど大きくなっている．破壊の南下は，フィリピン海プレートの北東端で止まる一方，その北上は三陸沖北部の十勝沖地震の震源域南端付近で止まっている．

このように複数の巨大地震が連動する可能性は，フィリピン海プレートが沈み込んでいる南海トラフ一帯では指摘されていた．特に2004年に発生した Mw 9.1の超巨大地震，スマトラ島沖地震（p.124～126参照）とそれに伴うインド洋の大津波以降，日本国内でも注目されていた．宮城県沖では30年以内に M7.4前後の地震が発生する確率99%と評価されていたが，M9クラスの超巨大地震が発生することは全くの想定外であった．

地震に伴う地殻変動

この地震は，太平洋プレートの運動方向と平行な，西北西 - 東南東方向に圧縮軸を持つ逆断層型であった．国土地理院の電子基準点のGPS観測により，破壊を生じた断層の上盤に相当する東北地方の陸域は，東南東方向に最大5.4m変位したことが分かっている（図7.24）．水平変位量は西に向かって減少し，日本海沿岸部では約1～0.5mになっている．また東向きの変位は，東北地方のみならず遠く中部地方や北海道にも及んでおり，ほぼ日本列島の半分が太平洋に向かって移動している．地震の前，日本海溝に沈み込む太平洋プレートによる圧縮で，東北地方は年間30～50mmで短縮していたが，この地震により長年蓄積された歪みが解放され，弾性反発的に滑り変位を生じたものと理解されている．

海域では地震発生前と発生後のGPS測量の結果の比較から，海底面の水平変位量は最大31mにおよぶことが明らかにされている．さらに2011年と2004年に得られた海溝に隣接する地域の海底地形のデータを比較し，海溝より陸側が東南東に50m移動し，10m隆起したことが判明している（図7.25）．つまり地震に伴う変動が，海溝軸のすぐ陸側まで及んでいたのである．従来，海溝付近の水を充分含んだ堆積物は歪みが溜まっても直ぐに流動変形し，弾性的には変形破壊しないので，海溝近傍では地震は発生しないものと考えられてきた．しかしこの地震によって，その常識は打ち破られたのである．

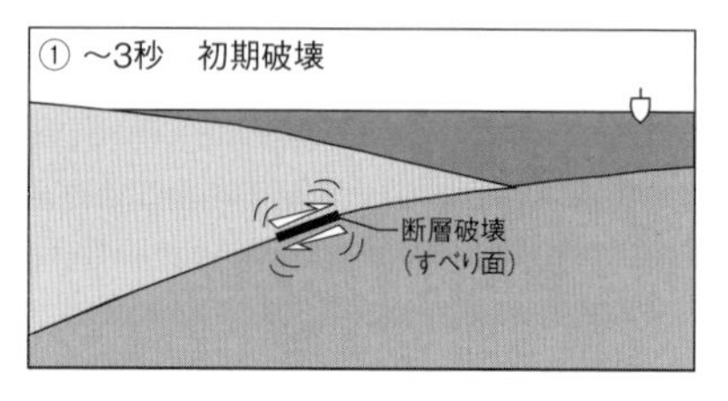

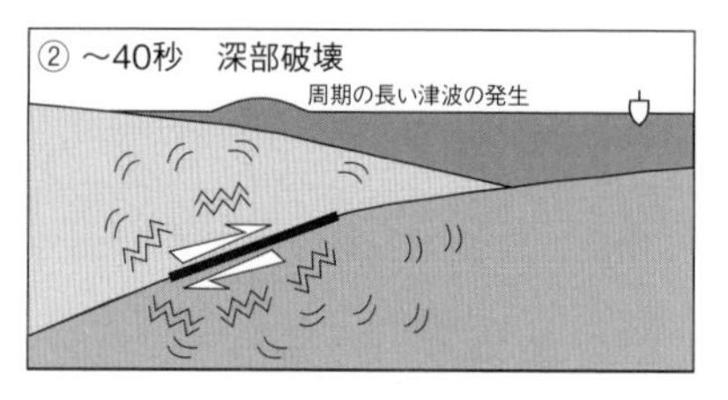

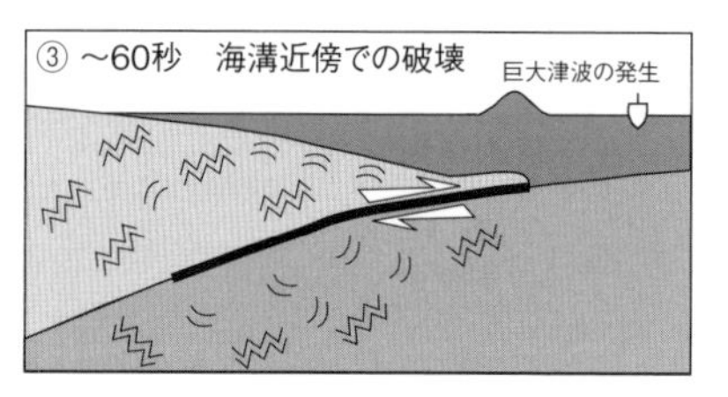

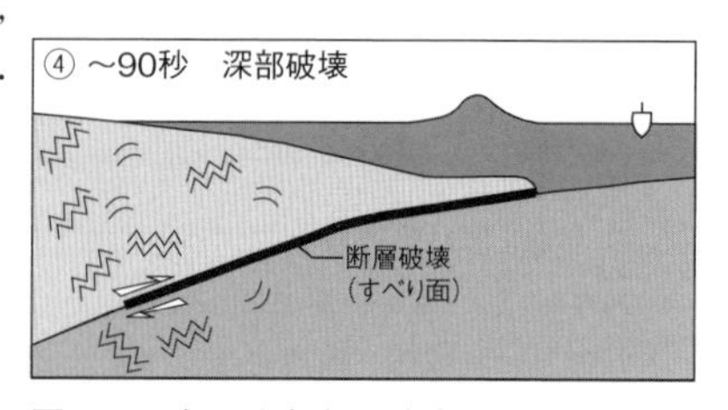

図7.23　東北地方太平洋沖地震の断層破壊過程を示す模式図．（東京大学大学院理学研究科ホームページ，http://www.s.u-tokyo.ac.jp/ja/press）

海溝型の地震に伴い，シーソー運動のようにある点を支点として隆起する地域と沈降する地域があることは，良く知られていた（p.160～161）．この地震では，東北・関東地方の東半分の地域が広く沈降した．その最大は牡鹿半島で，1.2mの沈降が報告されている．三陸のリアス式海岸の奥に点在する港湾施設の多くが地震による地盤沈下を被り，復興が遅れる原因ともなっている．

なおこの地震により，日本の地図の基準となる東京の日本経緯度原点は27.67cm東へ移動し，日本水準原点は24mm沈下した．

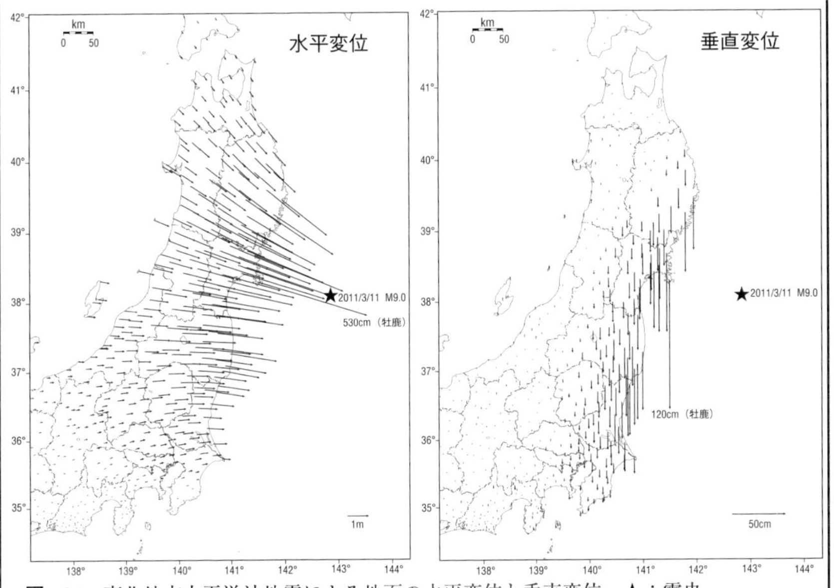

図7.24 東北地方太平洋沖地震による地面の水平変位と垂直変位．★：震央（国土地理院）

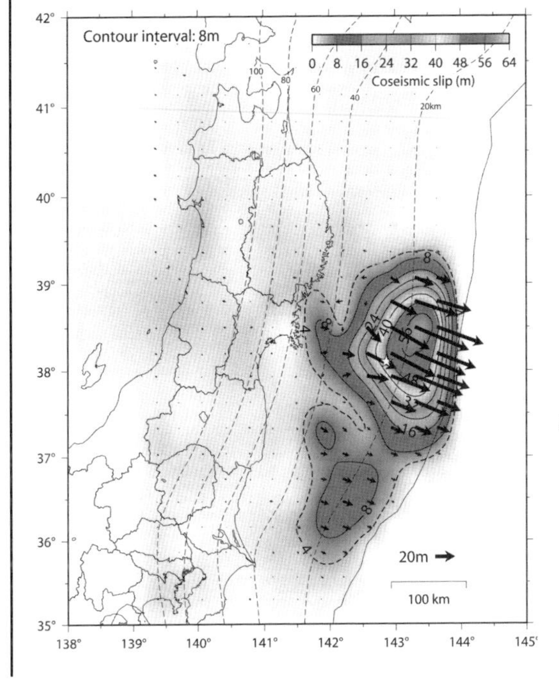

図7.25 陸域GPS観測と海底地殻変動観測の結果に基づく，プレート境界面上の地震時の滑り分布モデル．矢印は地震時の滑りを示す．実線は日本海溝，破線は深発地震面の深度．（国土地理院・海上保安庁）

地震断層の先端部の掘削

この想定外の観測史上最大の地震を起こしたプレート境界断層の破壊状態を調べ，その特異性の原因を明らかにする目的で，2014年の4～5月と7月に深海掘削船「ちきゅう」を使って地震断層の掘削が行なわれた．掘削地点は宮城県沖約220km, 水深約6900mの海溝陸側斜面の基部で，約850m 掘削し，断層を貫通しボーリングコアを回収すると同時に，高精度温度計を掘削孔に55個設置した．回収されたコアの断層帯は，厚さが約5mで，ボロボロに剪断された粘土から構成されていた．この粘土の約78%はスメクタイトと呼ばれる水を多く含む結晶化度の低い粘土鉱物で，残り約22%はイライトやカオリナイトと呼ばれる粘土鉱物からできていた（p.172～174参照）．粘土層は通常，水が通りにくく不透水層となっている．しかし断層運動により摩擦発熱が発生すると水を排出し，断層帯内の間隙水圧が増し，摩擦抵抗を減少させ，その結果断層の上盤が大きく滑る可能性がある．それによって海溝のすぐ陸側のプレート境界が大規模に滑ったというモデルが提案されている．この大規模な滑りに伴う海底面の隆起が，大きな津波を発生させたのであろう．

余震域と誘発地震

本震発生直後から，本震の震源域とその周辺で余震が多数発生した（図7.26）．M7以上の地震が1ヶ月の間に4回発生したが，それ以後の3年間にM7以上の余震は8回起きた．また最初の1年間にM6以上の余震は112回，M5以上のものは約800回発生した．過去3年間のM2以上の余震は9000回以上に達する．

これらの余震の多くは，プレート境界で発生した本震とはメカニズムも地震発生場所も異なり，以下の3つのタイプに分けられる（図7.27）．

① 海溝外縁のアウターライズで発生した地震

地震発生前，東北日本には東西に圧縮する力が働いており，海溝外側の沈み込む太平洋プレートも圧縮力を受けていた．ところが地震による破壊によってタガが外れた状態になり，引っ張る力が働くようになり，正断層型の地震が発生した．本震発生後約40分後に発生したM7.5の地震がそれに相当する．1933年に発生した昭和三陸地震も，アウターライズ地震と考えられている．なお“アウターライズ”とは海溝の外側の盛り上がった地形をさす．

② 東北地方と関東の内陸部で発生した内陸地殻内地震

超巨大地震の発生によって，東西圧縮力が加わっていた東北日本の応力状態は一転し，東西引っ張りの正断層型の地震や横ずれ断層が起こった．1ヶ月後の4月11日に福島県いわき市浜通りの地下5kmでM7.0の地震が発生し，塩ノ平断層に沿って地表地震断層が出現した．北北西－南南東方向に11kmにわたって連続的に露出したこの活断層をトレンチ掘削した結果，正断層であり，西側が0.8～1.8m低下したことが報告されている．

なお本震が発生する2日前に，本震の北東約50kmでM7.3の地震が，そして1日前にもM6.8の地震が発生していたが，これらは東北太平洋沖地震の前震の可能性がある．

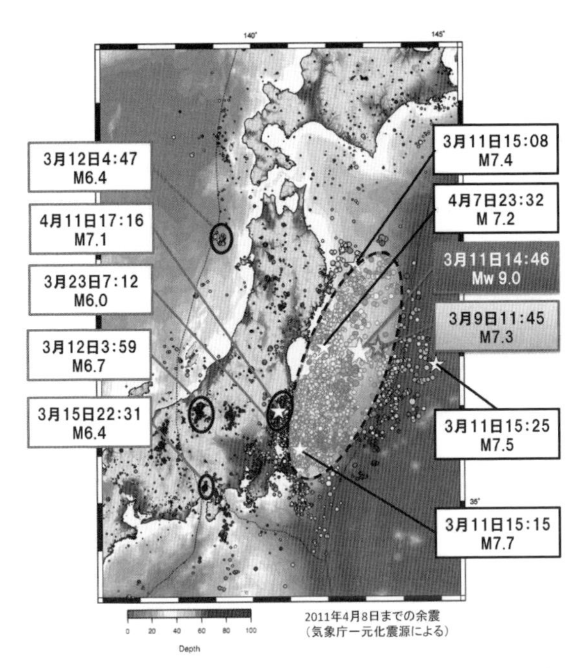

図7.26　東北地方太平洋沖地震後の約一ヶ月間に発生した余震の震央分布．震源域から遠く離れた長野や静岡の地震は誘発地震とみなされている．（気象庁）

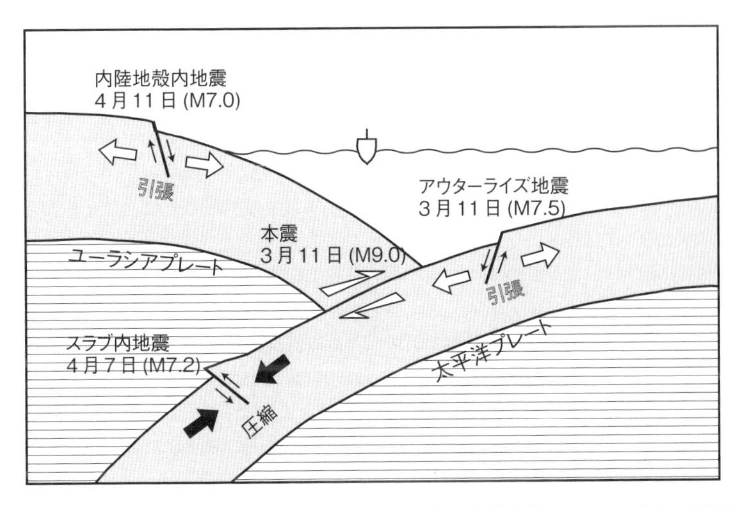

図7.27　東北地方太平洋沖地震による３つのタイプの誘発地震のメカニズム．（遠田晋次『連鎖する大地震』岩波書店，2013を改変）

③　沈み込む太平洋プレートの内部で発生したスラブ内地震

このタイプの地震は，プレート内部の深度50km 以上で発生した逆断層型の地震である．本震の約１ヶ月後の４月７日に，牡鹿半島直下の深度66km で発生した M7.2 の地震はその代表例であり，沈み込むプレート内部で発生し，４人の死者が出た．この地震は，本震によって数10m も沈み込んだ太平洋プレートが，既に沈み込んでいるプレートを押すことによって発生したものと考えられている．

なお，本震が発生したプレート境界部分では，ほとんど余震は発生しておらず，大規模な破壊と滑りによって歪みが充分に解放されてしまったことを示す．

これらの余震は，超巨大地震によって生じた新たな応力状態と歪みによって引き起こされた，広義の意味の誘発地震と見なすことができる．一方，地震発生直後の数日間に，震源域から遠く離れた長野県北部（M6.7）や静岡県東部（M6.4）などで地震が発生している．また本震直後の15分間に四国や九州までの広い範囲で M5以下の地震が多数発生しており，これらは地震が起き易くなっていた地域で，地震が誘発されたものと考えられている．

津波の発生と到達

東北地方太平洋沖地震によって大規模な津波が発生し，北海道から九州に至る日本列島の各地で 1m 以上の波高の津波が観測された（口絵 VI3, 5, 6）．震央に近い岩手県からから宮城県の約200km の海岸線では20m を越える津波の痕跡（遡上高）が，また10m を超える津波の痕跡が太平洋岸の南北約530km で確認されている（図7.28b）．津波の波高（海上での津波の高さ）を計測する検潮所は，津波によって破壊されてしまい，最初の津波だけが計測されているが，三陸海岸では最大15～10m，宮古市から相馬市にいたる海岸では９～8m であったと推定されている（図7.28a）．岩手県南部沖合では少なくとも７回の津波が観測されている．釜石市の沖合70km の海底に設置された水圧計は，地震発生の約５～６分後に約 2m の海面上昇を記録しており，これが津波の第一波であった．さらに地震発生の12～14分後の短い間に3.5m の急激な海面上昇が記録されており，これが津波の第二波であった．海岸から70km 離れた水深約1600m の地点で 5m を越す海面上昇が記録されており，これが海岸線に近づくほど波高を増し津波となって沿岸部を襲った．

この二つの津波のピークは，プレート境界の浅部が２度破壊したことに対応している．最初の比較的深い部分の破壊と滑りによって発生した津波は，長い波長の緩やかな海面変化を引き起こし，２番目の海溝に近い浅い部分で発生した地震は，短い周期で振幅の大きな高い波高をもった津波を発生させたものと考えられている（図7.23）．

沿岸部を襲った津波は海岸平野に広がり，浸水域は総計561km^{2}に達した．仙台平野では，沿岸から 1km 内陸部で津波の速さは時速約20km 以上だったと推定されている．河川ではそれ以上の速さで逆流した津波は，北上川の河口から約50km 上流まで，利根川の河口から約40km 上流まで遡上した．遡上の過程で河道から溢れた水により，仙台平野では海岸線から 6km 内陸まで浸水した．

この津波はハワイやインドネシアのみならず，太平洋を隔てた北米，南米にも到達した．ハワイでは3.7m，カリフォルニアで 2m, ペルーで1.6m の高さの津波が観測され，

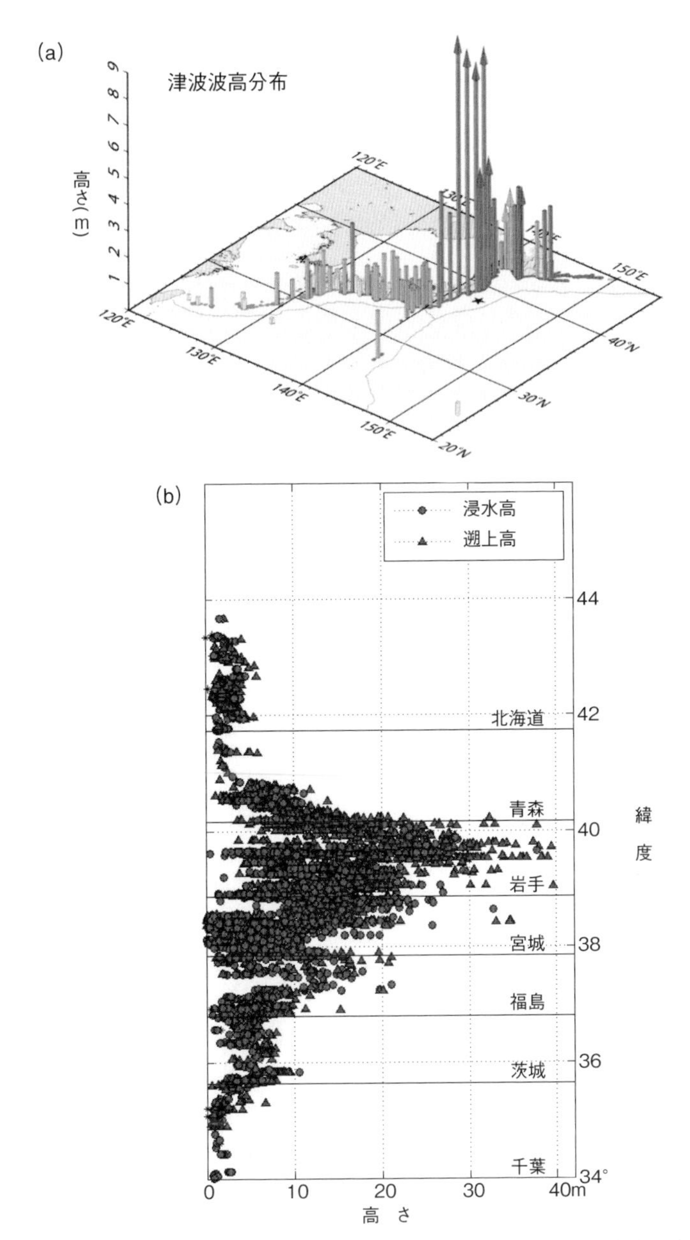

図7.28　北海道から房総半島にいたる太平洋岸で観測された津波の波高（a）と遡上高・浸水高（b）．（気象庁ホームページ，東北地方太平洋沖地震津波合同調査グループ，http://www.coatal.jp/ttjt/）

数名の死者・行方不明が報告されている．なお津波の引き波によって建造物や漁船からサッカーボールに至る様々なサイズの数百万トンと推定される物体が沖合に押し流された．それらの漂流物は黒潮によって運搬され，約1年後から北米海岸に次々に漂着した．その中には養殖施設やはしけも含まれており，それに付着した海生生物の中には北米には生息していないワカメなどもあった（口絵 VI17）．生物の大陸間の移動や放散の方法として，津波も考慮に入れる必要があることが明らかとなった．

津波堆積物から過去の津波を読む

津波は通常の波浪や潮流では考えられないような，巨大な破壊力と運搬能力を持つ．その結果，巨大な礫や樹木などが運搬され堆積しており（p.129の津波石参照），異常な堆積物として地層中に残っている．今回の平成の津波では，ビルの4階や5階にまで津波が達したところや鉄筋コンクリート製の建物が，基礎の杭ごと引き抜かれ，転倒した例も見られた（口絵 VI13, 14）．また石油タンクが倒壊・漂流したり，大型船が陸上に打ち上げられたりした（口絵 VI9, 11）．このような人造の物体が多数地層中に残されていたら，直ぐに津波堆積物であることは分かる．しかし，人跡未踏の開拓前の仙台平野に津波が襲来したとして，津波の記録として識別することのできる堆積物があるだろうか？　それは津波によって砂浜および浅海から内陸に運ばれた砂である．津波が大規模であればあるほど，より内陸部に海砂が運ばれたはずである．また津波は複数回襲来し，その度毎に180度流れの方向が異なる押し波と引き波が繰り返すという特徴があり，その運動に対応した構造を持つ津波堆積物が形成される．

津波堆積物は1980年代に地質学関係者の注目を集めた時期があり，仙台平野の地下には津波で運ばれた砂の層が3枚以上広く分布していることや（図7.29，口絵 VI15），過去3000年間に3回の津波遡上があったことなどが，東北大学の研究者によって1990年代初頭には分かっていた．またそのうちの一枚の砂層の広がりは内陸 5km にまで達しており，古文書に記録された，西暦869年7月13日に陸奥の国で発生した貞観地震津波の記述，『原野も道路もすべて青い海のようになった』とも一致することが指摘されていた．さらにその論文では800年から1000年毎に仙台沖合で海溝型の巨大地震が起こっており，869年から既に1000年が経過しており『堆積の周期性から，仙台湾沖で巨大な地震が発生する可能性がある』と警告していた．

一方，兵庫県南部地震を契機として，日本全国を対象とした活断層の研究が組織的に実施され，2008年には通産省の産業技術総合研究所に活断層・地震研究センターが設置されていた．そのセンターの研究により，M8.4と推定された貞観地震の津波堆積物が，福島第1・第2原子力発電所の敷地とその周辺に堆積していることが報告されていた．それに基づきシミュレーションを行ない，東京電力が想定している地震より巨大な地震と津波が襲来する可能性を指摘し，想定された地震と津波に対応した耐震安全性の再検討を求めていた．しかし東京電力は陸上への津波遡上の可能性はないとし，具体的な津波対策はとっていなかった．その矢先に超巨大地震が発生し，遡上高14m を超える津波に襲われ，取り返しのつかない惨事に見舞われたのである（口絵 VI18）．

図7.29 仙台平野のトレンチ（仙台空港のすぐ南，岩沼市の海岸線から約1.2 km内陸）で確認された，3つの異なる時代の津波堆積物．慶長三陸地震の津波堆積物は厚さ5 cmほどで，上面を江戸時代の水田耕作で削られている．貞観地震の津波堆積物（厚さ約30 cm）の直上には，十和田a火山灰（西暦915年）がのっている．

未来への教訓

東北地方太平洋沖地震と平成津波は，2万人余りの人名を奪い，町や村の産業基盤となるインフラと施設を破壊し，甚大な被害をもたらした．地震学者も電力会社も“想定外”とした地震と津波であったが，実は地質学者によって事前に想定されていたのである．ただし再来周期が約1000年と長く，この規模の地震の観測記録がなかったため，営利を目的として経済活動を行っている会社や社会に対し，地震と津波の襲来を納得させる有効な手だてを講じることができなかった．

日本列島は，太平洋プレート・フィリピン海プレートとアジアプレートの収束境界に形成された脆弱な変動帯に位置しており，自然災害から免れることはできない．2011年の「東北日本大震災」の教訓を忘れず，『災害は忘れた頃にやってくる』という古くからの言い伝えを今一度噛み締め，次回の巨大災害に備える必要がある．

参考文献

気象庁，2012，平成23年（2011年）東北地方太平洋沖地震調査報告，気象庁技術報告133号．

東京大学地震研究所広報アウトリーチ室，2011年3月東北地方太平洋沖地震の特集サイト．http://outreach.eri.u-tokyo.ac.jp/eqvolc/201103_tohoku/

Minoura, K. and Nakaya, S., 1991, Trace of Tsunami preserved in intertidal lacustrine and marsh deposits: Some examples from northeast Japan. Jour. Geology, 99, 265-287.

宍倉正展・澤井祐紀・行谷祐一・岡村行信，2010，平安の人々が見た巨大地震を再現する－西暦869年貞観津波－．Active Fault and Earthquake Research Center (AFERC) News, No. 16, 1-10.

第8章

日本列島の成り立ち

日本列島はプレート収束境界に位置している．そこでは太平洋プレートとフィリピン海プレートが，ユーラシアプレートの下に沈み込んでいる．プレートの圧縮力によって日本列島は年間約1/1000万のオーダーで歪んでいる．この運動は１億年以上継続しており，その結果，日本列島は断層や割れ目によって傷だらけになっている．その上，日本列島の中央部には活火山が点々と分布しており，その周辺地域は広く火山噴出物によっておおわれている．発泡して穴ボコだらけの軽石や容易に風化し粘土化するガラス質火山灰，冷却した際の節理が発達した溶岩が分布する地域などでは，豪雨や洪水の際に土砂災害が頻発する．また日本列島の中軸部には，地下数10km の高温・高圧な環境下で，鉱物が変成・変形した岩石が広く分布している．この変成岩地帯は雲母質や粘土質の岩石が多く，地滑りを起こしやすい地帯となっている．

このように日本は，安定した大陸上の国々に比べ地盤が弱く，地殻変動の激しい，自然災害の多い国である．したがって高速道路やトンネル，ダムや原子力発電所，宅地開発などの大型公共事業の際には，その土地の成り立ちと地質構造を十分検討した上で工事に着手しなければならない．

第８章では日本列島の成り立ちを理解する上で基礎となる，主要な地質体の構成と構造およびその形成プロセスを概観する．

1．島弧としての日本列島

日本列島はアジア大陸の東縁，太平洋の西縁に位置する延長3000km の弧状列島（島弧）である（図8.1）．弧状列島日本の特徴は以下の５つに要約できる．

①弧状の形をした５つの弧から構成されている．北から千島弧－東北日本弧－伊豆小笠原弧－西南日本弧－琉球弧である．

②太平洋側には必ず深度6000m 以上の海溝が平行に走っており，島弧－海溝系と呼ばれている．6000m 以浅のものは舟状海盆（トラフ）と呼ばれている．

③大陸側には縁海（背弧海盆とも呼ばれる）がある．千島弧の背後にはオホーツク海が，東北・西南日本弧の背後には日本海が，伊豆・小笠原弧の背後にはフィリピン海が，琉球弧の背後には沖縄トラフがあり，いずれも準海洋性

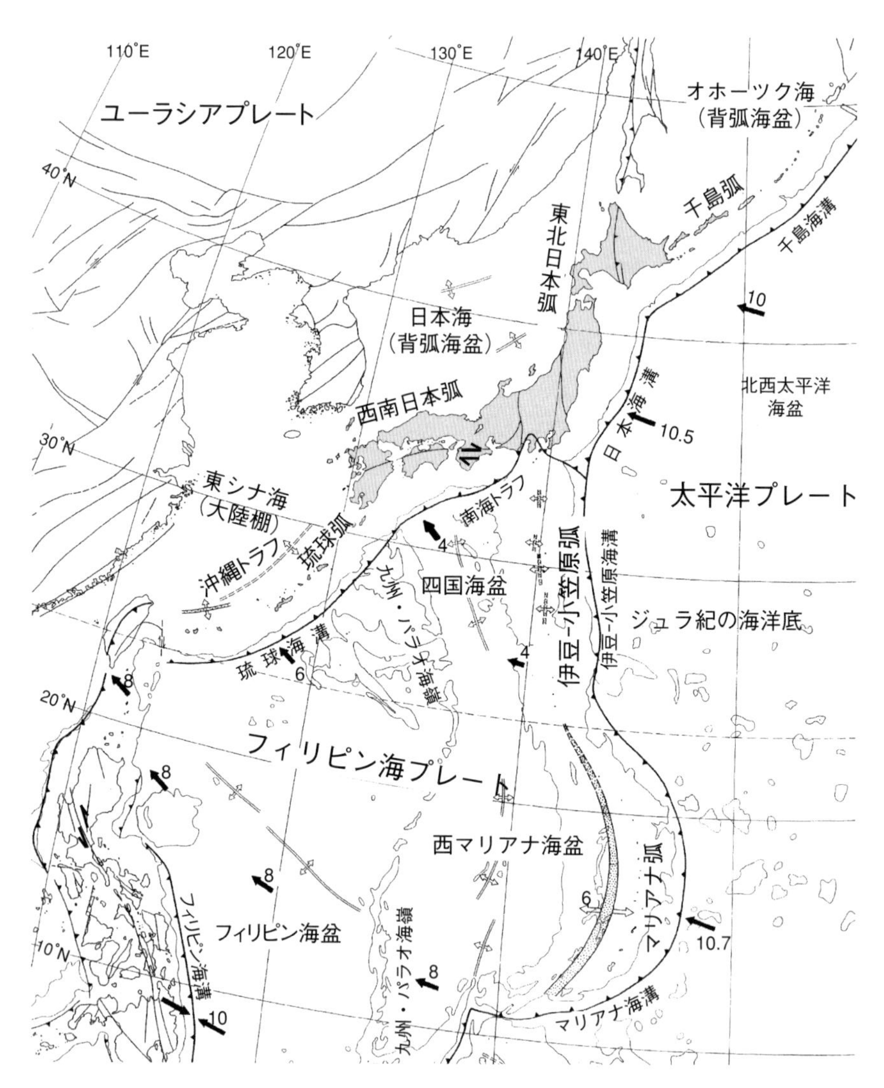

図 8.1　日本列島周辺のプレートとその運動．黒矢印と数字はプレートの相対運動速度（cm/y）を，白矢印は背弧海盆の拡大軸を表す．（AAPG Plate-Tectonic Map, 1981を改作）

の地殻をもっている.

④中軸部に火山帯を伴い，多数の活火山や第四紀火山が分布している．地殻熱流量は大洋側で低く，大陸側で高い.

⑤海溝から大陸に向かって深くなる深発地震面をもつ.

地形と地質の特徴から島弧 - 海溝系は，次のように区分される（図8.2).

海溝 - 海溝内側斜面 - 前弧 - 非火山性外弧 - 火山性内弧 - 背弧海盆（縁海）

日本列島下の深発地震面に沿って太平洋プレートとフィリピン海プレートが沈み込んでおり，また伊豆・小笠原弧と東北日本弧が衝突しているため，日本列島は地球上でもっとも地殻変動が激しい地域の１つとなっている.

日本列島の表層に露出している岩石の割合は次のようになっている：堆積岩58%，火山岩26%，深成岩12%，変成岩４%．堆積岩はさらに非変成～弱変成の付加体と山間盆地や浅海に堆積した被覆層に二分される.

日本列島は糸魚川 - 静岡構造線を境に，西南日本弧と東北日本弧にわけられている（図8.1，8.3)．この大断層の西側は中・古生代の古い基盤岩類，東側は中新世以降の火山岩類主体の地層からなり，南部地域では西側の西南日本弧の古期岩類が東側に衝上している.

西南日本はさらに中央構造線によって北側の内帯と南側の外帯にわけられている．中央構造線は１億年以上前に活動を開始し，現在まで段階的に活動し続

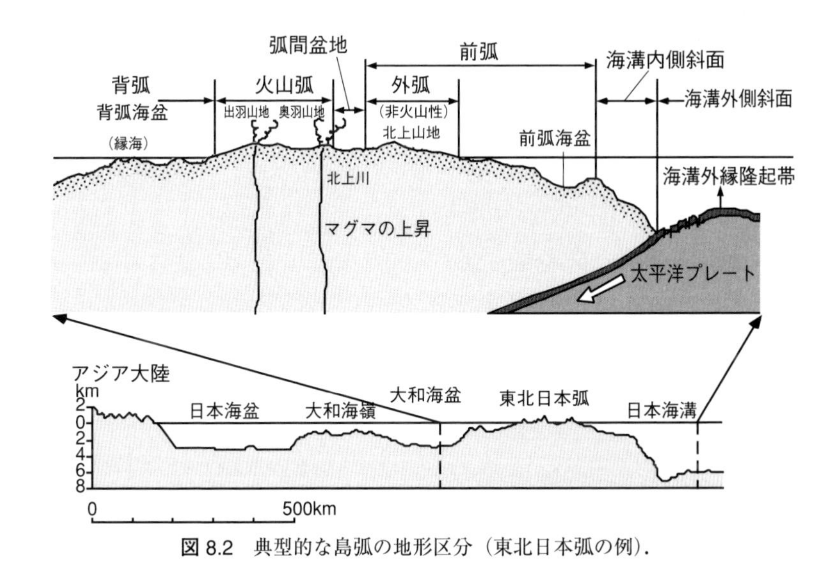

図 8.2　典型的な島弧の地形区分（東北日本弧の例).

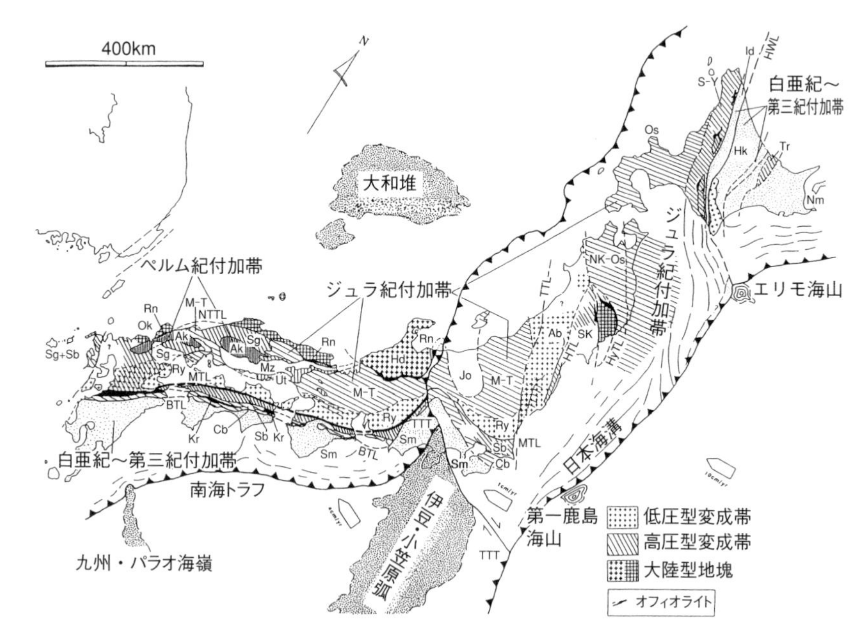

図 8.3　日本列島の基盤岩類の地質構造区分.
地帯名：Ab：阿武隈帯，Ak：秋吉帯，Cb：秩父帯，Hd：飛驒帯，Hk：日高帯，Id：イドンナップ帯，Kr：黒瀬川帯，Jo：上越帯，M-T：美濃－丹波帯，Mz：舞鶴帯，NK：北部北上帯，Nm：根室帯，Ok：隠岐帯，Os：渡島帯，Rn：蓮華帯，Ry：領家帯，Sb：三波川帯，Sg：三郡帯，SK：南部北上帯，Sm：四万十帯，S-Y：空地－エゾ帯，Tr：常呂帯，Ut：超丹波帯.
構造線・断層名：BTL：仏像構造線，HTL：畑川構造線，HyTL：早池峰構造線，HWL：日高西縁衝上断層，MTL：中央構造線，NTTL：長門－飛驒構造線，TTL：棚倉構造線．その他：TTT：プレート境界の三重点.（磯崎行雄『科学 第70巻 第2号』岩波書店，2000）

けている．現在は右横ずれ断層である．中央構造線の北側には高温・低圧型の領家変成岩類が分布し，南側の結晶片岩からなる三波川帯に衝上している（図8.3）．

2．付加体の形成プロセス

日本列島はプレート収束境界に位置しているために，海洋と大陸の両方に起源をもつ岩石の集積体からなる．現在の日本列島からみて異質な岩石は，海洋プレートに起源をもつ岩石である．その代表的なものは，①枕状溶岩，②礁性石灰岩，③放散虫チャートである（図8.4）．枕状溶岩は海洋プレート第2層あるいはホットスポット起源の海山に起源をもつ．礁性石灰岩は海山の頂きに形

(a) 海溝充填堆積物と海洋プレート上部の剥ぎ取りと付加

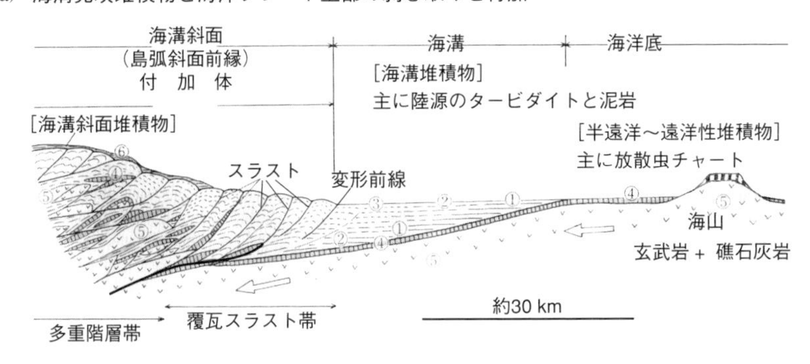

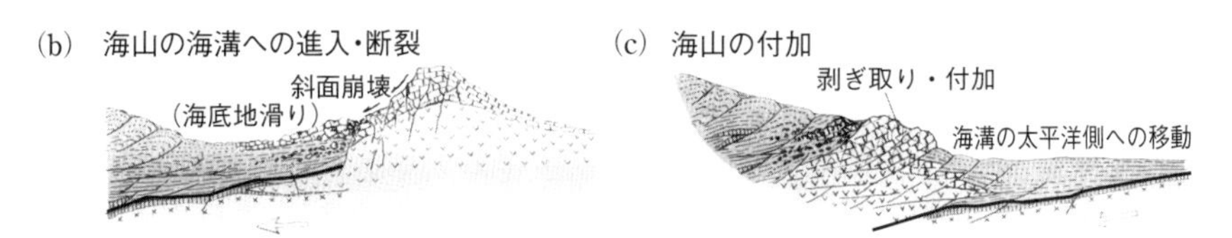

図 8.4 (a) 海溝とその周辺の地質体の構成と構造. (b) 海溝での海山の崩壊と, (c) 付加過程. (勘米良亀齢『日本の自然 地域編 6. 中国四国』岩波書店, 1995)

成されたサンゴ礁に (口絵 III.32), 放散虫チャート (表カバー口絵 4, 8; 口絵 III.33) は遠洋性堆積物に対応している. 一方, 大陸および弧状列島起源の岩石は, 河川と海底峡谷を通って海溝あるいは前弧海盆に運搬され, 堆積している. 砂や泥, 酸性や中性の火山岩片やかこう岩・変成岩片などからなり, その多くは級化構造をもつ砂岩と頁岩が交互に積み重なったタービダイトである (図8.5; 口絵 III.34).

両者は海溝周辺で変形・破壊され, 剝ぎ取られ, 弧状列島に付け加わり, いわゆる付加体を形成している. そのプロセスは次のようになっている (図8.4).

①海溝に水平に堆積したタービダイトは, 海洋プレートの沈み込みによって海溝の陸側縁辺で褶曲し始め, 最初の低角度衝上逆断層 (スラスト) が形成される. ここを変形前線と呼んでいる.

②プレートの沈み込みが続いた結果, タービダイトは北側に次第に傾動し, 明瞭なスラストによって海溝タービダイトから剝ぎ取られ, 陸側のプレートに付加する.

③付加したプリズム状のタービダイトは, 引き続く沈み込みのため次第に急

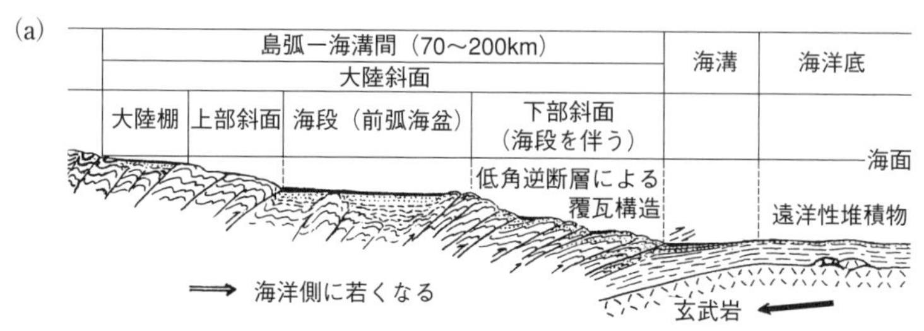

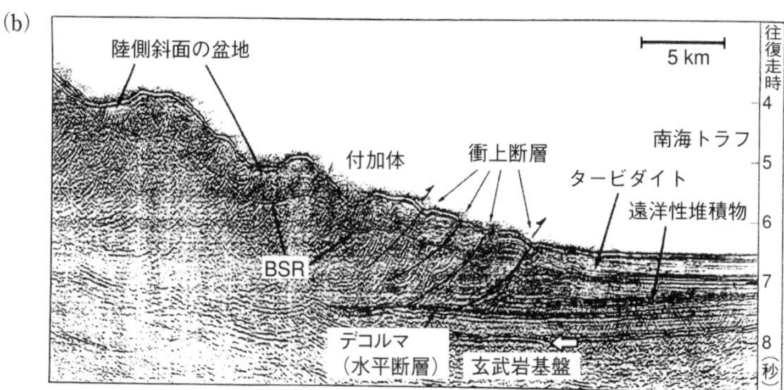

図 8.5　(a) 1974年，世界に先駆けて発表された付加体の形成モデル．（勘米良亀齢，1974）．(b) 地震波探査の結果明らかになった付加体の構造．南海トラフの例．（平朝彦『日経サイエンス11月号』日経サイエンス社，1994）

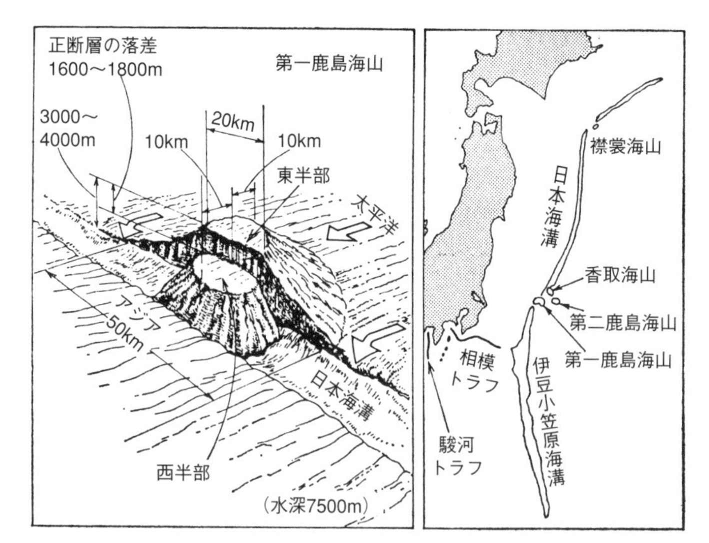

図 8.6　日本海溝の外縁で分断され，日本列島に付加しつつある第一鹿島海山．（小林和男『深海底で何が起こっているか』講談社ブルーバックス，1980）

角度で陸側に傾動する．それと同時に圧縮・脱水され岩石化が進む．

④海洋プレート上の海山と遠洋性堆積物，たとえば放散虫チャート（口絵II.22，III.33）は，海溝外側隆起帯で正断層群により断片化し，海溝陸側斜面基部で剝ぎ取られ，海溝タービダイトに挟まれ付加体となる．銚子の沖合い，水深7500mの日本海溝では，長径約50kmの第一鹿島海山が正断層でブロック化しながら，付加するプロセスが進行中である（図8.6）．

付加体の構造の特徴は，1つの付加プリズムの中では地層は陸側に若くなるが，それが複合した付加帯では海洋側ほど若くなることである（図8.5）．海溝の内側斜面で付加体が形成されるとき，堆積物はまだ水を含んでおり軟らかい．そのため，付加体を画するスラストは非常に鋭利で，その上地層面に大きく斜行していないので，その認定が難しい．付加体中の堆積物に含まれる微化石で年代を決定し，その年代配列の不連続から初めて付加体であることが認定されることが多い．

変形前線から30kmほど陸側では付加体は充分固結し，巨大地震が発生する地帯となっている．地震に伴い付加体とその表層の堆積物が崩壊し，巨大な海底地滑りを頻繁に起こし，混沌とした岩石の集積体がつくられている．この中

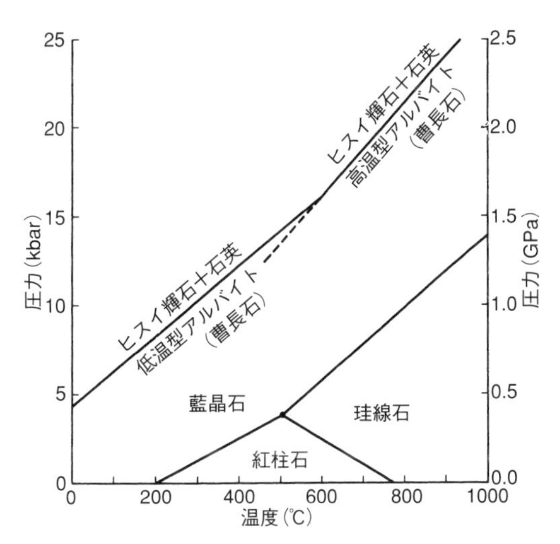

図 8.7　広域変成岩の温度・圧力条件．紅柱石と珪線石と藍晶石は同じ化学組成（Al_2SiO_5）であるが，温度・圧力によって結晶構造が変化するので，変成度を示すよい指標となっている．また高圧下で，曹長石はヒスイ輝石と石英に変化する．曹長石：Naに富む斜長石（都城秋穂『変成作用』岩波書店，1994）

でとくに規模の大きい，大小の岩塊を含むものはオリストストロームと呼ばれている（口絵 III.35）．また，プレート境界では大陸起源と海洋起源の様々な岩石が，激しく変形・破壊され混合した一種の断層岩がつくられる．これをメランジュと呼んでいる（口絵 III.36）．

付加体は，海溝に堆積したタービダイト（口絵 III.34），海洋プレート起源の異質な玄武岩や石灰岩，チャート，およびそれらが破壊・変形したオリストストロームやメランジュから構成されており（口絵 III.35，36），複雑な構造を呈する．

3．日本列島の地質構造

（1）西南日本の帯状構造

日本列島はアジア大陸の縁辺にあって，太平洋プレートを初めとする海洋プレートの沈み込みと島弧や小大陸の衝突によって成長してきた．そのもっとも典型的な例が西南日本弧である（図8.8）．その骨格を構成する地質体は，付加体，変成帯，かこう岩類，火山岩類に大別される．付加体はプレートの沈み込みの過程で，変成作用を受けないまま，あるいは軽微な変成作用を地下浅所で受けて島弧に付け加わった地質体である．

変成帯は付加体を構成しているような岩石が地下最大35km 程度まで沈み込

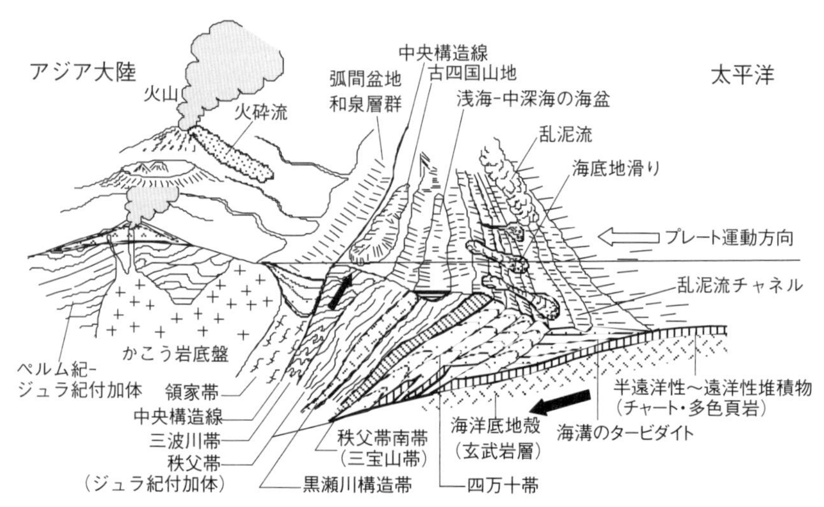

図 8.8　白亜紀後期の西南日本の復元．（平朝彦『日本列島の誕生』岩波新書，1990を改作）

み，高温（～700℃），高圧（～11kb）の条件下で安定な鉱物に変化すると同時に，強く変形した変成岩から構成されている．変成帯は結晶片岩を主体とする高圧／低温型と片麻岩を主体とする低圧／高温型の地帯が対をなしている（図8.9）．西南日本では中央構造線を挟んで，三波川変成帯と領家変成帯が接しており，内帯では三郡変成帯と飛騨変成帯が対をなしている．ともに前者は非火山性外弧の地下20～35kmで，後者は火山性内弧の地下10～15kmで形成されたものと考えられている．三郡変成帯の中には古生代ペルム紀末期の付加体で，海山玄武岩とその上に堆積した大石灰岩体（平尾台，秋吉台，帝釈台）を伴う秋吉帯を挟んでいる．一方，領家変成帯と三郡変成帯の間には美濃帯，丹波帯，中国帯と呼ばれるジュラ紀の付加帯が広く分布している（図8.8）．なお本書では，多くの付加体が複合して１つの地質帯をなしているものを付加帯と呼ぶ．

西南日本内帯ではこれら変成帯と付加帯に，白亜紀のかこう岩類が貫入している（図8.8）．このかこう岩類は北部九州から静岡県の天竜峡地域まで分布する広大なもので，底盤（バソリス）と呼ばれており，西から東へと年代が若くなる．白亜紀に日本列島の下に沈み込んでいたクラプレートの中央海嶺が，斜め沈み込みをしながら北上したためにこのような広大なかこう岩類が形成されたものと考えられている．

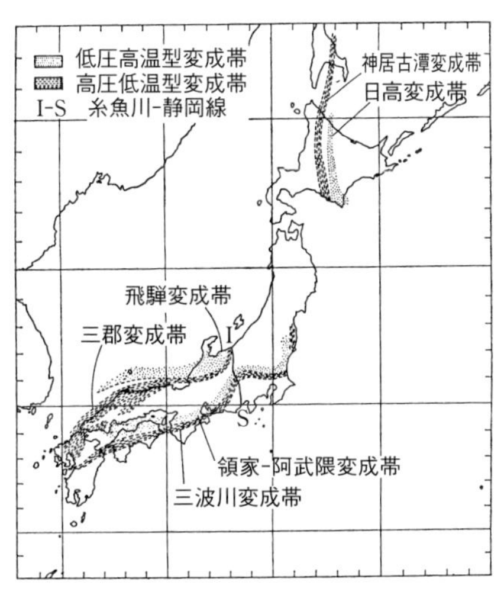

図 8.9　日本列島の対になった広域変成帯の分布．（上田誠也・杉村新『弧状列島』岩波書店，1970）

このかこう岩類と同時期の火山岩類が西南日本内帯には広く分布している．この火山岩類は，マグマが地下深所で固結しかこう岩底盤を形成すると同時に，地表に噴出し激しい火山活動を引き起こした産物である．

三波川変成帯の南には主にジュラ紀の付加体からなる秩父帯が分布している（図8.8）．その中軸部には周囲の付加体とは異質の，4億年岩石として知られる高度変成岩（ざくろ石グラニュライトや藍閃石片岩などを含む）や圧砕されたかこう岩類，古生代前期の石灰岩体，火砕岩類などが断続的に分布する黒瀬川構造帯が分布している．これらの異質な岩石は，マントルかんらん岩が変質・剪断されてできた蛇紋岩メランジュ（口絵III.23）によって取り囲まれており，アジア大陸に衝突・付加した小大陸と考えられている．

秩父帯の南側には，白亜紀から第三紀の付加体からなる四万十帯が，房総半島から沖縄まで延長1800kmにわたって分布している（図8.3，8.8）．主に砂岩・泥岩からなるタービダイトからなり，少量の枕状玄武岩類や放散虫チャートを伴う．白亜紀の地層からなる北帯と第三紀の地層からなる南帯にわけられている．

西南日本の帯状構造は関東地方で90°折れ曲がっているが（図8.3），筑波山付近まで続いている．東北地方では，阿武隈山地の西縁をほぼ南北に走る棚倉構造線を境に，西南日本の帯状構造は第三紀以降の火山岩類におおわれわからなくなる．

（2）伊豆－小笠原弧の衝突

日本列島の南方に連なる伊豆－小笠原諸島は，太平洋プレートの沈み込みによってできた若い島弧であり，その南方延長はグアム島まで続き，伊豆－マリアナ弧と呼ばれている（図8.1）．この活動的な火山弧をもつ島弧は，フィリピン海プレートの東縁に位置し，北西に年間約5cmの速度で運動している．その結果，フィリピン海プレートは南海トラフや琉球海溝に沈み込んでいるが，その東端部では伊豆－マリアナ弧が日本列島に衝突している（図8.10）．

そのプレート境界は駿河湾から富士川河口に上がり，富士山の下を経て小田原に至り，相模湾を南東に走って日本海溝に続いている（口絵III.5）．相模湾の海底を走るプレート境界断層の一部が動いて起こったのが大正関東地震である．この地震の際の運動は右横ずれ成分6m，垂直成分3mと推定されている（図7.4）．その北方延長は酒匂川沿いの国府津－松田断層である（図8.10）．こ

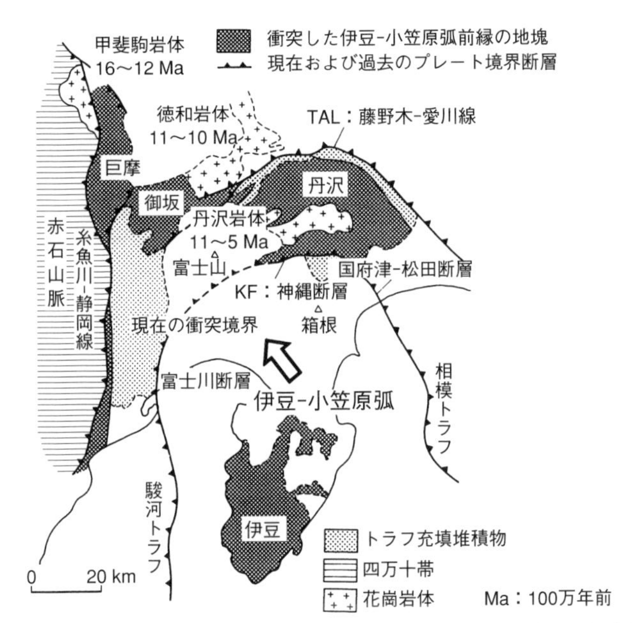

図 8.10　日本列島に衝突した伊豆 - 小笠原弧の前縁部の地質構造区分.（酒井治孝『科学 第62巻 第 7 号』岩波書店，1992）

の断層は約 5 万年前に箱根火山から噴出した火砕流堆積物を切っており，その分布高度は断層を挟んで東西で約200m 食い違っている．したがって平均垂直変位速度は 4 m/1000年と推定されている．一方，富士川河口の富士川断層は(図8.10)，約14,000年前に富士山から噴出した溶岩を約100m 食い違わせており，その平均垂直変位速度は 7 m/1000年と求められている．

プレート境界が間違いなく陸上に上がっているのは，日本列島の中でこの伊豆半島の付け根部分だけである．衝突した伊豆半島は恒常的に北西 - 南東方向に圧縮されており，多数の活断層によって切られている．その活断層から求めた圧縮軸の方向は北西 - 南東であり（図7.16)，日本列島全体がほぼ東西圧縮であるのとは異なる（図7.3)．南関東には南からフィリピン海プレートが，東から太平洋プレートが沈み込んでおり，二重沈み込み帯となっている．その結果，地球上でもっとも地震の多い地帯となっている．

なお伊豆半島の北に位置する丹沢山地と御坂山地（図8.10）は，伊豆諸島と同様な玄武岩質の溶岩や火砕岩から構成されており，変質あるいは弱い変成作用を受けている．これらの山地は，現在衝突している伊豆半島より以前に日本列島に衝突・付加した伊豆－小笠原弧の一部と考えられている.

(3) 2つの島弧が衝突・合体してできた北海道

北海道は中軸より西側にあった東北日本弧と東方の千島弧が新生代中頃に衝突・合体して形成された（図8.11）. 西半分は東から西へ向かう沈み込みで形成された, ジュラ紀から白亜紀の付加体の空知－蝦夷帯と高圧変成岩からなる神居古潭（カムイコタン）変成帯から構成されている. この付加体の陸側の前弧海盆に形成されたのが, アンモナイトやイノセラムスなどの化石を多産する蝦夷層群である.

東北日本弧と衝突した千島弧の上部地殻の断面が, 日高山脈とその東方に広く露出している. 日高山脈の主体をなす日高変成岩は, 西から東に向かってグラニュライト, 片麻岩, 低変成の堆積岩と変成度が弱くなり, さらに, その東側には白亜紀から第三紀の付加体である日高層群が広く分布している. 日高変成帯の西縁は, 日高主衝上断層を境に西側の海洋性地殻からなる幌尻オフィオライトに衝き上げている. 空知－蝦夷層群の西側には, 石炭層を挟む陸成～浅海性の堆積物が広く分布している（石狩炭田を形成）.

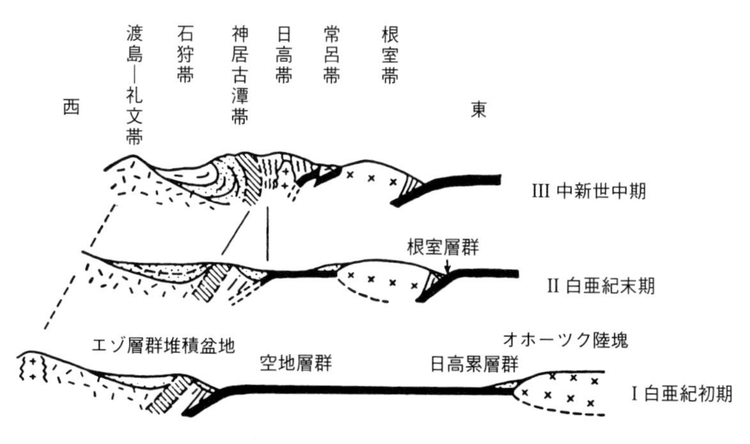

図 8.11　北海道は東北日本弧にオホーツク陸塊が衝突して形成されたことを示す初期のモデル.（岡田博有『月刊地球 第1巻 第11号』海洋出版, 1979）

4．日本列島の大陸からの分離

（1）日本海の構造と成因

日本海は大陸の縁辺に位置しているが広い大陸棚はなく，いきなり急激に深くなっている．北半分の日本海盆には水深3000m の深海底が広がり（最深地点は3712m），南半分の大和海盆，対馬海盆も水深2000～3000m の深海からなる．その間には大和堆のような地塁状をした高まりがある（図8.12）．このような地形の特徴と日本海の地殻が大陸性の地殻を欠くことから，日本海はアジア大陸が裂開してできた海であると考えられてきた．

1960年代以降，日本列島や朝鮮半島の古地磁気学的研究や日本海海底の地質学的・地球物理学的研究により，日本海は間違いなく大陸が裂開し，海底が拡大して誕生したことが明らかにされた．さらに日本海で実施された国際深海掘削の結果，約1900万年前から玄武岩質の火成活動が始まり，海が侵入を始めたことが判明した（図8.14）．日本海中央に位置する大和堆や北大和堆は，かこう岩や古生代・中生代の堆積岩から構成されており，日本海に残された大陸地殻片とみなされている．

日本列島に分布する新第三紀の火山岩類の古地磁気学的研究により，約1500万年前頃日本海は急速に拡大し，東北日本弧は反時計廻りに，西南日本弧は時

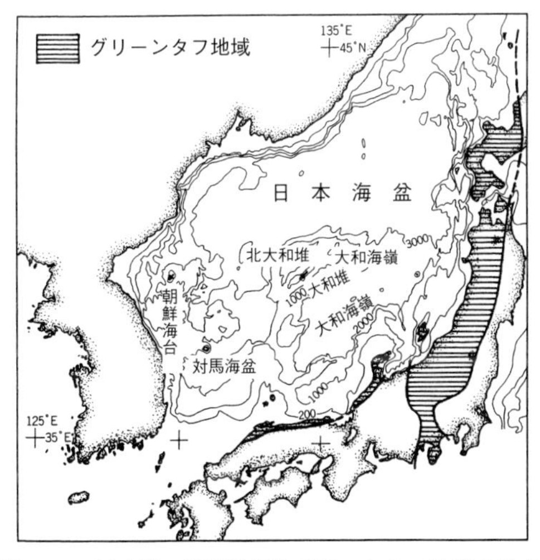

図 8.12　日本海の海底地形とグリーンタフ地域の分布

計廻りに太平洋側に押し出された結果，現在の逆くの字型の日本列島の原型ができたと考えられている（図8.13）.

日本海が拡大を始めた初期中新世には，日本列島では激しい火山活動が発生した．ことに北海道の渡島半島から東北地方で激しく，変質を受けて緑色に変

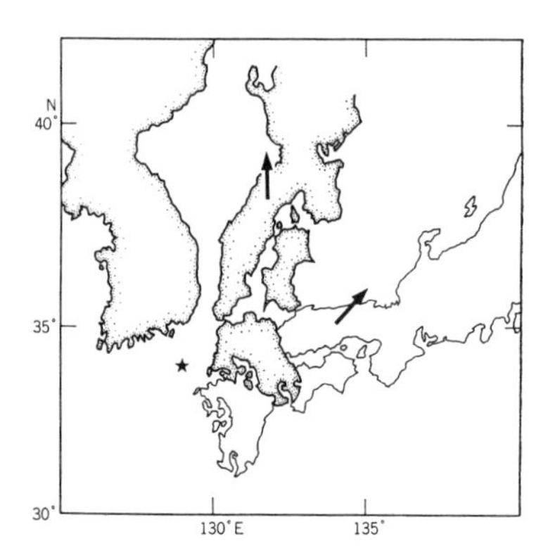

図 8.13　西南日本は日本海が拡大したときに，対馬の南（星印の位置）をピボット軸として時計廻りに47°回転して現在の位置に移動した．（鳥居雅之ほか『科学 第55巻 第1号』岩波書店，1985）

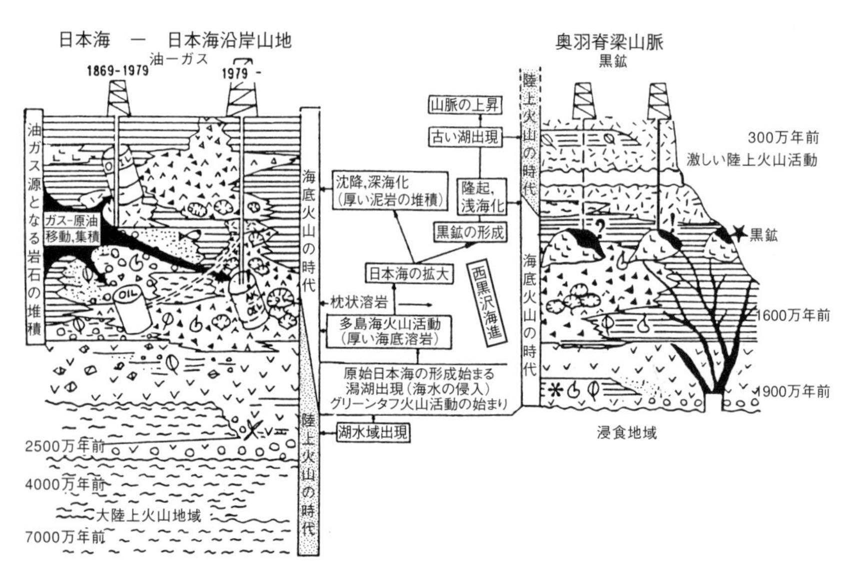

図 8.14　東北日本の奥羽脊梁山地から日本海沿岸地域に記録された，日本海形成前後の地史と油田・黒鉱との関係．（大口健志原図）

わっていることが多いため「グリーンタフ」と総称されている（図8.12）．1500万年ほど前には東北日本は完全に大陸から分離し，日本海に暖流が流れ込み浅海成の地層が堆積した．その後半深海性の珪藻質泥岩や黒色泥岩が堆積したが，鮮新世から第四紀にかけてほとんどの地域で陸化した（図8.14）．

これら1500〜500万年前のグリーンタフ地帯の地層には，黒鉱と呼ばれる海底熱水成の金属鉱床や石油が産出する（図8.14）．

(2) 分裂する九州

九州と朝鮮半島の間，および九州と中国の間の東シナ海の水深はほとんど200m以浅であり，日本海のような準海洋性の地殻をもっているわけでもない．したがって九州は大陸とは陸続きであり，島弧というより陸弧と呼ぶべき性格をもっている．しかし九州の中軸部の地殻変動や火山活動は，九州が南北に分裂しつつあることを示しており，現在の九州は日本列島が大陸から分離を始めた初期の段階とよく似ている．

明治時代に設置された水準点を利用して九州各地の応力の方向と歪みの量を調べると，別府から久住・阿蘇をへて島原にいたる地帯は，南北に伸張していることがわかる（図7.2b）．また，この地帯は別府－島原地溝帯と呼ばれ，東西に活断層が走り，火山が集中している．1990年から92年にかけて噴火し，火砕流を噴出した雲仙普賢岳はこの地溝帯の中に噴出した火山である．その山麓

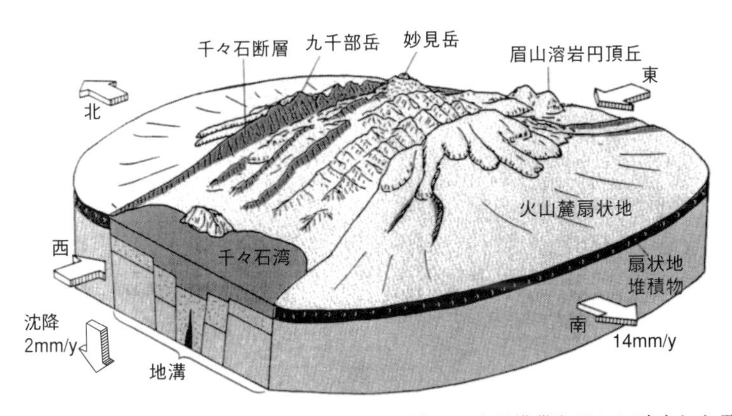

図 8.15　島原半島は南北引っ張りによって形成された地溝帯とそこに噴出した雲仙火山から構成されている．（中村一明・松田時彦・守屋以智雄『日本の自然1．火山と地震の国』岩波書店，1986に加筆）

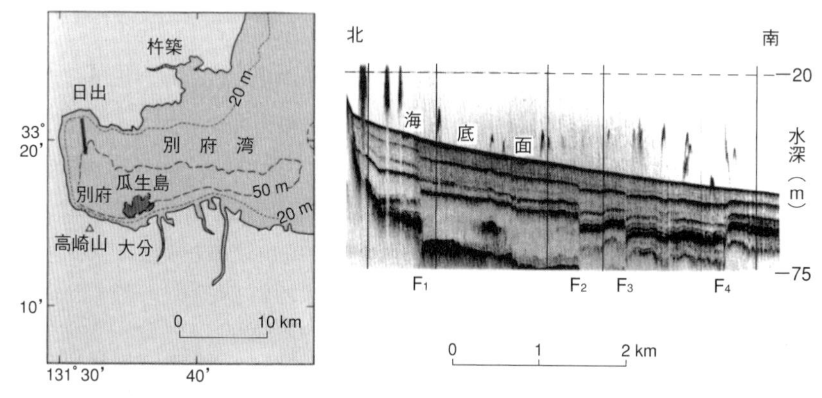

図 8.16　別府湾は別府－島原地溝帯に位置しており，活動的な正断層が多数並走している．大分市の沖合にあった瓜生島は，慶長地震（1596）によって一夜にして海中に没した．（中村一明・松田時彦・守屋以智雄『日本の自然 1．火山と地震の国』岩波書店，1986）

は多数の活断層によって切られており，最近約100年間の測量のデータは，島原地溝が14mm/y の速度で南北に引き延ばされながら，2 mm/y の速度で沈降していることを示している（図8.15）．この水平伸張の運動が100万年累積すれば，雲仙火山は南北に分裂し14km 離れることになり，1000万年続けば140km 離れてしまうことになる．

同様な性格の活断層が別府湾からも多数報告されている．別府湾の海底の音波探査記録によれば，数百メートル～1 km の間隔で活断層が走っており，いずれも正断層の性格をもつ（図8.16）．実際，別府湾を震源とする1596年の地震（M ＝6.9）では，別府湾にあった瓜生島が沈降し，1000戸以上の家屋が島もろとも水没している．

別府－島原地溝帯の南方延長は，九州－琉球列島西方沖合の海底に追跡することができる．沖縄西方沖合の沖縄トラフ（図8.1）では，トラフ軸部に火山が分布し熱水活動が活発であることが報告されており，これを中心に背弧海盆の拡大が始まっている．したがって将来，九州－琉球列島と中国大陸の間には，日本海のような準海洋地殻をもった深い海が広がることになるであろう．

5．第四紀海水準変動と海岸平野

（1）第四紀の特徴

地球表面の被覆層の中でもっとも新しいのが，最近の180万年間（第四紀と

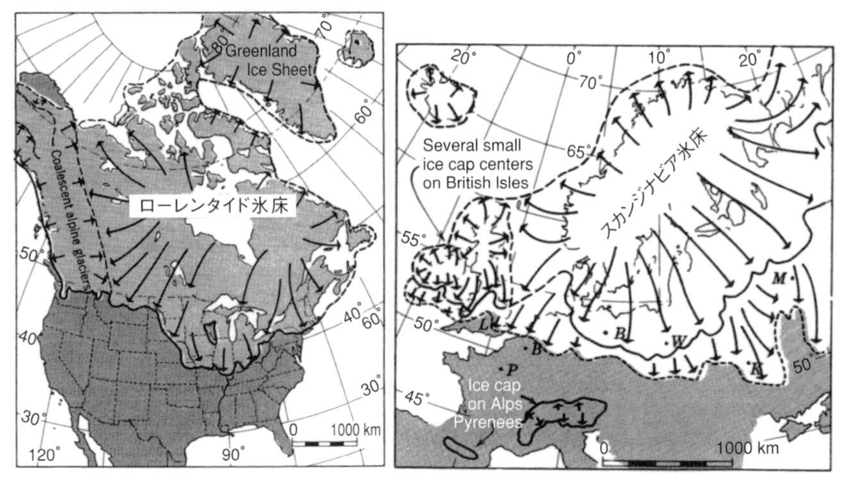

図 8.17 約 2 万年前の最終氷河期の最盛期に，北アメリカはローレンタイド氷床に，ヨーロッパはスカンジナビア氷床に広くおおわれた．その厚さは最大3000 m に達したと推定されている．(Flint, 1971)

呼ばれる）に堆積した地層である．人類の多くが生活している都市や耕作地帯の多くは第四紀層からなる．したがって都市開発や農業政策，地下水開発や防災などのために第四紀層の理解は大切である．

第四紀の一番の特徴は，極域に大陸氷床が発達し，約10万年ごとに氷河期が襲来し，1 万年ほど間氷期が続いたのち再び氷河期がくる周期的変動が続いていることである．ことに90万年前以降，この周期は明瞭になり，寒暖の振幅は大きくなってきている．この変動に伴い極域の大陸氷床が拡大と後退を繰り返しており，氷期と間氷期で世界中の海水面が100m 程度上昇・下降を繰り返している．その結果，海岸線も前進と後退を繰り返しており，海岸平野の地下には氷期の陸成層と間氷期の海成層が繰り返す地層が厚く堆積している．海水面の変動は地球上どの海域でも準同時に起こっているので，地下構造の基本的パターンは東京でも福岡でも，そしてニューヨークやアムステルダムなどでも同じである．

ここでは東京とその周辺の関東平野を例にして，沖積平野（第四紀末期の沖積世に主に河川によって形成された平野）とその下の洪積層の地質とその成り立ちについて解説する．

(2) 東京湾周辺の海岸平野の成り立ち

東京湾に流れ込む荒川や江戸川河口のボーリング資料から，東京の地下100mの地質は3つに区分されている（図8.18）．下から礫層・砂層・泥層が繰り返す東京層，海棲の貝化石を含む青灰色泥層の有楽町層下部と砂層・シルト層からなる有楽町層上部である．東京層は最終氷期の最盛期，2〜1.8万年前以前の地層からなり，最上部は陸側では段丘礫層，海域では埋没河谷となっている．埋没河谷は羽田沖のもっとも深い部分で−80mに達する．この河谷は三浦半島の観音崎の沖合まで続いており，最終氷河期の最盛期に海水面が120〜130mあまり低下し，東京湾全域が陸化したときの河川（古東京川）の跡である（図8.19）．

これら埋没河谷の直上をおおう砂泥層は，氷河期が終わって海水面が上昇し始めた時期に堆積したものである．その上の有楽町層下部の泥層は，海水面がもっとも上昇した8000〜6000年前頃の縄文海進期の堆積物で，当時の海面は現在より3mあまり高かったと推定されている（図8.20）．この厚さ約20mの泥層は軟弱で，大きな建造物を支持することはできない．そこで地下50mに達する杭を打ち込んで，東京層上部を支持基盤としている（図8.18）．

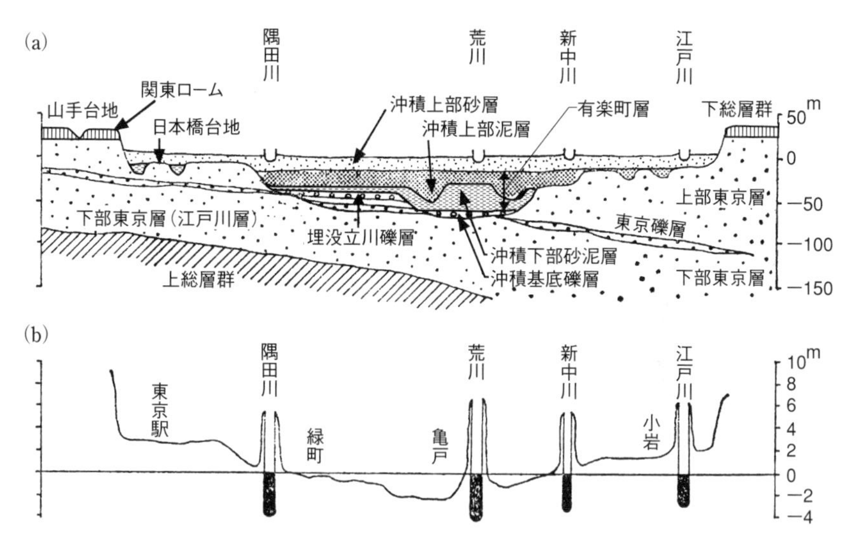

図 8.18　(a) 東京湾奥沿岸を東西に横切る地質断面図．(b) 東京湾に流入する河川の多くは天井川となっており，東京の下町には地盤沈下によって0m地帯が広がっている．（貝塚爽平『東京の自然史』紀伊國屋書店，1979）

図 8.19　東京湾の海底地形と沖積層に埋もれた地形．約 2 万年前，地球規模の海水面低下により，東京湾は陸化し古東京川が流れていた．(貝塚爽平『東京の自然史』紀伊國屋書店，1979)

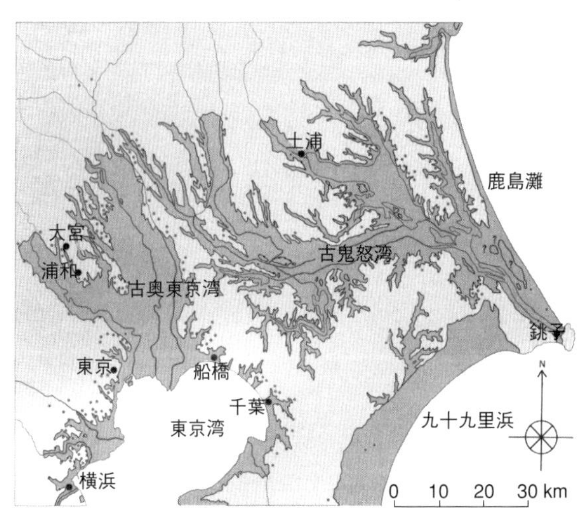

図 8.20　約6000年前，地球全体が温暖化し海水面が約 2 m 上昇した．その結果，関東平野の大部分が海域となった．(東木竜三，1926を改作)

最上部の砂層・シルト層は，海進が終わり寒冷化が始まった4000年前以降のデルタ堆積物である．静穏な湾のような海に河川が流入した場合，河口には河川が運んできた砂やシルトが厚く堆積し，デルタを形成する．荒川や江戸川の河口にできたデルタの堆積物が最上部層に相当する．この上を現在の海浜や後背湿地の堆積物がおおっている（図8.18）．

東京層の下にも周期的に礫，砂，泥が繰り返す地層，上総層群が厚く堆積しており，東京層や有楽町層のように氷期と間氷期に対応した海面変動に伴って形成された地層と考えられている．

（3）太平洋岸の隆起と海成段丘

東京湾周辺の地形は，海岸平野とそれを取り巻く丘陵・台地からなり，その特徴は2段の海成段丘面が広く認められることである．この段丘面は地方によって分布高度が異なるものの，関東地方から四国，九州を経て種子島，屋久島まで続いており，氷河期の海面低下と地震による隆起が結びついてできたものである．海成段丘がもっともよく発達した室戸半島を例にして（図8.21），段丘面の形成と隆起過程を概説する．

図 8.21　室戸半島先端部は沖合で発生した地震のたびに隆起している．①は約12～13万年前，②は6000～5000年前の波食台．③は1946年の南海道地震によって隆起した波食台．

太平洋に面した室戸岬周辺では，室戸岬面と羽根岬面と呼ばれる２つの段丘面が発達している．室戸岬面の一番高い部分の標高は，室戸岬の先端で約180m である（図8.21）．西に緩やかに傾動したこの平坦面は，リス氷期（12～13万年前）に海水面が低下したときにできた波食台であり（図8.22b），それが隆起して現在の高度に達したのである．この海成段丘は室戸岬から北に行くにつれて高度を下げており，40～50km 北方では標高50m 付近に分布している．つまり岬の先端ほど隆起量が大きいことを意味している．

一方，1946年に室戸岬の沖合で発生した南海道地震（M ＝8.1）の際，室戸岬の先端は1.3m 隆起したが，隆起量は北に行くほど小さくなり，高知付近では逆に沈降した．この地震の１つ前の地震から南海道地震の間に，室戸岬一帯は約1.1m 沈降していたので，実際に残留した隆起量は差し引き0.2m である（図8.22a）．西南日本の沖合では100～200年間に１回の周期で地震が繰り返している．そこで13万年前に波食台がつくられて以来現在まで，150年に１回の割合でマグニチュード８クラスの地震が起き，１回につき平均0.2m 隆起したとすると，その総隆起量は約173m となり，現在の室戸岬面の汀線高度とほぼ一致している（図8.22b）．

これと同様な海成段丘の高度分布と地震の時の隆起量の関係は，伊豆半島を除く南関東と西南日本の太平洋岸で認められており，地震性地殻変動区と呼ばれている．

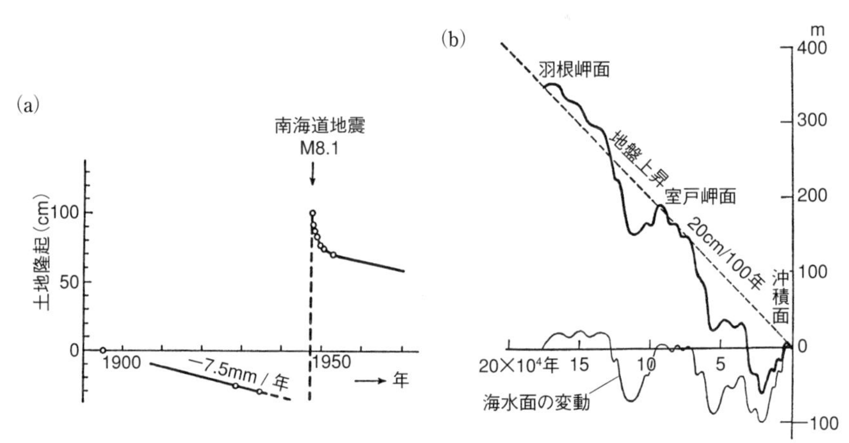

図 8.22　(a) 南海道地震の前後における室戸半島先端部の上下変動．(b) 室戸半島の中位・高位段丘面の平均隆起速度は20cm/100y である．縦軸は標高，横軸は年代を示す．（吉川虎雄ほか『地理学評論』日本地理学会，1964）

●地滑りと土石流

毎年雨期になると決まって発生するのが，地滑りと土石流である．地震と火山の国で，その上モンスーン気候下にあり，雨期には大量の降雨に見舞われる日本にとって宿命的な自然災害が，斜面崩壊による土砂災害である．その中でもとくに地滑りと土石流による人的・経済的被害は大きい．西南日本では24時間の降雨量が年間降水量の約５％にあたる100mmを超すと水害の危険が発生し，連続累積降雨量が250～300mmを超えると土石流が発生しやすくなる（口絵VI22）．

地滑りは斜面を構成している土壌や岩石が重力不安定になり，崩壊・移動する現象である．その移動速度は年間10cm程度から秒速100kmを超えるものまで様々である．日本列島には5000カ所以上の地滑り危険地帯があるが，崩壊を起こした斜面の角度は20度以下のものが多く，10度以下の低角度のものもある．このように比較的低角度のところでも地滑りが発生している原因は，以下のような斜面の地質条件にある．

①地滑り粘土層：ガラス質火山灰（口絵III17）は変質して粘土となり，滑りやすい面となる．粘土の中には水の分子を含み，その体積が60％以上増えるものもある（図9.9）．水の分子が多いと，摩擦抵抗力は弱くなり容易に滑ることになる（口絵VI19）．

②断層破砕帯：岩石が破壊された粉体と角礫からなり（口絵III24），地下水の通り道となって粘土化しているために，剪断抵抗力も摩擦抵抗力も弱くなっている（口絵VI23）．

③熱水変質地帯：岩石が高温の熱水で溶脱・変質し，一部粘土化している．全体に岩石は腐ってしまっており，抵抗力は弱い．

④変成岩地帯：雲母や緑泥石など含水鉱物が構造的な面（片理面）に沿って定向配列しており（口絵II21，VI25），滑りやすい面をつくっている．

このような地帯は，トンネル工事や高速道路の建設工事にとっても厄介な対象であり，難工事となることが多い．

斜面崩壊した岩塊や角礫，砂や土壌などが雨水や河川の水と混合し，猛烈なスピードで流れ下る現象を土石流と呼んでいる．水は微細な土砂を含み高濃度の流体となっているために，その浮力は大きくなっており，体積の大きな礫ほど浮力によって上部に集まってくる．また巨礫同士の衝突により大きい礫ほど表面に出てくるが，表面ほど流れが速いので，巨礫は流れの先頭部分に集中する（図8.23）．その結果，流路にある建造物に対する破壊力が非常に大きくなる．雲仙の平成噴火の際には火砕流堆積物が，激しい降雨によって流動化し土石流となって流れ下り，水無川沿いの住宅や橋梁に大きな損害を出した．また1982年７月23日，山の斜面に発達した長崎の街は１時間雨量140～187mmという記録的集中豪雨に見舞われ，各地で発生した地滑りと土石流で262名の人命が失われた．なお1957年，島原半島の西郷町では，日雨量1109mmという集中豪雨に見舞われ，諫早市だけで2015名の死傷者を出した．

1993年，ヒマラヤ中央部のカトマンズ南西で発生した集中豪雨では，最大長径16mのかこう岩巨礫が土石流となって流れ下り（口絵V16），鉄筋コンクリート製の橋梁に次々

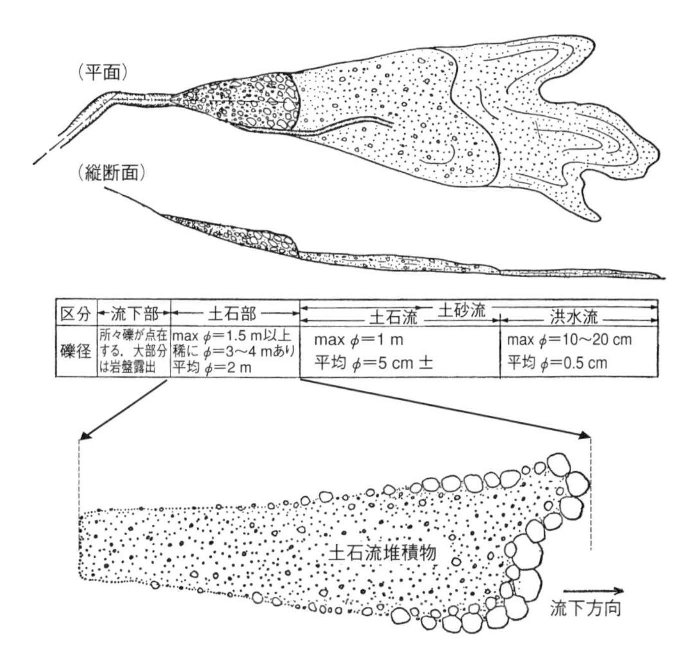

図 8.23　土石流堆積物の流径分布を示す模式図．先端部に巨礫が集中していることに注意．（小橋澄治ほか『地すべり・崩壊・土石流』鹿島出版会，1980）

図 8.24　1993年7月末の集中豪雨により発生した土石流によって破壊された橋脚．（ネパール中央部，マハデブベシ橋；酒井治孝『ヒマラヤの自然誌』東海大学出版会，1997）

に衝突し，橋ごと流し去ってしまった（図8.24）．

日本列島では陸上で地滑りが発生しているほかに，周辺海域でも多数の海底地滑りが発生している．海底の地層は陸上に比べずっと水に過飽和な状態であり，粒子間の間隙水圧が高くなっている場所も多い．ことに放散虫のような生物遺骸（表カバー口絵4，8）や軽石などが集積した透水層が，粘土質な不透水層に挟まれている場合には，間隙水圧が岩石の封圧を超えるようになり，自重によって容易に滑る．さらに太平洋側の付加体の地帯には，東海－南海地震を発生させたような海底の活断層が多数分布している．そのために海溝陸側斜面は，陸上よりはるかに大規模な海底地滑りが頻発する場所になっている（図8.8，口絵 V26, 27）．過去の地質時代の海底地滑り体の中には，厚さ数百メートル～数キロメートル，延長400km におよび，4000km^{2}以上の広がりをもつものも報告されている．

第9章

岩石の風化と土壌の形成

地球を構成する岩石や地層は，それが地表に露出するや太陽の光と水と大気に接し，反応を始める．気温の日較差によって岩石を構成する鉱物は膨張と収縮を繰り返し，細かく砕かれていく．一方，水に溶け込んだ二酸化炭素は炭酸・重炭酸イオンとなり，岩石を構成する原子をイオン化させ，結晶構造を破壊し，化学的に分解していく．また，酸素が充分にある大気の下では，岩石は酸化され化学的に変質していく．これらの過程が複合して，地質学的に長い時間の中で岩石は粘土化し，有機物と混じって土壌が形成される．粘土と有機物の種類と量によって様々な土壌が形成される．どのような土壌が形成されるかは，もとになる岩石の種類と気温，降水量，酸化状態などによって決まる．

一方，岩石から溶け出し粘土に固定されなかったイオンは，河川の水によって海に運ばれ，生物の骨格や殻となって，あるいは化学的に沈殿して最終的には海底の堆積物となる．海底の堆積物はプレート運動によって長い年月の後，再び陸上に露出し，風化・浸食作用を受けるようになる．このように地球上の物質は，地質学的な長い時間の中で循環しているのである．

粘土層は不透水層となって地下水を涵養したり，原油を貯留したりする．私達の日常生活の中で粘土は，陶磁器（セラミックス），鉛筆，ノートなどの原材料として広く使われている．また農業にとって良い土壌づくりは，良い農作物づくりの基本である．その一方で，粘土に水が加わると膨潤し，様々な土砂災害を引き起こす．

第9章では，岩石から粘土や土壌が形成される過程と，地球表層の物質循環について概観する．

1．堆積岩

（1）地球表層の堆積物

地殻の大部分は玄武岩質やかこう岩質の岩石で構成されているが，大陸表層の75%以上，全地球表層の90%以上は堆積岩あるいは堆積物でおおわれている．したがって堆積岩は人間の活動場におけるもっとも重要な岩石といえる．また，エネルギー資源としての化石燃料はほとんどすべて堆積岩中に胚胎されている．たとえば世界の原油生産量の約50%が石灰質堆積岩中に胚胎されており，サンゴ礁を初めとする現世の石灰質堆積物の理解は，石油の探査にとって不可欠な知識となっている．また世界の大都市の多くは河川あるいは海岸に隣接した平野に発達しており，都市の地下は河川や海岸で堆積した若い堆積物で構成されている．そこで都市計画や防災計画とその実施のために，堆積物についての知識が必要になってくる．土壌は農業にとって不可欠なものであり，土壌の良し悪しや厚さは土地生産性と密接に関わっている．

地殻を構成する岩石中の元素は，風化・堆積過程を通して分解と溶解作用により分別される．砕屑成分の砂にはSiが，粘土にはNa，Ca，KやAl，Siが濃集する．海水中にはNa，Ca，Mg，Feなどがもたらされるが，溶存成分のCa，Mgなどは炭酸塩岩などの生物岩や化学的沈殿岩中に濃集する．

1．物理的風化作用

岩石が分解され，小さな粒子になる過程を物理的風化という．火成岩が冷却したり，堆積岩が圧力を受けた際，節理と呼ばれる弱い面が形成され，それに沿って分解が進み，巨大な岩山も小さな砂粒に分解されてしまう．その主要なメカニズムは次の3つである．

（1）気温の日較差による風化

大陸表面では気温の日較差が大きく，砂漠では1日の気温差が40～50℃に達することもある．そのため岩石を構成する鉱物粒子は高温下で膨張し，低温下で収縮する．鉱物粒子ごとに，また同じ鉱物でも結晶方位ごとに熱膨張率は異なる．その結果，鉱物粒子間に間隙が形成され，それが拡大し岩石の結合力は次第に弱くなっていく．たとえば，かこう岩は3つの異なった鉱物，石英と長石と雲母でできており相互に熱膨張率は異なるので，気温の日較差により鉱物間の結合が弱くなりマサ土になっていく．

（2）結氷圧力による風化

岩石の割れ目にしみこんだ水は，気温が下がると結氷する．その時体積が9％増加することにより，割れ目には150kg/cm^{2}の破壊的圧力が加わる．南極や北極の探検時代には，多くの調査船が海水面の結氷圧力により破壊された．

（3）植物の根の成長圧力による風化

植物の根の成長圧力は10～15kg/cm^{2}に達し，樹木の根は大きな岩をも分断する．

このような機械的風化の進行に伴い，化学反応が起こる岩片の表面積が増大する．岩石の一辺の長さが半分になることによって，岩片の表面積は2倍にな

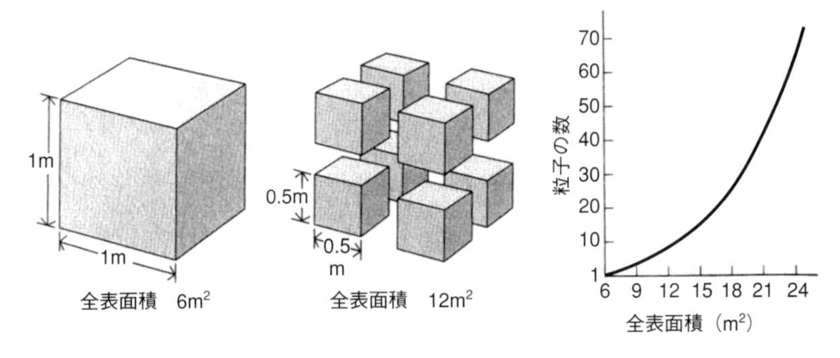

図 9.1　物理的風化により粒子の表面積が増えると，化学的風化が促進される．

る（図9.1）．つまり，物理的風化と化学的風化は相互に作用しながら風化を促進するのである．

2．化学的風化作用

地球表層の岩石と水あるいは大気中の気体成分が反応して化学的風化が進む．そのプロセスは次の3つの反応にわけられる．この反応を通して，高温高圧下で形成された岩石は，地球表層の環境下で安定な異なる物質に変化していく．

（1）酸化・加水分解・溶脱

金属や硫化物などは大気中の酸素によって酸化され，酸化物や水酸化物に変化していく．鉄の硫化物である黄鉄鉱 FeS_2 は酸化され，水酸化鉄 $Fe(OH)_3$ となる一方，硫黄は酸化され硫酸となる．

$$4FeS_2 + 15O_2 + 14H_2O \rightarrow 4Fe(OH)_3 + 8H_2SO_4$$

雨水には大気中の二酸化炭素が溶け込み，水素イオンと重炭酸イオンが形成されている（式①）．重炭酸イオンはさらに分解して，炭酸イオンを生じている（式②）．そのため雨水はpHが5～7の弱酸性である．石灰岩と弱酸性の雨水が接すると，下記の式③のような反応が起こる．もし CO_2 濃度が上がると，反応は右に進み石灰岩 $CaCO_3$ が溶けるが，濃度が下がると反応は左に進み $CaCO_3$ は沈殿する．$CaCO_3$ が溶解した地下水から CO_2 が失われてできたのが鍾乳石である（図9.2）．

$$CO_2 + H_2O \rightleftarrows H_2CO_3 \rightleftarrows H^+ + HCO_3^- \quad ①$$

$$HCO_3^- \rightleftarrows H^+ + CO_3^{2-} \quad ②$$

$$CaCO_3 + H_2CO_3 \rightleftarrows Ca^{2+} + 2HCO_3^- \quad ③$$

(a)

(b)

図 9.2　(a) 山口県秋吉台は付加された古生代の礁性石灰岩からなる．石灰岩は弱酸性の雨水により溶食される一方，地下には鍾乳洞(b) がつくられている．

岩石を構成する鉱物中の原子がイオンとなって，水に溶け出す作用を溶脱という．Si は pH が高いアルカリ性の水によって溶脱するが，Na や Mg などのアルカリおよびアルカリ土類金属は酸性の水によって溶脱される．地殻を構成する主要な元素 7 種の溶脱のし易さの度合いは，次のようになっており，鉄とアルミニウムがもっとも難溶性である．

Na，Ca ＞ Mg，K ＞ Si ＞ Al，Fe

ミネラルウォーターに含まれるミネラルとは，このようにして岩石から溶脱したものなのである（図9.3）．

ナチュラルミネラルウォーター			
ミネラル成分表（1000ml 中）			
カルシウム	24.0mg	ナトリウム	18.0mg
マグネシウム	5.7mg	カリウム	0.3mg

図 9.3　ミネラルウォーターに含まれるミネラル成分は，鉱物から溶脱したイオンである．(「六甲のおいしい水」より)

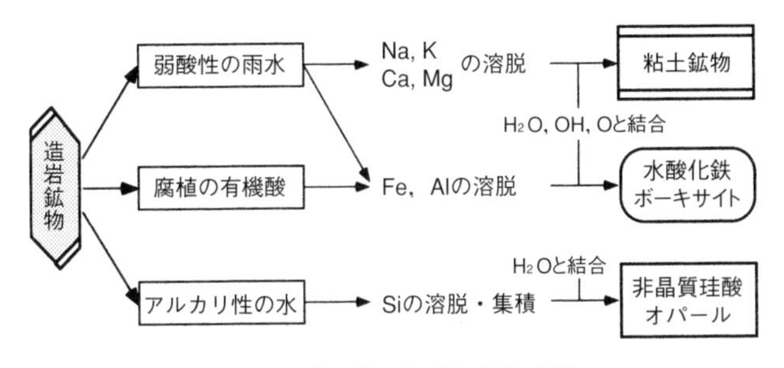

図 9.4　造岩鉱物の化学的風化過程.

（2）岩石の化学的分解過程

地殻を構成する珪酸塩鉱物は，化学的風化により不溶性の残留物である粘土と可溶性の成分に分解される．後者の一部は水和・酸化され沈殿するが，残りは河川により運搬され，海水にもたらされる．

岩石の化学的風化のプロセスは次のように分解することができる（図9.4）．

①岩石と弱酸性の水あるいは有機酸が反応し，溶脱しやすいアルカリ・アルカリ土類金属が溶脱される．

②アルカリ・アルカリ土類金属が水に溶けた結果，中性からアルカリ性になった水に Si が溶脱される．

③岩石と腐植の有機酸が反応し，Fe や Al も溶脱される．

④ Fe は水と結合し水酸化鉄を形成する．

⑤溶脱した Si と Al および Na，Ca，Mg イオンが結合し，粘土鉱物が形成される．

かこう岩質の大陸地殻の化学的風化を，正長石を例にして示すと，次のようになる．

正長石＋二酸化炭素＋水　→Kイオン＋カオリナイト（粘土）＋珪酸

$$2KAlSi_3O_8 + 2CO_2 + 3H_2O \rightarrow 2K^+ + 2HCO_3^- + Al_2Si_2O_5(OH)_4 + 4SiO_2$$

Kイオンは重炭酸イオンと結びつき，土壌中に固定される．また珪酸は水分子をもつコロイド状珪酸となり河川により運搬され，残りは粘土として残留する．粘土は加水分解され，難溶性のアルミニウムの水酸化物（ボーキサイト）とコロイド状珪酸となる．

一方，海洋地殻の化学的風化について鉄輝石を例に示すと次のようになる．

鉄輝石＋酸素＋水→水酸化鉄＋珪酸

$$4FeSiO_3 + O_2 + 2H_2O \rightarrow 4FeO(OH) + 4SiO_2$$

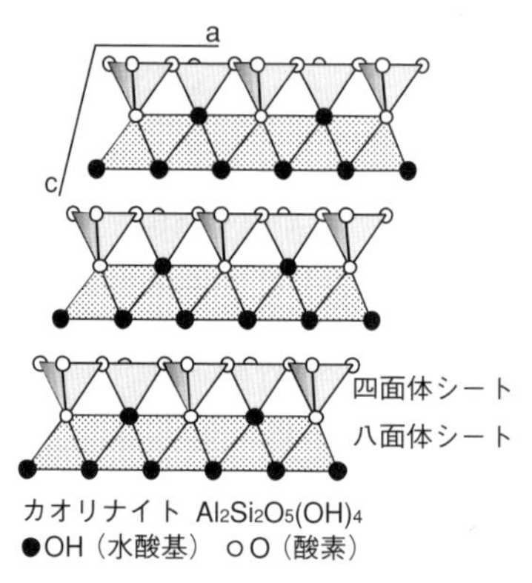

図 9.5　長石や雲母は化学的風化作用により，粘土鉱物の一種カオリナイトとなる．（桑原義博氏提供）

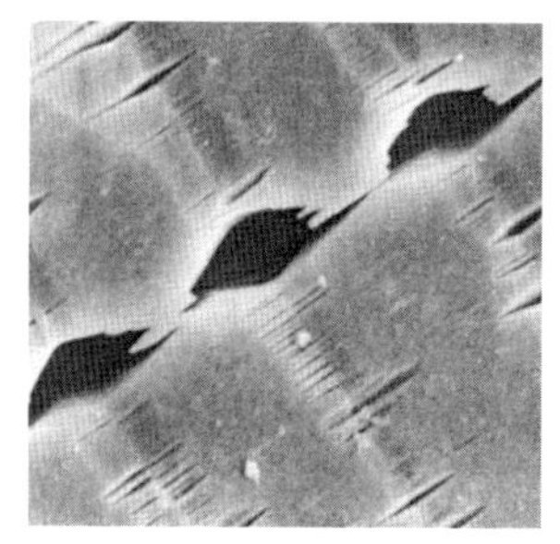

図 9.6　普通輝石の表面が溶脱されてできたエッチピットの電子顕微鏡写真．（Berner ほか，1980）

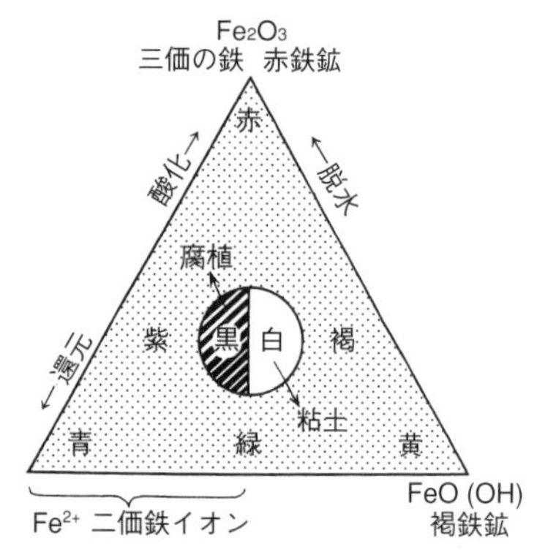

図 9.7　土壌は粘土と腐植からなり，その量と鉄の酸化状態によって土壌の色は変化する．（「土の世界」編集グループ編『土の世界―大地からのメッセージ』朝倉書店，1990を改作）

輝石の2価の鉄は溶脱（図9.6），酸化され3価の鉄となり，水和して難溶性の水酸化鉄（褐鉄鉱）（図9.7）となる．珪酸はコロイド状珪酸となって水に溶ける．

長石や雲母の化学的風化によって形成された粘土は，水分や養分を保持するので土壌の機能や性格は，粘土鉱物の種類と量および腐植の量によって決まることになる．また，輝石や角閃石の化学的風化によって溶脱した鉄の酸化状態は，土壌の色を決めることになる．2価の還元的な状態だと青っぽい土，3価の酸化的な状態だと赤い土になる（図9.7）．

2．土壌の形成

粘土に腐植（微生物によって分解された植物遺体）が加わったものが土壌である．水温が上昇しイオン化の程度が高くなり，降雨量が多くなるほど化学的風化は促進される．したがって，気候帯によって特有の土壌が造られることになる．熱帯地域では赤色のラテライト，寒帯は灰白色のポドゾル，温帯は褐色森林土で特徴づけられる．各々の形成過程は次のようになっている．

（1）熱帯のラテライト（赤色土）

熱帯地域では高温多湿なため微生物の活動が盛んで，そのため植物遺体が分解されてしまい腐植酸が少ない．また降雨によって腐植酸が流されてしまう．その結果，Al や Fe が水酸化物として地表近くに残留し，赤色土が造られる．また熱帯－亜熱帯のモンスーン－サバナ気候下では乾季と雨季が半年ごとに交互し，それとともに地下水位が大きく下降・上昇する．雨季が始まると弱酸性の雨水は岩石中に浸透し，前記の①が進行してアルカリを溶脱する．降雨が続くとアルカリ性の地下水は水位が地表まで上昇し，②の作用で Si が溶脱する．その結果，難溶性の Fe と Al が濃集し，水酸化鉄あるいは水酸化アルミニウムとなって残留土壌は赤茶－赤紫色を呈する．

（2）寒帯のポドゾル

寒帯地域では植物遺体や腐植が厚く堆積している．その結果，有機酸やフルボ酸に富むようになり，地表付近の水は強酸性になる．そのため，Si だけが溶脱できず，微細な非晶質の珪酸や石英が残留し灰白色の土が形成される．黒い有機物に富む土の直下に，灰白色の層が形成していることから，ポド（下に）ゾル（灰色）と名づけられた．

（3）温帯の褐色森林土

温帯北部には落葉広葉樹が多く，比較的温暖で湿潤な気候のため動植物の遺体は分解され，腐植が充分につくられている．その結果すべてのイオンが溶脱され，腐植土層の下に多量の粘土層と水酸化第二鉄（赤色）が形成され，両者が混じり褐色の土壌が形成されている．

●粘土とその利用

誰でも小さかった頃，粘土細工をしたことがあるだろう．粘土は自由自在に変形させることができ，いろんな造形を楽しむことができる．この性質を可塑性という．粘土に多量の水を加えると粘着力を失い流動化する．粘土の物理的特徴は可塑性と粘着力をもっていることである．また粘土鉱物の層間にある交換性イオンのなかには，他のイオンや分子を強く吸着する性質をもっているものがある．

このように粘土といえば柔らかいイメージがあるが，実は水晶やダイアモンドと同じ立派な鉱物なのである（図9.8）．岩石を構成している鉱物の多くは，地下深くの高温高圧下で形成されたものである．ところが地表に露出すると，常温常圧下の水や空気と接し加水分解し，より安定な鉱物あるいは非結晶に変わってしまう．そのなれの果てが粘土である．

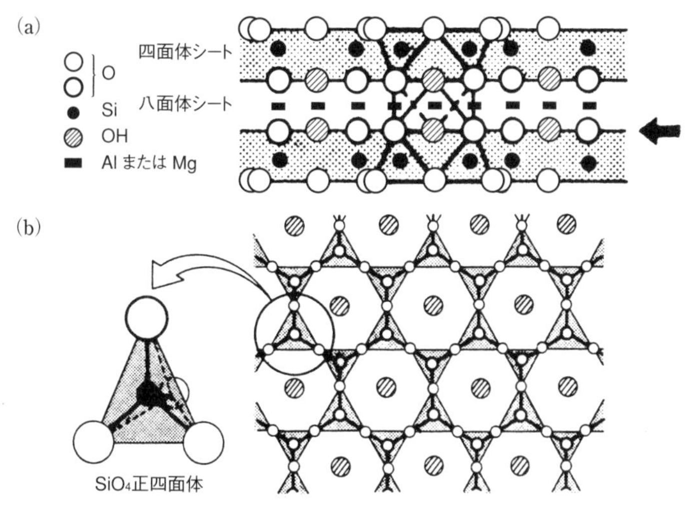

図 9.8 粘土鉱物の結晶構造の模式図．(a) 層状構造に垂直な面，(b) 層状構造に平行な面（上図矢印の位置）．（柳田博明『ファイン・セラミックスの話』講談社ブルーバックス，1982）

粘土は土の主要成分となっているだけでなく，その物理化学的特徴を生かして，私たちの生活の様々な場所で使われている．

まず第一にセラミックスとして洗面台，皿，茶碗そして便器などに使われている．整形した陶土を700～900℃の窯の中で焼くと，粘土鉱物中の水が脱水し，さらに1100～1500℃に温度を上げると長石や微細な雲母が融け始め，ガラス質物質が生じる．また陶土中のカオリン粘土は，シリカとアルミナからできた針状の鉱物ムライトに変わり，石英粒子は高温で安定なクリストバライトの結晶に変わってしまう．このように高温で焼かれた磁器は，結晶とそれを取り巻くガラス質物質の集合体からできている．最近ではガラス質物質をほとんど含まず，ほぼ1種類の結晶からできたニューセラミックスが，エンジンやコンピュータの部品，人工の歯や骨などとして広く利用されている．

粘土は紙や鉛筆にも使われている．木材パルプの繊維を固めただけの紙は凹凸があって書きにくいので，粘土鉱物のカオリン，タルク，ろう石や炭酸カルシウムの微細な粉末と接着剤を加えた水性塗料をぬって，光沢のある滑らかな紙（写真印刷用に用いられるアート紙など）に仕上げている．また鉛筆の原材料は炭素からできた石墨であるが，それだけでは軟らかいので，適度に粘土を混ぜ硬くしている．

化粧品にも多量の粘土鉱物が使われている．とくにおしろいは90%以上がタルク（滑石）とセリサイト（絹雲母）からできている．粘土鉱物は層状構造をしており，タルクのように層間の結合力が弱いとよく皮膚の上でのび，顔の表面をなめらかな皮膜でおおうことができる．その上軟らかく，光沢があるので化粧品には不可欠である．また吸着性のあるスメクタイトやカオリナイトを含む粘土は，脂や汚れを吸着し洗浄する効果をもっている．

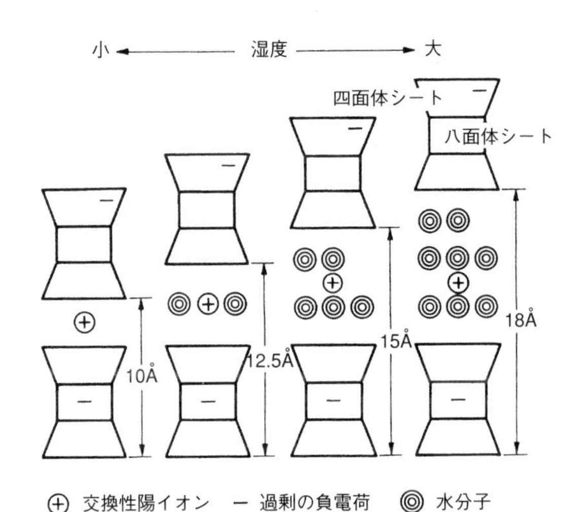

図 9.9　粘土鉱物は水分子を層間に取り込み膨潤する．モンモリロナイトの例．（白水晴雄『粘土のはなし』技報堂出版，1990）

このように私たちの生活の様々な場所で利用されている粘土であるが，地滑り粘土として自然災害の元凶となっているのも事実である．モンモリロナイトのような粘土は水分をよく吸収し，その体積を増大させる（図9.9）．粘土の結晶構造の中に水分子が押し入ることにより，その体積は元の2倍以上に膨れ上がる（膨潤と呼ばれる）．雨期になって大量の降雨があるとモンモリロナイトは膨れ上がり，層間の水分子が弱い面となって，地滑りを発生させる．またトンネル工事などでは，膨潤した粘土の圧力により，壁を支える矢板や鋼材あるいはレールが曲がってしまうこともある．

土壌の中の粘土鉱物は，水分の他に養分となる窒素，燐酸，カリなどのイオン（K，NO_3，NH_4，PO_4イオンなど）を層間に吸着し，土の中に蓄える役割をしている．粘土は層間に有機物を吸着させ，有機物と粘土の複合体をつくる．粘土表面あるいは層間の性質の違いによって，ある特定の有機物を選択的に取り込み，濃縮・重合を繰り返し，より複雑な有機化合物へと進化し，生命が発生した可能性も考えられている．

第10章

堆積作用と堆積環境

固体である地球の表層は，大気圏，水圏，そして生物圏と接し，刻々とその姿を変えている．地下深部で形成された岩石も，地表に噴出した溶岩も地表に露出するや，酸素と水に富む大気により風化される．さらに降雨や気温の日較差などによって細かい砂粒や泥になり，岩石から溶脱されたイオンと伴に海に運ばれる．海に運ばれた物質は，その後どうなるのだろうか？

河口に運び込まれた砕屑粒子が，閉じた湾のような静穏な環境の海域に流入するとデルタが形成される．しかし沖合を沿岸流が流れている場合は，砕屑粒子は海岸に沿って運搬され，砂州が形成される．それらの一部は大陸棚に再堆積し，さらに大陸斜面を刻む海底峡谷を通って深海底にもたらされ，深海扇状地を形成し，海溝を埋積する堆積物となっている．

砕屑粒子の一部は風によって大気中に舞い上がり，偏西風や貿易風によって数百～数万 km 遠方まで運搬される．高山や極地では，固体である氷河が固体である岩石を削って流れ下り，河川によって侵食・運搬された堆積物とは異質の，淘汰の悪い氷河性堆積物を生産している．河川や氷河のように高地から低地へと砕屑粒子を運搬する流れが，閉鎖的な凹地に流れ込むと湖となる．そこには強い流れがないため，周辺地域の季節変化や環境変動に従って，連続的に細かな粘土やシルトが静かに沈積している．

一方，地球表層の岩石は，水や大気に接することで化学的に風化され，より安定な鉱物に変化する．大気中の二酸化炭素が溶け込み，弱酸性になった雨水によって岩石から溶脱された陽イオンは，河川の水によって海域まで運搬される．海水に溶け込んだ二酸化炭素は炭酸イオン，あるいは炭酸水素イオンとなり，河川から流入した陽イオンと結合して炭酸塩岩として沈殿している．温暖な熱帯～暖温帯の気候下では，炭酸塩は生物の殻や骨格となり炭酸塩礁を形成している．海水に溶け込んだシリカは，放散虫や珪藻のような珪質な骨格や殻を持つプランクトンに，またカルシウムイオンは石灰質の骨格や殻を持つ有孔虫に固定され，それらが沈積して海洋底の遠洋性堆積物が造られている．

このようにして地殻に由来する物質は，最終的には海溝や深海扇状地，海洋底の遠洋性堆積物として堆積している．これらの堆積物は，プレート収束境界である海溝の縁辺で剥ぎ取られ付加体を形成し，大陸地殻に戻る．また一部は地下深くまで沈み込み，変成岩あるいはマグマとなって再び大陸地殻に戻る．地球上ではこのようなプロセスが，過去40億年にわたって繰り返されてきたのである．

第10章では，堆積作用と堆積環境という観点から，固体地球表層における物質循環のプロセスを概説する．

1．陸から海へ

地球の陸地表層の岩石は，物理的風化作用によって分解され，あるいは化学的風化作用により水に溶解して，様々な運搬・堆積過程を経て海に運ばれる（図10.1）．毎年河川によって陸上から海洋に運搬されている物質の総量は135億トンと推定されている．そのうち朝鮮半島からパキスタンに至るアジア大陸上の河川に由来するものは63.5億トン．東南アジアの島嶼の河川に由来するものが30億トンである．両者を併せた93.5億トンがアジアの河川によって運搬されている物質であり，地球上の1年間の土砂運搬総量の約70%をアジアの河川が占めている（図10.2）．

これはアジア大陸の中心部にヒマラヤ山脈とチベット高原という，世界で最も造山運動の活発な地域を控えており，侵食が激しく，その上モンスーンによ

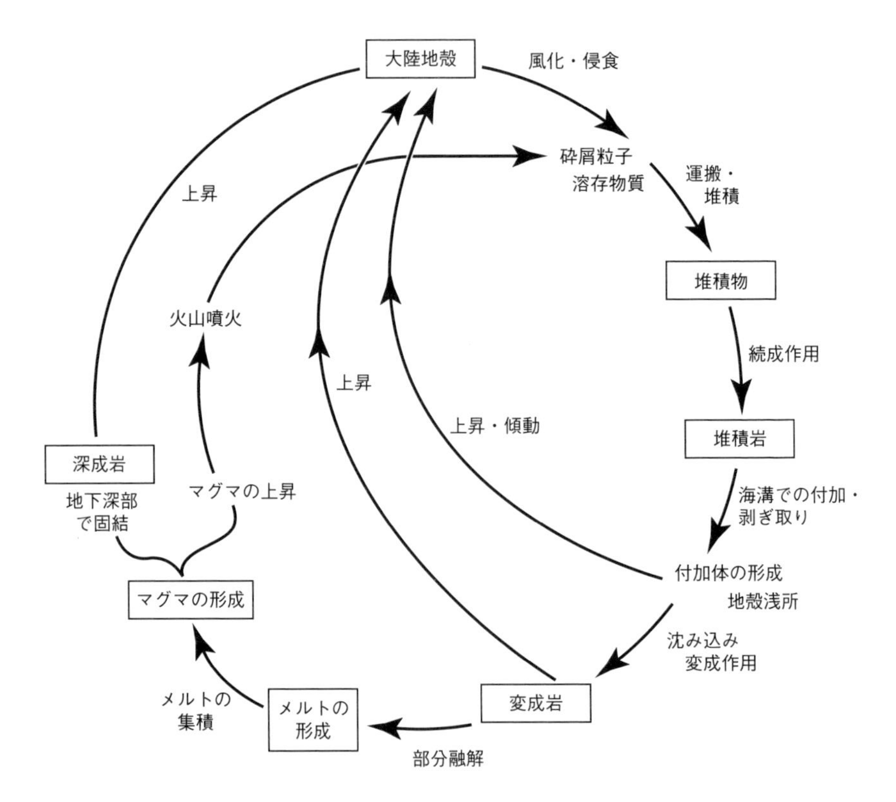

図 10.1　地球表層をつくる地殻物質の地球化学的循環とそのプロセス．

(a)

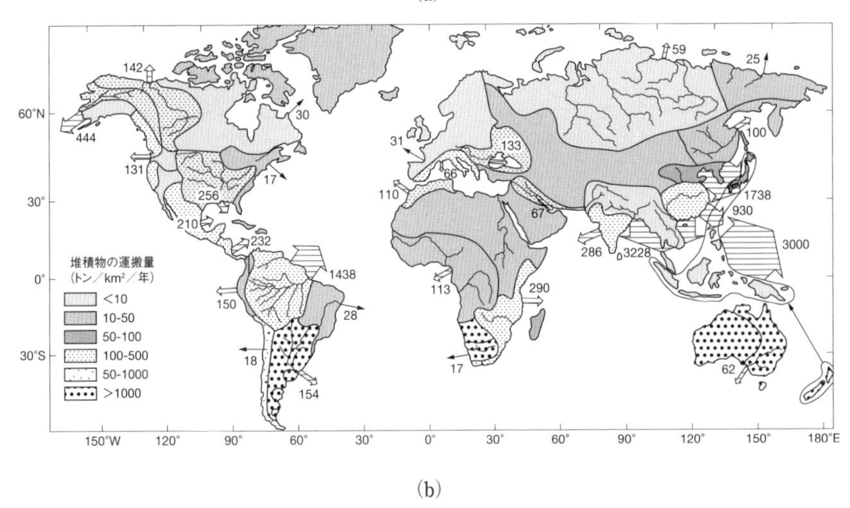

(b)

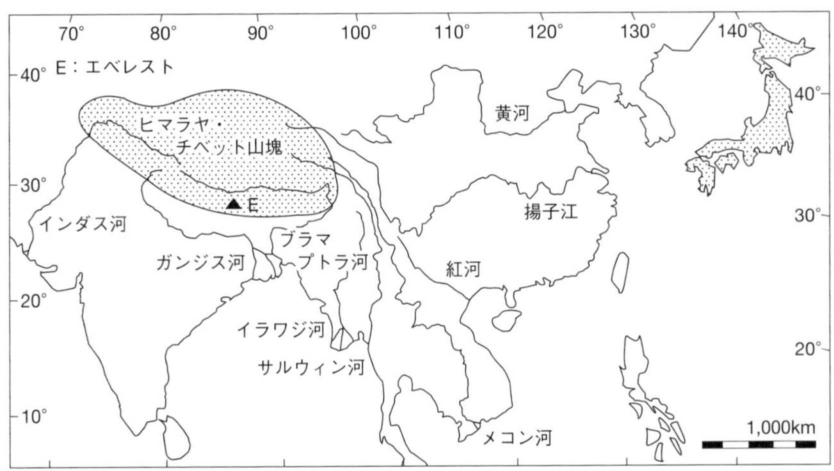

図10.2　(a) 世界の河川の土砂運搬量の比較．矢印の大きさは海洋に流入する土砂量に対応．(Milliman & Meade, 1983) (b) ヒマラヤ・チベット山塊は地球を巡る大気の巨大な障害物となると同時に，アジアの巨大河川の源となっている．(酒井治孝ほか『ヒマラヤの自然誌』東海大学出版会，1997)

ってもたらされた高温多雨な気候により化学的風化が進み，河川による土砂の運搬が活発に行なわれているからである．

運搬されている物質は，砕屑粒子として運搬されている固体物質，溶解してイオンの形で運搬されている溶解物質に分けられる．後背地の地質や気候によ

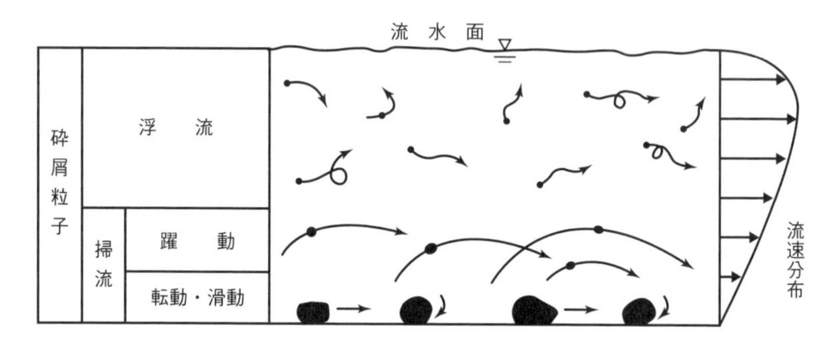

図10.3 水流による運搬と流れの様式．砕屑粒子は粒径と流速により異なった運搬様式をとり，流れは掃流と浮流に二分される．

って異なるが，溶解物質は，世界中の河川の観測値を平均すると運搬総量の約30%を占めている．砕屑粒子の運搬は，水の中に懸濁して運搬される浮流と，躍動，転動，滑動によって運搬される掃流に分けられる（図10.3）．河川によって運搬される砕屑粒子の総量の大半は浮流によるもので，掃流による運搬量は浮流量の約10%に過ぎない．

細粒のシルトや粘土は懸濁し易く，その特異な色は河川の名前となっている．例えば渤海湾に流れ込む黄河は，風成の黄褐色のシルト（レス）が懸濁した河川の色に由来し，ベトナムのトンキン湾に流れ込む紅河は，亜熱帯のラテライトの赤い土壌が河川の水に懸濁した色に由来する（図10.2a）．また源流域に氷河をもつ河川には，氷河によって粉砕された岩石に由来する細粒のシルトが懸濁しており，洋の東西を問わず“白河”あるいは“乳河”と言う意味の名前がつけられている（口絵V10）．

河川の溶存物質の大部分は7つのイオンで構成されており（図12.1海水と陸水の化学組成を参照），その量比は後背地の地質を反映している．石灰岩が多く分布するアルプスに源流を持つヨーロッパの河川は，カルシウムイオンや重炭酸イオンを多く含んでいる．しかし日本列島のような火山が多い地域の河川には，カルシウムイオンは少なく，硫酸イオンやコロイド状の珪酸が多く含まれている．

2．河川と湖の堆積作用と堆積物

(1) 河川

陸上に降った雨は河川という排水システムを経由して，海に大量の土砂を運搬している．山地を流れる河川が急に平地に出た所には扇状地が形成される（口絵V1）．洪水時には大量の土砂が扇状地に排出されるため河床勾配は急で，最大傾斜の方向は洪水のたび毎に移動する．その結果，河道が網目状の礫質網状河川が形成される（図10.4，口絵V3）．上流域が集中豪雨に見舞われると，土石流が河道を流れ下り扇状地の中央部に達するが，粗粒な堆積物が少ない泥流は扇端部にまで到達する．

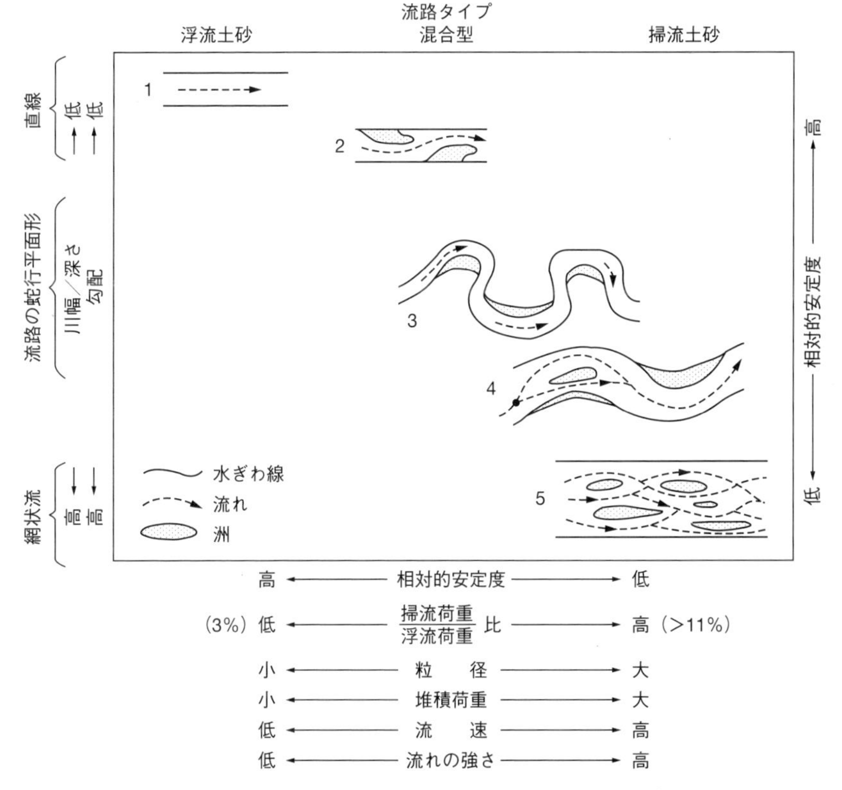

図10.4 網状河川と蛇行河川の違いと特徴．河床勾配が急で土砂流量が多いと，流路は網状になる．（Schumm, S. A., 1981）

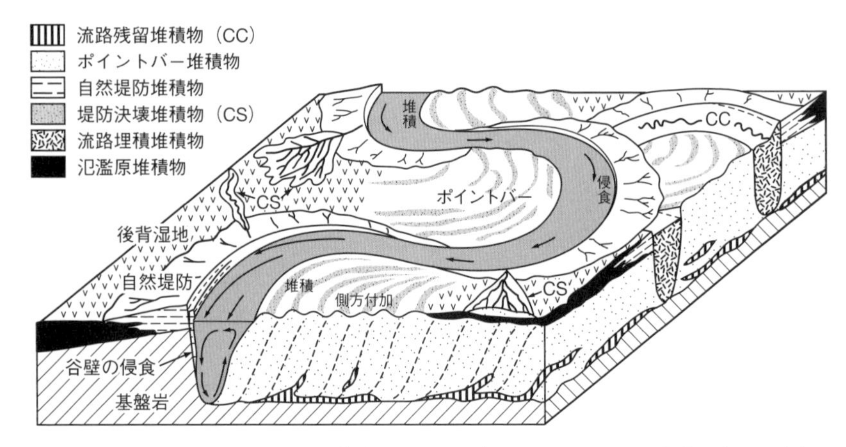

図10.5 蛇行河川のつくる地形と堆積物．渕では侵食，ポイントバーで堆積が生じ，蛇行に伴い流路が変わることによって，堆積物の側方付加作用が起こっている．(Allen, J. R. L. 1964を改作)

土砂供給量が少なく，勾配が緩やかな平野部を流れる河川は蛇行する（図10.5，口絵 V5）．非対称な断面を持つ河床では下刻が進む一方．洪水時には自然堤防が決壊し，懸濁した細粒の土砂が後背湿地に流れ込み氾濫原となる（口絵 V4，VI27）．河川の最大屈曲部の外側の攻撃斜面では，氾濫原に堆積した粘土やシルトが侵食される．一方，屈曲部の内側の流速が遅くなる部分では，侵食された砕屑粒子が堆積し砂州（ポイントバー）を形成する（図10.5）．このようにして平野部では，レンズ状の河道を充填した砂礫層，あるいは砂州の砂層の上に細粒の氾濫原堆積物が積み重なった，上方細粒化を示す一連の地層が形成される．

河川の流速は流量に比例し，流水の侵食力は流速の 2 乗に比例する．また運搬される砕屑粒子の体積は流速の 6 乗に比例する．従って，河川による侵食・運搬は，平時より洪水時の流速の速い時に集中的に起こる．

河川による侵食に弱い岩石，例えば頁岩層の上に硬いドロマイト質の地層が累重している時には，下位の柔らかい地層は掘られてしまい，谷頭侵食が進み滝が形成される．その好例がナイアガラの滝であり，後氷期の約12,000年前以降滝は11km 後退し，高さ110m の峡谷が残されている．

(2) 湖

閉塞された凹地に河川の水が流れ込んだ時，湖が形成される．湖には強い流

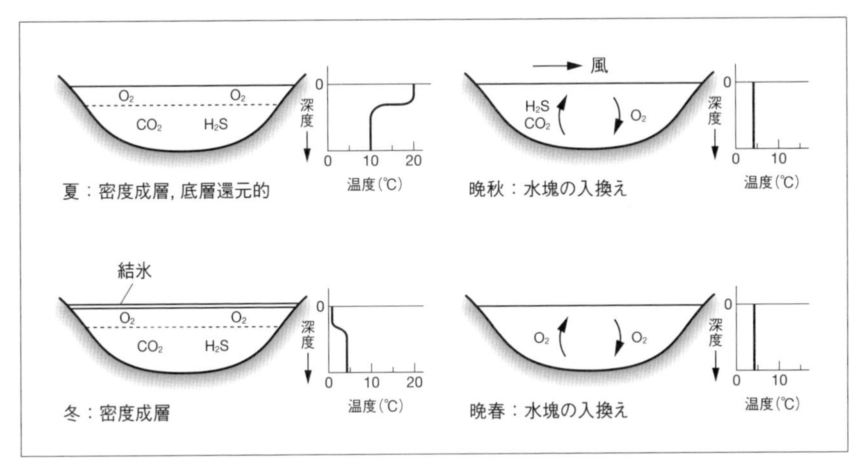

図10.6 温帯気候下の湖水の季節変動と循環．夏と冬には密度成層しているが，春と秋には湖水の密度逆転により水塊の入れ換えが起こる．

れはなく，季節に応じて生産された細かな粒子が沈降して平行な縞状の堆積物を造る（口絵V6）．温帯の湖では春先に珪藻が大発生し，その遺骸が集積して白い葉理を形成する．また冷たく重い雪解け水が流入・沈降することによって水塊の上下入れ換えがおこる（図10.6）．降雨の多い夏には化学的風化作用が進み，溶脱したシリカや砕屑粒子が河川から大量に流れ込む．一方，夏は表面水温が高くなり，下層の水塊との温度差が大きくなり密度成層し，上下方向の循環が悪くなる．湖底では生物活動が盛んになり，酸素が欠乏した還元的環境下で硫化水素が発生する．ところが晩秋になると落葉が沈積する（口絵V6）と同時に，冷たく重くなった表層水が沈降し，水塊の上下入れ換えがおこる．それに伴い硫化水素が上昇することによって魚類の大量死が発生することもある．このように湖水の環境は季節毎に変化し，堆積物中に記録され年層となることもある．

湖が土砂によって埋め立てられるようになると，沼沢地となり富栄養化が進む．富栄養化現象は栄養塩や有機物が大量に流れ込むことによって発生し，湖水表層の有光帯では植物プランクトンが大発生する．死後湖底に堆積し，分解される際，水中の酸素を消費するので深層は酸欠状態となる．日本では有機リン系の洗剤が多く使われた1980年代に，琵琶湖を初めとして多くの湖が富栄養化し，溶存酸素量が激減した．

3．氷河による堆積作用と堆積物

高緯度地方や高山で降った雪が蓄積し，その量が夏の融解量より多い場合，雪は越年し，それが繰り返されると圧密により氷となる．雪原で降った雪が氷に変わり，重力によって流出した氷塊が氷河である．氷は固体であり，急激に圧力が加わった時には破壊するが，ゆっくり力が加わった時には流動する（口絵III28，V7）．ただしその速度は遅く，通常年間数～数十mであるが，氷河の末端では年間数kmになることが観測されている．河川と同様，氷河の側方では岩盤との間に摩擦抵抗が働くため速度が遅く，中央部で速度は速い．その結果，下流方向に湾曲した表面構造が形成される（口絵V7）．

現在，南極とグリーンランドには広大な雪原から周辺に向かってゆっくりと氷河が流れ出ており，これを氷床と呼んでいる．約2万年前の最終氷期の最盛期には，北米大陸とヨーロッパは最大3000m以上の厚さの氷床に覆われていた（図8.17参照）．

氷河や氷床は巨大な固体であるため，水の流れである河川に比べその底面での破壊力，侵食力は非常に大きく，岩盤は圧砕され様々なサイズの角礫と粉体が生産され，特徴的な堆積物が形成される．氷河の末端と側面には，氷河の前進と後退に伴い，このような角礫と細粒の砕屑粒子からなる丘陵，モレーンが残される（口絵III29，V9）．また氷河の後退した跡には，氷河の底に残された雑然とした角礫と細粒の砕屑粒子からなるエスカーと呼ばれる丘陵が形成される．

氷床が後退した時に取り残された氷河堆積物は，氷（漂）礫岩あるいはティルと呼ばれ，淘汰されていない様々なサイズと種類の角礫や粘土から成る（口絵V8，11）．それらが融氷水によって運搬され，堆積したものは氷河性河川堆積物と呼ばれる．また氷河や氷床が後退した岩盤の上には，それらが前進した方向に擦過痕がついており（氷河擦痕），過去の氷河・氷床の流動方向を記録している．

間氷期になって氷河や氷床が後退した跡には，末端モレーンが堰堤（ダム）となった氷河湖が形成される．夏期には融氷水が氷河湖に流れ込み，多量の細粒の砕屑粒子が供給されるが，冬期には氷河は融けず，湖表面も凍結してしまうので，砕屑粒子の供給は停止する．冬期には湖水に懸濁した粘土だけが堆積することになる（氷縞粘土；口絵V11）．その結果．季節変化を表す一対の地層が，一年に一枚形成される．放射性鉱物を使って年代測定が行なわれる以前には（第5章コラム参照），スカンジナビア地方に分布する氷河湖起源の年層を数えて堆積速度を求め，それに基づき地層の年代を推定していた．

氷河堆積物に起源をもつ砂混じりのシルトは，氷期終了後，風によって運搬され，氷河や氷床の周辺地域に再堆積しており，レス（黄砂）と呼ばれている（図10.7）．

4．風による堆積作用と堆積物

赤道地方で降雨として水蒸気を放出した乾燥した大気は，亜熱帯地方で下降し高圧帯を形成している（図11.13参照）．この亜熱帯高圧帯は乾燥気候下にあり，多くの砂漠が分布している（図10.7）．一般に砂漠は年間降水量が250mm以下の地域を指し，250～500mmの地域は準乾燥地と呼ばれている．このような地球上の陸地の約25%を占める乾燥気候下の内陸では，主に風の営力により砕屑粒子の運搬・堆積が行なわれている．

大気の粘性は水に比べると低く，運動速度が大きいので容易に乱流を生じる．乱流の上向きの成分は細粒の砕屑粒子の沈降速度より大きいので，粒子は風によって容易に浮流する（図10.8）．浮流したシルトや粘土サイズの風塵は地上数kmまで達し，風の強い季節には元の場所から数百～2万km以上離れた所まで運ばれる．春になると偏西風にのって中国内陸部の砂漠地帯から日本まで飛来する黄砂は，太平洋と北米大陸を横断し，大西洋にまで到達している（口絵V13）．またサハラ砂漠から浮遊した風塵は，北東の貿易風によって大西洋上に大量に運搬され，その一部はアマゾンのジャングル地帯にまで飛来している（口絵V12）．

一方，粗粒な砂は互いに衝突しながら地表付近（最大1mまで）を躍動し，運搬される（図10.8，口絵V14）．風により良く淘汰された砂の表面には，小さな衝突痕が無数にでき，表面は磨りガラス状になっており円磨度が高く，河川の水や氷河で運搬された粒子とは容易に区別できる（図15.4，口絵IV19）．地面の表層部には小礫より大きな粒子が残留し，それらがしっかりかみ合って砂漠舗石を成し，風による侵食作用から下位の地層を保護する役目を果たしている．

砂漠は砂によって覆われた砂砂漠と，基盤の岩石と岩屑から成る岩石砂漠に二分される．一般に岩石砂漠の方が多く，サハラ砂漠では約80%が岩石砂漠である．惑星探査船から送られてきた映像から，火星の表層の多くは岩石砂漠であるが，巨大な砂丘が連なっている砂砂漠の地域もあることが分かっている

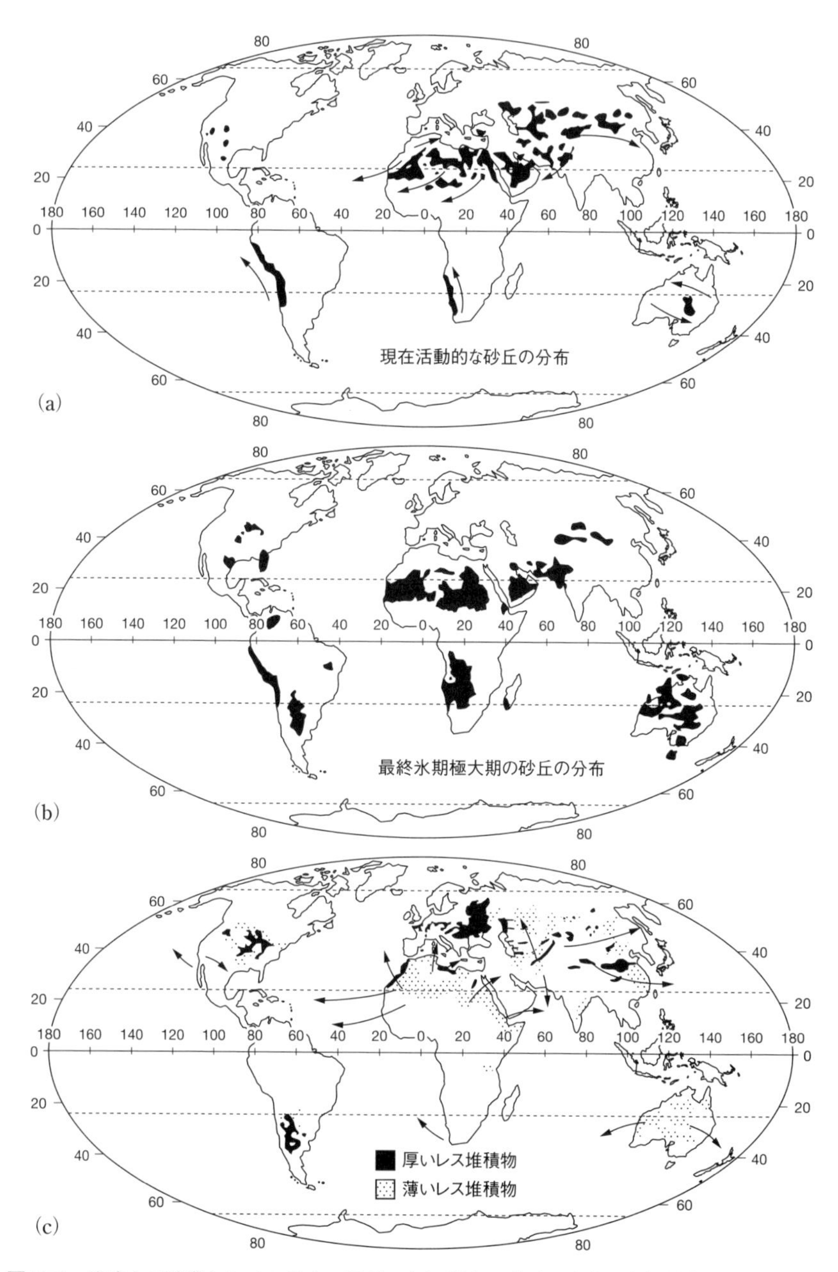

図10.7　地球上の砂漠とレスの分布，風系．(a) 現在の砂丘の分布，(b) 最終氷期極大期（約2万年前）の砂丘分布域の拡大，(c) 最終氷期に造られたレスの分布．(Williams, M. A. J. ほか，1993)

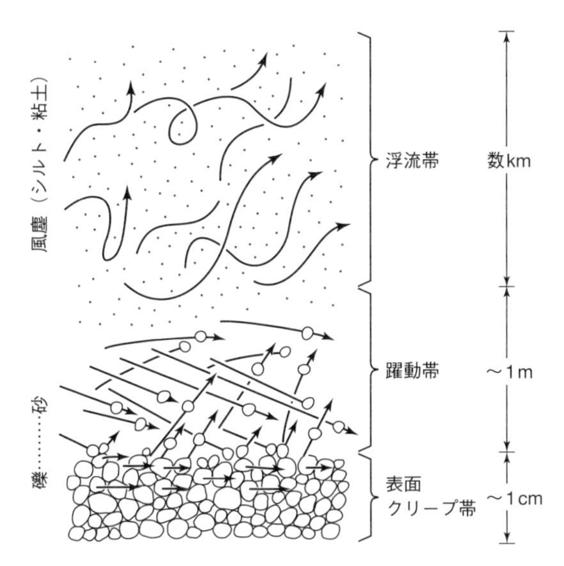

図10.8　風による砕屑粒子の運動と運搬．地上約1mまでは躍動により粒子は運動しているが，それより上空は細粒の粒子が浮遊して運動している．（Fritz, W. J. & Moore, J. N., 1988）

（口絵I9，12）．地球に比べると希薄な大気のため，極地域と赤道地域の気圧差により猛烈な砂嵐が吹いているものと考えられている．

5．海洋の堆積作用と堆積物

（1）デルタと沿岸砂州，砂浜海岸

河川が湖や湾のように閉じた，あるいは半分閉じた大きな水塊に流れ出た時，河口付近には土砂が堆積しデルタが形成される（口絵II17，V17, 18, 21）．蛇行河川の河口域に広がるデルタ平野から潮汐の及ぶ範囲（デルタプレーン）の堆積物は頂置層と呼ばれ（図10.9，口絵V20），河川や湿地，潟などの堆積物から成る．頂置面の前方の急勾配の斜面（デルタフロント）で堆積した地層は前置層と呼ばれ，主に斜交層理を示す中～粗粒の砂から構成されている．重力的に不安定で，しばしばスランプ（水底の地滑り）層を挟む（口絵V22）．その前方には平坦な地形を成す定置面（プロデルタ）が広がっている．定置層は河川由来の懸濁物質が沈積したもので，平行葉理をもつ泥層を主体としている．

なお河口付近に強い沿岸流が流れている時には，土砂は沿岸流によって海岸線に沿って運搬されるためデルタは形成されず，長い砂浜海岸，あるいは背後

にラグーン（潟湖）を伴う沿岸砂州が形成される（図10.10，口絵 V23, 24）．

砂浜海岸は，高潮位線より上の後浜，高潮位線と低潮位線の間（潮間帯）の前浜，低潮位線と波浪限界（ウエーブ・ベース）深度の間の外浜，そして漸移帯を経て海側の沖浜に分けられる（図10.11）．前浜では波が砕けているため，最も粗粒な粒子が集積している．また波浪がおよぶ限界深度より浅い水深の部

(a)

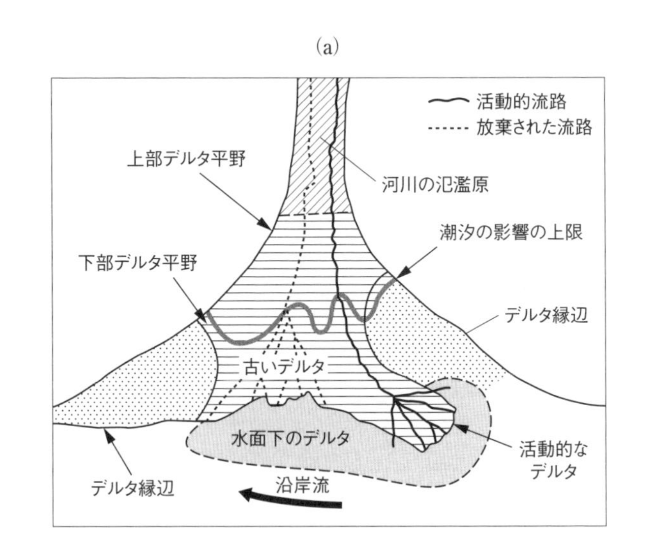

(b)

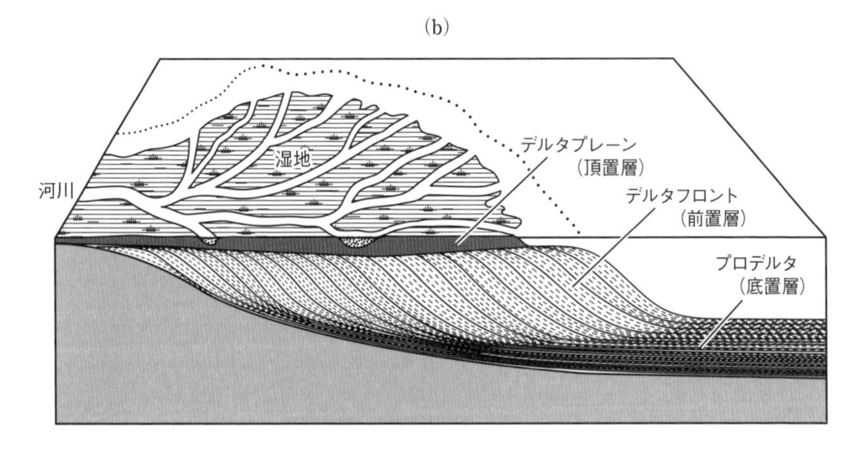

図10.9　デルタの堆積環境区分と堆積物。水面下と陸上の異なる環境で，様々な要素が複合してデルタシステムを構成している．(a) 平面図，(b) 断面図．（Coleman, J. M. & Prior, D. B. 1982を改作）

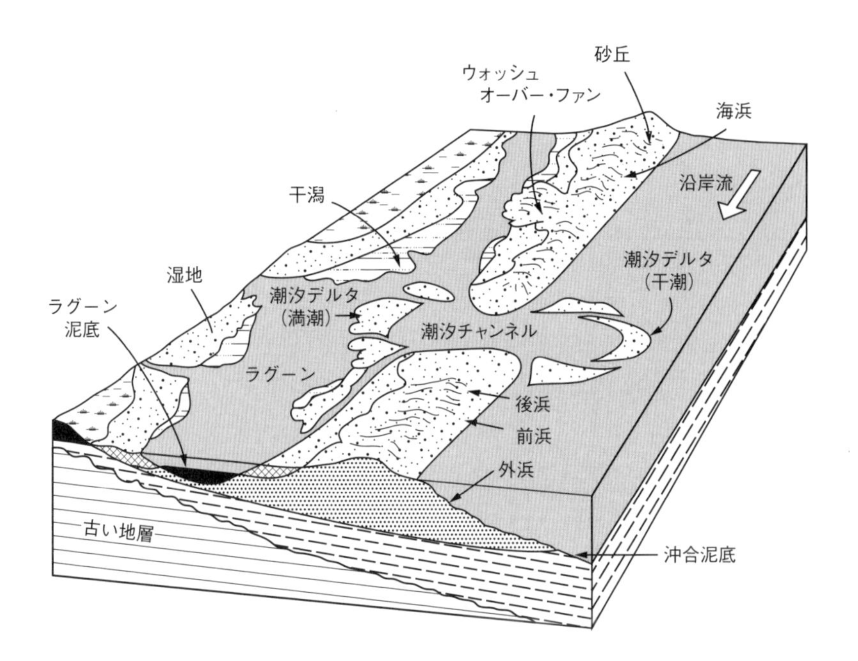

図10.10　沿岸砂州の地形・地質区分．河川から海に流入した土砂は，沿岸流と潮汐，波浪によって運搬され沿岸砂州を形成する．（平朝彦『地質学２　地層の解読』岩波書店，2004を改作）

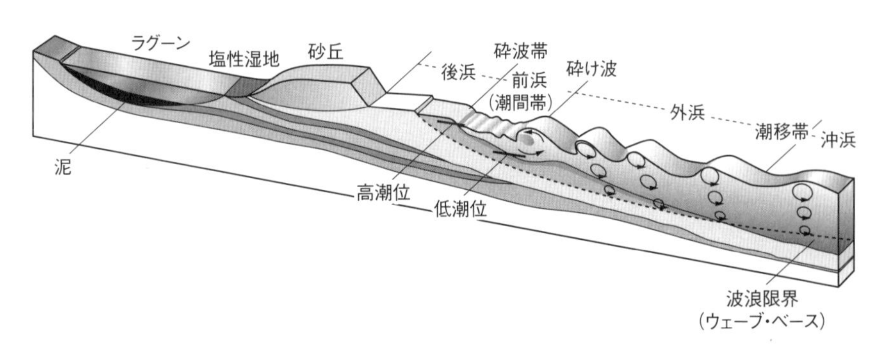

図10.11　砂浜海岸の地形区分と堆積作用．浅海から波打ち際を経て砂丘に至る海陸境界部では，環境の変化に伴い地形と堆積物も変化する．

分では，水が円運動しながら振動しており（図10.11），海底の砂には対称的なリップルマーク（漣痕）が形成される．

（2）大陸棚

大陸縁辺の多くは，緩やかな傾斜の棚状の地形を成し，大陸棚と呼ばれている．大陸棚は海面下にあるが大陸地殻からなり，油田やガス田を初めとする有用な資源が眠っている．

約2万年前の最終氷期の最盛期には海水準は最大120m低下しており，大陸氷床によって覆われた大陸縁辺は波食によって広く削られた．ローレンタイド氷床（図8.17）に覆われた北米大陸の東岸には，幅200～300kmの幅広い大陸棚が分布している（図10.12）．また大陸氷床がなかった地域でも，海退に伴う波食によって広い棚状の地形が造られている．大陸棚の海底の勾配は平均約0.5°で，水深130m付近に大陸棚の外縁がある．このような陸棚には一般に泥層が広く分布しているが，嵐の際には浅海の砂が運搬されシート状の砂層を形成している．

一方，陸源の砂や泥の供給が少なく，温暖な気候下にある大陸棚では，炭酸塩の殻や骨格をもった生物の活動が盛んで，その遺骸が集積した浅瀬が形成される．このような大陸棚を炭酸塩陸棚，あるいは炭酸塩プラットフォームと呼ぶ．オーストラリアのグレートバリアー・リーフやフロリダ沖のバハマ・バンクなどがその例である．

（3）大陸斜面と深海扇状地

大陸棚の縁辺と水深4000～5000mの海洋底を結ぶ斜面は，大陸斜面と呼ばれている．平均4°の勾配の急な斜面であり，大陸から運搬されてきた泥や砂が堆積している（図10.12a）．しかし勾配が急なため不安定で，しばしば海底地滑りが発生している（口絵V26, 27）．

陸上の巨大な河川の延長部は大陸斜面を削って海底峡谷を形成しており，その蛇行した峡谷を通って陸源の砕屑物が海洋底まで運搬されている．砕屑物は海水と混合した高密度の重力流，すなわち懸濁流（図10.13，口絵V25）として海底峡谷を流れ下り，アメリカ大陸の東岸やアフリカ大陸の周囲のような非活動的大陸縁辺では，平坦な海洋底の上に巨大な深海扇状地を形成している（図5.2）．ヒマラヤから流れ下ったガンジス河やブラマプトラ河は，ベンガル

(a)

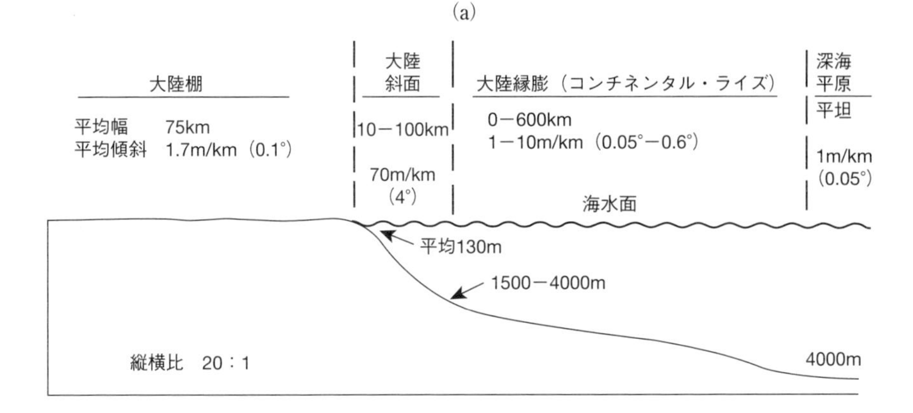

(b)

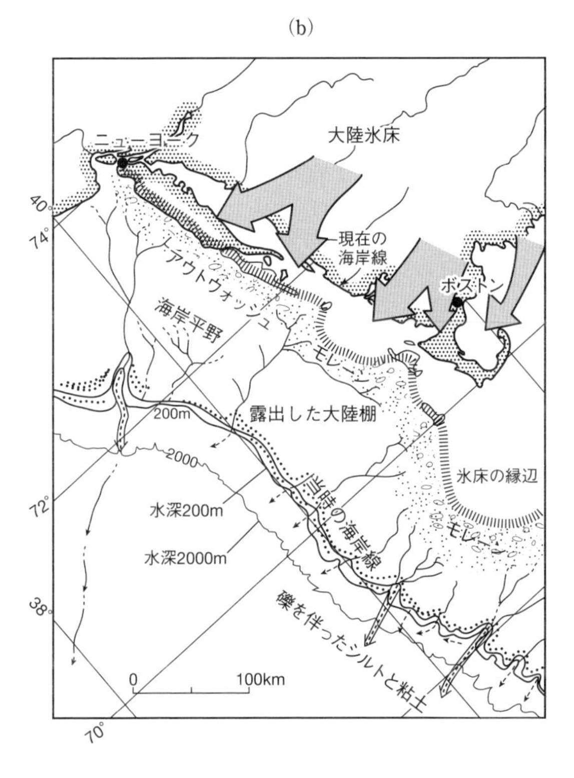

図10.12　(a) 非活動的大陸縁辺である北米東岸の地形断面．(Burk, C. A. & Drake, C. L. 1974を改作) (b) 北米のローレンタイド氷床の前進に伴うモレーンと大陸棚の形成．(Schlee, J. S. 1973を改作)

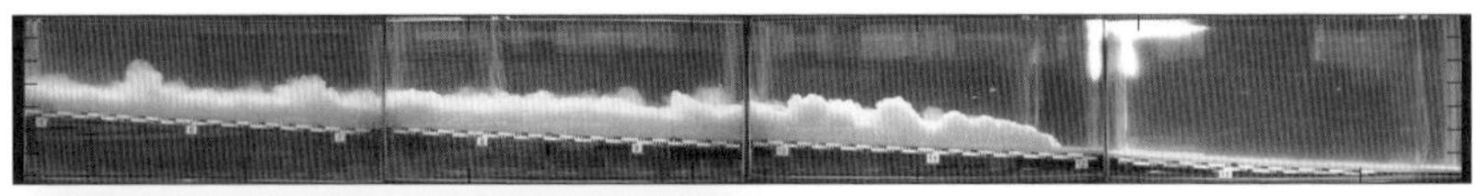

図10.13　（上）懸濁流の水槽実験の様子．京都大学理学部，成瀬研究室提供，（下）密度の大きい塩水による懸（混）濁流の水槽実験．砕屑粒子と水の混合した懸濁流では，底面で渦による侵食が発生し，密度の大きい本体と細粒の懸濁物質からなる上部に分かれる．（Allen, J. R. L. 1985）

湾に流れ込み，赤道を越えて南半球に至る南北3000km，東西1500km，最大厚さ18kmの世界最大のベンガル深海扇状地を形成している（図10.14）．

一方，西太平洋のような活動的な大陸縁辺には海溝が発達しており，そこには大陸あるいは島弧から運搬された砕屑物が海溝を埋めて堆積している（図5.3）．このような深海扇状地や海溝充填堆積物の多くは，懸濁流によって運ばれた，級化成層した砂岩と泥岩の互層から成るタービダイトである（口絵III34）．

（4）遠洋性堆積物

太平洋や大西洋のような広大な海洋底には，その縁辺部を除くと，また極微量の風成塵を除くと，陸源の砕屑粒子は供給されない．そのため浮遊性のプランクトンや遊泳性の生物の遺骸が静かにゆっくりと堆積している．一般に低緯度地方では石灰質の殻を持った浮遊性有孔虫が，高緯度地方では珪酸質の殻を持った珪藻や放散虫の遺骸が集積した生物源軟泥や遠洋性赤色粘土が堆積している（表紙カバーODP図版3～6）．その厚さは生産されたばかりの中央海嶺付近では薄いが，中央海嶺から離れるにつれ厚くなり，最大800mに達している（図4.11）．

6．堆積物の付加と沈み込み

陸上から海洋の最深部である海溝にもたらされた砕屑粒子の一部は，海洋プレートの沈み込みによって剥ぎ取られて陸側に付加される（図8.4）．また一部はプレート境界で剪断されメランジュになったり（口絵III36），地下深部まで沈み込み，高い温度と圧力下で安定な変成岩となる（口絵II21）．このよう

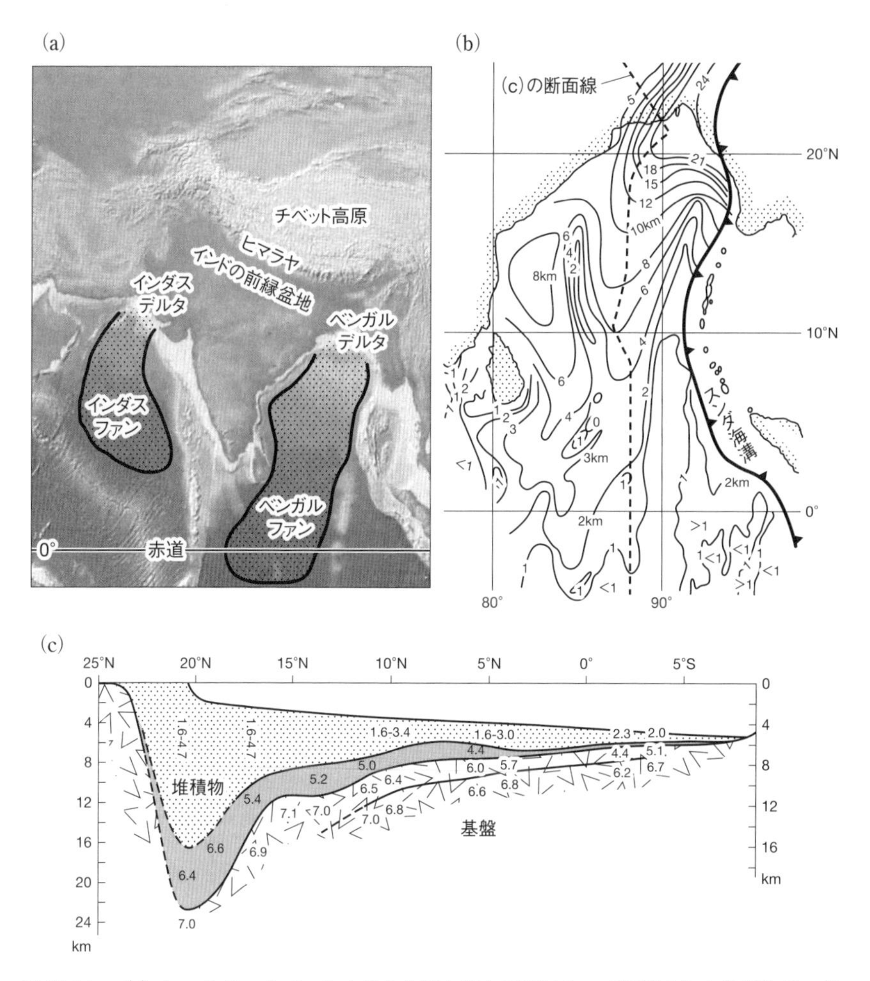

図10.14　(a) ヒマラヤ・チベット山塊から流れ出た河川によって運搬された堆積物は，世界最大のベンガル－インダス深海扇状地を形成している．(b) ベンガル深海扇状地に堆積した地層の等層厚線図（km）と (c) 南-北地震波速度（km/秒）断面．(Curray, J. R. ほか，2003を改作)

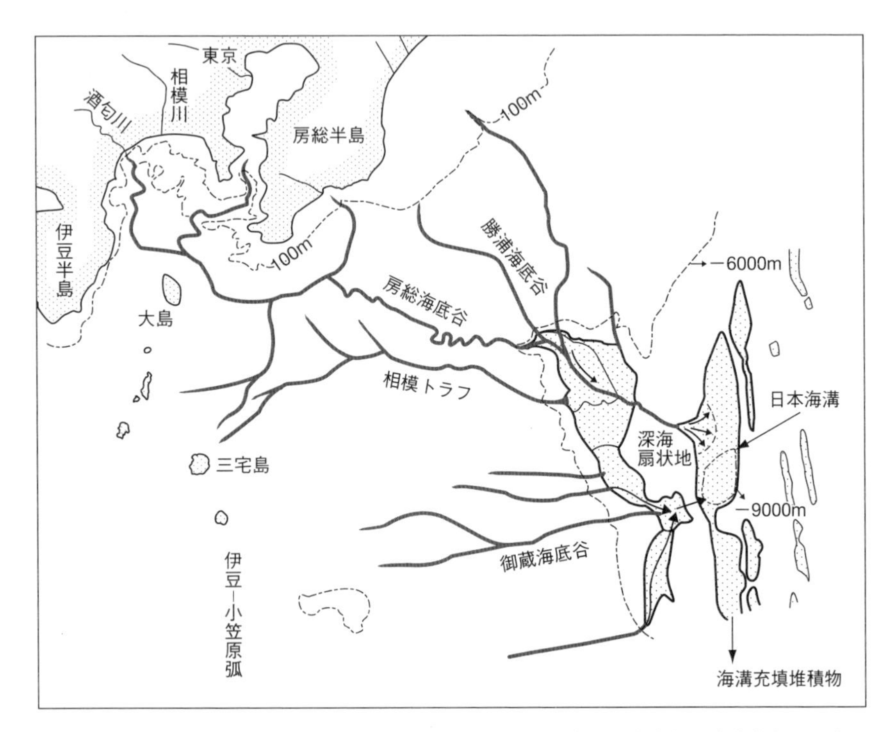

図10.15 関東平野の河川によって海に運ばれた土砂は，蛇行する海底谷や海盆を経て日本海溝に堆積している．

なプロセスを経て，陸源の砕屑粒子は再び大陸地殻を構成するようになる．

一方，遠洋性の堆積物も一部は剥ぎ取られ陸側に付加されるが，残りは地下深部まで沈み込み変成岩となる．しかし，その後上昇し大陸地殻の一部を成し，再び地表で風化・侵食されるようになる（図10.1）．このようにして形成された島弧や陸弧の岩石は，陸上に露出するや風化・侵食され，河川と海底峡谷を経て海溝にもたらされ，再び付加体を形成する（図10.15）．

大西洋のような非活動的大陸縁辺の海洋底に堆積し，コンチネンタル・ライズを構成するタービダイトも，いつかはウィルソンサイクル（図5.23）に従い，海洋プレートが沈み込む場，あるいは大陸が衝突する場に取り込まれ，大陸地殻の一部と成る．このようにして地殻物質は地球表層を循環し，リサイクルしているのである（図10.1）．

第 III 部

大気・海洋の循環と気候変動

太陽系の他の惑星と比べ地球の際だった特徴は，水の惑星と呼ばれているようにその表層の約７割が海洋におおわれていることである．また地球表面の約１割は氷におおわれ，その量が地質学的な長い時間の中で変動している．さらに還元的な宇宙の環境の中において，酸素21%，二酸化炭素0.04%と酸化的な大気組成をもつことも，もう１つの特徴である．このように太陽系の中でも特異な存在である地球表層の水と大気は，回転している地球の上で，その地点の季節と緯度，地形にしたがい循環し，様々な気候システムをつくっている．

第 III 部では，気候システムの成り立ちや海洋の構成と大循環のメカニズムなどの基礎的な知識について概説する．まず，大気と海洋の運動と循環の原動力となっている地球表層の熱収支についてふれ，次に大気の運動を引き起こしている温度・圧力勾配，転向力，密度成層とその逆転，地球の自転と公転による大気・海洋への影響などについて解説する．また，実際の地球上における気圧配置と風系や高層大気の流れについて概説する．さらに海洋水の構成と物理化学的性質および表層の海流と深層水の循環について言及し，アジアの気候に大きな影響をおよぼしているエルニーニョとモンスーンという２つの気候システムの成り立ちを紹介する．

固体地球が地球の長い歴史の中で進化してきたように，気候も変動してきた．気候変動には数億年から数年にわたる，様々な周期のものがあり，その原因については多くの説が提唱されている．第 III 部ではそれらの仮説や理論についても概説する．

第11章

地球の熱収支と大気の大循環

生物が生存していくための必須条件は，適当な温度と液体の水の存在である．地球表層の温度は平均15℃に保たれているが，そのエネルギー源はほとんど太陽からの放射熱に由来する．地球全体が受け取る太陽放射エネルギーの量は，毎秒1.8×10^{17}J であり，それは石炭を毎秒620万トン燃焼させたときに生じる熱エネルギーに相当する．大気圏外で地球が太陽から受けている熱エネルギーは1.37kW/m^2であり，地球表面１m^2あたり，100W の電球を3.4個点灯させているのに等しい熱エネルギーに相当する．太陽からのエネルギーの内約30%は雲や水面などの反射によって宇宙空間に逃げていき，19%が大気や雲に吸収されている．残り51%は地球表面に吸収されるが，そのうち21%は地球放射として宇宙空間に放出され，30%が地球を暖めることになる．

地球の自転軸が約23.5°傾いているため，地球上には四季が生じ，緯度による熱収支の差が生じている．そして熱エネルギーの地域差をなくすように，熱エネルギーの過剰な低緯度地方から不足している高緯度地方へと熱エネルギーが運搬されている．その結果，地球上には気温と降水量の違いによって特徴づけられた気候帯が形成されている．地球表層の約70%をおおう海洋表層の海流や台風は，熱帯から寒帯に熱エネルギーを運搬する重要な役割を担っている．

太陽放射の熱収支の差によって，地球表層では半球ごとに南北２つの高圧帯と低圧帯が定常的につくられ，大気が大循環している．現在，北半球には２つの大洋と２つの大陸が分布しており，大陸と海洋の熱容量の差によって，東西に２つの高気圧と２つの低気圧が形成されている．これらの気圧配置にしたがって，高気圧から低気圧へ大気が流れている．また夏の大陸の上には低気圧が，海洋の上には高気圧が形成される．一方，冬の大陸の上には高気圧が，海洋の上には低気圧が形成される．

回転している球状の固体地球の上で運動している大気には転向力が働き，低緯度地方には貿易風，中緯度地方には偏西風などの一定の風向きをもった風系がつくられている．アジア大陸とインド洋あるいは太平洋では，季節ごとに気圧配置が逆になる．そのために東アジアから南アジアにかけての地域には，季節ごとに風向きが反対方向になるモンスーン地帯が形成されている．

第11章では，地球表層における熱収支，および気候システムの大本となっている地球上の気圧配置と大気の大循環について概観する．

1．太陽放射と太陽定数

大気や海洋のもっているエネルギーの源は，太陽からの放射にある．地球表層に届く太陽放射の強さは，大気や海水面の温度をコントロールする．太陽放射の強さを測定することができれば，太陽が放出しているエネルギーの総量や太陽表面の温度を推定することができる．そこで19世紀以来，日射計を使って太陽放射の強さを測定する試みがなされてきた．しかし地球大気の影響を取り除くことができず，真の値を得ることは難しかった．その後，人工衛星の出現により大気圏の外で観測できるようになり，放射に直交する面 1 cm^2あたり 1 分間に，1.96cal という値が得られている．これを太陽定数と呼ぶ．この値を仕事率に変換すると1.37kW/m^2である（1 cal ＝4.186J，J/s ＝ W）．ただし地球の公転軌道は楕円形なので，近日点（1 月 5 日頃）では2.03cal/cm^2・min，遠日点（7 月 4 日頃）では1.90cal/cm^2・min と変化する．

地球が受け取る太陽エネルギーは，太陽放射に直交する地球の両極を通る円形の断面（πR^2）に照射した量であり，それが地球の全表面積（$4\pi R^2$）で受容される（図11.1）．したがって，実際には地球表層の 1 m^2は，1.37kW の1/4にあたる342.5W の太陽エネルギーを得ていることになる．つまり地球表層は 1 m^2につき100W の電球3.4個を点灯するエネルギーを太陽から得ているのである．

太陽から約1.5億 km 離れた全球面上に1.96cal/cm^2・min（1.37kW/m^2）の太陽放射が到達している．全球面上に到達する太陽放射の総量はすなわち，太陽が単位時間に放出しているエネルギーとなる．したがって太陽定数に半径1.5億 km の球の表面積を掛けると，単位時間の太陽放射の総量を求めることがで

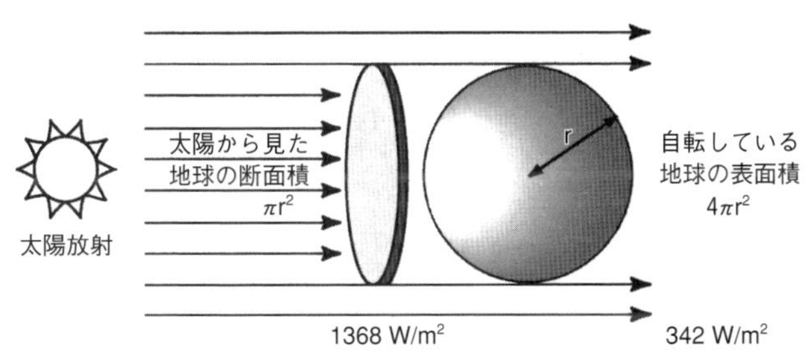

図 11.1 回転していない円盤状の地球断面が受容した太陽放射は，自転している地球上に分配されると，単位面積が受容するエネルギーは1/4になる．

きる．その値は，3.87×10^{23}kW である．

物体（正確には黒体）から放射されるエネルギーとその表面温度との間には，シュテファン－ボルツマンの法則が成り立っている．すなわち物体の表面の単位面積から単位時間に放出されるエネルギー（E）は，表面の絶対温度（T）の4乗に比例する．

$$E = \sigma T^4 \ (\sigma = 5.67 \times 10^{-8} W/m^2K^4)$$

そこで，太陽放射の総量3.87×10^{23}kW を太陽の表面積で割ると，太陽表面の1 m^2から6.34×10^7W のエネルギーが放出されていることが求められ，太陽表面の温度は5780K と推定される．

地球は太陽放射を吸収する一方，地球放射により熱を失っている．両放射がつり合い，地球の表面温度が変化しないとき，放射平衡の状態にあるといい，その温度を放射平衡温度という．地球表面の放射平衡温度もシュテファン－ボルツマンの法則から求めることができ，地球放射と太陽放射の収支がバランスしていることから，

$4\pi R^2 \sigma T^4 = \pi R^2 C (1-A)$ という関係が成り立っている．

ただし，R：地球の半径，T：地球表面の平均絶対温度，

C：太陽定数，A：アルベド

アルベドを0.3とすると，地球の表面平均温度は255K（－18℃）と求められる．実際の平均温度は288K（15℃）なので，その差33℃が温室効果によって上昇した温度ということになる．

2．地球大気の熱収支

地球は球形であるために，太陽高度は緯度ごとに異なる．その結果，緯度によって太陽放射の収支は変わり，温度差が生じる（口絵Ⅳ.1）．一定面積の面が受ける太陽放射の量（I）は，緯度（θ）あるいは太陽の南中高度（ϕ）の増加に伴って次のように減少する（図11.2）．

$I = I_0 \cos \theta$　　あるいは　　$I = I_0 \sin \phi$

ただし，I：その緯度での太陽放射，I_0：赤道での太陽放射．

その上，地球表層は熱容量の大きい水によっておおわれた海と熱容量の小さい岩石によってできた陸からできている．そのために陸と海の間でも温度差が生じる．この温度差が大気と海洋の大循環を初めとする様々な気象現象を引き起こす起源となっている．

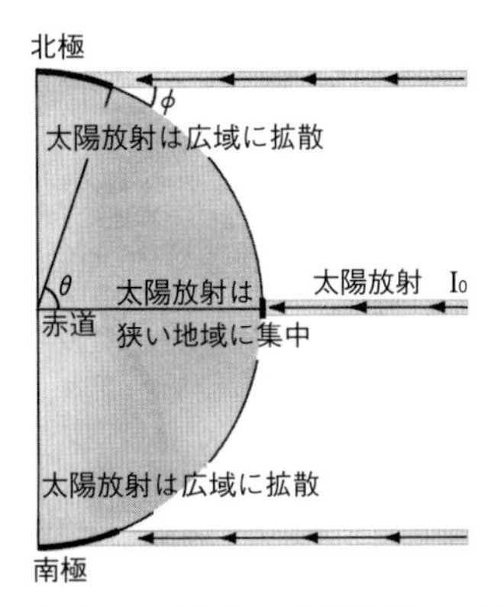

図 11.2　地球表面が受容する太陽放射のエネルギーは，高緯度になるほど減少する．θ：緯度，ϕ：太陽高度．

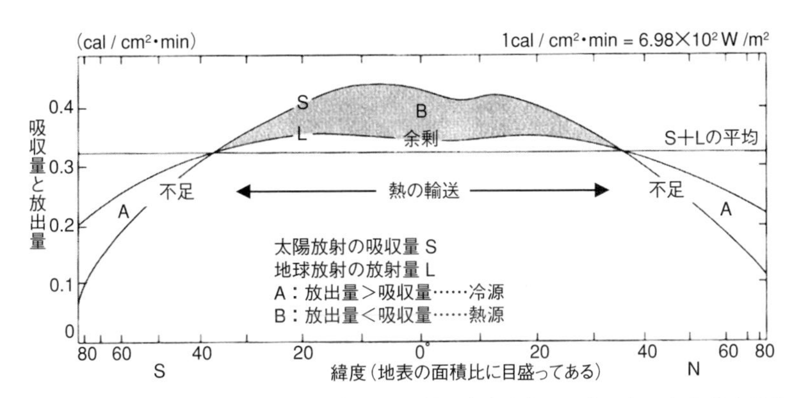

図 11.3　太陽放射の吸収量と地球放射の放出量の緯度分布．エネルギーが余剰な低緯度地方から不足している高緯度地方へ熱エネルギーが運搬されることにより，大気と海洋の循環が起こっている．(Vonder Haar & Suomi, 1971)

人工衛星によって測定された太陽放射と地球放射の緯度による違いをみると，南北37°～38°より低緯度地域では太陽放射の方が地球放射より多くなっている（図11.3）．一方，37°～38°より高緯度地域では地球放射の方が太陽放射より多い．つまり低緯度地方では放射エネルギーがあまっており，高緯度地方では不足している．赤道から緯度30°までの熱帯および亜熱帯地域の地球の表面積に対する割合は57%であり，その地域が受容する年間の太陽放射のエネルギーは300kcal/cm²である．一方，緯度66.5°より高緯度の極地域の面積は4.1%であり，そこで年間に受ける太陽からのエネルギーは130kcal/cm²である．この不均衡

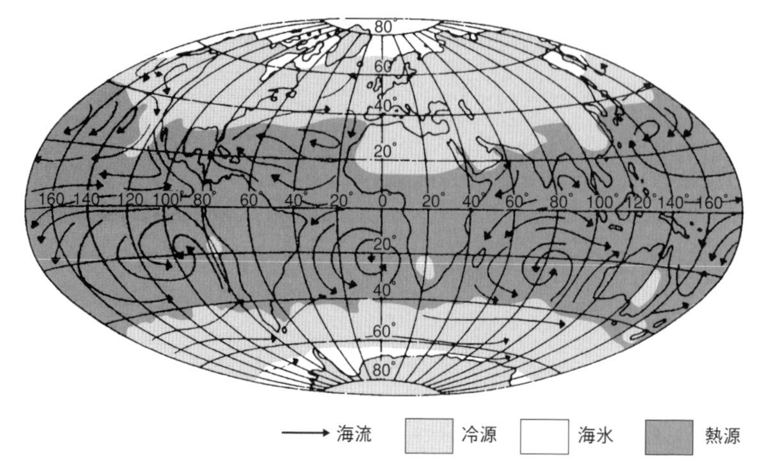

図 11.4 放射エネルギーの収支分布．海洋では38度付近まで熱源となっており，余剰な熱は海流によって高緯度地域に運ばれている．(「新しい海洋科学」による)

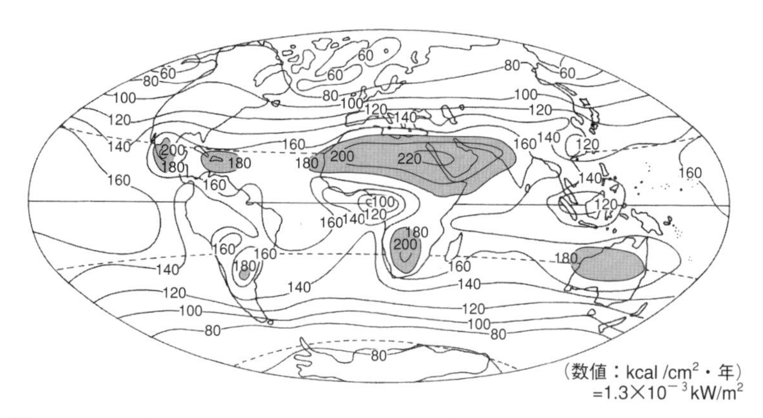

図 11.5 地球表層で受ける太陽エネルギーの分布．23.5°を中心とした中緯度地域は亜熱帯高圧帯下にあり，晴天の日が多く，大きな値をとる．(『最新図表地学』浜島書店，2002)

を補償するために，低緯度地方から高緯度地方へと熱エネルギーが運搬されるのである（図11.3，口絵IV.1）．その運搬の役割を担っているのが大気と海洋である．日本ではその境界となっている38度線は佐渡と仙台湾を通過している（図11.4）．亜熱帯起源のサツマイモや茶の栽培の北限や暖帯林と温帯林の境界などは，38度付近に位置している．

地表で受ける太陽エネルギーが最大の地域は，熱帯地域ではなく23.5°付近の亜熱帯地域である（図11.5）．それはこの地方が高気圧でおおわれていることが多く，雲が少ないためである．その結果，亜熱帯地域には砂漠や半乾燥地が多い．

3．熱エネルギーの輸送

南北の温度差に依存する熱エネルギーの輸送は，低緯度地域では主に海流によって，中～高緯度地域では大気の流れによって行われている．大陸東岸を流れる黒潮やメキシコ湾流によって北緯20°～30°まで熱エネルギーが運搬されているが，北方には海洋が少ないため海流による顕熱輸送は70°付近までである．

水の比熱は約1 cal/g であるが，空気の比熱はその約1/4，約0.23cal/g である．ところが水の密度が1 g/cm^{3}に対し，空気の密度は0.0012g/cm^{3}である．したがって水1 g の温度を1℃上昇させる熱で，約3600cm^{3}の空気の温度を1℃上昇させることができるのである．このように海水は空気に比べて非常に大きな熱容量をもっているので，海洋は熱の運搬の他に，熱を夏に蓄え冬に放出し，気候を和らげる働きもしている．

大気は低緯度では南北循環（ハードレー循環）によって，中～高緯度では高気圧・低気圧を伴った蛇行する波動（ロスビー循環）によって顕熱の南北輸送を行っている．大気組成の約0.3%を占める水蒸気の量は，地域ごとに大きく異なり，底面積1 cm^{2}の鉛直気柱に含まれる量は赤道地方で6 g，極地方で0.1g である．赤道地方で水蒸気に蓄えられた潜熱（1 g につき0℃のとき596cal，100℃のとき539cal）は，北方に運ばれ凝結し，降水となって地上あるいは海上に戻る．その過程で凝結熱を放出し大気を暖めている．熱帯の海で発生する台風や熱帯低気圧は，赤道地方の余剰の熱エネルギーを潜熱として中緯度地方に運搬し，放出する重要な働きをしているのである．

4．大気の流れを起こす力

地球大気が暖められると軽くなって上昇し，地上付近には低気圧が形成される．一方，冷却されると重くなって下降し，地上付近には高気圧が形成される．水が高いところから低いところへ流れるように，高気圧から低気圧に向かって大気の流れが生じ，それにしたがって風が吹く．気圧が高い部分と低い部分の間には，気圧勾配が生じる．これを気圧傾度力という．台風の周辺の等圧線は非常に密であり，台風の中心に向かって大きな気圧傾度力が働いている．気圧

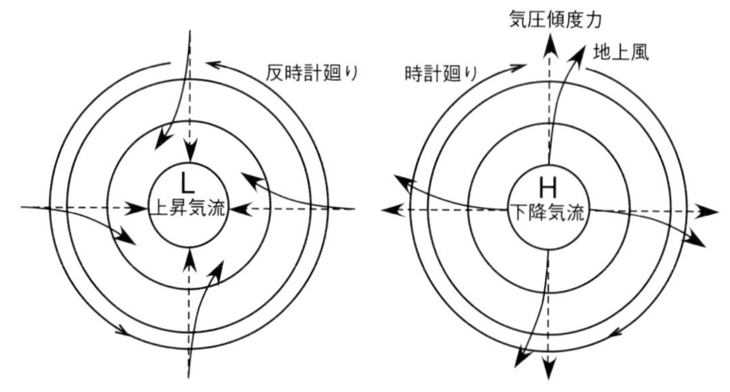

図 11.6　低気圧（L）と高気圧（H）の中心付近の風向（北半球）.

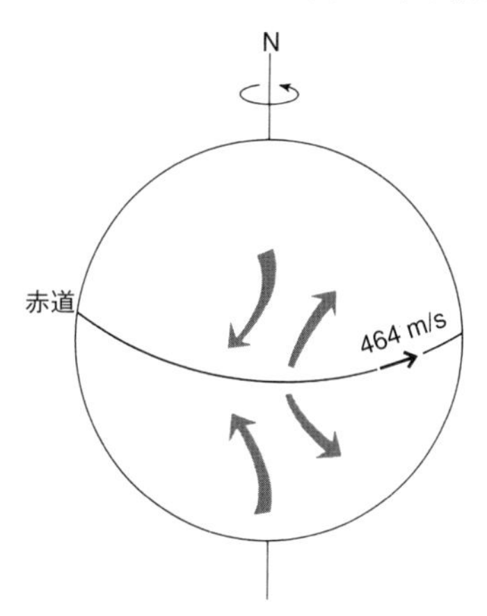

図 11.7　地球が自転しているため，北半球では進行方向に対し右向きに，南半球では左向きに転向力が働く.

傾度力にしたがって大気が流れると，台風の中心に吹き込む風は等圧線に直交するように吹くはずである．ところが実際には等圧線に斜行しており，台風の雲は北半球では反時計廻りに渦を巻いている（図11.6）．これは気圧傾度力の他に，転向力が働いた結果である．

大気は自転している回転体である地球の上で運動をしている．このように回転体の上で物体が運動するとき，その物体には転向力（コリオリの力）という見かけの力が働く．転向力は，北半球では物体の進行方向に対し右向きに働き，南半球では左向きに働く（図11.7）．図11.8a は地球と同様反時計廻りに回転しているメリーゴーランドに乗っているＡさんに向かって，外からＢさんがボ

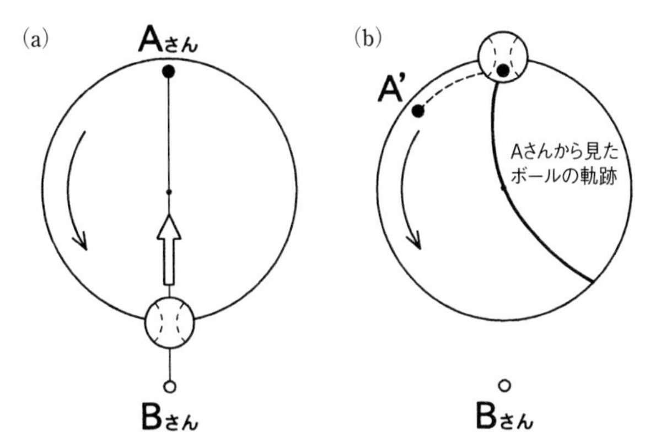

図 11.8　(a) 反時計廻りに回転しているメリーゴーランドの上にいるAさんに向かって，外にいるBさんがボールを投げる．(b) メリーゴーランドが回転しているために，ボールの軌跡は進行方向に対して右向きに力を受けたかのようになる．この見かけの力を転向力と呼ぶ．

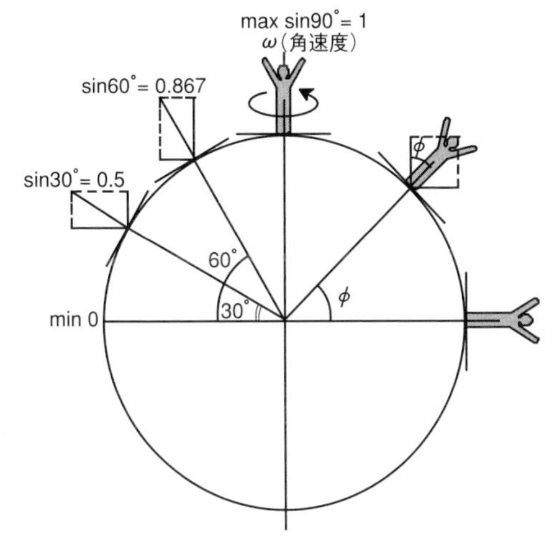

図 11.9　転向力は回転軸に直交する平面内の運動に対して働くので，極では最大，赤道で最小となる．

ールを投げたところを真上から見たものである．Bさんから見れば，ボールはまっすぐに飛んでいく．しかし，ボールがAさんの居た地点に到達したときには，Aさんはメリーゴーランドの回転に伴ってA' に移動しており，このボールを受け取ることはできない（図11.8b）．Aさんから見ると，あたかもボールがその進行方向に対して右向きの力を受けたかのような軌跡となる．この見

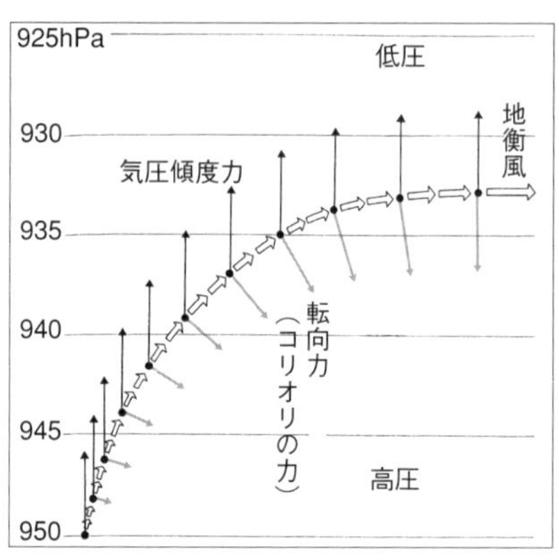

図 11.10　地上約1000mより上空では，気圧傾度力と転向力が釣り合った地衡風が吹く．地衡風は等圧線に平行に，高圧部を右手にみて（北半球），一定の速さで吹く．

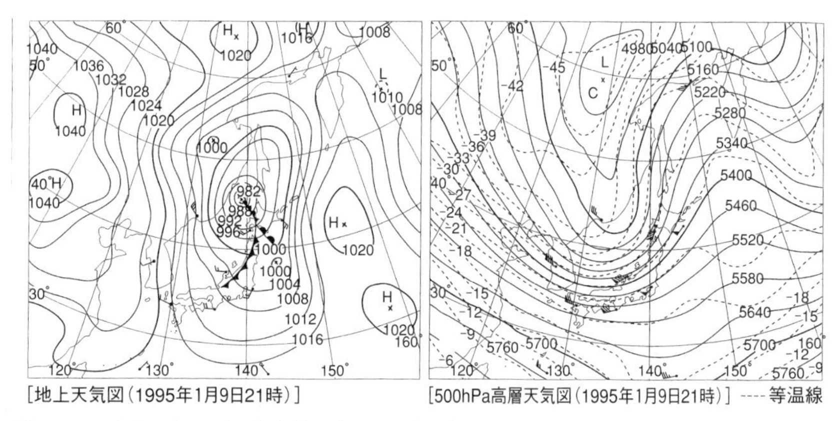

図 11.11　地上天気図（西高東低の冬型の天気図）と高層天気図．地上付近の風向と上空約1000mの風向に注意．地上付近では等圧線に斜行して，低気圧に向かって風が吹き込んでいるが，上空では500hPaの等高線に平行に地衡風が吹いている．

かけの力を転向力と呼ぶ．

地球上では，転向力（f）は物体の運動速度（v）と自転の角速度（ω）に比例し，緯度（ϕ）が高くなるほど大きくなる（図11.9）．

$$f = 2\rho\,\omega\,v\sin\phi\ (N/m^2)$$

ρ：空気の密度

気圧傾度力と転向力によって，北半球では低気圧の中心に向かって風は反時計廻りに吹き込み，高気圧から風は時計廻りに吹き出す（図11.6）．転向力が

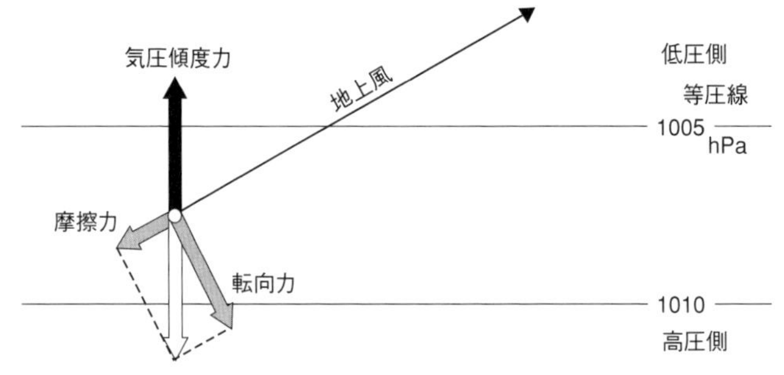

図 11.12　地上付近では気圧傾度力と転向力に摩擦力が加わって風が吹く．

進行方向に向かって左の方に働く南半球では，その逆になる．

地上1000m より上空では，気圧傾度力に転向力が加わり，風速に比例して風向は北半球では右へ右へ（南半球では左へ）と変化していく．気圧傾度力と転向力がつりあったとき，風は等圧線に平行に，北半球では高気圧を右手に見て一定の速さで吹くようになる．この風を地衡風という（図11.10，11.11）．

地上付近では大気と大地あるいは海洋の間に摩擦力を生じる．摩擦力は風向と逆に働き，そのために風は弱くなる（図11.12）．摩擦力によって，陸上の風速は地衡風の1/3に，海上では2/3に減少する．また風は，地衡風のように等圧線に平行には吹かず，等圧線に対し35°～20°斜行して低圧部に吹き込む．

5．気圧配置と風系

（1）地球表層の気圧配置と南北循環

大気の南北循環のもっとも単純なモデルは，熱帯地方で余剰になった熱エネルギーが，それが不足している中・高緯度に輸送されているという1つの循環系からなるものである．赤道付近で暖められた大気は軽くなって上昇し，圏界面に達し両極に向かって流れ出す．一方，極地方で冷却され重くなった大気は下降し地表に沿って赤道地方に流れ出す．両方の流れは対流圏内で赤道と極の間を循環する．このような考え方は19世紀の末からあったが，実際には図11.13a に示すように南北方向に3つの循環系（セル）が形成されている．1つは赤道地方で上昇し30°～40°付近で下降し雨を降らせ，地表に沿って赤道に戻るセルであり，ハードレーセルと呼ばれている．もう1つは，極地方で冷却された大気が下降し，60°付近で上昇する極のセルである．両者の中間には30°～40°付近で下降し，50°～60°で上昇しているフェレルセルがある

(a)

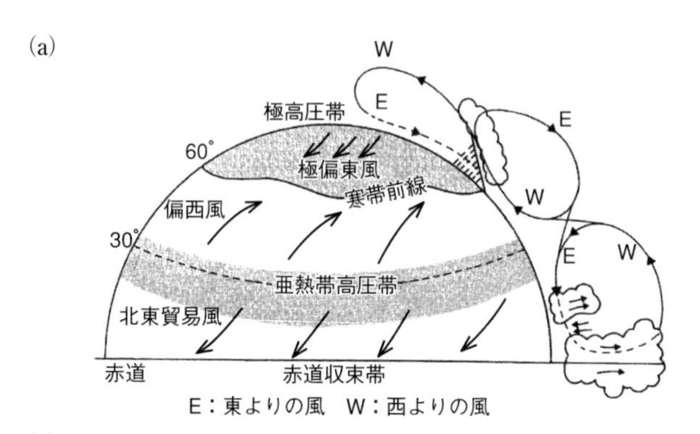

(b)

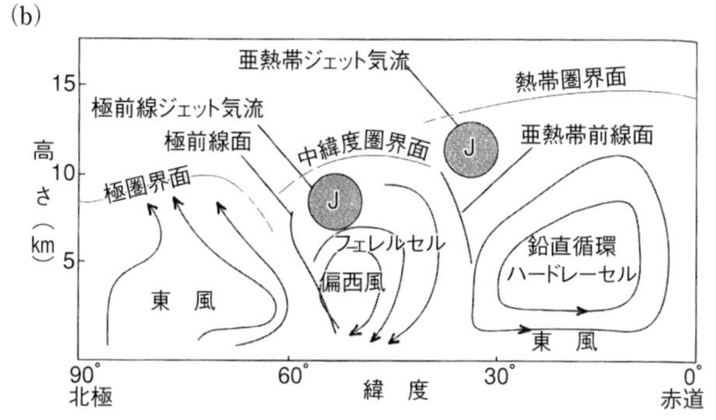

図 11.13　(a) 地球大気の大循環モデル．(Rossby, 1940)；(b) 子午線循環は3つのセルから構成されており，各セルの境界付近の上空にはジェット気流が吹いている．(Palman, 1951)

(図11.13b)．3つのセルの上昇域には低気圧が，下降域には高気圧が形成され，暖気団と寒気団の間には前線（収束帯）が形成されている．赤道上には赤道低圧帯（収束帯）が，50°～60°には高緯度低圧帯が形成され，極地方には極高圧帯が，20°～30°には亜熱帯高圧帯が形成されている．また極高圧帯と高緯度低圧帯が接する部分には，寒帯前線（あるいは極前線）が，亜熱帯高圧帯と高緯度低圧帯が接する部分には，温帯前線が形成されている（図11.13b)．

(2) 地球表層の風系

亜熱帯高圧帯から赤道低圧帯に吹く風は，進行方向に向かって右向きの転向力を受け，東よりの貿易風となる（図11.13a)．亜熱帯高圧帯から高緯度低圧帯に向かって吹く風は転向力を受け，西よりの偏西風となる．また極高圧帯から高緯度低圧帯に向かって吹く風は，同様に転向力を受け極偏東風となる（図

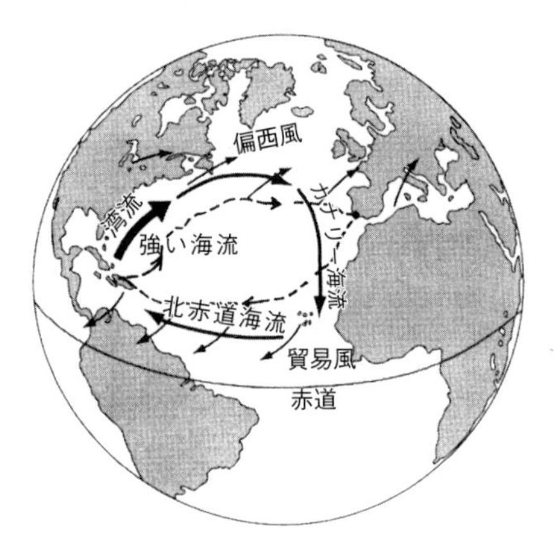

図 11.14　コロンブスは北東貿易風を利用して西インド諸島に達し，偏西風を利用してポルトガルに戻った（点線はコロンブスの航路）．貿易風に駆動されて北赤道海流が，偏西風により北大西洋海流がつくられている．（Garrison, 2002を改作）

11.13a)．

このように半球につき2つの高圧帯と2つの低圧帯が形成され，その圧力差にしたがって3つの風系が形成されている．赤道低圧帯（収束帯）の位置は，夏は北緯20°まで北上し，冬には南下する（図11.15）．そのため，気圧配置は季節により南北移動したり，強くなったり弱くなったり変化するが，貿易風の風向は年中変わらない．

このような風の流れのシステムは，昔から航海に利用されていた．コロンブスはスペインを出て，カナリア諸島を経てカリブ海のサンサルバドル島に到着した．この時利用したのが北東の貿易風である（図11.14）．帰りには偏西風を利用している．その後の奴隷貿易でも同様な風が利用された．また，世界で初めて単独で太平洋をヨットで横断した堀江健一氏は，サンフランシスコに向かう往路では偏西風を，帰路では貿易風を利用して航海したのである．

6．大陸・海洋の分布と気圧配置

図11.15は1月と7月の世界の気圧配置と風の分布を示している．1月の北半球の気圧配置の特徴は，ユーラシア大陸と北アメリカ大陸の上に高気圧（シベリア高気圧とカナダ高気圧）が，そして北西太平洋と北大西洋に低気圧（アリューシャン低気圧とアイスランド低気圧）が発生していることである．一方

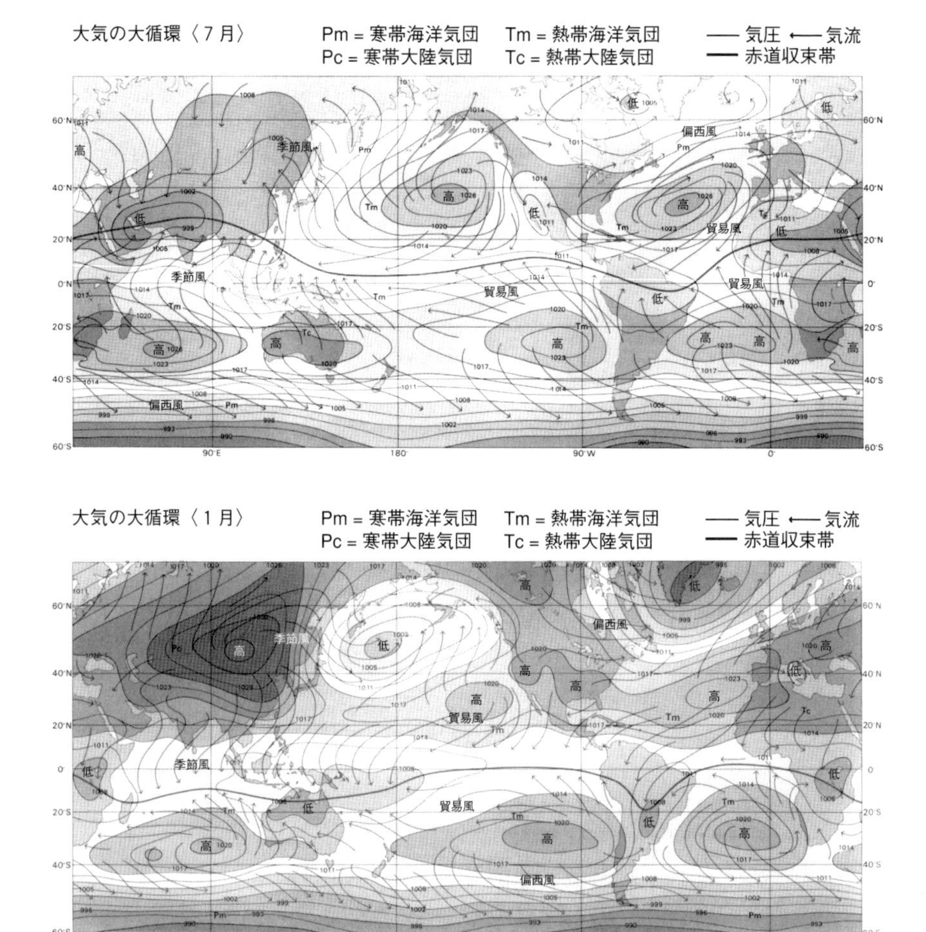

図 11.15　世界の気圧配置と風系

7月の北半球では，ユーラシア大陸と北アメリカ大陸の上に低気圧が，北太平洋と北大西洋上に高気圧（太平洋高気圧とバミューダ高気圧）が発生していることである．

つまり大陸と海洋の熱容量の差によって，冬には大陸上の大気が冷却され高気圧が，逆に大洋上の大気は相対的に暖かく低気圧が発生する．一方，夏には大陸上の大気が暖められ低気圧が，逆に大洋上の大気は相対的に冷たく高気圧が発生する．現在の北半球にはユーラシア大陸と北アメリカ大陸という2つの大陸と太平洋と大西洋という2つの海洋が東西に分布するために，2つの高気圧と2つの低気圧が東西に2つ形成されているのである．

日本列島はユーラシア大陸と太平洋の間に位置している．そのため，夏には太平洋高気圧からユーラシア大陸上の低気圧に向かって南東の湿潤な風が吹き込む．一方，冬にはユーラシア大陸上の高気圧から北太平洋上の低気圧に向かって乾燥した北西の風が吹く（口絵Ⅳ.7）．つまり大陸と海洋上空の気圧のコントラストによって，季節ごとに風向が異なる風，季節風が吹く地帯となっている（図11.15）．

海洋の占める面積の大きな南半球では，亜熱帯高圧帯の南側の中・高緯度には，南緯40°付近から南極にまで広がる低圧帯，周極低気圧帯が分布しており，その中心は南緯65°付近にある（図11.16，11.22）．この低圧帯では常時天候が悪く，暴風圏となっており，南米南端のホーン岬からフエゴ島にかけては世界一周ヨットレースの難関となっている．南極大陸の上空は一年中高気圧の中心となっている．なお，南半球の各大陸上には，北半球同様1月（南半球の夏）には低気圧が，7月には（南半球の冬）には高気圧が発生している．しかし大陸のサイズが小さいため，北半球ほど海洋との間に大きなコントラストはできていない．

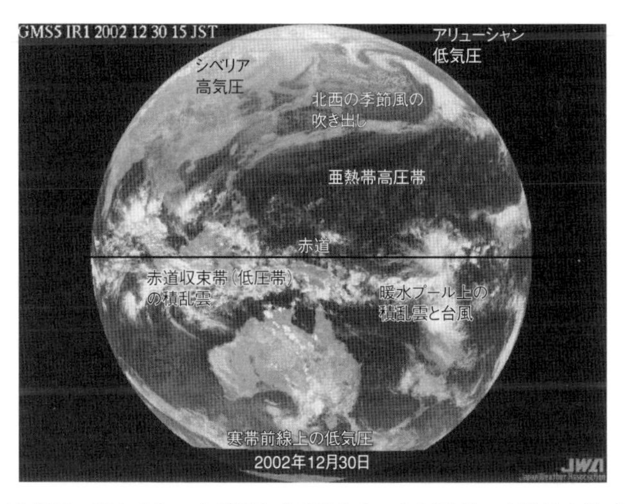

図 11.16　気象衛星で見た大気の大循環と典型的な冬の気圧配置．赤道収束帯（低圧帯）の積乱雲が南緯10°付近に分布し，北太平洋の低気圧に向かってシベリア高気圧から強い季節風が吹き込んでいる．「ひまわり」の赤外線画像（気象庁ホームページより）

7．偏西風波動とジェット気流

日本列島を含む中緯度地帯の上空には西風が吹いている．この偏西風の速度は上空ほど速くなり，日本上空付近で最大となる（図11.17）．この強風帯の軸はジェット気流と呼ばれ，圏界面近くの高度10～14km 付近を，幅数百キロメートル，厚さ 2 ～ 3 km で，帯状に地球を取り巻いて流れている．冬の日本上空では，その風速は秒速40m 以上であり，100m（時速360km）を超えることがある（図11.18）．時速900km 程度で西向きに飛行しているジェット機にとって，ジェット気流は大変強い向かい風である．その結果，冬期の東京 - 福岡間の飛行機の所要時間は，東行きより西行きの方が15～20分ほど遅くなっている．

ジェット気流を最初に認めたのは第二次大戦中，日本を爆撃するために南方から飛来した B29のパイロットであった．南方海上から日本上空にさしかかっ

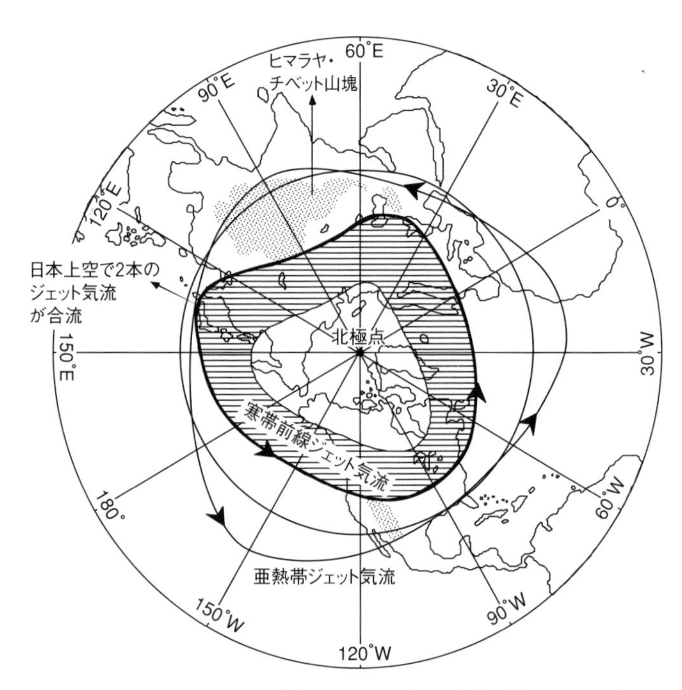

図 11.17　冬，日本の上空では亜熱帯ジェット気流と寒帯前線ジェット気流が合流するため，世界でもっとも強い風が吹く地帯となっている．ジェット気流の位置は季節によって北上・南下する．(Riehl, 1962)

たところで，しばしば強い西風に遭遇し，B29（最高速度570km/h）の飛行が妨げられたのである．

火山の大規模噴火に伴う火山灰が，短時日のうちに地球を一周したり，湾岸戦争で炎上したクエートの油井の煙に含まれていた煤が，ヒマラヤや日本に到達したのはこのジェット気流による．

ジェット気流の軸の部分は南北の気圧勾配の大きな所，すなわち南北の温度差が大きな所に一致している（図11.19）．それはハードレーセルとフェレルセルが接する亜熱帯から温帯上空と，極のセルとフェレルセルが接する寒帯上空の2カ所である．前者を亜熱帯ジェット気流，後者を寒帯前線（または極前線）ジェット気流と呼んでいる（図11.17）．南北の温度差が小さくなる夏には，ジェット気流は弱くなり，その位置は北上する．逆に温度差が大きくなる冬には，ジェット気流は強くなり，平均位置は南下する（図13.17）．日本列島の上空はヒマラヤ・チベット山塊の風下に当たり，冬にはちょうど2本のジェット気流が合流する．そのために世界で一番強い西風が吹いているのである（図11.17）．

中緯度地方の高層大気（約6000m上空，500hPa）の等高線は南北に蛇行している（図11.20a）．つまり大気は東向きに流れるだけでなく，北向きや南向

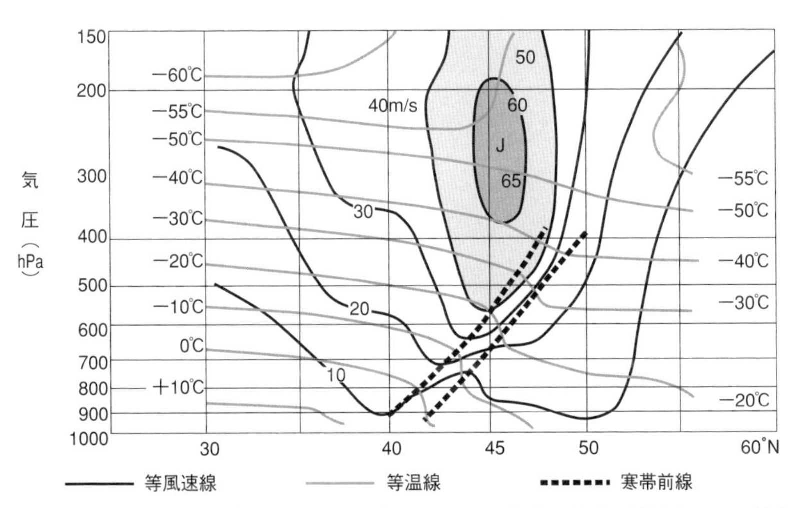

図 11.18 偏西風の風速分布．偏西風は上空10〜14kmでとくに強く，風速が40m/s以上に達するのでジェット気流と呼ばれている．（『気象ハンドブック』による）

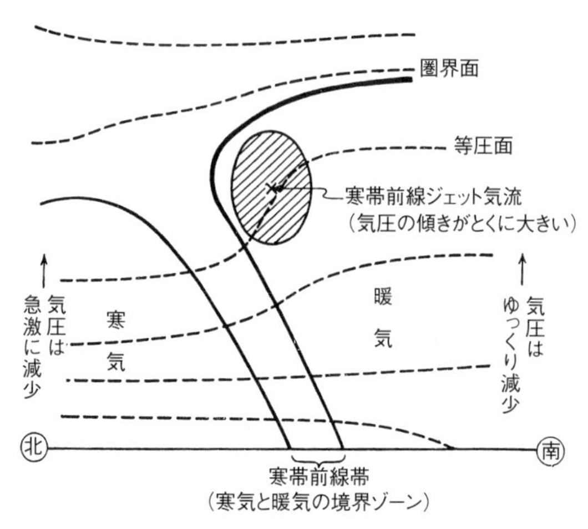

図 11.19 寒帯前線ジェット気流は冷たい極気団と暖かい気団が接する，気圧勾配の大きな所に発生する．(倉嶋厚『モンスーン』河出書房新社，1972)

きの成分をもってうねっているのである．これを偏西風波動という．上空の偏西風波動は，高圧部を右に，低圧部を左に見ながら，等圧線に平行に流れる地衡風である（図11.21）．したがって，等高線が南にのびたところは周囲より気圧の低いところで，気圧の谷（トラフ）と呼ばれ，北にのびたところは気圧が高く，気圧の峰と呼ばれている（冬の間大陸が冷却されてできる高気圧や極の高気圧は背が低く，そのため高層天気図では低圧部となる）．気圧の峰では多量の大気が流れ，谷では少量の大気が流れるので，峰の東側では大気は収束し下降気流を生じて，地上では高気圧が形成される（図11.21）．一方，谷の東側では，大気は発散し，地上では低気圧が形成される．上空の気圧の谷の東側には南西の風が，西側には北西の風が吹いている．したがって気圧の谷の前方では暖かく，後方では寒くなる．

上空の低気圧や高気圧の東進に伴い，地上の低気圧や高気圧も東に進む．北半球の上空には，気圧の谷や峰が10個前後繰り返しながら，地球を１周している．気圧の谷や峰が東進する速度は，１日1100km 程度であり，１つの地点では３～４日周期で天気が繰り返す（図11.22）．

偏西風波動は，波長10,000km 程度の超長波から3000km 程度の短波長のものまで，いくつかの波長の波が複合したものである．超長波の谷と峰の位置は，移動しやすい短波長の波に比べ動かず，その出現場所は季節によりだいた

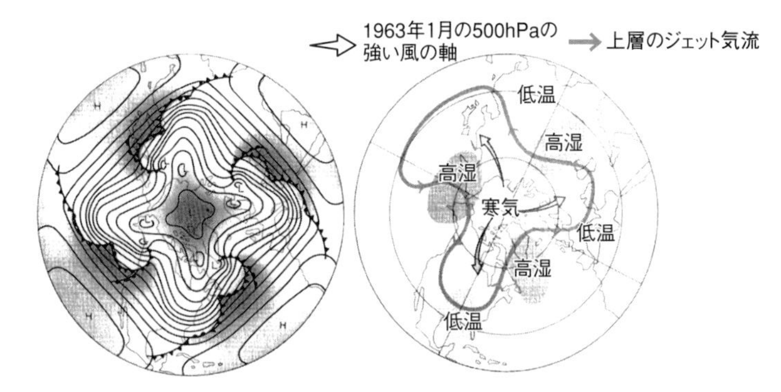

図 11.20　偏西風波動の尾根は地表付近の高気圧に，谷は低気圧に対応している．谷の東方では暖気が流れ込み低気圧が発生する．ヒマラヤ・チベット山塊の影響で，ユーラシア大陸東部には定常的に偏西風波動の谷ができやすくなっている．(『最新図表地学』浜島書店，2002)

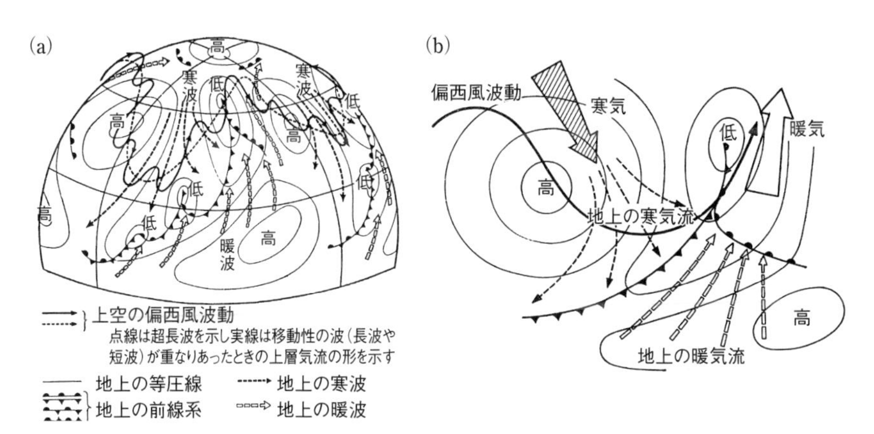

図 11.21　(a) 北半球上空の偏西風波動と地上の高・低気圧の関係．(b) 冬型の西高東低の気圧配置と上空の偏西風波動に伴う寒気と暖気の流れ込みの様子．(倉嶋厚『モンスーン』河出書房新社，1972)

い決まっている．超長波の谷はユーラシア大陸東部，北米東部，ヨーロッパなどに定常的にできていることが多い（図11.21）．超長波の谷の東側の地上では，小さな気圧の谷がくるたびごとに低気圧を発生させている（図11.20）．ヒマラヤ・チベット山塊やロッキー山脈のような大規模な地形の高まりが在ると，その地形に規制化された定常的な超長波のパターンが形成される．また大規模山岳の風下側には定常的に低気圧が発生することになる（図11.23）．

地上の気温や気圧には，地形の影響や地面・海面との熱交換などが強く影響するので，気団の強さや働きを知るには，上空の気温・気圧を調べた方がわかりやすい．したがって高層の偏西風波動の波長や周期，振幅などは，天気の長期予報のために非常に重要な情報なのである．

このように自転している地球上で南北に温度差をもつ大気は，中緯度地域で安定に存在することができず，東西方向に変化する波動を生み出している．高層大気の谷の東側では，温度の高い大気が上昇し，西側では温度の低い大気が下降することによって，南北の温度差を解消しているのである．

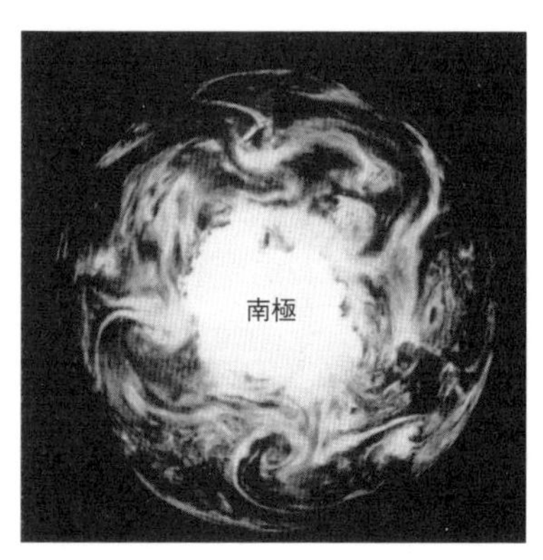

図 11.22　ガリレオ衛星によって南極上空から見た南半球の大気の大循環．超長波の波長にしたがい，4つの大きな低気圧が発生している．北半球とは反対に時計廻りに低気圧の渦が形成されている．(NASA ホームページより)

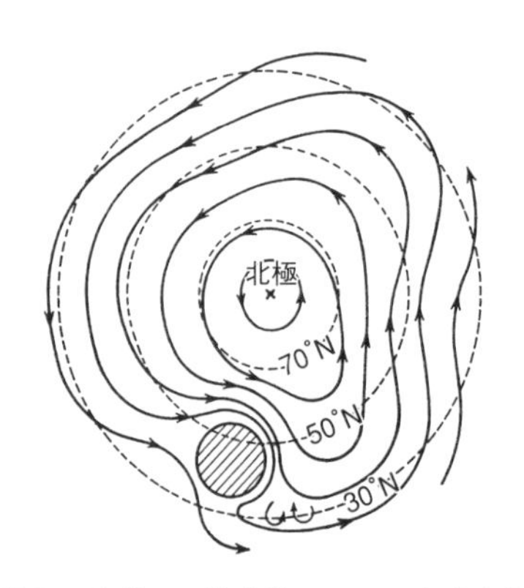

図 11.23　回転体上を流れる流体は，障害物によって定常波を発生させる．緯度45°に障害物があると，偏西風波動は定常波となり，緯度30°にあると定常波の振幅が増大する．(フルツの実験による．倉嶋厚『モンスーン』河出書房新社，1972より)

8．ハードレー循環とロスビー循環（フルツの実験）

赤道から30°付近までの大気の南北循環（ハードレー循環）と中緯度の偏西風波動による南北循環を再現したのが，シカゴ大学のフルツが考案した模型実験である．彼は3つの円筒の氷と水を使って，大気の大循環の様子を実験室で再現することに成功した．

この装置（図11.24，11.25）の一番内側の円筒には氷を入れ，外側と2番目の円筒の間にはお湯を入れ，内側と2番目の円筒の間に水を入れる．つまり内側の氷（極地域に対応）と外側のお湯（赤道地域に対応）の間に温度差をつくり，この装置の回転速度を変化させながら中間の水の運動を観察したのである．

その結果，回転数が遅いときには外側の水は暖められて外壁に沿って上昇し，内側の水は冷やされて内壁に沿って沈降する運動をした（図11.24，11.25a）．これはつまりハードレー循環に相当する．次に水の表面の動きが可視化できるようにアルミナの粉をふりかけ，回転速度を上げていくと，アルミナの粉が細い川のようになって蛇行を始める（図11.24，11.25b）．これは中緯度における偏西風波動（ロスビー循環）に相当する．回転速度を上げていくと蛇行の回数が多くなり，蛇行する流れの両側に時計廻りと反時計廻りの渦が発生する（図11.24，11.25b）．内側の寒冷な渦が高気圧に，外側の温暖な渦が温帯低気圧に相当する．

(a)

(b)

図 11.24　フルツの回転水槽実験の写真．二重円筒容器の内側には冷却水を入れ（極域に相当），外側はヒーターで加熱し（赤道域に相当），内外壁の温度差を9.0℃にして反時計廻りに回転させている．回転角速度は，(a) 0.16rad/sec，(b) 0.30rad/sec．大気に相当する部分には水を入れ，表面にアルミニウムの粉を浮かべて流れを可視化している．（九州大学理学部，守田治氏提供）

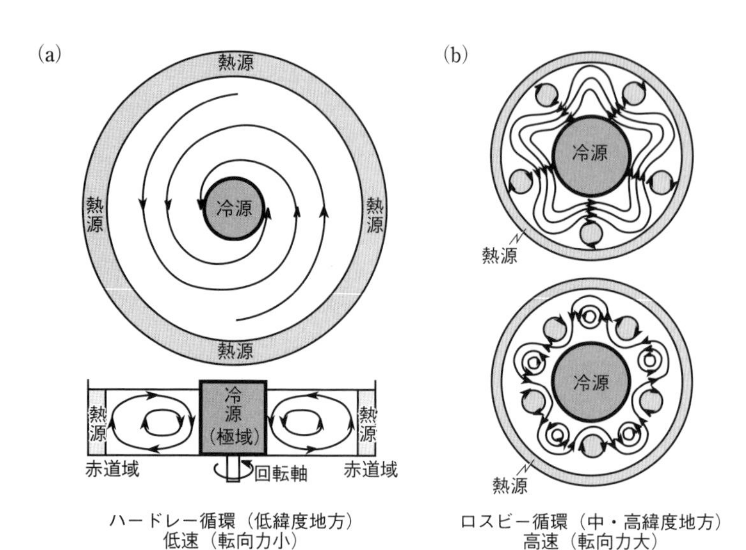

図 11.25 シカゴ大学のフルツらが行った，回転水槽実験によるハードレー循環とロスビー循環のシミュレーション．（倉嶋厚『モンスーン』河出書房新社，1972を改作）

回転速度が小さいときは転向力が小さく，赤道地域の循環（ハードレー循環）に対応し，回転速度が大きくなると転向力は大きくなり，それは中～高緯度地域の循環（ロスビー循環）に相当するのである．このように低緯度地方では鉛直面内の循環で熱が運ばれているのに対し，中～高緯度地方では水平面内の蛇行流によって熱が運ばれているのである．

●太陽の核融合とその寿命

人類を初めとして地球上のほとんどの生命は，太陽の核融合が生み出すエネルギーの恩恵にあずかっている．現在の文明を支えている化石燃料にしても，元をただせば生物が太陽のエネルギーを使って固定した炭化水素系化合物である．ではすべての生物の源ともいえる太陽エネルギーを生み出している核融合とはどのような反応なのだろうか？　また太陽は今後どのようになるのだろうか？　その寿命はいつ頃つきるのだろうか？

太陽の質量は地球の約33万倍もある．そのために太陽の中心部の圧力は2000億気圧，温度は1600万度に達し，密度は160g/cm^{3}にもなっている．このような超高圧・超高温の状態では，太陽を構成する水素原子は激しく熱運動し，衝突しあっている．その結果，通常は電気的に強く反発し合う陽子が融合する，核融合反応が起こっている．太陽を初めとする恒星のエネルギーの源は核融合反応であることを最初に指摘したのは，イギリスの天文学者で物理学者でもあったエディントン卿（1882～1944）であった．

太陽の中心部では4個の水素原子が核融合反応を起こし，1個のヘリウム原子を形成する次のような反応が起こっている（図11.26）．

$$4{}^{1}_{1}\mathrm{H} \rightarrow {}^{4}_{2}\mathrm{He}$$

この反応の前後で0.029gの質量が消滅し，それがエネルギーに変換されているのである．すなわち，水素の原子量は1.0079でヘリウムの原子量は4.0026なので，$4 \times 1.0079 - 4.0026 = 0.029$だけ質量欠損が起こっているのである．

一方，アインシュタインの相対性原理によると，エネルギーEと質量mの間には，$E = \Delta mc^2$の関係がある（光速$c = 3 \times 10^8$m/s）．したがって，1kgの水素がヘリウムに変換されると，0.0072kgの質量欠損が起こり，それに対応したエネルギーが放出されること

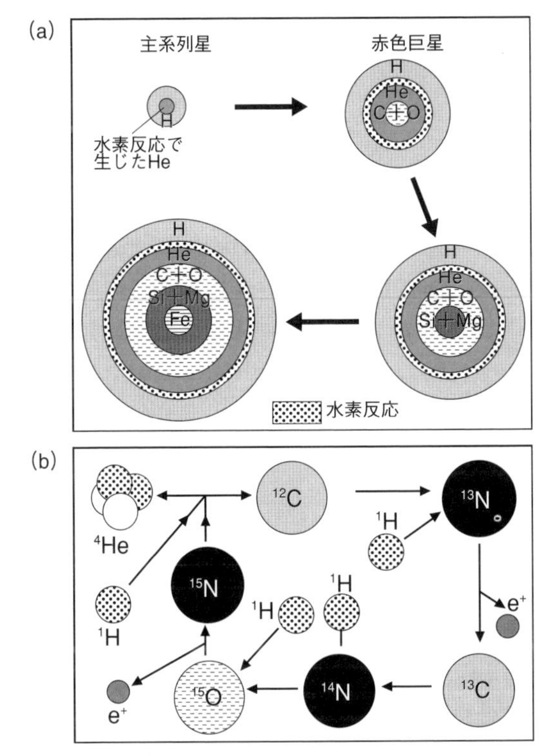

図11.26　(a) 恒星内部の核融合反応によって，より重い元素が形成される．(b) 太陽より質量の大きな恒星では，CNOサイクルによって，水素からヘリウム，炭素，窒素，酸素と重い元素が形成される．

になる．その量は6.48×10^{14}J（$=1.54\times10^{14}$cal）という莫大な熱エネルギーである．実際に太陽が毎秒放出している熱エネルギーは，3.85×10^{26}Jにも達する．

太陽の質量の約71%は水素，約27%がヘリウムで，残りの約２%がそれより重い元素で構成されている．このヘリウムは太陽の中心部分（太陽の半径の30%，体積の2.7%に相当する）で水素の核融合反応によってつくられた元素であるが，その量が太陽の質量の10%を超えると，中心部分は収縮し温度が上昇していく．その状態にある恒星が，さそり座のアンタレスのような赤色巨星と呼ばれる星である（図11.27）．この段階では恒星の中心部が高温になったため，その外側部分は膨張し巨大な星になる．赤色巨星の中心部の温度が１億度を超えるようになると，ヘリウム原子核３個が衝突融合して，炭素の原子核がつくられる（図11.26）．さらに炭素は陽子を１個吸収して窒素になり，さらに陽子が２個衝突すると酸素が形成される．

質量が太陽の３～８倍以上の恒星になると，核融合反応はさらに進み，珪素や鉄などの重い元素がつくられる．鉄原子はすべての原子核の中でもっとも強い結合力をもち，さらに核融合反応が進むことはできない．この状態が続くと恒星内部は不安定になり，超新星爆発を起こし，再び元の星間物質に戻る．残された部分は中性子星やブラックホー

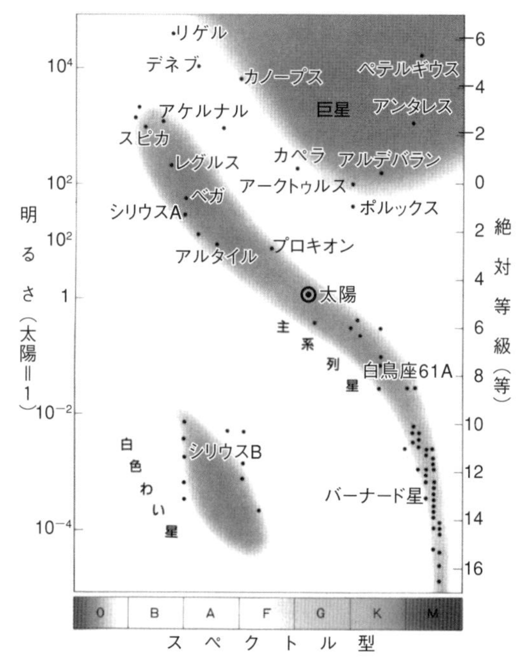

図 11.27　恒星の明るさ（絶対等級）と放射されている光のスペクトル型の関係を示すHR図（ヘルツスプルング・ラッセル図）．HR図は恒星の進化過程を示している．

ルとなる．

質量が太陽の３倍以下の恒星は，赤色巨星になりヘリウムの核融合反応が起こると，膨張して半径が大きくなったために表面重力が小さくなり，恒星をつくっているガスが逃げ出すようになる．そして最後には，収縮して密度の高くなっている中心部分だけが残る．このような星は白色矮星（図11.27）と呼ばれ，徐々に冷えながら輝きを失い，その寿命がつきることになる．

太陽の中心部にはこれから核融合する水素原子核燃料が，まだ50億年分ほど残っていると試算されている．この燃料がなくなり水素原子の核融合反応が終わると，太陽は膨張を始め，現在より明るい赤色巨星に変わり，最後には白色矮星となるものと考えられている．

第12章

海洋の構造と循環

地球の表層の約７割は平均深度3800m の水におおわれた海洋であり，その60%は水深1600m以深である．海洋には約13.3億 km^{3}の水が貯留されており，1年間にそのうちの384,000km^{3}の水が蒸発している．海洋の水は大陸の岩石に由来する風化物質を溶かし込む一方で，大気中の気体をも溶かし込んでいる．海水中に溶け込んだ気体の36%は酸素で，海洋表層の植物プランクトンによる一次生産による寄与が大きい．また海水には大気に含まれる量の60倍もの二酸化炭素が含まれており，深海底堆積物および海洋生物とともに炭素の巨大な貯留槽となっている．一方，海洋の水は，大陸河川が運搬してきた風化物質を溶かし込んでおり，1ℓ 当たり平均35g の塩類が溶け込んでいる．このように海洋は様々な物質の貯留槽であり，化学工場となっているのである．

海洋水はその溶存物質の量と温度の違いによって密度成層しており，一般に150m以浅の表層（混合層）と温度が急激に低下する温度躍層および約1000m 以深の深層にわけられている．

水の熱容量は大気の約５倍である．そのため海水は熱の巨大な貯留槽ともなっている．海面水温より温度の高い大気に対しては，熱を吸収し蓄える機能をもっている．低緯度地方で蓄えられた熱は海洋表層の海流によって，高緯度地方へ運搬され，緯度による熱収支の差を解消する役割をしている．北半球では時計廻りの海流によって大洋の西岸には暖流が，東岸には寒流が流れている．さらに高緯度の北大西洋や南極海で冷却され重くなった深層水はゆっくりと沈降し，世界の海洋底を循環して，一部は大陸沿岸や赤道域で湧昇となって湧き上がっている．このように海は物質の貯留，熱の運搬，水の補給という気候システムにとって重要な働きをしている．

第12章では，気候と海洋のシステムを考える上で不可欠となる，海洋水の組成と構造およびその大循環を取り上げる．

1．海水の化学的性質

13億7000万 km^{3}の地球表層の水の内，約97.2%が海水である（図12.1）．海水には平均3.5%（約5.5兆トン）の塩類が溶け込んでいる．海水の塩分濃度は世界中ほとんどどこでも32～37‰であり，乾燥気候下の紅海やアデン湾の奥のような環境下でのみ40‰に達している．海水中に溶け込んでいる主要なイオンは

	海水	陸水
総量	1.32×10^9km^3 (1.38×10^{21}kg)	3.8×10^7km^3 (3.8×10^{19}kg)
Na^+	1.07%	0.63%
Mg^{2+}	0.13	0.41
Ca^{2+}	0.010	1.5
K^+	0.038	0.23
Sr^{2+}	0.0008	0.0
Fe^{3+}	0.0	0.067
Cl^-	1.9	0.79
SO_4^{2-}	0.27	1.12
HCO_3^-	0.014	5.84
Br^-	0.007	0.0
NO_3^-	0.0	0.1
H_3BO_3	0.003	0.0
溶存 SiO_2	0.0	1.31

図 12.1　海水と陸水の総量と化学組成.

塩　類		質量（g）	（%）
塩化ナトリウム	NaCl	24.447	(68.96)
塩化マグネシウム	$MgCl_2$	4.981	(14.05)
硫酸ナトリウム	Na_2SO_4	3.917	(11.05)
塩化カルシウム	$CaCl_2$	1.102	(3.11)
塩化カリウム	KCl	0.664	(1.87)
炭酸水素ナトリウム	$NaHCO_3$	0.192	(0.54)
臭化カリウム	KBr	0.096	(0.27)
その他		0.053	(0.15)
合　計		35.452	(100.00)

図 12.2　海水に溶け込んでいる主な塩類. 1000g 中の割合.

以下の7種類であり，これらで99%以上を占めている（Na と Cl イオンが86%に達する，図12.2）.

Cl^-，Na^+，SO_4^{2-}，Mg^{2+}，Ca^{2+}，K^+，HCO_3^-

Ca イオンを除いて海水中のイオン濃度比は世界中どこでも驚くほど一定である．この事実は，海水が比較的短い時間内（1600年程度）に混合することを示している．海水中の陽イオンの起源は岩石の化学的風化に求められるが，陰イオンのそれは，表層岩石の化学的風化の他に，火山活動などによって地球内部から放出された揮発性ガスに求められている．

海水中に溶け込んだガスの36%は酸素であり，1 ℓ の海水中には平均 6 mg の酸素が溶け込んでいる．海水中の酸素の大部分は植物性プランクトンの光合成によってつくられているので，水深200m あまりまでは溶存酸素に富むが，それ以深では微小な有機物の分解のため消費され，急激に減少する（図12.3, 12.4）．太平洋や大西洋では，溶存酸素が極小になっている深度は800～1000m にある．

海水中に溶け込んだガスの15%は二酸化炭素で，大気中の60倍も多く含まれている．溶存二酸化炭素は，海洋表層ではプランクトンを含む海生植物の光合成のために消費されるので低い値を示すが（図12.3），その量は深くなるほど多くなる（図12.3）．これは深くなるほど水圧が増え温度が低下するので，二

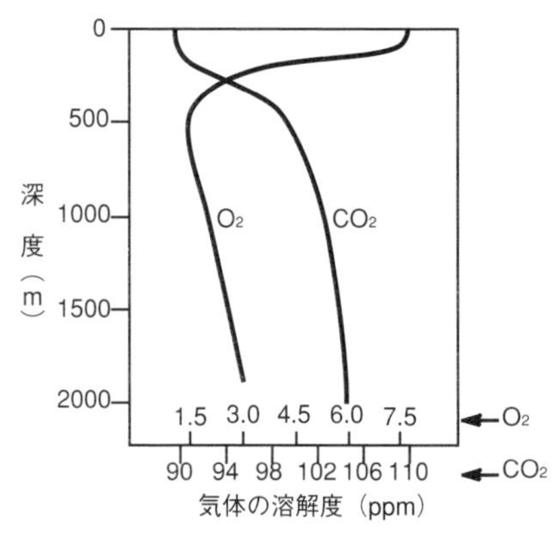

図 12.3　海水中の溶存酸素と溶存二酸化炭素の濃度の垂直変化．(Garrison, 2002)

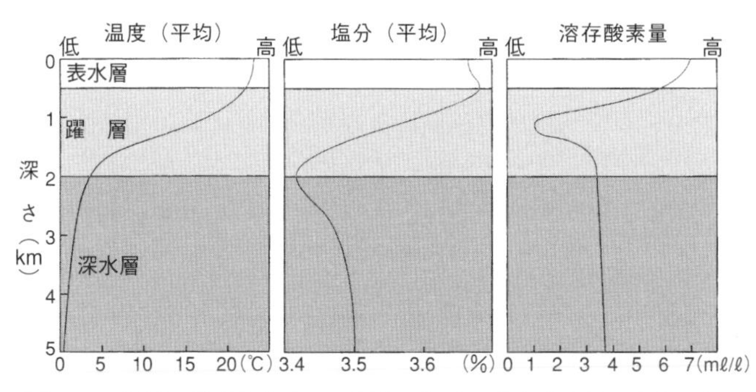

図 12.4　海洋の構造と海水中の温度，塩分，溶存酸素量の垂直分布．

酸化炭素の溶解度が増加することに起因している．

海水はわずかにアルカリ性であり，その pH は平均 8 程度である．光合成が盛んな海域では二酸化炭素が植物によって消費され，よりアルカリ性になっている．4500m より深海では，光合成がない上に溶存二酸化炭素が増えるので pH は7.5に下がり，Ca を含む深海堆積物を溶解するようになる．

2．海洋の物理的性質と構造

地球環境にとってもっとも重要な海水の役割は，熱の吸収と放出に関する振舞である．海水の熱容量が非常に大きいため，気温の日較差や年較差を小さくしている．地球上では陸上の最高気温約70.7℃と最低気温－89.2℃の間に，160℃もの温度差がある．ところが海面水温の最高は34℃，最低水温は－２℃であり，その差は36℃しかない．

一方，海洋水の大循環にとってもっとも重要な海水の物理的性質は，密度と氷点である．海水の密度は3.5％の塩類が溶けた結果，0℃で1.028g/cm³となり，真水より約3％重くなっている．そのために海水の氷点は低く，沸点は高くなり，電気伝導度も高くなっている．海水の密度は塩分濃度が高くなるほど，温度が低下するほど，そして水圧が増えるほど大きくなり，氷点（標準的海水で－1.9℃）で最大となる．ちなみに純水は4℃のとき密度最大（1g/cm³）となり，0℃で氷のとき密度最小（0.917g/cm³）となる．

海水温度が低下し氷点に達すると，海水中の塩類は水の結晶構造の中からはじき出され（約15％だけが海氷に取り込まれる），低温高塩分の重い水を生み出し，それが沈降し深層水が形成される．

蒸発量が降水量を上回っている亜熱帯高圧帯下の閉じた海域では，塩分濃度が高くなっている（図12.5）．また太平洋は大西洋に比べ開放的な形をしており，アジアモンスーンや貿易風，偏西風による降雨量が多いので，大西洋に比べ中緯度地域の塩分濃度は約2‰低くなっている．

海洋の鉛直方向の構造は密度の違いによって3つの部分にわけられている．海水の密度は主に塩分濃度と温度によって決まり，それにしたがって表層（混合層），密度躍層（温度躍層）と深層に三分されている（図12.4）．

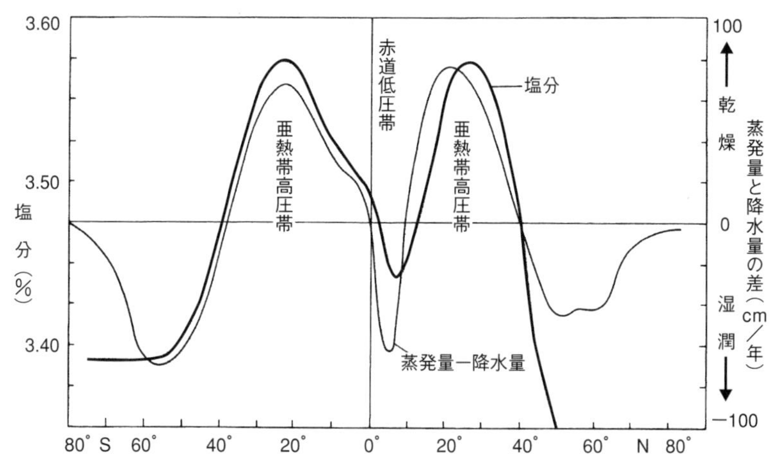

図12.5　海水の塩分濃度と蒸発・降水量の緯度による変化．塩分濃度が高い海域は，亜熱帯高圧下に分布している．

表層では波浪や海流の影響で海水が充分に混合しているため，水温と塩分濃度がほぼ一定である．混合層は海洋全体の２％にすぎず，一般にもっとも軽い水で構成されている．水深は約150m までであるが，地域によって変化する．

次の密度躍層では，密度は深度の増加とともに急激に変化する．その原因は海水温度の低下にあるので，温度躍層とも呼ばれている．温度躍層での温度（密度）変化は，緯度ごとに異なっている（図12.6）．低緯度地域では太陽高度が高く，懸濁粒子が少ないので，太陽光はより深くまで差し込み海水を暖める．その結果，熱帯地域の温度躍層の深度は深く－1000m に達する．一方，極地域では太陽光からの熱の受容は少なく，表層水温と深層水温が変わらないので温度成層をしておらず，温度躍層を欠く（図12.6）．

深層は中緯度地域でほぼ水深1000m 以下の部分をなす．海洋水の80％を占めている．深度の増加とともに密度は少しだけ増加する．温度躍層より深い深層の海水温度は－１℃から＋３℃の範囲で変動し，その量は海水全体の80％を占めている（図12.6）．その結果，世界の海洋の平均水温は3.9℃と低くなっている．－2000m 以深では緯度による水温，塩分濃度や密度の差異は認められず，ほぼ一定である．なお大西洋では南緯40°付近から赤道付近の水深1000～1500m に塩分極小層が分布しており，このような水塊では中層水として区

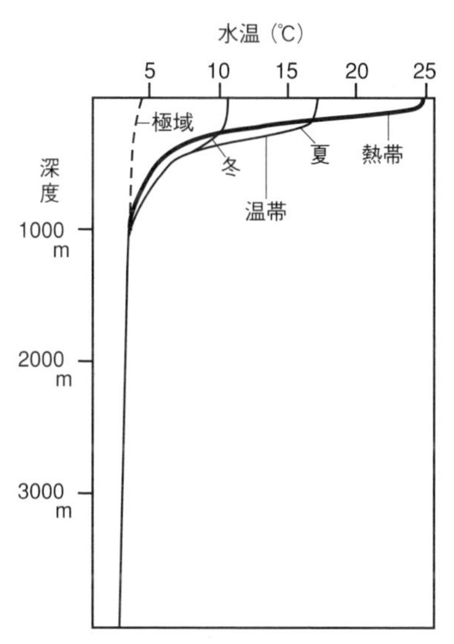

図 12.6　極域，温帯，熱帯における水温の垂直変化．（Garrison, 2002）

別されている（図12.10）.

河川水がたくさん流入する浅海域では，塩分濃度の垂直変化によって密度躍層が形成されていることがある．北極海は周囲を大陸で囲まれているので，河川水の流入が多く塩分濃度は28～32‰であり，表層の密度は他の海域に比べ小さくなっている．

3．海洋の循環

海洋の流れは，単に水を運搬するだけでなく，熱エネルギーを赤道地方から極地方へ運び，気象や気候，栄養塩の分布や有機物の拡散などに大きな影響を与えている．それは温度躍層を境にして表層水と中・深層水の2つのタイプの流れに大別される．

（1）風成循環―表層水の循環

海洋表面から深さ400mまでの海水は，風の摩擦抵抗を駆動力にして流れており，海流と呼ばれている．貿易風や偏西風のように風が一定方向に吹き続けている場合，表層の海水は風に曳きずられて流れる．このとき，海水には転向力が働くため，北半球では風の方向に対して20°～40°右廻りに動く（図12.7）．この表層の流れは下層の流れを引き起こすが，この層にも転向力が働くので流

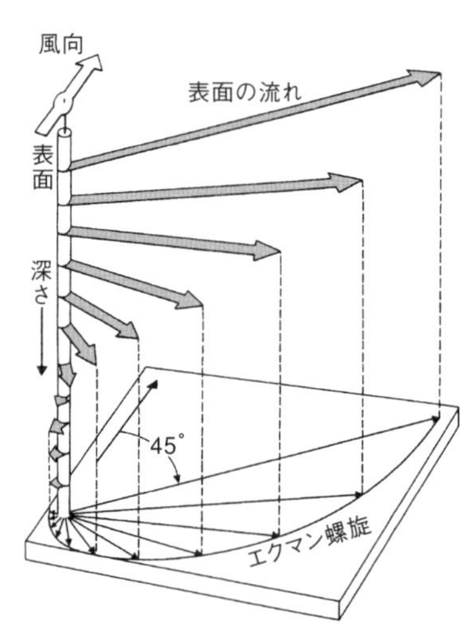

図12.7　風と転向力によって形成される海洋表層のエクマン吹送流.

れの方向は深くなるほど右へそれていき，全体として螺旋状の運動となる．この運動は中緯度地方では深度100m に達し，螺旋状の運動方向の平均は，風向に直交する．この流れをスウェーデンの海洋学者の名前をとって，エクマン吹送流という（図12.7）．実際には風向に対し直交することはなく，最大で45°程度斜行している．

北太平洋や北大西洋の亜熱帯循環を考えると，赤道地域では北東の貿易風に斜行して東から西へ北赤道海流が流れている（図12.8）．また中緯度では偏西風に斜行して西から東へ北太平洋海流や北大西洋海流が流れている（図12.9）．転向力は高緯度地方ほど大きくなるので，大洋西岸を北上する流れは強くなり，逆に大洋東岸を南下する流れは弱くなる．これは太平洋の西岸を北上する黒潮や大西洋の西岸を北上するメキシコ湾流の流れが速いという事実と一致している．この現象を吹送流の西岸強化といっている．

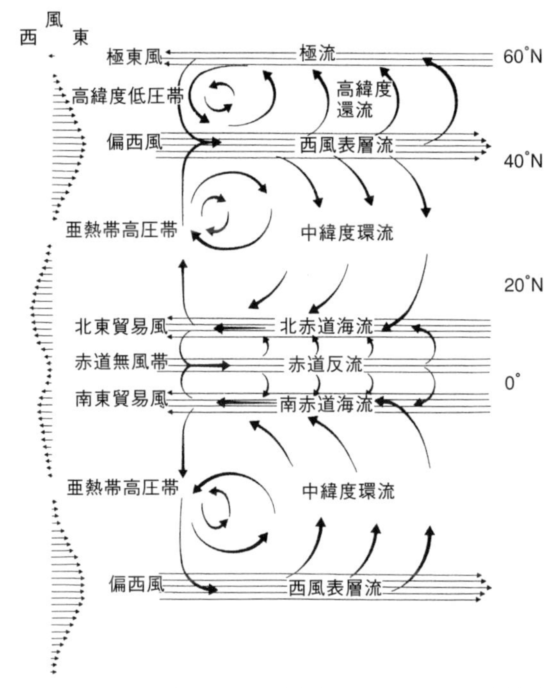

図 12.8　風と海流のシステム．表層の海水は貿易風，偏西風，極偏東風にひきずられ流れ始め，それに転向力が加わって海流が形成されている．（吉田耕三「Ⅳ 海水の運動」；坪井忠二編『地球の構成』岩波書店，1974）

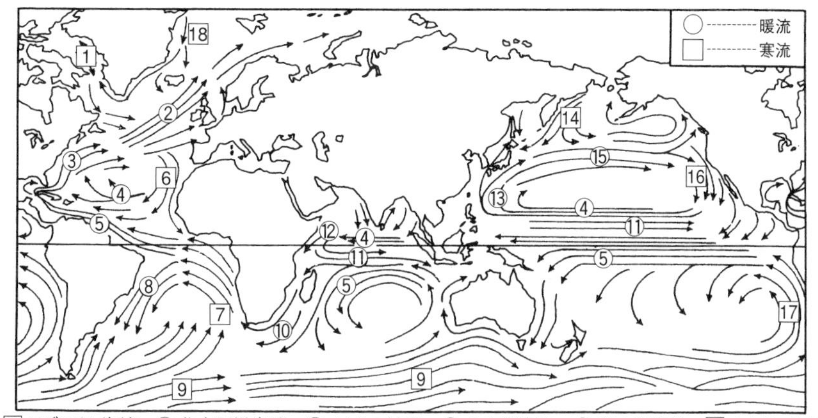

1 ラブラドル海流　② 北大西洋海流　③ メキシコ湾流　④ 北赤道海流　⑤ 南赤道海流　6 カナリア海流
7 ベンゲラ海流　⑧ ブラジル海流　9 南極環流　⑩ アグルハス海流　⑪ 赤道反流　⑫ 北東季節風海流
⑬ 黒潮　14 親潮　⑮ 北太平洋海流　16 カリフォルニア海流　17 ペルー海流　18 東グリーンランド海流

図 12.9　世界の海流．中緯度の環流は地球の自転と転向力により，西岸で強く，東岸で弱くなっている（西岸強化）．

地球が西から東へ自転しているために，海水の循環システム全体が大洋の西側にある大陸に押しつけられる．北赤道海流は西に向かって流れ，フィリピンやインドネシアにぶつかる．そのためこの地域では海面が高くなり，一部は赤道反流となって東向きに流れている（図12.8，12.9）．

（2）熱塩循環―深層水の循環

温度躍層の下にある，全海洋水の80％を占める中・深層水の循環は，温度と塩分濃度の違いによる密度差によって駆動されており，熱塩循環と呼ばれている．海洋底ではゆっくり底層流が流れている部分もあるが，大部分の流れはほとんど認知できないほどゆっくりしたものである．

では密度の大きな海水は地球上のどこでつくられているのであろうか？　まず第一の答えは両極地方である．南極縁辺の深海の水は，塩分濃度34.65‰，水温－0.5℃，密度は1.0279g/cm^{3}であり，世界でもっとも重い海水である．この南極深層水は大陸棚の縁で周極南極環流と合流・沈降し，太平洋の深海底を北上し，1000年後には赤道下に，1600年後には北緯50°のアリューシャン列島に到達する．

北極海でも冷たく重い水はつくられているが，北極海を取り巻く地形のため

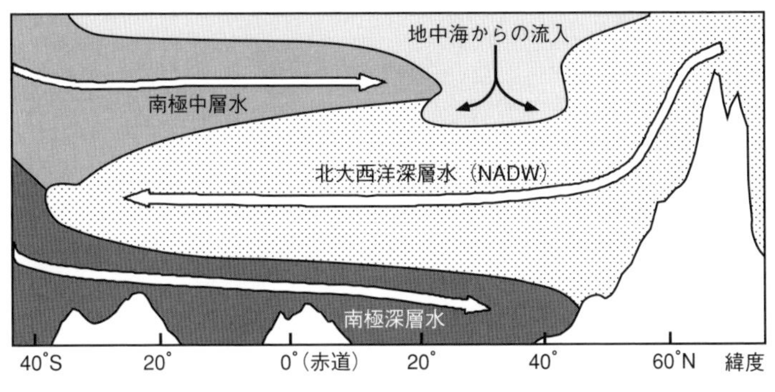

図 12.10　大西洋の海洋循環．(Berner & Berner, 1996)

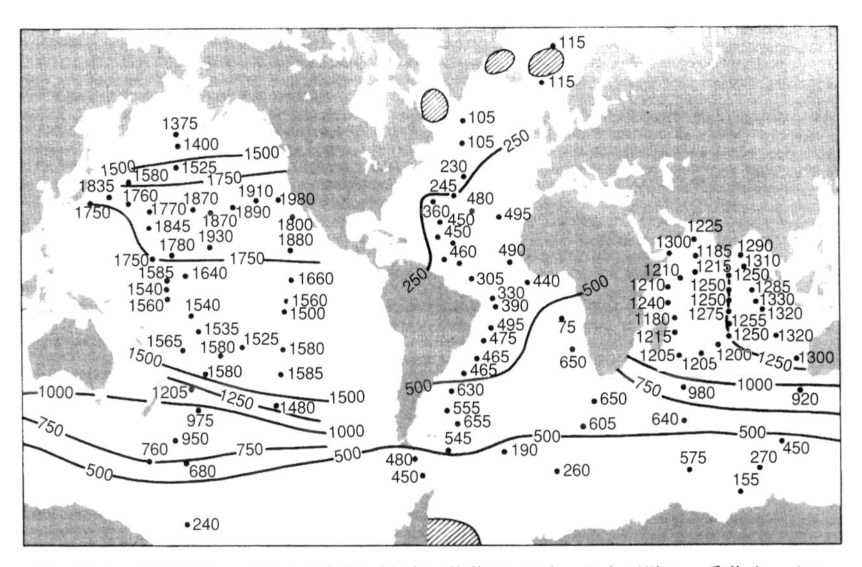

図 12.11　水深 3000m の海水の年齢（炭素同位体による）．北大西洋で一番若く，インド洋，太平洋で古い．カリフォルニア沖でもっとも古く紀元 0 年前後である．(W. S. Broecker 著『なぜ地球は人が住める星になったか？』講談社ブルーバックス，1988)

に，アイスランドとスコットランドの間にある深海の流路を除くと，外洋に流れ出すことができない．アイスランドの南に流れ出した冷たく重い水は，北大西洋に流れ出し，北大西洋深層水（NADW: North Atlantic Deep Water）と呼ばれている．グリーンランドの南方沖合で沈み込んだ NADW は，大西洋西岸に沿って南下し，650年後には喜望峰沖を通過し，1900〜2000年後には北太

図 12.12　海洋大循環のモデル．北大西洋で沈降した深層水（NADW）は，大西洋を南下し南極深層水と合流し，インド洋・太平洋を北上し表層水となって再び北大西洋に戻る．(Broecker & Denton，1989)

平洋北部に到達している（図12.11）．つまり北大西洋のアイスランド近海で約2000年前に沈み込んだNADWが，大西洋，南極海，南太平洋を経て，北東太平洋に至り，そこで湧昇となって表層に現れているのである．この表層水は再びインド洋，大西洋を経てアイスランド近海に戻るというのが，アメリカの海洋学者ブロッカーによって提唱されたベルトコンベアーモデルである（図12.12）．ベルトコンベアーの駆動力となっているのは，冷却あるいは蒸散によって密度が大きくなった水塊の流れである．

もう１つの重い水は，年間の蒸散量が河川による淡水の流入量より30万 km^3 も多い地中海でつくられている．冬の間，塩分濃度が38‰に達した地中海の表層水は，ジブラルタル海峡を通過し大西洋の水塊の下を南下し，一部は南極縁辺に到達している（図12.10）．

（３）湧昇

海洋の水は一般に密度成層している．ところが地形や気象条件によって，重く冷たい水が上昇しているところがあり，このプロセスを湧昇と呼んでいる．湧昇域には溶存二酸化炭素と栄養塩類に富んだ水が湧き上がっており，太陽光が届く表層では大量の植物性プランクトンが発生し，生物生産性が高く，例外なく良い漁場となっている．湧昇は赤道湧昇（図12.13）と沿岸湧昇（図12.14）に大別される．

赤道湧昇は常時貿易風が吹き，西向きの風によって赤道海流が流れている地域に発達する．赤道海流には弱い転向力が働き，赤道の北側では北向きの，南

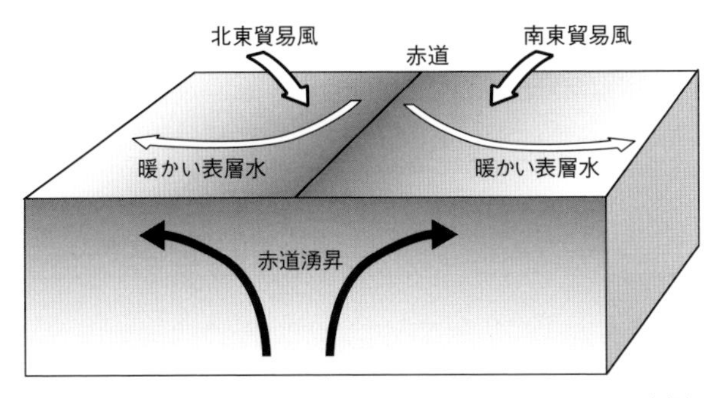

図 12.13　赤道湧昇流の形成機構．（Merrittsほか，1997を改作）

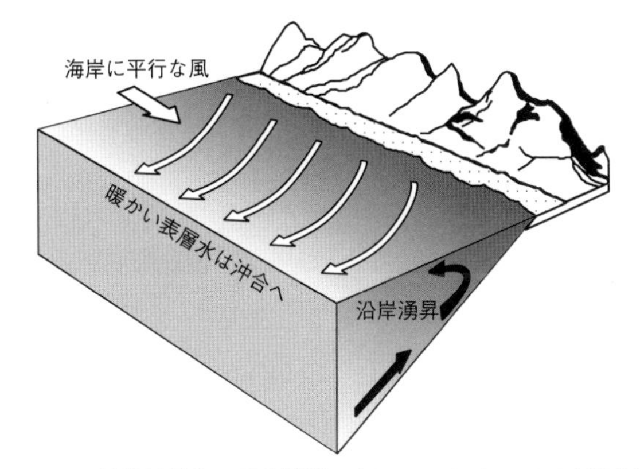

図 12.14　沿岸湧昇流の形成機構．（Merrittsほか，1997を改作）

側では南向きの成分をもつ．その結果，赤道地域の暖かい水は南北に除去され，それを補うように下層から冷たい水が湧き上がってくる（図12.13）．平均上昇速度は15〜20cm/dayと遅いが，人工衛星による東太平洋の海水表面温度分布をみると，赤道沿いに冷水の帯がのびているのが明らかである（口絵 IV.5）．

南北アメリカ，アフリカ，オーストラリアなどの大陸では，南北にのびた海岸およびその沖合で湧昇が発生しており，沿岸湧昇と呼ばれている．北アメリカ西岸は太平洋高気圧の東の縁に位置するため，夏は海岸線に沿った北風が卓越する．この風と転向力によって表層水は西の方，つまり沖合に運ばれる（エクマン吹走流）．そのため表層水が除去された部分を補うように，下層の冷い水が湧き上がってくる（図12.14）．北アメリカの西岸沖合を流れるカリフォルニア海流と夏の太平洋高気圧によって湧昇が起こり，海上の空気が冷やされる

（口絵 IV.6）のでサンフランシスコの夏は冷涼で，有名な霧を発生させている．南半球では大陸西岸には南風が吹いているが，転向力が反対方向に働くので北半球同様，表層水は西方に吹きやられ，そこに湧昇が発生している．

●潮の満ち干

悠久の昔から，海は1日に2回満ち干（潮汐）を繰り返している．地球の心臓の鼓動にあわせるかのように，潮の満ち干にしたがい，生命は産卵や求愛などの行動を行っている．有明海では潮が満ちると，10km 先まで広がっていた干潟は海水でおおわれ，最大約 9 m 海水面は上昇する．約 6 時間経つと再び潮は引いて干潟が現れる．カナダのバフィン湾では潮位差は最大15m に達する．この大きな潮位差のため，海峡のような狭い海域では，約 6 時間ごとに流れの方向が反対になり，強い潮流が発生する．1185年，関門海峡で繰り広げられた源氏と平家の戦いでは，午後の強い西方への潮流によって平家の軍勢が壇ノ浦に追い込まれ，敗退したことはよく知られている．固体地球をおおう海水を，1日に2回，規則正しく上下させている原動力は何なのだろうか？

潮の満ち干を起こしている力は，起潮力と呼ばれている．起潮力の原動力となっているのは，地球と月・太陽のあいだに働く引力である．月は地球の周りを公転しているが，月の公転軌道の中心と地球の中心は一致しておらず（地球の中心より4787km 月寄りの位置にある），両者の共通重心を中心に公転している．地球はこの共通重心のまわりを月と同じ周期でまわっており，地球には遠心力が働いている（図12.15）．地球に働く引力は，地球の中心では遠心力と等しくなっているが，月に面した地表では引力の方が大きく，地表面は月の方に変形する．一方，反対の位置では遠心力の方が大きく，地表面は月と反対方向に変形する．この引力と遠心力の合力が起潮力となっている．その大きさは地球表層の重力の1/1000万程度と小さいので，岩石から構成される固体地球は目に見えるほど変形しないが，海水や大気は起潮力の影響を受けて変形し，潮の満ち干を引き起こすのである．

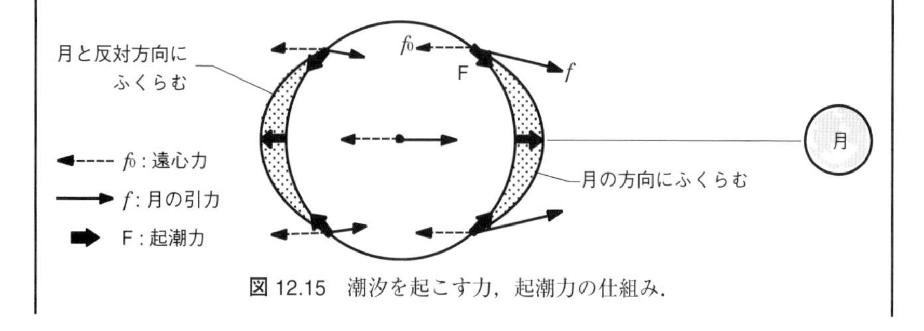

図 12.15　潮汐を起こす力，起潮力の仕組み．

月と地球上の1 kgの物体の間に働く引力の大きさ（f_A）と遠心力（f_0）および起潮力（F_A）は，万有引力の法則から次のように表すことができる．

$$f_A = \frac{GM}{(R-r)^2}, \quad f_0 = \frac{GM}{R^2}$$ （遠心力は地球の中心に働く引力と等しい）

Rは地球と月の距離，rは地球の半径，Mは月の質量

$$起潮力\ (F_A) = f_A - f_0 = \frac{GM(2Rr - r^2)}{R^2(R-r)^2}$$

地球の半径は，地球と月の距離に比べ小さいので，$r^2=0$，$R-r=R$とみなすと，

起潮力 $F_A = \dfrac{2GrM}{R^3}$ と表すことができる．

つまり起潮力は地球と月の距離の3乗に反比例し，月の質量に比例する．同様な関係は地球と太陽の間にも成り立っているが，太陽と地球の距離は月と地球の距離の約395倍であるために，太陽の質量が大きくても太陽による起潮力は小さくなり，月による起潮力の約半分（0.46倍）にしかならない．月と太陽以外の他の惑星と地球の間にも引力は働き，起潮力を発生させているが，それは無視できるほど小さい．

公転している月が地球上の任意の地点の真上に来たとき，およびその反対の位置に来たとき満潮となり，各々から90°の位置に来たとき，干潮となる．ただし月の自転周期は24時間50分なので，6時間12分30秒ごとに潮の満ち干が起こることになる．

地球の公転軌道上に月と太陽が一直線状に並んだとき，潮位差は最大となる（図12.16）．つまり満月や新月の時，干満の差は大きくなる．これを大潮と呼んでいる．また上弦や下

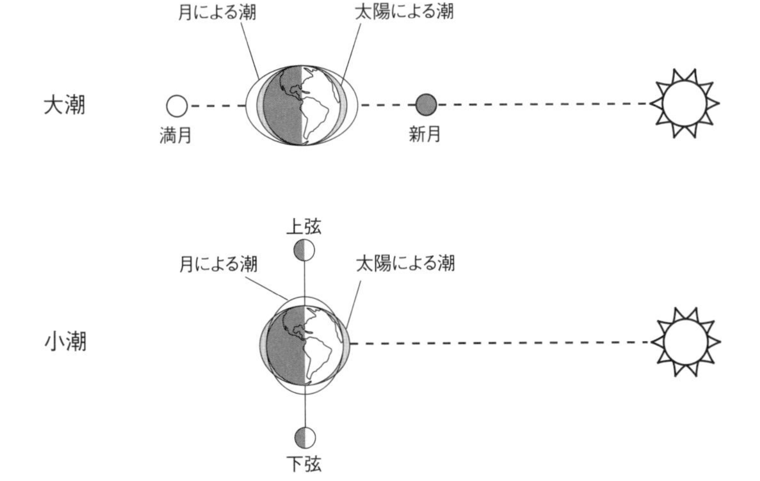

図 12.16　月・太陽の位置と大潮・小潮の関係．月・地球・太陽が一直線上に並んだ時，月と太陽の起潮力が重なり大潮となる．月と太陽が地球に対し垂直な位置の時，双方の起潮力が打ち消し合って小潮となる．

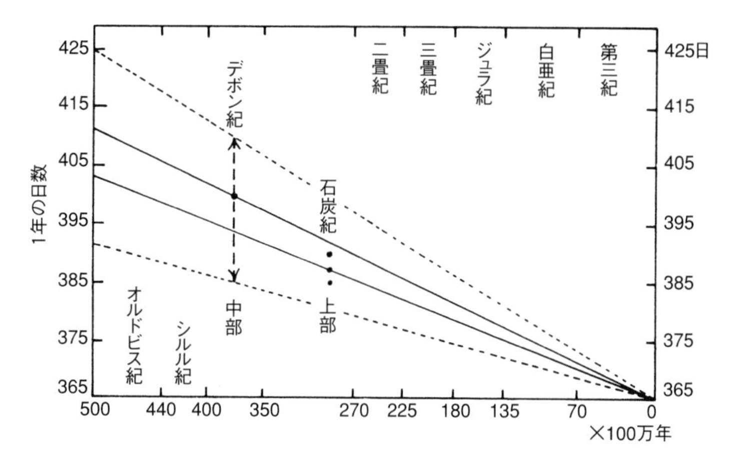

図 12.17　サンゴ化石の成長線に記録された古生代の1年の日数．1年の日数は地質時代が若くなると減少しており，それは1日の長さが長くなっていることを示す．(Holmes, 1978；上田・貝塚・兼平・小池・河野訳『一般地質学 III』東京大学出版会，1984)

弦の月の時干満の差は小さくなり，小潮と呼ばれている（図12.16）．

月の公転軌道面は地球の公転軌道面より約5°傾いており，それは地球の自転軸の歳差運動のように18.5年の周期で変化している．また地球の公転軌道は楕円形であるため，地球と太陽の距離は一定ではなく近日点と遠日点では約500万 km の差がある．それらが組み合わさった結果，潮の満ち干は複雑に変化することになる．さらに地形や海底の深度などによって，潮汐や潮位差はさらに変化するが，その主要な変化をコントロールしているのは月と太陽である．

潮汐は，地球上の海水が時速約1700km，波長約20,000km，周期12時間26分で運動している波動とみなすことができる．この運動は地球の自転にブレーキをかける摩擦力ともなっている．その結果，地球の自転速度は遅くなり，その周期は100年間につき0.004秒程度長くなっている．デボン紀（約4億年前）の化石サンゴの成長線（サンゴの骨格をつくる炭酸カルシウムの分泌速度は昼間は大きく，夜は小さいことに基づく）を調べた結果，当時の1年は約400日であったことがわかっている（図12.17）．

第13章

エルニーニョとモンスーン

日本列島は北緯24°から45°付近に位置し，暖温帯から亜寒帯の気候下にある．本州と九州・四国に限ればほとんどが温帯気候に属している．しかし，ユーラシア大陸の西側に位置するヨーロッパの温帯と比べて，夏は熱帯なみに暑く湿潤で多くの降雨があり，冬は寒帯なみに寒く，同じ温帯といっても様相を異にする．また日本には蒸発量が降水量を上回る乾燥地域がなく，ほぼどこでも年間降水量は1000mmを超え，4000mmに達するところもある．東北から北陸の日本海側では冬に大量の降雪があるのも日本の気候の特徴の１つである．

このような日本列島の気候を支配しているのは，太平洋とインド洋およびユーラシア大陸上の気圧配置と周辺海域の海流の影響である．東太平洋赤道域上空の気圧配置が変動することによって，地球規模で気候システムに影響をおよぼすのがエルニーニョである．一方，インド洋・西太平洋とユーラシア大陸上の気圧配置の季節変化によって，モンスーンという気候システムがつくられている．エルニーニョとモンスーンは日本列島の気候に大きな影響をおよぼし，恵みの雨をもたらす一方で，洪水や干ばつを起こし，農業や市民生活に多大な影響をおよぼしている．

第13章ではエルニーニョとモンスーンを取り上げ，固体地球，海洋，大気がどのように連動して気候システムをつくっているのかを概観する．

1．エルニーニョ

（1）エルニーニョ（El Niño）とは

エルニーニョとはもともとスペイン語で「幼子イエス・キリスト」を指し，通常赤道湧昇のため海面水温が低い東太平洋地域で，クリスマスの時期に海面水温が上昇し（図13.1；口絵Ⅳ.3b），１年近く水温が元に戻らない現象を指していた．海水温度が平年より２～５℃高い状態（口絵Ⅳ.4）が長期にわたって続くと，アンチョビ（カタクチイワシ）の漁獲高は激減し，それを餌にしているペリカンなどの海鳥も大量死することが知られていた．たとえば，1970年に1300万トンの漁獲高を誇ったカタクチイワシは，エルニーニョが発生した1983年には50万トンに激減した（図13.2）．一方，エルニーニョにより東太平洋赤

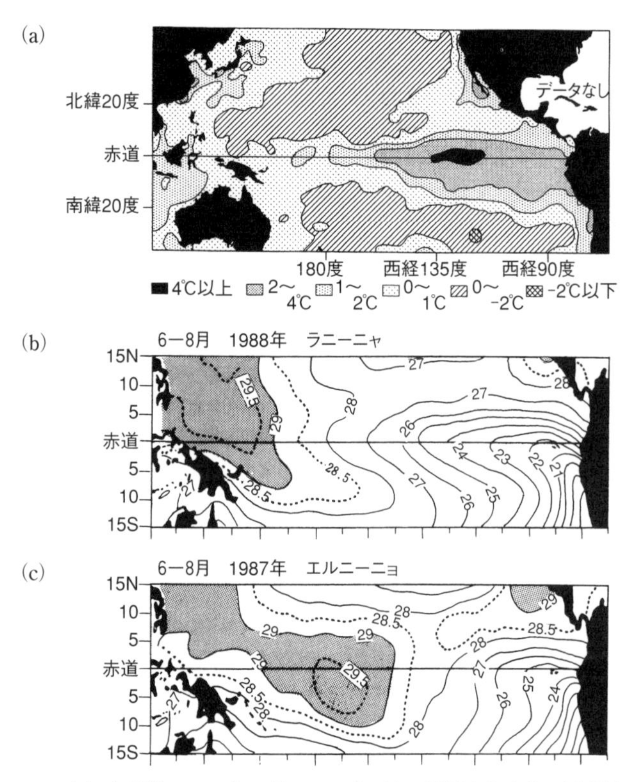

図 13.1 (a) 太平洋で1982年12月〜1983年2月に観測された海面水温と平年の水温との差.(NOAA/OGP,1992より);熱帯太平洋水域におけるラニーニャ(b),エルニーニョ(c)の時の海面水温分布.(Picaut & Delcroix, 1995;マイケル・グランツ『エルニーニョ』(株)ゼスト,1998).

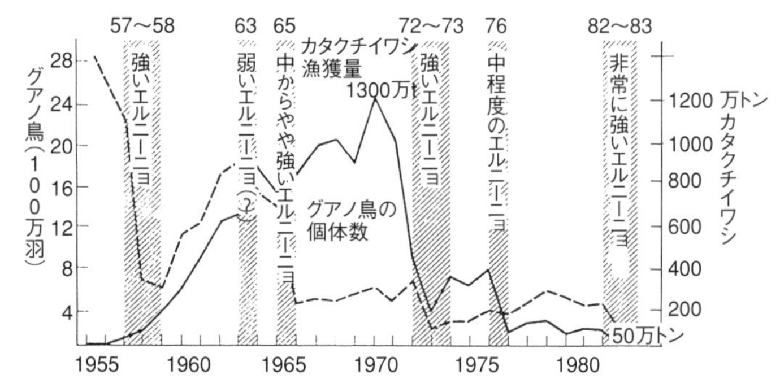

図 13.2 ペルー沿岸のカタクチイワシの漁獲量およびグアノ鳥(鵜,カツオドリ,ペリカン)の個体数の変動とエルニーニョの関係.(Jordan, 1991;マイケル・グランツ『エルニーニョ』(株)ゼスト,1998)

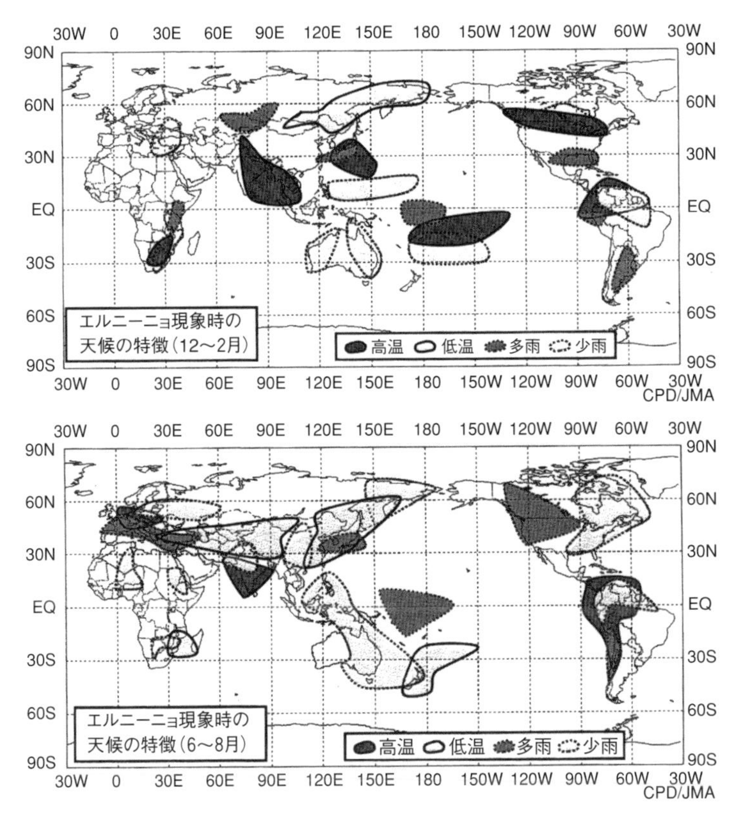

図 13.3 エルニーニョ現象に伴う世界の異常気象.（『気象ガイドブック』気象庁，2002より）

道域上空に低気圧が発生することにより，南米西海岸では降雨と深い霧によって乾燥地帯に恵みの雨をもたらし，豊作になった．このような状態がペルー・エクアドル沿岸では，平均４～５年に一度起こっていた．1972～73年に起こったエルニーニョでは，同時に世界各地で干ばつと異常気象が発生し（図13.3），それらの原因がエルニーニョにあると考えられるようになったのである．

1993年の夏，日本は異常気象に見舞われた（図13.4）．低温と日照不足と多雨のために，稲作は40年ぶりの不作となり，米が200万トン不足し（日本人の年間消費量は1000万トン），海外から米を輸入せざるを得なくなった．

北日本では平年より気温が２～３℃低く，８月上旬太平洋側では５～６℃低くなった．東京や仙台の夏の３カ月の日照時間は平年の2/3になり，北海道の

1993年日本の夏の異常気象（米200万トン不足）

特徴：1．低温
　　　2．日照不足
　　　3．多雨

1．低温　北日本の平年差……2～3℃
　　　　8月上旬太平洋側……5～6℃
　　　　東京　　真夏日：17日　　熱帯夜：4日
　　　　　　　　（平年37.7日）　　　　（平年16.5日）
　　　　仙台　　　　1日
　　　　　　　　（平年15.7日）　　3カ月合計

2．日照不足
　　　　東北～九州で平年の50%（輪島）～80%
　　　　6月北見枝幸：1カ月48時間（平年の30%）

3．多雨　西南日本では多雨
　　　　九州南部3カ月で2000mm 以上
　　　　鹿児島　2456mm（平年の268.4%）
　　　　7月の九州平年比は300%以上
　　　　　　枕崎では979mm……409.1%
　　　　阿蘇山　1～8月の総雨量：4914mm
　　　　梅雨入り10日早く，8月10日すぎても梅雨前線
　　　　梅雨明け宣言撤回

図 13.4　エルニーニョの年の夏の異常気象の一例（1993年日本の夏）．

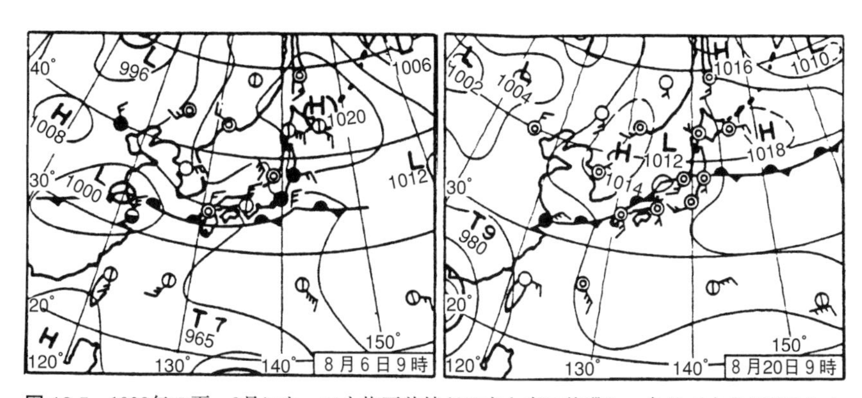

図 13.5　1993年の夏，8月になっても梅雨前線が日本上空に停滞し，各地で水害が発生した．8月6日は鹿児島で大水害（日雨量 259 mm），8月20日にも西日本で水害．（佐賀県白石で1時間に80 mm の豪雨）．

北見枝幸では1カ月の日照時間が48時間しかなかった．九州南部では夏の3カ月だけで2000mm を超える降水量を記録し，7月の降水量の平年比は300～400%であった．平年より10日早く梅雨入りしたが，8月10日すぎても梅雨前線は

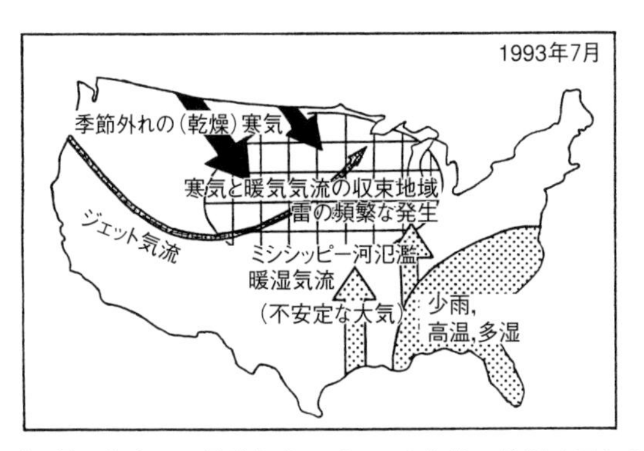

図 13.6 1993年7月の北米での異常気象．ジェット気流の位置は平年より南下し，カナダから季節はずれの寒気団が流れ込んだ．平年より強いバミューダ高気圧から流れ込んだ暖湿気流は，ミシシッピー河上流域で収束し，記録的な豪雨をもたらした．(小沢芳郎『気象 第37巻 第10号』気象庁，1993)

九州上空に停滞し，気象庁は異例の梅雨明け宣言の撤回を行った（図13.5）．

この年，世界各地が同様な異常気象に見舞われ，南ヨーロッパ，シベリア中部やインドでは多雨であったが，北ヨーロッパやアルゼンチンでは少雨であった．また北米東岸地域や中国北東部，アフリカのサヘル地域などは干ばつに見舞われた．アメリカ合衆国では東西で非常に対照的な異常気象となった．中西部は低温多雨で，ミシシッピー河上流域やミズーリ河の7月の降水量は平年の2.2～7倍となり，各地で河川の氾濫と洪水が発生した（図13.6）．ところが，東部大西洋岸地域ではバミューダ高気圧が強く，記録的な高温が続き，干ばつとなった．この年，東太平洋ではエルニーニョ現象が起こっていた．

(2) エルニーニョ現象のメカニズム

通常の年，赤道太平洋海域の表面水温は，西太平洋が暖かく，東太平洋が冷たくなっている（口絵Ⅳ.5）．それは貿易風によって表層水が西に流され，インドネシア・オーストラリア方面に暖かい水が集積する一方，東太平洋では除去された水を補うように湧昇が上昇していることによる（図13.7）．ところがエルニーニョの年には貿易風が弱くなり，暖かい表層水が西太平洋に押しやられないため湧昇が上がってこなくなり，東太平洋の海面水温が上昇するのである（図13.7）．その結果，栄養塩と溶存酸素が乏しくなり，生物生産性が低下し不漁となるのである．

西太平洋の赤道海域では暖かい水が集積するために，通常の年には低気圧

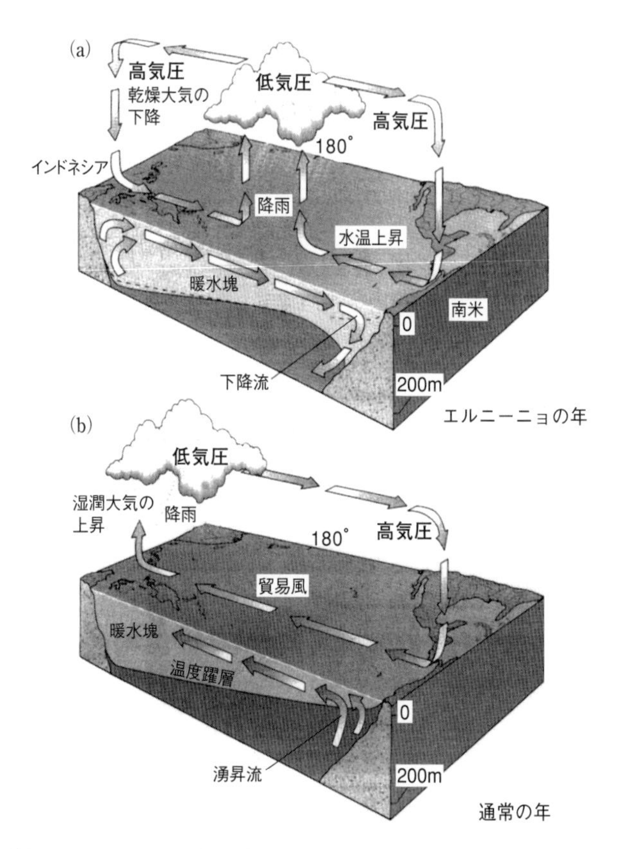

図 13.7 (a) エルニーニョの年の赤道太平洋における大気の大循環と水塊の状態．(b) 平年の赤道太平洋における大気の大循環と海洋表層水塊の流れ．(Garrison, 2002)

が発生し上空には積乱雲が発生している（対流圏上部では高気圧；口絵 IV.7c）．一方，東太平洋の赤道海域では，海面水温が低いために，上空は相対的に高気圧（対流圏上部では低気圧）となっている（図13.7）．ところが，エルニーニョの年には東太平洋上空の大気が暖められ，そこに低気圧（対流圏上部では高気圧）が発生し，それに向かって大気が流れるようになる．逆に西太平洋上は相対的に高気圧（対流圏上部では低気圧）の場となり，東太平洋やインド洋に向かって大気を吹き出す場となる（図13.7）．このように東太平洋と西太平洋・インド洋の海上から高層にかけて，東西方向に大きな循環系ができている．エルニーニョが発生すると，東太平洋上の気圧が下がり，西太平洋の気圧が上が

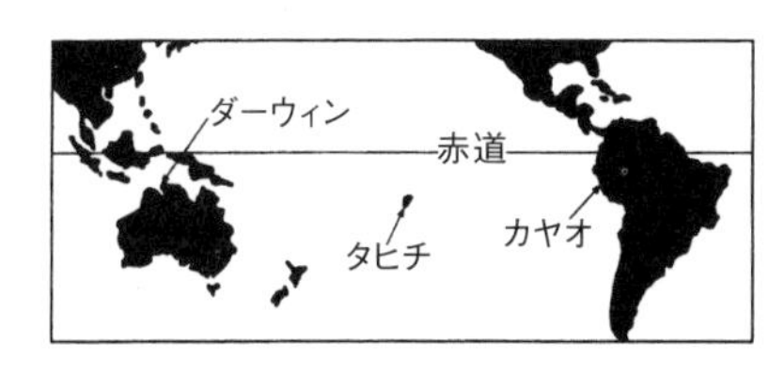

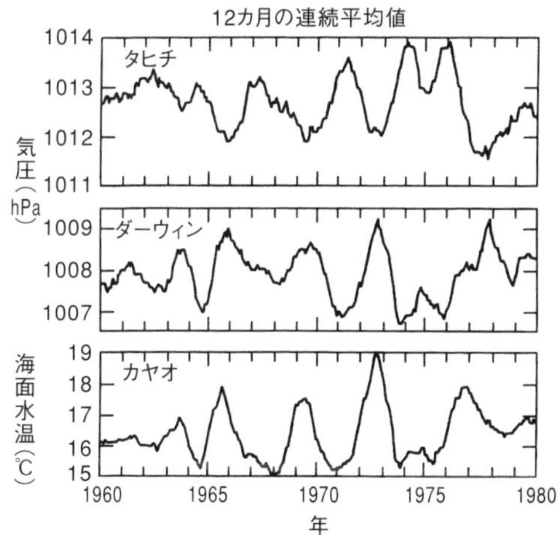

図 13.8　タヒチとダーウィンの気圧は逆相関の関係を示す．ペルー沿岸のカヤオの海面水温が高い年（エルニーニョの年）には，太平洋中・東部赤道域の気圧が低く，西部では気圧が高くなっている（図13.7を参照）．（マイケル・グランツ『エルニーニョ』（株）ゼスト，1998）

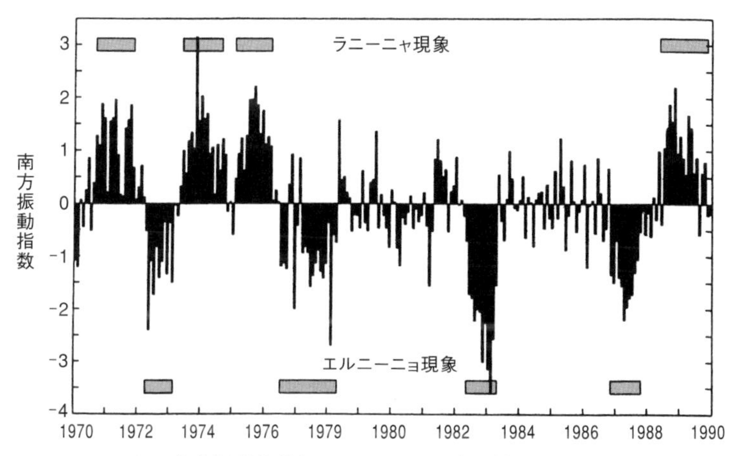

図 13.9　1970～90年の南方振動指数とエルニーニョ（温暖），ラニーニャ（冷涼）の月平均値．エルニーニョ年とラニーニャ年が垂直方向の線で示されている．（Nicholls, 1993；マイケル・グランツ『エルニーニョ』（株）ゼスト，1998より）

る（図13.8）．そしてエルニーニョが終息すると，両地域の気圧差は逆転する．このような大気の変動を南方振動（Southern Oscillation）と呼んでいる．南方振動は大気の東西循環の強さの変動によって引き起こされており，南方振動の発見者であるインド気象局の長官であったウォーカーにちなんで，ウォーカー循環と呼ばれている．このように海洋の変動と大気の変動は密接に関連しあっており，両方の現象を併せてENSO（El Niño と Southern Oscillation の頭文字をならべた略語）と呼んでいる．

エルニーニョとは反対に，貿易風が強くなり東太平洋赤道海域の海面水温が平年より低くなることがある．この現象をラニーニャ（La Niña: スペイン語で「女の子」の意味）と呼んでいる．エルニーニョとラニーニャは相互に数年間隔で発生しており，この2つの状態は異常というより，2つの準安定な状態というべきものなのであろう（図13.9）．

2．モンスーン

（1）モンスーンとは

アジア大陸の気候システムの中核をなしているのがモンスーンである．モンスーン気候がもたらす多雨と高温は，南～東アジアの稲作には不可欠であり，

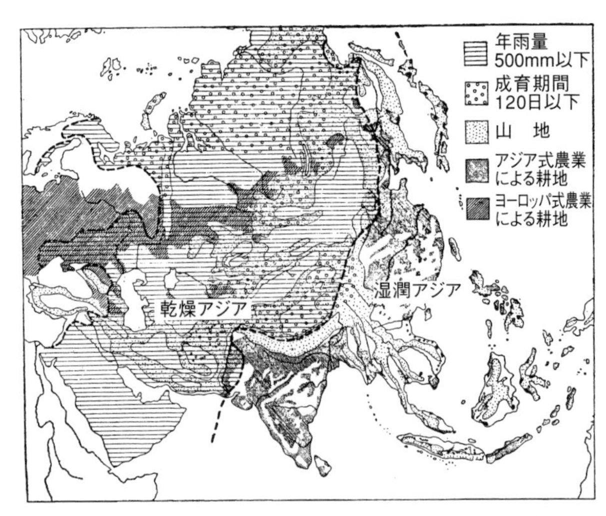

図 13.10　アジアは年雨量 500 mm のラインを境に，湿潤アジア（モンスーンアジア）と乾燥アジアにわけられる．植物の生育期間が120日以下の地域は，寒冷アジアと呼ばれている．（倉嶋厚『モンスーン』河出書房新社，1972）

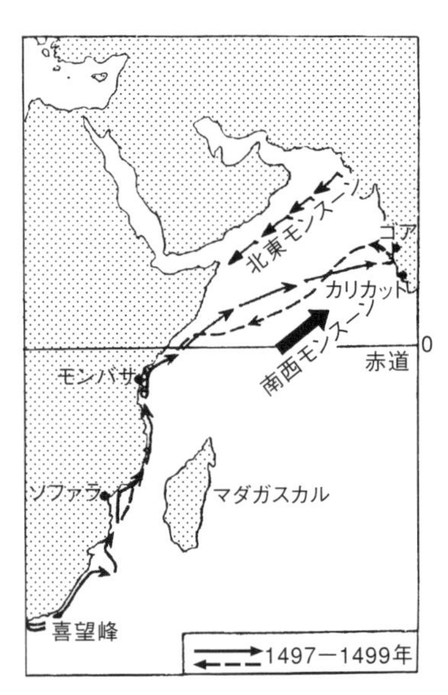

図 13.11　ヴァスコ・ダ・ガマはアラビア海を吹き渡る，季節によって風向が反対になる風，モンスーンを利用してインド航路を確立した．（倉嶋厚『モンスーン』河出書房新社，1972を改作）

そこに住む30億人あまりの食生活を支えている．アジアはモンスーンの恩恵を受ける「湿潤アジア」と，中央～西アジアのように年間降水量が500mm 以下（農業に灌漑が必要）の「乾燥アジア」にわけられる（図13.10）．

モンスーンとは元来アラビア語で「季節」を意味するモウシムに由来し，「夏と冬，季節によって風向が反対に変わる風」のことを指していた．アラビア海では夏に南西の風が，冬には北東の風が吹き，この風を利用して古くからアラブ人による航海が行われていた．この風のシステムはアラビア海のみならずインド洋からアフリカ東部を経てインド亜大陸に到る広い地域で認められ，インドモンスーンと呼ばれている．香料市場を求めインド航路を開拓したヴァスコ・ダ・ガマは，モンスーンを利用してインドに到着している（図13.11）．ケニアのモンバサを1498年４月24日に出港し，南西モンスーンを利用してインドのカリカットに５月20日に到着した．逆に帰路は1498年の末にインドのゴアを出港し，北東モンスーンを利用して翌年１月８日にアフリカ東海岸に着いた．

日本や中国，韓国などの東アジアでは，冬には北西の冷たい季節風が，夏に

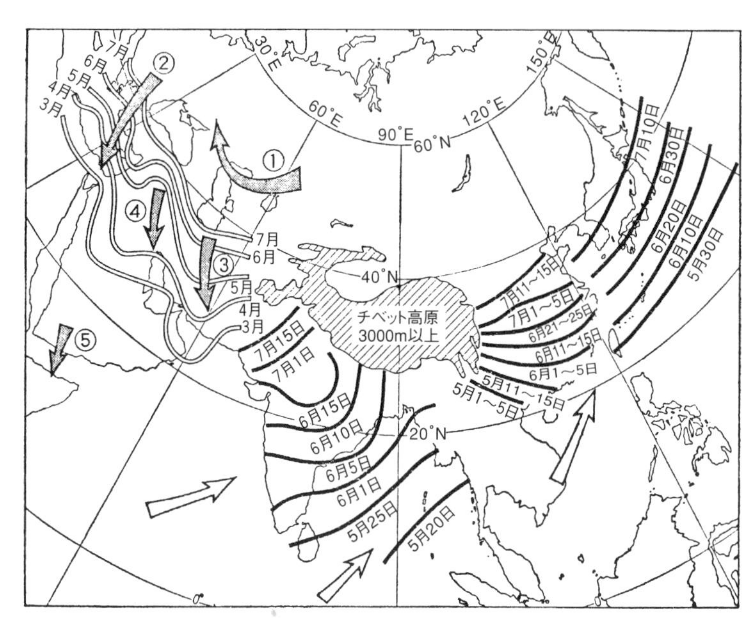

図 13.12　東南アジアの雨期の北上と西アジアの乾期の南下．乾熱風　①スホベイ（最盛期6月），②エテジア（6月～9月中旬），③120日風（6月～9月中旬），④シァマール（5月～10月），⑤カムシン（7月～9月）．白い矢印は南西モンスーン（湿風）（倉嶋厚『日本の気候』古今書院，1992）

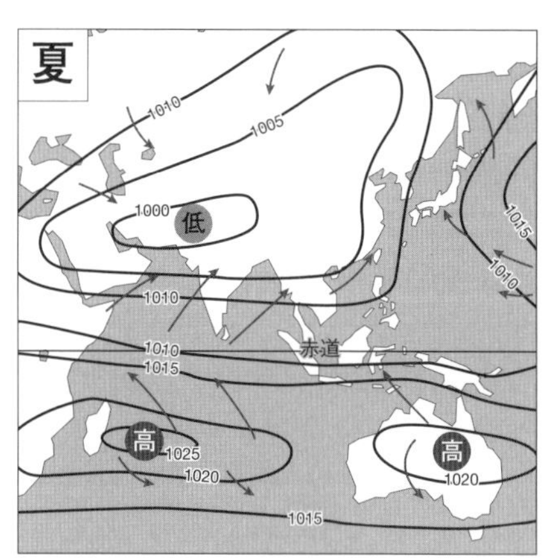

図 13.13　夏のモンスーンアジアの気圧配置と風系．マダガスカル付近の亜熱帯高気圧から，ヒマラヤ・チベット山塊上の低気圧に向かって風が吹く．

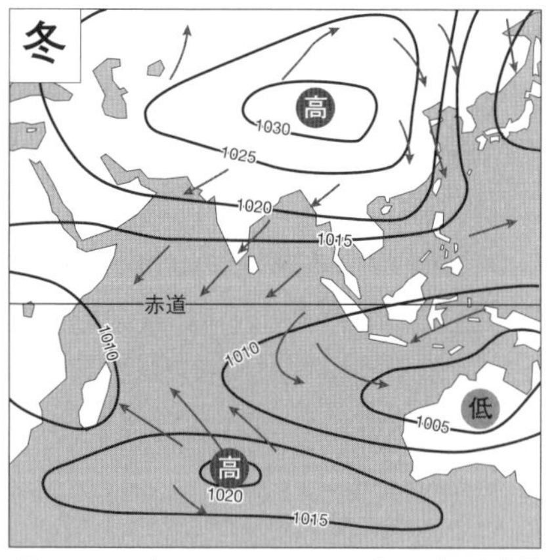

図 13.14　冬のモンスーンアジアの気圧配置と風系．雪と氷で覆われたヒマラヤ・チベット山塊周辺の高気圧から，赤道低圧帯に向かって風が吹く．

は南東の湿った暖かい季節風が吹く．また，6月から7月にかけて梅雨前線が停滞し，徐々に北上していき，その後盛夏を迎える（図13.12）．8月中～下旬，中国－ロシア国境のアムール河地域まで北上した梅雨前線は南下を始め，9月末から10月初めに日本上空に秋霖（雨）前線を形成する．

これらアジアモンスーンの他に，サハラ砂漠から西アフリカにかけて形成される北アフリカモンスーンがある（図13.18）．

（2）モンスーンのメカニズム

通常貿易風が卓越する熱帯から温帯にかけてのインド洋や南シナ海，そして北アフリカに，なぜ季節ごとに風向きが変わるモンスーンが発生するのだろうか．その一番の原因となっているのが，夏と冬の大陸と海洋の温度差である．インドモンスーンを例にとると，そのメカニズムは次のように説明されている．

夏，大陸は暖められて大気は軽くなり上昇し，対流圏下部に低気圧を，上部に高気圧をつくる．平均高度約5000mに達するヒマラヤ・チベット山塊では，岩石が太陽放射によって直接暖められ，山塊と同じ高度の大気に比べ高温になり（図13.15），この山塊上に低気圧の中心が形成される（図11.15；口絵Ⅳ.16）．また赤道収束帯は北上し，インド亜大陸上に達する．この低気圧に向かって，南半球にあるインド洋上の亜熱帯高圧帯から大気が流れ込む（図13.13）．南半球では南東の風となりアフリカ東岸に吹きつけるが，赤道を越えると転向力によって南西の風となってアラビア海をわたり，ヒマラヤ・チベット山塊に吹き込む．ヒマラヤにぶつかった大気は南斜面に沿って急上昇すると同時に，凝結熱を放出し大量の雨を降らせる（図13.16）．凝結熱の放出によってヒマラヤ・チベット山塊上空はさらに高温になり，モンスーンによる南北循環が強化される．その結果，ヒマラヤからインド洋の高層には強い偏東風が吹くことになる（図13.16）．また，ヒマラヤ・チベット山塊の北斜面にかけては，高温で乾燥した下降気流によりタクラマカンのような砂漠が形成されている．この気候システムが中央アジアからアラビア半島に至る乾燥した西アジアをつくり出している．

冬，大陸は冷やされ大気は重くなり下降し，対流圏下部に高気圧を形成する．ヒマラヤ・チベット山塊は雪と氷におおわれアルベドは高くなり，地表面が受ける太陽エネルギーは減少するのでますます冷却される（図13.15）．シベリアの平原上の冷たく重い大気は，ヒマラヤ・チベット山塊という障壁があるため

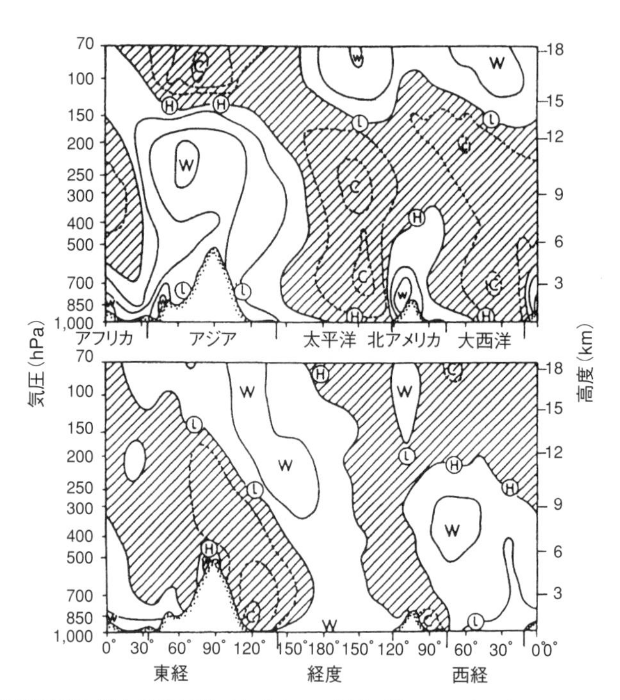

図 13.15　北緯32.5°に沿う平均気温（各高度での経度平均からの偏差），夏期（上），冬期（下）．アジア大陸の上空には，夏期に大きな高温域が，冬期に大きな低温域が広がっている．斜線部分は低温域を示し，W は高温域，C は低温域の中心を示す．等値線間隔は 2 ℃．H は高気圧，L は低気圧を示す．（村上多喜雄『モンスーン』東京堂出版，1986）

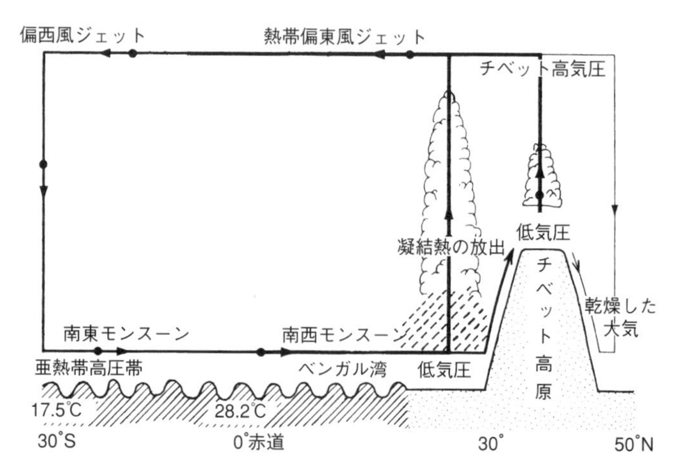

図 13.16　夏のインドモンスーンと大気の大循環モデル（東経90°に沿う）．（村上多喜雄『科学 第63巻 第10号』岩波書店，1993を改作）

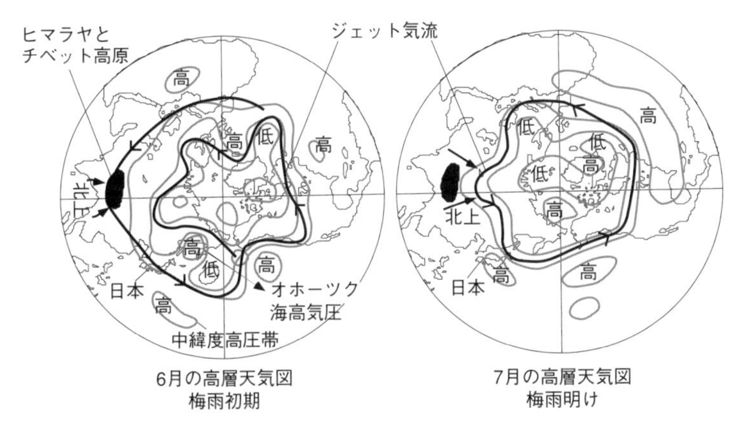

図 13.17 夏の梅雨開始期と梅雨末期における亜熱帯ジェット気流の位置の変化．（小倉義光『大気の科学』日本放送出版協会，1968）

に南下することができず，巨大なシベリア高気圧が出現する．一方，赤道収束帯は，マダガスカルからインドネシア付近まで南下する（図13.14）．この低圧帯に向かって，アジア大陸上の高気圧から吹き出す風が北東モンスーンである．

プレ・モンスーンの時期にジェット気流はヒマラヤの南縁を流れているが，冬から夏にかけ赤道収束帯が北上し，周極偏西風帯は縮小する．それにより，ジェット気流の位置がヒマラヤ・チベット山塊の北側にジャンプする（図13.17）．これに対応して，モンスーンが始まる．また，この山塊の北側から流れ出した寒冷な大気の流れと南側の暖かい湿った大気が，中国東部から日本付近で合流し，梅雨前線を停滞させている．したがって，冬にヒマラヤ・チベット山塊上の降雪量が多い年には融解が遅くなり，チベット高原が熱源となるのが遅くなる．その結果，モンスーンの開始は遅くなり，モンスーンによる降雨量は減少する．

北アフリカモンスーンにおいて，ヒマラヤ・チベット山塊の役割を果たしているのはサハラ砂漠である．また，インド洋に相当するのが赤道大西洋である（図13.18）．夏，北半球のサハラ砂漠上空では，南方の赤道収束帯に向かって北東の貿易風が吹いている．一方，南半球の亜熱帯高圧帯からは，北半球の赤道収束帯に向かって南西の風が吹く．冬，サハラ砂漠の上空は冷却され，高気圧となって南下した赤道収束帯に向かって北西の風が吹きつける．また南半球の亜熱帯高圧帯からは南東の風が吹きつける．

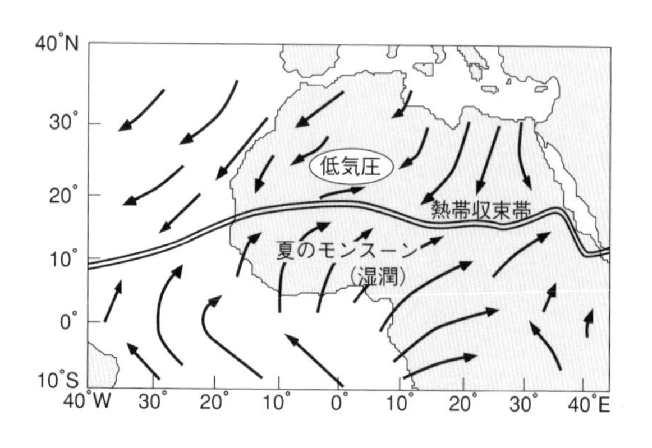

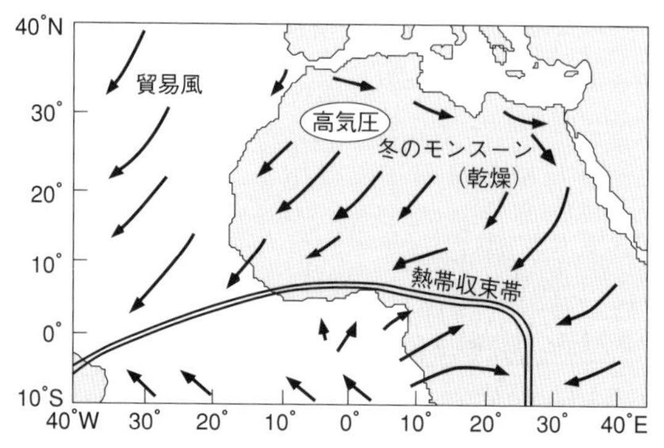

図 13.18 北アフリカのモンスーンは，サハラ砂漠と熱帯収束帯の間の気圧較差によって生じている．（Griffiths, 1972）

このようにモンスーン気候が成立するための条件は，亜熱帯から温帯にかけて大陸が，赤道地域には海洋が分布し，冬と夏に大陸と海洋の温度差が大きくなることである．

3．エルニーニョとモンスーン

インド気象局の長官であったウォーカーは，豊作か凶作かその年の作柄を決定づけるモンスーンの降雨量を予測するために，世界各地の地上気圧の相関関係を調べ，南方振動という現象を発見した．これはすなわち，インドネシアからインド洋にかけてのモンスーン地域とエルニーニョが発生する東太平洋の熱帯地域の気候システムが相互に関係していることを示す．

地球上の遠く離れた地域間で，天候が同期して変動する現象をテレコネクシ

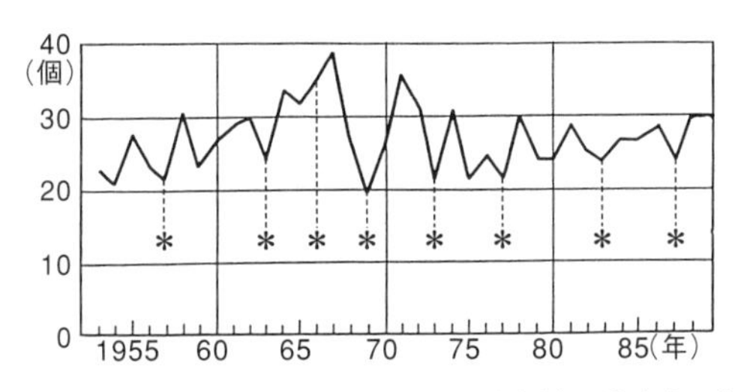

図 13.19　エルニーニョの年（*）には台風の発生数が減少する傾向がある．

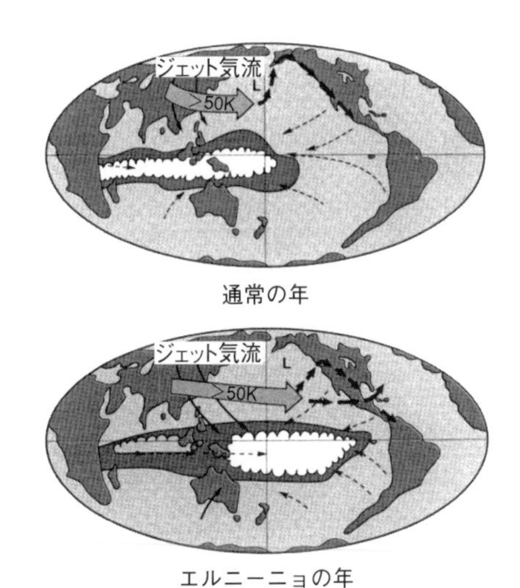

図 13.20　通常の年とエルニーニョの年の暖水塊の位置と貿易風・モンスーンの関係．高気圧と低気圧の位置の移動に伴い，ジェット気流のパターンが変化する．（Lukas & Webster, 1992）

ョンと呼んでいる．エルニーニョの年に日本では梅雨明けが遅くなり，冷夏で暖冬になる傾向があることが知られている．また台風の発生数が少なくなり，日本に襲来する台風の数も減少する傾向にある（図13.19）．例年，台風発生の場となっている西太平洋の低気圧がエルニーニョの年には東に移動するため，台風の経路は東よりに変化し，モンスーンの風は強化される．これは東太平洋赤道域の海面温度が上昇したことにより西太平洋の海面水温が例年より低くなり，台風発生に必要な平均海面水温28℃以上の海域が東に移動し，北太平洋の高気圧の中心が東に移動した結果引き起こされた現象と理解されている．

エルニーニョが発生した年には，インドや東南アジアでモンスーンの降雨量が少なく，干ばつが起こった例が多く報告されている．上記のように，モンスーンが弱い年にはヒマラヤ・チベット山塊に積雪が多く，大陸が充分に暖まらず，大陸上の低気圧の発達が弱いことを意味している．その結果，アジア大陸とインド洋あるいは太平洋との間の熱（気圧）のコントラストは弱くなり，貿易風が弱くなってエルニーニョ発生の引き金となったことが考えられる（図13.20）．

逆にアジア大陸が非常に暖められれば，大陸上には強い低気圧が発生し，それに向かって強い東風が吹くと考えられる．このようにエルニーニョやモンスーンなどの気候システムは，大気と海洋と大陸が連動して形成されているのである．

●人類の発生と東アフリカ地溝帯

サルから進化した類人猿，ゴリラ，チンパンジー，ボノボ，オランウータンは，現在アフリカや東南アジアの熱帯雨林に生息している．これら類人猿は2千数百万年前に全盛期を迎えたが，800～700万年前に起こった地球規模での急激な乾燥化に適応進化し，約500万年前に猿人（人と類人猿の中間的な性質をもつ）が生まれたと考えられている．その第1の証拠は，ミトコンドリアDNAの分子時計を使って，現代人とチンパンジーが約500万年前に分岐したと推定されていることである．また，エチオピアから発見されたラミダス猿人の骨が約440万年前のものであることも，その証拠とみなされている．

ではなぜ，類人猿と人類は約500万年前にわかれて，別々の進化の歩みをたどるようになったのだろうか？　その問いに対する魅力的な仮説が，フランス人の自然人類学者コパンによって提唱されている．「イーストサイド物語」と名づけられたこの仮説によると，人類の発生はアフリカ大地溝帯の形成と気候の乾燥化が引き金であったとされている．

アフリカ大陸で標高1000m以上の山地は，南アフリカからエチオピアにかけて分布する大地溝帯に沿って分布している（図13.21）．この山地の西側には，大西洋からもたらされる降雨によって（図13.18），広大な熱帯雨林のジャングルが広がっている．一方，キリマンジャロやケニア山などの西側隆起帯を境に，東側には乾燥した熱帯サバンナが広がっている．そして熱帯雨林地帯にはチンパンジーやゴリラなどの大型類人猿が生息しているが，大地溝帯から東側には生息していない．一方，人類の祖先と見られる猿人や原人はみな大地溝帯とその東側のサバンナから発見されている（図13.21，13.22）．

エチオピアからタンザニアにかけての東アフリカ地溝帯は，約2000万年前に形成され始め，1000万年前頃いったん休止したのち，再び地溝形成活動を始めている．このときに西側隆起帯が形成され，大西洋からの湿潤な空気は遮られ，その結果，大地溝帯とその東側

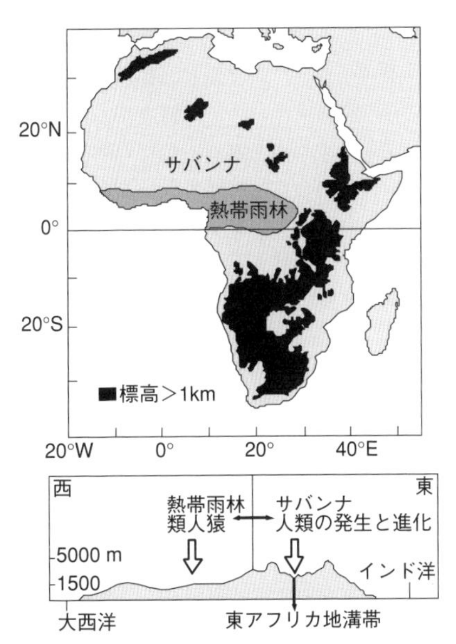

図 13.21　アフリカの地形・気候区分と人類の発生・進化．(Ruddiman, 2000を改作)

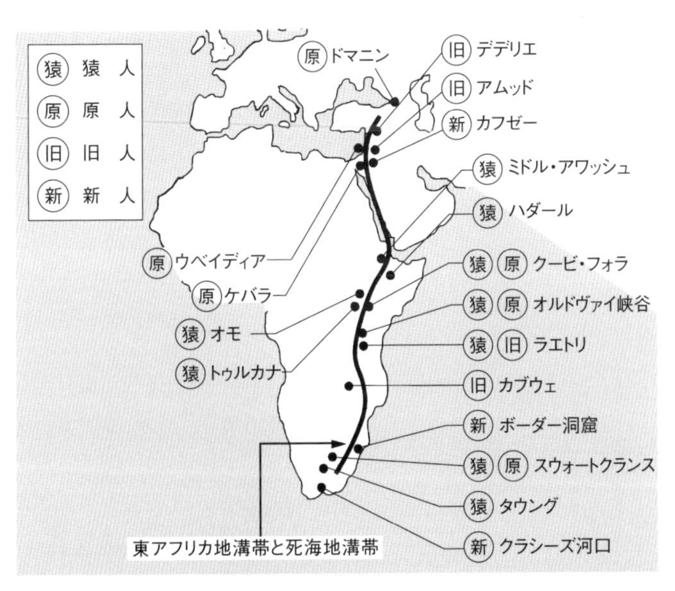

図 13.22　東アフリカを南北に走る地溝帯と西アジアを南北に走る死海地溝帯に沿って初期人類の化石産地・遺跡が分布している．(馬場悠男『ホモサピエンスはどこから来たか』河出書房新社，2000を改作)

の地域の乾燥化が始まったのである．

それまで熱帯雨林のジャングルに住み，果実などの豊かな食糧を採取して樹上生活をしていた類人猿は，乾燥化に伴う森の縮小によって樹木から降り，草原での生活を強いられるようになった．ジャングルの中では一本の木にたわわに実がなっているが，草原では広い範囲に散在しているので，あちこち移動する必要がでてきて類人猿は直立二足歩行をするようになったのである．また，ジャングルの中で軟らかい果実や草木を食べていたときは，臼歯は大きくなく，エナメル質も薄かった．ところが草原では草木の根を掘り，土混じりの根っこや硬い豆などを食べるようになった結果，エナメル質の厚い，大きな臼歯をもつようになった．エチオピアのオモ川地域の発掘調査によると，400万年くらい前の地層からは24種の樹木花粉が同定されたが，百数十万年前の地層からは11種しか見つからず，草本花粉に対する樹木花粉の割合は1/40以下に減少していることがわかった．乾燥化によるこのような植生の変化に伴い，動物も茂みに生息するものから，草原性のサバンナに適応したウマやレイヨウなどへと変化したことが，化石の証拠から報告されている．

800〜700万年前に地球規模で発生した乾燥化は，インドモンスーンの開始期に対応しており，それはヒマラヤ・チベット山塊がその頃には，現在に近い高度に達していたことを意味している．対流圏にそびえ立つ，この巨大な地形的高まりがアジア大陸中央部に出現したことが，世界の乾燥化をもたらしたという仮説が提唱されている．気候モデルを使った数値シミュレーション実験の結果は，ヒマラヤ・チベット山塊の出現により，確かに乾燥化が進んだことを示している（口絵 IV.16）．アフリカではその頃大地溝帯が形成され，東アフリカの乾燥化が促進された．さらに，250万年ほど前から始まった地球全体の寒冷化と乾燥化（北半球氷床の形成開始に対応）に適応することによって，人類は進化すると同時に地球上に広がっていったのである．

第14章

気候変動

産業革命以前は，人間活動の自然環境に対する影響は微々たるものであった．しかし20世紀後半から，人類の活動は自然環境を大きく変えるほど増大している．46億年前から続いてきた自然のリズムは，60億人に達した人類の活動によって大きく変わろうとしている．今後，人類の活動に伴って気候はどのように変化していくのだろうか．近未来の気候変動の予測とそれに伴う地球環境の変化を推測するためには，現在の気候システムと過去の気候変動についての理解が不可欠である．

化石燃料の大量消費による地球温暖化は，今や国際的な大きな問題となっている．ところが実は，今から6000年前の縄文時代中期には，地球は現在より暖かく，海水面は２～３ｍ高かったのである．つまり人類の影響がない自然のリズムの中で，地球は温暖化を経験しているのである．そのとき地球環境はどのように変わったのであろうか？縄文時代の地球温暖化に伴う環境の変化を復原し，そのデータを解析することにより，近未来の温暖化による地球環境の変化を予測することができるのである．

一方，２万年前には，地球は最終氷河期の最盛期であった．北アメリカの半分，北欧の大部分が大陸氷河に覆われ，世界の海水面は110～120m 低下した．その結果，東京湾も瀬戸内海もほとんど干上がって陸地になっていたのである．その当時の日本近海の海水温度は現在に比べ，15℃前後低かったことが知られている．このように最近２万年の間でも地球規模で気候は大きく変動し，環境は常に変化し続けてきたのである．

では自然のリズムの中で，地球の気候はどのように変動してきたのであろうか？　そしてその原因はどのように説明されているのだろうか？　第14章では，過去の気候変動とその原因について概説する．

１．気候変動の原因

気候変動の原因については諸説があるが，次の５つに大別することができる．

（１）太陽放射の量の変動

46億年前地球が誕生した直後には，太陽放射は現在よりも40%弱かったと推定されている．しかし，その後の地球の進化の過程で，徐々に太陽放射は強くなり現在にいたったと考えられている．

人類史の中では，10年から数世紀の短い期間で太陽放射は変動していることがよく知られている（図14.1a）．太陽表面の黒点の数は太陽活動の指標と考えられており，11年周期で増減を繰り返している．14世紀から19世紀中頃まで太陽活動は不活発で，小氷河期とも呼ばれている．その中でとくに寒冷であった時期は，マウンダー極小期と呼ばれ（1645〜1715），約70年間にわたり太陽活動は衰退し，ほとんど黒点の見られなかった無黒点期が続いた（図14.1b）．この間アルプスの氷河は前進し，テムズ河が半年近く結氷するようなことが起こり，飢餓とペストでヨーロッパの人口は激減した．約500年続いた小氷河期の間にルネサンスが起こり，宗教改革やフランス革命が勃発した．

小氷河期の前，9世紀半ばから14世紀までの中世には，太陽活動が盛んで温暖な気候下で食糧生産が増大した．バイキングが進出し，アイスランドやグリーンランドでは植民活動が盛んで，グリーンランドでブドウや小麦が栽培され，豚が飼育された．この温暖期の前には，寒冷期が4世紀半ばから9世紀半ばまで続いており，民族の大移動が起こっている．

同様な気候の変動は，中国の古文書にも記録されている（図14.2a）．中国文明が開花した唐や隋の時代は温暖な気候に恵まれていたが，ジンギスカンの活躍する紀元1200年頃から寒冷化が始まり，北緯45°以北にまで拡大していたモンゴルの草原民族は南下を迫られたのである．また，グリーンランドの氷床コアの酸素同位体比曲線も，ヨーロッパや中国から得られた古気候変動曲線と似た変化を示している（図14.2b）．

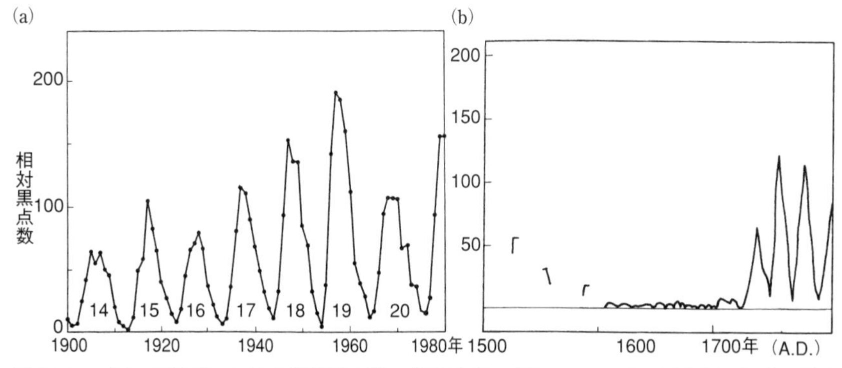

図 14.1　(a) 20世紀における相対黒点数の経年変化．(b) マウンダー極小極における黒点数の減少．（桜井邦明『地球環境をつくる太陽』地人書館，1990）

このように過去2000年間の歴史を遡ると，約400～500年の周期で太陽活動が変化しているようである（図14.3）．しかし太陽活動がなぜ11年周期および400～500年周期で変化しているのかはよくわかっていない．

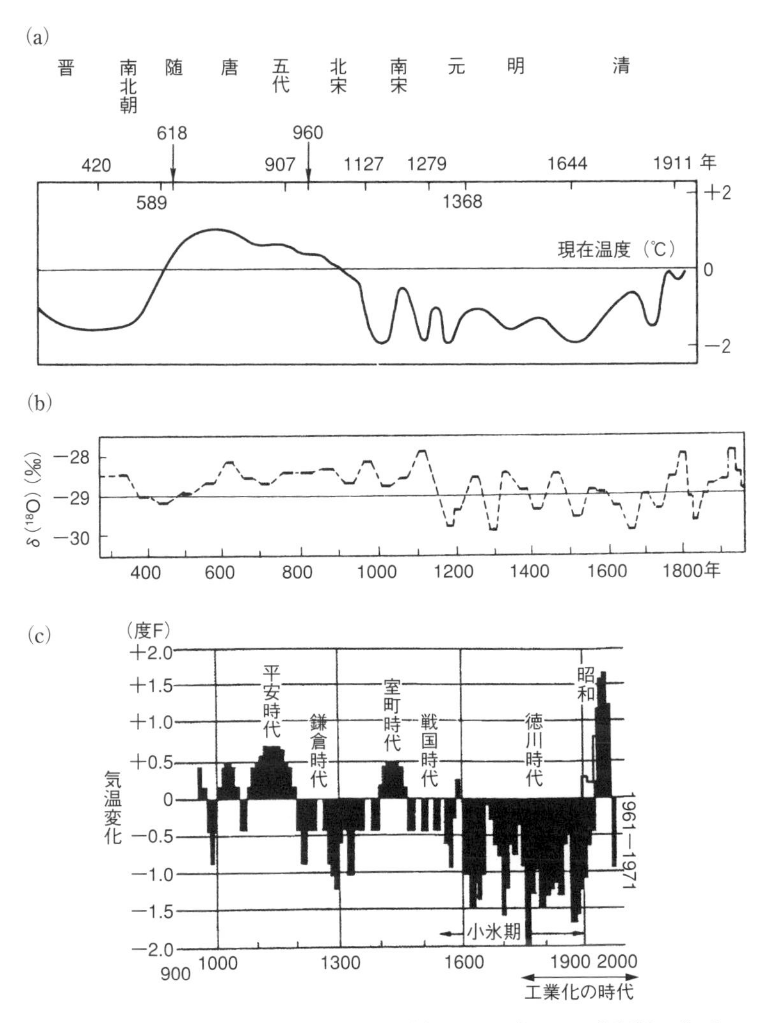

図 14.2　過去約1600年の気候変動の記録．(a) 中国に残された古記録に基づいて復元された気候変動（竺可禎による）；(b) グリーンランドの氷床のアイスコアの酸素同位体から復元された気候変動のパターンと，(c) それに基づき推定された気温の変動（ダンスガードによる）．（桜井邦明『地球環境をつくる太陽』地人書館，1990）

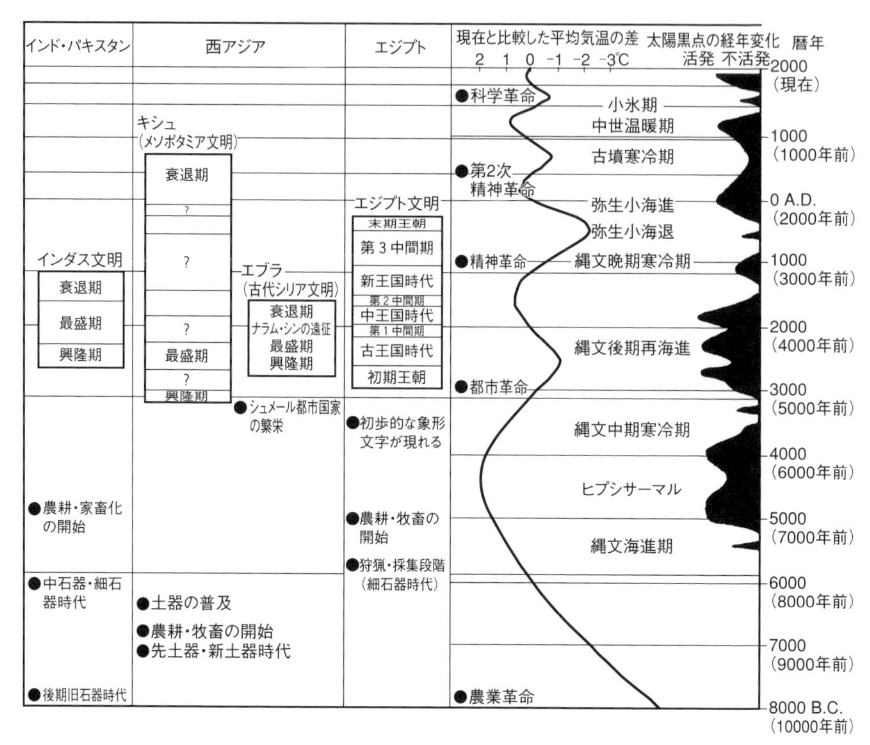

図 14.3　過去1万年の気候変動と人類の歴史.（小泉格『講座 文明と環境1　地球と文明の周期』朝倉書店，1995）

(2) 地球の軌道要素の変動

地球の公転軌道の変化は，地球が受容する太陽放射の量を変化させる．公転軌道が円形に近いのか，それとも長楕円形をしているのかによって，太陽までの距離は変化し，地球が太陽から受ける太陽放射の量は変動する．また地球の自転軸は23.5°傾いており，それによって四季が生じているが，その傾斜角は変動する．さらに地球の赤道半径が極半径より長いため，太陽と月の引力によって自転軸はゆっくりとコマ回し運動（歳差運動）をしている．これらの変動要素が複合して，数万年から数十万年の周期で太陽放射の受容量が変動している．これらの変動については，第2節で詳しく解説する．

(3) 地球内部からの熱と揮発成分の放出

大気中の二酸化炭素や水蒸気などの温室効果ガスの濃度は，地球大気の温度を制御する要素の１つである．これらのガスの量が変動することにより，地球は温暖化したり，寒冷化したりする．温室効果ガスの中でもとくに二酸化炭素による気温上昇は重要である．その起源となっているのは火山活動によって地球内部から放出される二酸化炭素であり，その放出量は海洋底の拡大速度によってコントロールされている．拡大速度が大きくなれば，中央海嶺のみならず収束境界での火山活動も活発化する．そのような変動は数百万年～数千万年の時間スケールで起こっている．

中生代の白亜紀後半，とくに7500万年前から１億500万年前まではとくに温暖であった．地質学的データによると，この時代には極に氷床がなく，北緯80°～85°まで森林があり，その樹木化石には季節変化を示す年輪が残っていた．また浮遊性有孔虫の殻の酸素同位体比の研究によると，海洋の南北温度差は４℃以下で，赤道地域の深層水は暖かく，表層水との温度差は５℃前後だったと推定されている．氷床がなかったことに加え，中央海嶺での海洋底の生産・拡大速度が大きかったため海嶺の体積が増え，通常期に比べると高く盛り上がって海水を排除した結果，汎世界的に海面が上昇し，大海進を引き起こした．すなわち，世界中の海面は現在より100～200m 高く，大海進により大陸の面積は現在の80%に減少した．

この時期の海洋底の拡大速度は地磁気の縞異常から，現在の約1.5倍であったと推定されている．また約１億2000万年前から8000万年前までの4000万年の間，地磁気の逆転はまったく起こらず，地磁気静穏期と呼ばれている（図5.12）．このように拡大速度が速く，地磁気が静穏だった原因は，マントルの活動が盛んでスーパープリュームが上昇してきたことに求められている．これはすなわち，地球内部のマントルの変動が原因になって地球表層の気候が変動するということを意味している．この説の是非については，現在盛んに研究が進められており，近い将来，固体地球内部と大気圏・水圏がどのようにリンクして，地球が進化してきたのかが解明されるであろう．

（４）地球上のテクトニックプロセスの変動

大陸の分裂や衝突，山脈の形成と隆起，海洋底の拡大と閉鎖などのテクトニックプロセスは，数百万年あるいは数千万年の長い時間の中で，気候システムを非常にゆっくり変化させている．大陸と海洋の位置や大きさは，地球上の熱の運搬システムに大きな影響を与えている．

オーストラリアと南極大陸の分裂・移動は，南極氷床の発達に大きな影響をおよぼした．氷床が発達した南極大陸が孤立し，その周りを周回する南極環流が形成されることにより，冷たい深層水を世界中の海に送り出すシステムができあがり，第三紀を通じて地球は次第に寒冷になって行った（図14.4，コラム「南極大陸の分裂と氷河期」）．

インド亜大陸とアジア大陸の衝突によって生まれたヒマラヤ山脈とチベット高原は，アジアにモンスーン気候を誕生させた．大陸と日本列島の分裂により日本海が形成され，その上を吹く北西の季節風は水蒸気をたっぷり含み，日本海側に世界でも有数の豪雪地帯を出現させた．

このようなテクトニックプロセスは，地形や地理の変化による物理的影響だけでなく，大気中の二酸化炭素の除去にも一役買っている．山脈の上昇は削剥・風化作用を促進する．その結果，大陸地殻中に含まれていたカルシウムを含む珪酸塩は弱酸性の水で加水分解され，生物遺骸中の石灰石となって固定され，大気中の二酸化炭素は除去される．その化学反応の一例は次のように表される．

$$CaSiO_3 + H_2O + CO_2 \rightarrow CaCO_3 + SiO_2 + H_2O$$

珪灰石　　　炭酸　　　　石灰石（生物の骨格）

この過程が大規模かつ長期間継続することにより，大気中の二酸化炭素濃度は減少し，地球は寒冷化する．第三紀後半にはアルプス，ヒマラヤ，アンデスなど世界各地で造山運動が活発化し，化学的風化作用が促進された．その結果，次第に寒冷化が進み，第四紀後期の氷河時代をむかえたと主張している研究者もいる．

●南極大陸の分裂と氷河期

南極大陸は南極点周辺に位置するため受容する太陽放射の量が少なく，しかも表層をおおう雪氷のためアルベドは大きく，極点の年間平均気温は－49℃，大陸縁辺の昭和基地でも－11℃となっている．さらに南緯50°～40°まで永久流氷が分布している．そのために南極大陸は，地球全体を冷やす巨大なクーラーの役目をしている．

過去の地質時代の気候と極域の氷床の関係を調べると，極点に大陸が分布した時代に地球上には氷河期が訪れたことがわかっている．南極大陸がインドやオーストラリアと合体

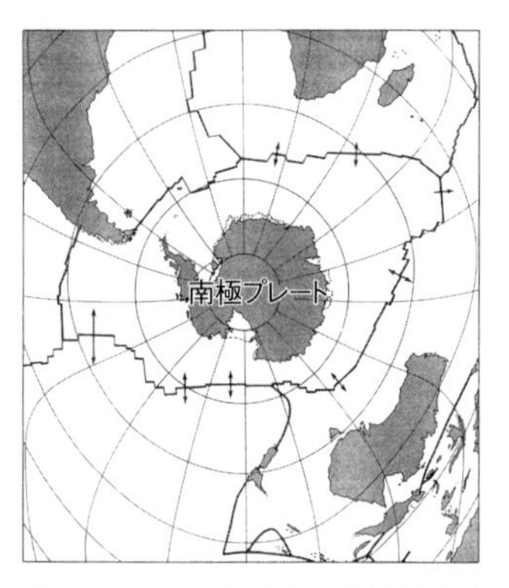

図 14.4 南極プレートの周囲はほとんど中央海嶺だけから囲まれており，南極半島付近だけにトランスフォーム断層が分布している．（国立極地研究所『南極科学館』古今書院，1990）

していた今から2.8億年ほど前のゴンドワナの時代，南極地方には大陸氷床が分布していた．また生物が爆発的進化を始めた5.5億年ほど前にも，極域は大陸氷床におおわれ，地球全体が非常に寒冷であったことがわかっている．ところが大型の恐竜が繁栄した中生代は，地球全体が温暖で，どこを探しても大陸氷床の痕は見つからない．この事実は，地球全体が寒冷化し氷河期になるには，極域に大陸が分布しその上に氷床が発達することが，その条件であることを示している．

では，いつ頃南極大陸は南極点に到達し，「南極に分布する大陸」となったのだろうか？南極大陸を中心とする南極プレートの縁辺部は，おもしろいことに南極半島付近を除くとほとんどすべてプレート発散境界である中央海嶺から構成されている（図14.4）．その結果，南極大陸は南方に，オーストラリアは北方に年間約 7 cm の速度で移動している．南極大陸とオーストラリア大陸の間に広がる海洋底の年代と古地磁気を調べた結果，両大陸の分裂が始まったのは約5300万年前であり，分裂が進み両大陸の間にタスマン海路ができたのは，約4000万年前であることがわかっている．

ナンキョクブナが生育できるほど温暖であった南極大陸は，大陸の南方移動とともに寒冷化していき，5000万年前には南極周辺海域の表層水温は，20℃であったが，4000万年前には10℃に降下した．さらに3700～2400万年前には，南極大陸と南米の間のドレーク海峡が開き，その結果南極大陸は他の大陸から完全に切り離され，南極を周回する南極環流が形成された（図14.5）．南極環流の誕生により，南極周辺は温暖な亜熱帯水塊から隔離され，大陸上は寒冷な気候が支配的になった．そして，南極大陸上に約4000万年前から形成され始めた氷床は拡大を続け，ドレーク海峡が開いた後大陸氷床の形をとるようになった．

では，現在見られるような大規模な大陸氷床はいつ頃誕生したのであろうか？　南極氷床の発達過程を明らかにする目的で，ニュージーランドのバーネットを中心とする研究チームは，ロス海の氷棚上にボーリング装置をセットし，海底のボーリングを行った．その結果，約3000万年前を境に氷河性の礫をたくさん含む砂岩や泥岩が出現するようになっ

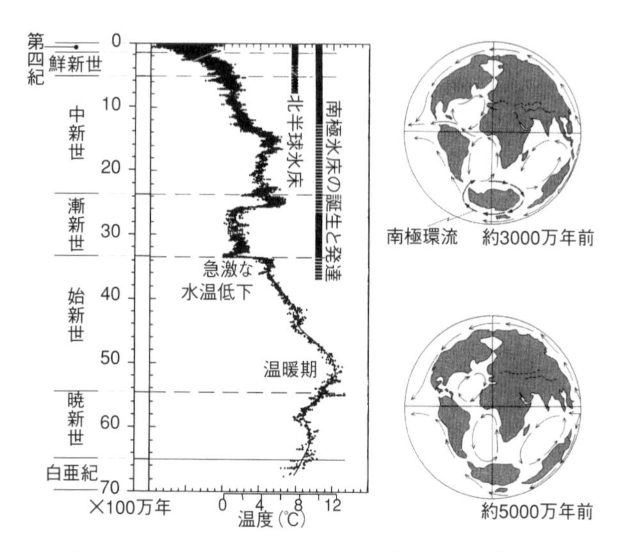

図 14.5 過去6000万年にわたる深海石灰質堆積物中の δ^{18}O の変動．δ^{18}O の値がプラスの方に変化すると寒冷化，マイナスの方に変化すると温暖化を示す．(Zachos ほか，2001)．南極環流の形成前後の海流のパターンの変化（Frakes, 1979）．海水の温度推定値は3000万年前以前にのみ適用

たことが判明した．また，その下の地層は沖合の泥がちな地層から砂がちになり，最上部は砂浜の地層になっていた．これはすなわち，気候の寒冷化とともに海水面が低下し，最後に氷床が削った礫が堆積するようになったことを示している．したがって，3000万年前には南極氷床は地球規模の寒冷化や海水面の低下を引き起こすほど充分大きくなっていたことを示す（図14.5）．

遠く離れた北半球の日本にも，3000万年前の事件は記録されている．北西九州の炭田地域に広く分布する，沖合の泥からできた畑津頁岩層の最上部は，デルタ上の河川堆積物によって大きく削られている（口絵Ⅳ.20）．これは地球規模の海水面低下の証拠であり，この時代に海水面は約130m 低下し，寒冷化に伴い多くの生物が絶滅した．

（5）大規模火山活動

大規模な火山活動によって，地域あるいは地球規模で気候変動が起こった記録が数多く残されている．大規模な噴火により成層圏にまで達した火山灰は，ジェット気流によって地球全体に広がり，日照を遮り気温を低下させ，凶作となり飢饉を引き起こしている．日本では1783年の浅間山の噴火と天明の飢饉が良く知られており，東北地方では馬や犬，果ては人肉まで食べたことが記録さ

図 14.6 天明飢饉（1783年）の東北地方の様子．馬や犬を食べつくし，自分の家族や病人を殺して人肉を食べ，飢えをしのいだ．（『兇荒図録』より）

れている（図14.6）．1815年のインドネシアのタンボラ火山の噴火では，噴出した約100km^{3}の火山噴出物が成層圏上部まで達し，その後数年間地球を回り続けた．その結果，1816年，北米やヨーロッパに異常に寒い夏をもたらした．「夏が来なかった年」といわれ，ニューイングランド地方では6月に雪が降り，7・8月には霜が降り，穀物の収穫は平年の半分以下であった．

このような火山の噴火による気候変動は突発的で，長期にわたるものではない．しかし，インドのデカン高原を初めとする洪水玄武岩の活動は，100万年から200万年にわたって継続的に発生しており，地球環境に多大な影響を与えたことが推測されている．

同様な爆発による微小な塵の拡散による日射障害は，隕石の衝突によっても引き起こされ，長期間にわたる寒冷化は生物の進化にも大きな影響を与えたと考えられている（第15章参照）．

2．ミランコヴィッチサイクルと気候変動

地球上の気候変動の原因がその公転軌道の変化によることは，19世紀半ばにフランスの研究者たちによって初めて指摘された．天文学者ルヴリエは過去10万年間に離心率は最大6％変化したことを示した（図14.7）．クロールは過去300万年間の離心率の変化曲線を求め，それが周期的に変化することを発見し，離心率の変化が氷河期を生じた原因であることを指摘した．また，アデマールは地軸の傾きと歳差運動が合成され，22,000年ごとに分点が移動することが氷河期の原因であると主張した．

これらの説を発展させ，過去60万年間の北緯55°，60°，65°における夏期の

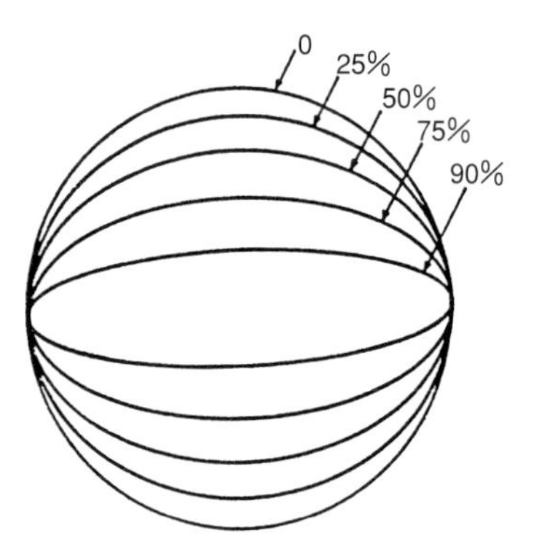

図 14.7　楕円の形と離心率.

太陽放射の量の変化を理論的に求め，アルプスの氷河の変動記録と比較したのがミランコヴィッチ（1879～1958）である．ベオグラード大学の応用数学の教授であったミランコヴィッチは，地球のみならず火星や金星の気候も軌道要素によって支配されていると考えた．その数学的理論を開発することを目指し，コンピュータのなかった時代に20年以上かけて計算し，1920年と1930年にその成果を公表したが，彼の生存中はその成果は評価されることはなかった．しかし1976年，インド洋の深海底堆積物の酸素同位体比の研究に基づき，過去50万年の気候変動の記録が明らかになった．それはミランコヴィッチの計算結果と合致することが判明し，彼の成果は一躍脚光を浴びるようになった．

ミランコヴィッチは地球表層の太陽放射の分布をコントロールしているのは，次の 3 つの要素であると考え，理論的計算を行った．

①惑星軌道の離心率

②自転軸の傾き

③歳差運動における分点の位置

地球の公転軌道は太陽，月，惑星の引力の影響を受け，楕円軌道から外れる運動をする．離心率は次のように表され，その値が 0 %に近いと円軌道に近くなり，長楕円軌道になれば100%に近くなる．

$$離心率 = \frac{2\,つの焦点間の距離}{楕円の長軸の長さ} \times 100\ (\%)$$

現在の離心率は約1.7%であり，長半径が短半径より約480万 km 長くなっている（図14.8）．

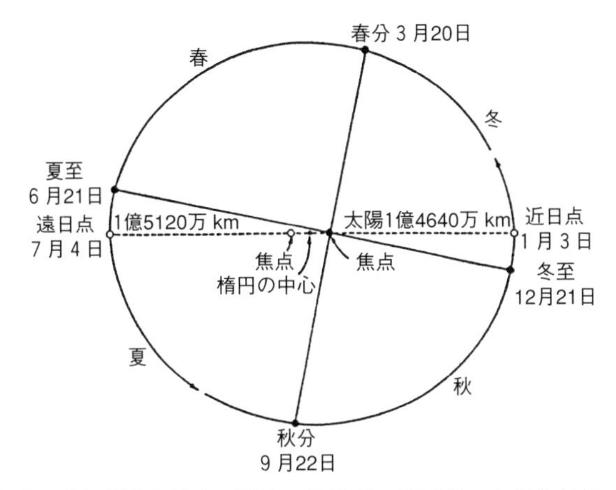

図 14.8 地球の公転軌道と分点・至点・近日点・遠日点の位置と日付.（Imbrie & Imbrie, 1979；小泉格訳『氷河時代の謎を解く』岩波書店，1982）

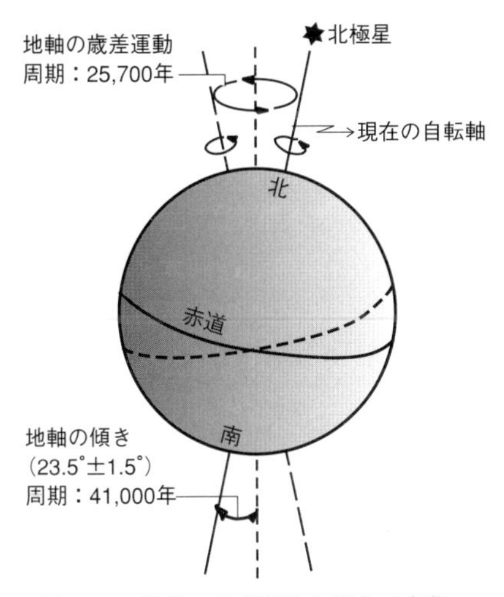

図 14.9 地軸の歳差運動と傾きの変化.

自転軸の傾きは平均23.5°で，22°から25°まで変化し，その周期は41,000年である（図14.9）．自転軸の傾斜が現在より小さくなると，高緯度地方が受ける夏の日射量は減少し，大きくなると増加する．また自転軸は太陽と月の引力により約25,700年の周期で歳差運動をしている（図14.9）．自転軸に関するこの 2 つの運動が合成され，約22,000年の周期で分点（春分と秋分）と至点（夏至と冬至）の位置は公転軌道上を移動する．現在，冬至（12月21日）の位置は近日

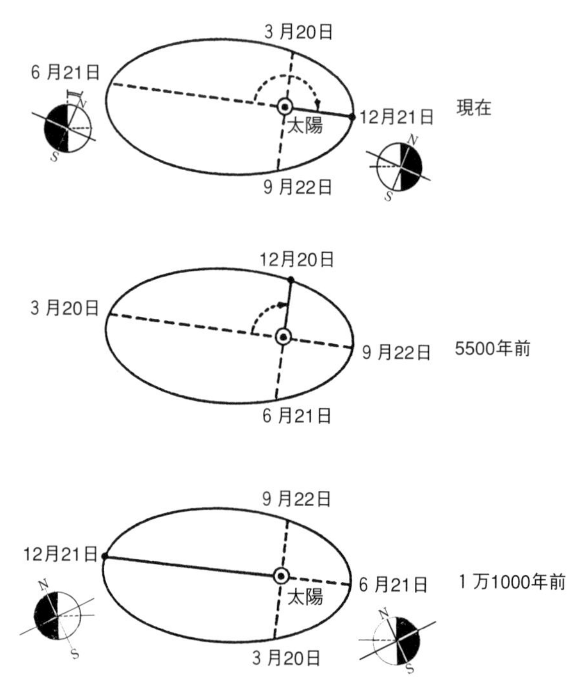

図 14.10 地軸の歳差運動によって，分点（3月20日と9月22日）と至点（6月21日と12月21日）の位置は，地球の楕円軌道上をゆっくりと移動し，約2万2000年で1周する．1万1000年前に，冬至点は遠日点近くにあったが，現在，冬至点は近日点近くにある．(Imbrie & Imbrie, 1979；小泉格訳『氷河時代の謎を解く』岩波書店，1982)

点付近に，夏至（6月21日）の位置は遠日点付近にある．ところが約11,000年前には冬至は遠日点に，夏至は近日点付近にあったことになる（図14.10）．したがって，その当時は冬の日射量は現在より減少し，夏の日射量は増加したと考えられる．

これら3つの要素の変動量を過去60万年にわたって計算し，夏期の日射量の変動曲線を求めたのである．その曲線上で明らかに値が低い時代は，アルプスから報告されていた4つの氷河期に対応すると推定したのである．その当時は絶対年代の測定法が確立されておらず，変動曲線の年代の目盛りを確かめる方法はなかったので，ミランコヴィッチの説を検証することはできなかった．

ミランコヴィッチの死後18年たった1976年，インド洋の深海掘削コア中の浮遊性有孔虫の石灰質な殻に含まれる酸素同位体比と^{14}C年代が測定された．そ

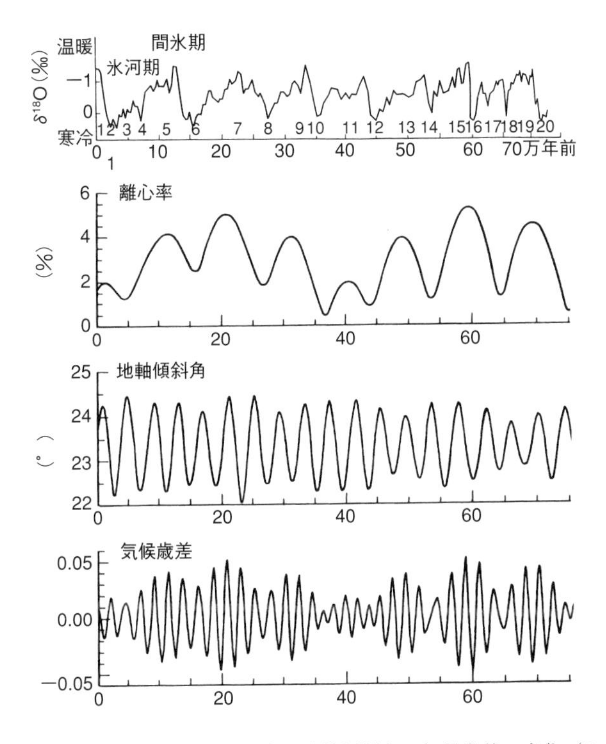

図 14.11　過去100万年間の離心率，地軸傾斜角，気候歳差の変化（Berger & Loutre, 1991）と過去70万年間の18O 変化曲線（Emiliani, 1955）

の結果，過去50万年の酸素同位体比変動曲線（すなわち古海水温の変動曲線）が得られたが，それはミランコヴィッチが推定した夏期の日射量変動曲線と一致したのである（図14.11）．またその曲線の卓越周期を解析した結果，約10万年，41,000年，23,000年と19,000年の周期が検出された．その後，世界中の第四紀堆積物からミランコヴィッチの3つの地球軌道要素に対応した卓越周期が報告されている．これら3つの周期がすべて寒冷化の方向で重なると，夏の日射量は北緯60°付近で約20%減少し，それが氷河期開始の引き金になっていると考えられている．

ミランコヴィッチサイクルは今や地球上のあらゆる所から報告されているが，すべての変動が地球の軌道要素の変化で説明できるわけではない．実際には，もっと長い周期や短い周期の変動も確認されている．一方では，テクトニックプロセスのように非常に長い時間をかけて徐々に進む変動もあり，これらの変動が複合したのが実際の気候変動なのである.

●古環境を解く鍵，安定同位体

過去の地球環境を解明するために，地質学者は様々な化石や地層を環境の指標として使ってきた．たとえばサンゴは暖かい海の指標，氷礫岩を氷河の痕といった具合に．しかし，そのような化石や地層の指標は，過去の気候変動を定量的に表すことができない．ところが第二次大戦後，シカゴ大学のユーリーのグループの研究により，酸素同位体を使って過去の水温を定量的に推定できるようになった．現在では酸素，炭素，水素，窒素，硫黄の安定同位体をトレーサーとして，過去の地球環境のみならず，マントルや地殻の進化まで研究されるようになっている．

同位体とは最外殻の電子の数は同じで，化学的には同じ挙動をするが，質量数だけが異なるものをいう．つまり原子核の陽子と電子の数は同じだが，中性子の数が異なるものを指す．たとえば酸素には^{16}O，^{17}O，^{18}Oと3種類の同位体が存在し，その各々の存在比は99.758：0.0373：0.2039となっている．したがって水H_2Oの分子量は18，19，20と3種類ある．しかし^{16}Oの存在比が圧倒的に大きいので，一般に水の分子量といえば18となっている．

コップの水が蒸発する場合，分子量の小さい^{16}Oを含む軽い水（$H_2{}^{16}O$）から蒸発していく．したがって最後にコップに残る水は，分子量の大きい^{18}Oを相対的に多く含む．これを地球規模の水の循環で考えると，熱帯地方の海で蒸発した軽い水は，選択的に重い水（$H_2{}^{18}O$）を雨として降らしながら，高緯度地方まで運搬される．そして最終的には，極

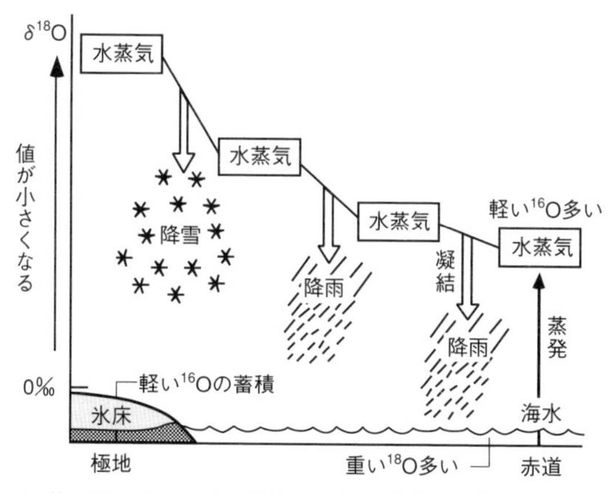

図 14.12　軽い^{16}Oが氷床に多く蓄積されると，海水中の^{18}Oの相対比が大きくなることを利用して，過去の海水温度の変動を推定することができる．

地方に雪となって降り積もる．したがって極地方に降った雪の酸素同位体比$^{18}O/^{16}O$の値は，赤道地方に降った雨の同位体比より小さい（図14.12；酸素同位体比の緯度効果）．その雪が固まって氷となり大陸氷床となる．その結果，大陸氷床には^{16}Oに富んだH_2Oが氷として蓄積され，そのため海洋の水は相対的に^{18}Oに富むようになる．海洋水に浮遊している有孔虫の石灰質の殻は，海水中の同位体比を保ったまま形成されるので，大陸氷床が発達した寒冷期には殻をつくっている$CaCO_3$の$^{18}O/^{16}O$の値は大きくなる．反対に温暖期には

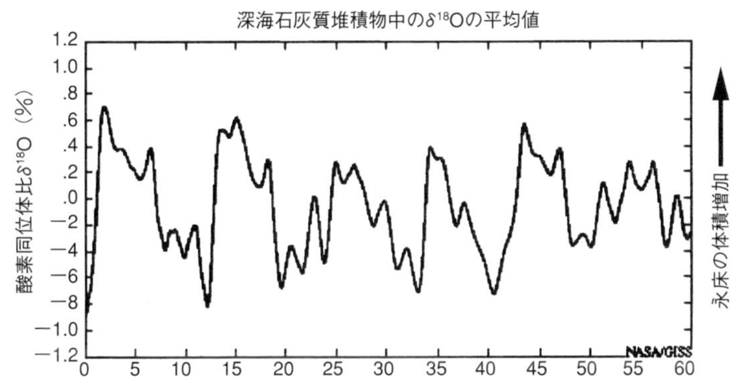

図 14.13　過去60万年にわたる深海石灰質堆積物中の $\delta^{18}O$ の変動．$\delta^{18}O$ の値がプラスの方に変化すると寒冷化，マイナスの方に変化すると温暖化を示す．（NASA ホームページより）

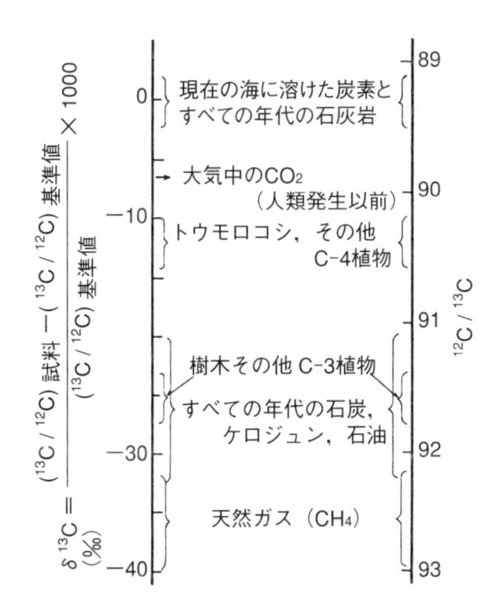

図 14.14　様々な天然物質の炭素同位体組成．軽い炭素^{12}Cと重い炭素^{13}Cの比は，物質によって異なる．（Broecker, 1988より）

大陸氷床が融けて軽い酸素が海水中に増えるので，$^{18}O/^{16}O$ の値は小さくなる．$^{18}O/^{16}O$ の値は海水温度の変化に対応して変化することが実験的に確かめられており，それに基づき浮遊性有孔虫の殻の$^{18}O/^{16}O$ 値から過去の水温を推定することができるのである．

1958年，エミリアーニは太平洋と大西洋赤道域から得られた深海底堆積物中の浮遊性有孔虫殻の酸素同位体比を求め，過去30万年の水温変化曲線を求めた（図14.13）．その曲線はミランコビッチが軌道要素の変化から理論的に求めた日射量の変化曲線と一致し，その結果ミランコビッチサイクルが見直されることになったのである（図14.11）．

一方，天然の様々な炭素についてその同位体比$^{12}C/^{13}C$ を測ったところ，大気中の CO_2，海水中に溶けた炭素と石灰岩，植物，天然ガス，ダイアモンドとではその値が３％あまり異なることがわかった（図14.14）．また植物中の^{12}C は大気中の CO_2より２％ほど多く，その同位体比は石油や石炭の値と同じ範囲に入る．このことは，堆積物あるいは岩石中の炭素の同位体比は，その起源を記録していることを意味している．同様な同位体の分別作用は硫黄に関しても知られており，堆積物や岩石中の硫黄の起源を探るトレーサーとなっている．

第 IV 部

地球環境の変化と生物の進化

地球の環境は，固体地球－大気圏－水圏－生物圏の相互作用によってつくられ，それらの進化と共に変化してきた．また，生物は地球環境の変化と共に進化と絶滅を繰り返してきた．人間にとって不可欠な大気中の酸素は，植物の光合成によってつくり出され，その増加によりオゾン層が形成され紫外線から保護されるようになって初めて，生物は陸上に進出することができるようになった．そんな生物の進化と絶滅の原因となったのは，隕石の衝突やスーパープリュームの上昇による大気や温度の変化であったと考えられている．第 IV 部では，地球環境変化に関する地球史上の大事件を取り上げ，環境の変化に対し生物がどのように進化・絶滅してきたのかを概説する．

人類は，20世紀の100年の間に天然資源の大量消費と大量廃棄および科学技術の進歩により，急激に人口を増やし，豊かな生活を謳歌するようになった．しかしその結果，様々な地球環境問題を引き起こし，地球史上未曾有の重大な影響を生物圏に与えている．このまま人口の増加が進めば，食料もエネルギーも21世紀前半には需要が供給を上回るようになり，人類は危機的状況をむかえることが予測されている．最終章では，人類が引き起こした地球環境変化とそれに関する諸問題について言及する．

第15章

酸素の起源と生物の進化

太陽系の他の惑星と地球の大きな違いの1つは，その大気組成にある．地球型惑星の大気の主成分となっている二酸化炭素が，地球大気には0.03%しか含まれていない．産業革命以来の化石燃料の消費によって，二酸化炭素は約0.01%増加し，地球の気温は過去100年間に0.6℃上昇した．もし，金星大気のように二酸化炭素が95%も地球大気に含まれていたら，地球は超温暖化により，液体の水が存在できない温度になっていたであろう．

一方，地球大気には，木星型惑星の大気の主成分である水素やヘリウムがほとんど含まれていない．その大気組成の特徴は，遊離した酸素分子が21%も含まれることにある．何故地球大気にだけ遊離した酸素分子が生まれたのだろうか？　それは，光合成生物による二酸化炭素の吸収と気体分子としての酸素の発生に求められている．大気の起源と進化の研究によると，還元的であった原始大気が酸化的な状態になるのに，15億年以上の年月を費やしたと推定されている．さらに大気が酸化的になりオゾン層が生まれ，陸上に生物が進出したのが4億年以上前のことである．つまり光合成を行うシアノバクテリアによる酸素の発生以来，30億年以上かけて酸素は増え続け，現在の酸素21%の大気ができたのである．

ところが私たち人類は，産業革命以後わずか100年あまりの間に化石燃料の燃焼により，大気中の二酸化炭素を増大させ，フロンガスによってオゾンを分解しているのである．

第15章では，地球大気中の酸素の起源と生物の進化との関わり合い，および生物の絶滅の原因を概説する．

1．酸素の起源

原始地球が誕生したときには，大気と呼べるものはなかったが，その後の火山活動によって放出されたガスが集積し，大気が形成されていったと考えられている．しかし火山ガスの中には遊離した酸素ガスは含まれていない．それでは，現在の大気中の酸素はどのようにして形成されたのだろうか？

遊離した酸素が形成されるプロセスは2つある．1つは水の光による分解であり，もう1つは光合成による．大気の外縁に達した水の分子は，紫外線によって水素原子と酸素分子に分解される．水素原子は軽いので宇宙空間に散逸し，残った酸素が原始大気中の酸素となった．しかし，この反応で形成される酸素分子はごく少量で，現在の酸素濃度の0.1%を超えることはなかった．一方，植物の葉緑体は可視光線を吸収し，水を分解して酸素を放出し，残った水素で二酸化炭素を還元し糖類を合成している．現在植物の光合成によって生産されている酸素は，地表で酸化物の生成に消費され，約2000年ごとに入れ換っている．すなわち光合成という生物的プロセスは，大気中の酸素を生成するに充分な酸素生成速度をもっており，これこそ遊離した酸素の起源と考えられている．

(1) 遊離酸素とストロマトライト

それでは，光合成をする植物はいつごろ誕生したのだろうか？　様々な機能をもった大型の生物が地球上に出現したのは，約5.5億年前以降のカンブリア紀である．それ以前の先カンブリア時代と呼ばれている地質時代の地層からもっとも頻繁に産出する化石は，ストロマトライトである（ストロマトライトとはギリシャ語で層状の岩石という意味；口絵 IV.17）．ストロマトライトは藍藻（シアノバクテリア）類の化石であり，潮間帯のような光の届く浅い海に生息していた．現在オーストラリアやアデン湾などに生息している藍藻類は，葉緑体をもち光合成をしており，石灰質のマウンド状のストロマトライト構造をつくっている（図15.1）．世界でもっとも古いストロマトライトは35億年前の地層から知られており，とくに25億年前以降の原生代の地層からは世界中で報告されており，その頃から水中に酸素が溶け込み始めたと考えられている．

図 15.1　西オーストラリアのシャーク湾奥の潮間帯に広がるストロマトライトとその堆積環境．（大森昌衛『進化の大爆発』新日本出版社，2000；写真提供，磯崎行雄氏）

（2）縞状鉄鉱層と赤色砂岩層

水中で形成された酸素はまず，水に溶け込んでいた2価の鉄イオンを酸化し，難溶性の3価の鉄に変え，水酸化鉄をつくり沈殿させた．ストロマトライトが増加する約25億年前から，海底における水酸化鉄の沈殿は増大し，約18億年前まで海水中の鉄を水酸化鉄として沈殿させることによって酸素は消費された．その結果，25億年前から18億年前にかけて世界の鉄鉱床の大部分を構成する縞状鉄鉱層が形成された（図15.2）．その埋蔵量は100兆トンと推定されている．この膨大な量の鉄鉱層は世界中どこでも，灰色で主に赤鉄鉱からなる1 mm～数センチメートルのバンドと赤鉄鉱質の珪岩（チャート）が静かに交互に重なった地層（BIF: Banded Iron Formationの略）から構成されている（図15.3，口絵IV.18）．また粘土や砂などの砕屑粒子がほとんど含まれないのが特徴であり，最近ではBIFは遠洋性深海堆積物と解釈されている．このような交互層は，光合成が盛んで水酸化鉄が次々に沈殿した季節と光合成が不活発でシリカだけが沈殿した季節が繰り返すことによってつくられたものと考えられている．

縞状鉄鉱層は25～18億年前に世界中で一斉につくられており，それ以後につくられたものはわずかである．したがって光合成でつくられた酸素によって18億年前までに海水中の鉄が酸化されつくされ，その後大気中の酸素が増えてい

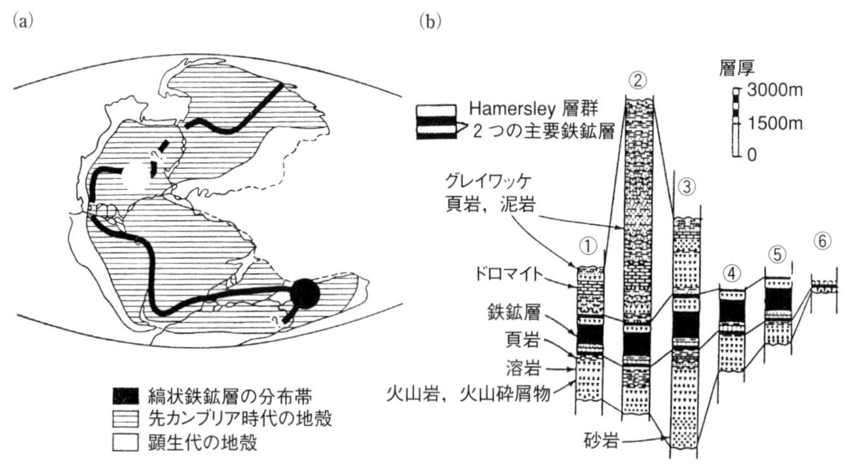

図15.2　(a) パンゲア大陸における原生代初期（約19～21億年前）の縞状鉄鉱層の分布．(Goodwin, 1973)；(b) 西オーストラリア，ハマスレー（Hamersley）鉄鉱床地域（●）の地質柱状図．(Trendall, 1968)

(a)

(b)

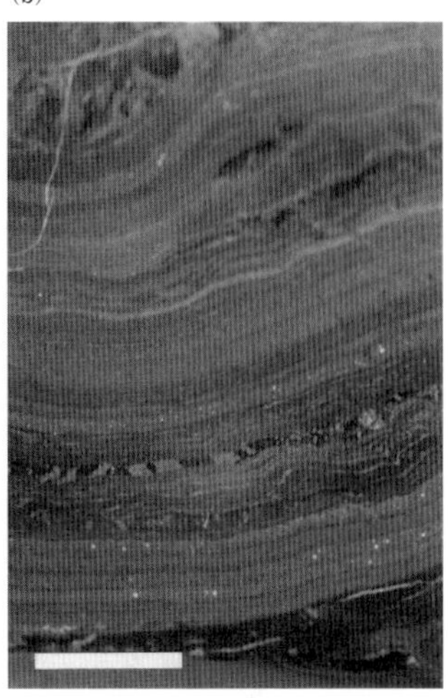

図 15.3　(a) 西オーストラリア，ハマスレー鉄鉱床地域の縞状鉄鉱層の露頭．(b) 縞状鉄鉱層の研磨面（スケールは 1 cm）．

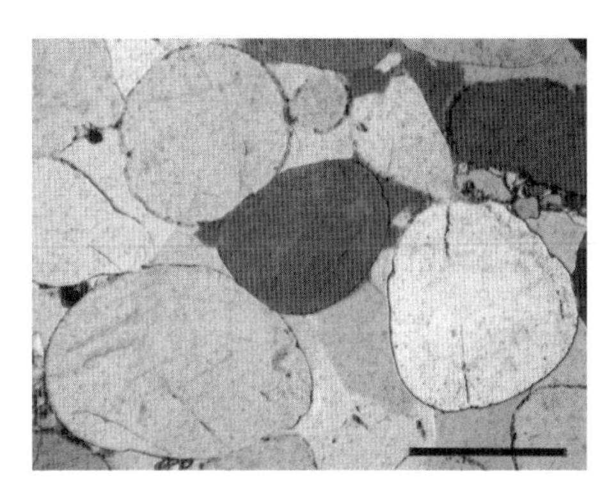

図 15.4　約17億年前の赤色石英砂岩の顕微鏡写真（スケールは0.5mm）．大陸地殻の風化によって最後に残留した，円磨された砂漠起源の石英粒子からなる．砂粒のまわりは酸化鉄の皮膜におおわれている．中央ネパール産．

ったものと考えられている．

20億年前以降，大気が徐々に酸素に富むようになった証拠は赤色岩層である．赤色岩層とは，赤鉄鉱の酸化皮膜によっておおわれた石英などの屑砕粒子（図15.4）を多量に含む堆積物の総称であり，その出現は大気が酸化的であったことを示す．現在のサハラ砂漠の砂は赤鉄鉱の被膜でおおわれており，ピンク色をしている．このような赤色岩層は約17億年前以降，世界中から報告されており（口絵Ⅳ.19），その頃には大気が充分酸化的であったことを示している．

2．酸素の増加と生物の進化

（1）原核生物と真核生物

現在の生物界は細胞の構造という観点から，2種類の生物にわけられる．1つは原核細胞からなる生物であり，もう1つは真核細胞からできている生物である（図15.5）．現存する生物の内，原核生物は藍藻やマイコプラズマなどごくわずかであり，大部分が真核生物である．両者の違いは核膜の有無にあり，原核生物ではDNAが細胞内に散らばっているが，真核生物ではDNAは核膜におおわれた核の中に隔離されている．DNAは260nm程度の波長の紫外線をよく吸収し，分解・破壊されてしまう．核膜によってDNAが保護された真核生物の出現により減数分裂が始まり，さらに有性生殖が始まり多細胞生物として進化が促進されるようになったのである．カナダのスペリオル湖岸の縞状鉄鉱層に伴うガンフリントチャートからは，約19億年前の様々な細胞が発見されているが，真核生物は認められていない．確実な真核生物の化石が出現するのは，約14億年前からである．

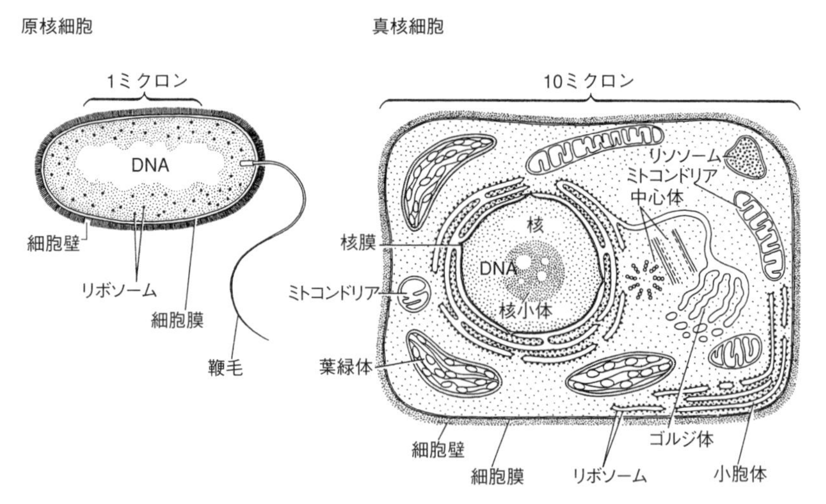

図 15.5　原核生物の細胞と真核生物の細胞．真核細胞には核膜に囲まれた核がある．（Woese, 1981）

(2) エディアカラ動物群とバージェス動物群

真核細胞をもった大型の多細胞生物が何時頃出現したのかについては，まだよくわかっていない．しかし先カンブリア時代末期の5.9～5.5億年前には，大型の多細胞生物が出現している．エディアカラ動物群といわれる奇妙な形をした生物群で，南オーストラリアのアデレード北方から最初に報告された．その後，他の五大陸の同じ時代の地層からも類似の化石が発見されている（図15.6）．エディアカラ動物群はいずれも骨や殻のような外骨格をもたず（図15.7），その大きさは1～30cmで，最大1mに達する．上下の地層は浅海～干

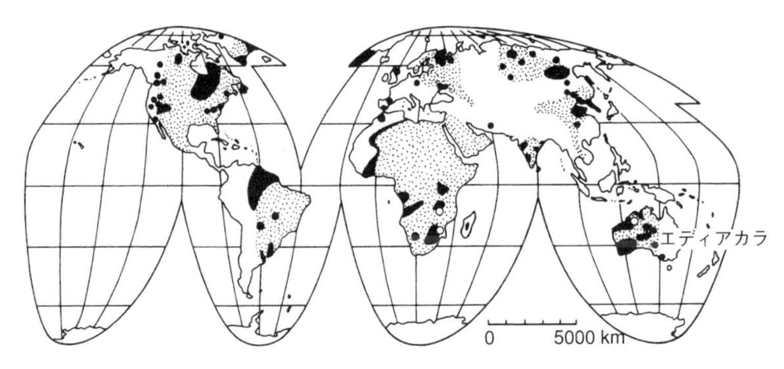

図15.6　太古代（25億年以上前）のストロマトライト（○）とエディアカラ動物群の化石産地（●）．灰色部分は太古代，砂目部分は原生代の地層分布域．（大森昌衛『古生物学から見た進化』東京大学出版会，1991）

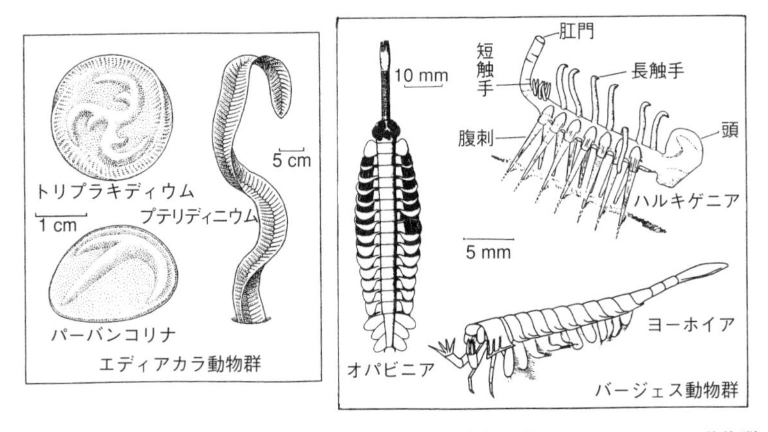

図15.7　エディアカラ動物群とバージェス動物群の代表的化石．エディアカラ動物群は扁平で体の軟らかい種類が多く，バージェス動物群は現在の生物につながる体制をもった有殻動物が多い．（大森昌衛『進化の大爆発』新日本出版社，2000）

(a)

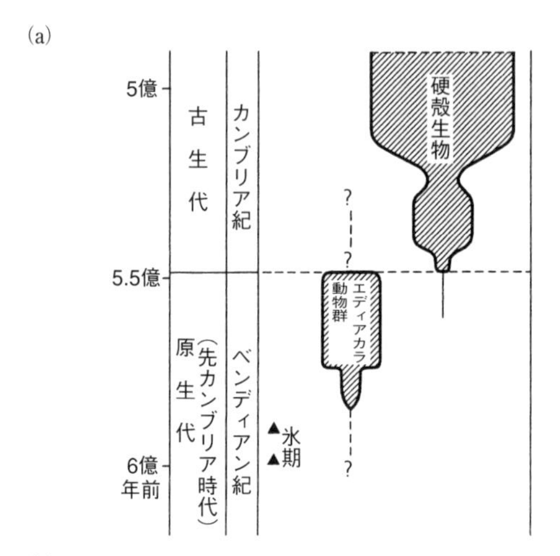

(b)

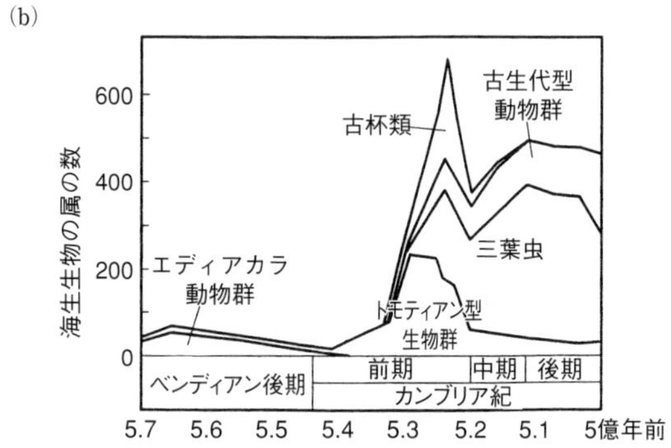

図 15.8 (a) 先カンブリア時代とカンブリア紀境界付近（6～5億年前）の動物群の出現．(b) カンブリア紀の爆発的進化による多様な動物群の出現．(松本良・角和善隆『科学 第68巻 第9号』岩波書店，1998)

潟の地層で，泥の中に潜ったり，這ったりした跡（生痕）が残されている．

カンブリア紀になると突然様々な体制をもった，高度に複雑化した生物が出現した（図15.8）．カナディアン・ロッキーの約5.3億年前のバージェス頁岩から発見された動物群は硬質の内骨格や外殻をもっており，エディアカラ動物群とは大きく異なっていた．硬質の組織は軟体部を保護したり，運動機能や補食能力を高めた．また現在の動物分類群につながる軟体動物や節足動物など6つの門が出現している．人類につながる脊椎動物門の中核をなす脊索動物もバージェス頁岩から発見されている．同様な時代の動物化石群は，最近続々発見され世界の40カ所以上から報告されている．

この動物群のもう１つの重要な点は，三葉虫などの節足動物同様，堆積物を摂食する生物の優先度が高い点である．カンブリア紀の次の時代，オルドビス紀には懸濁物を補食する棘皮動物（イソギンチャクやウミユリなど）やコケ虫が発展し，遊泳性の肉食動物である頭足類（アンモナイトの仲間）が出現した．

3．陸上植物の出現

陸上に最初の生物が上陸したのは，今から約4.2億年前のシルル紀後期である（図15.9）．約5.5億年前にカンブリア紀が始まって以後，様々な動植物が出現したが，すべて水中に生息したものであった．なぜ，カンブリア紀の爆発的進化のときに生物は陸上に進出できなかったのであろうか？　その理由は紫外線にあったと考えられている．現在，地球に降り注ぐ紫外線はオゾン層によって吸収され，生物は有害な紫外線から保護されている．しかし，シルル紀後期に植物が上陸する前までは，酸素濃度がオゾン層を形成するほど高くなかったのであろう．そのため紫外線は陸上に直接降り注いだので，陸上生物は存在し得なかったのである．初期のエディアカラ動物群の多くは，水深５～10m以下（水が紫外線を吸収する）の水底あるいは堆積物の中に生息していた．バー

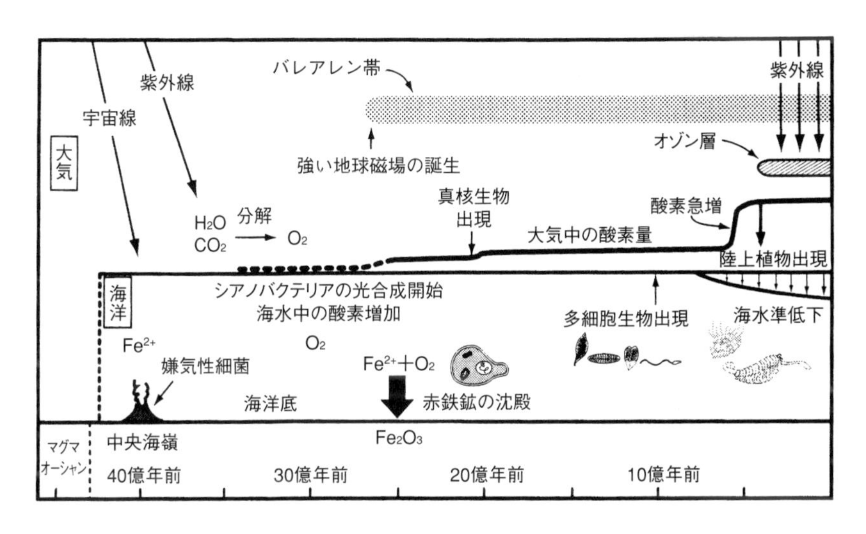

図 15.9　地球の表層環境の変化と生命の進化．（磯崎行雄・山本明彦『科学 第68巻 第10号』岩波書店，1998）

ジェス動物群も多くは底生生物からなり，水によって紫外線から守られて生活していたものと考えられている．

オゾン層に守られた，酸素が充分にある陸上は水中生物にとって新天地であり，うまく適応することができれば爆発的に進化することが約束されていた．しかし水中の生活から離れ大気中での生活に適応するためには，様々な障害があった．1つは空気と水の密度差による体の支持力の問題であり，もう1つは乾燥に耐えることのできる体の構造であった．また水と空気では光の屈折率も音の伝搬状態も違っていたので，視覚や聴覚の器官を変えねばならなかった．さらに，酸素と二酸化炭素は水中と大気中ではまったく挙動が異なるので，呼吸器官の調整も必要であった．

このような条件を乗り越え，約4.3億年前に水中から陸上へ最初に進出したのは，クックソニアと呼ばれる根も葉もない，茎の先端に胞子のうをもった植物であった．水辺の湿った環境に生育していたが，地中から水分や養分を吸い上げる維管束は未発達であった．次のデボン紀（4.2～3.5億年前）には，乾燥に強い胞子を生産し，風を利用して遠くまで胞子を運搬させる機能をもったシダ植物が出現した．そして次の石炭紀（3.5～2.9億年前）には，諸大陸が合体してできた超大陸パンゲア全域に植物は広がり，大森林を形成した．森林の拡大によって酸素の生産量も増大し，3.6億年前には最初の脊椎動物が陸上に出現したのである．

4．P-T境界とスーパープリューム

多様な大型生物が出現したカンブリア紀以降，過去5.5億年の間，生物は進化と絶滅を繰り返してきた．化石の記録が豊富なこの時代に，科のレベルで20%以上，属のレベルで50%以上の生物が死滅した大絶滅が5回起こっている．その中でも最大規模の絶滅は，約2億5000万年前の古生代と中生代の境界に発生した（図15.10）．古生代の最後の時代をペルム紀（Permian），中生代の始まりの時代を三畳紀（Triassic）というので，両者の頭文字をとってP-T境界と呼ばれている．このP-T境界では海生無脊椎動物が科のレベルで50%，属のレベルで83%絶滅したと推定されている．古生代に栄えた三葉虫や紡錘虫（フズリナ），四射サンゴは完全に絶滅し，腕足類，海ユリやコケ虫も多くが絶滅した（図15.11）．この絶滅事件は200～300万年の間に起こっている．

この史上最大の絶滅事件は，ペルム紀末期に起こった大規模な海退に伴われ

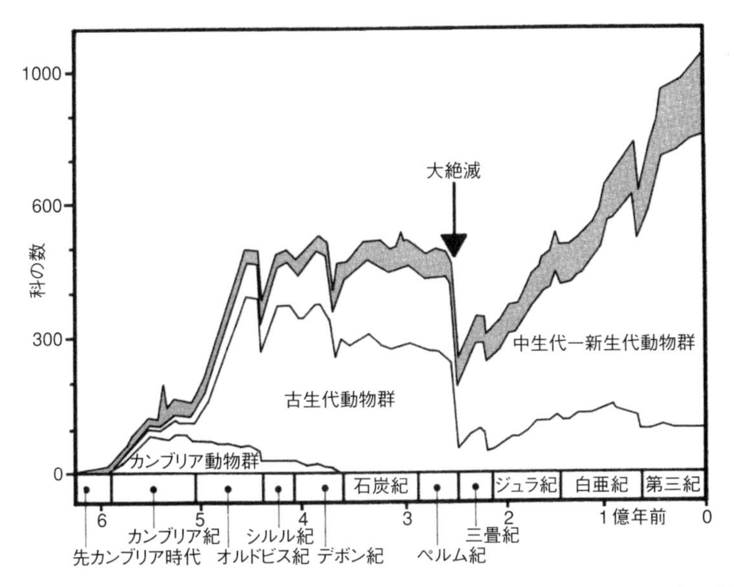

図 15.10　古生代から現在までの海洋生物の科の数の変動．史上最大の絶滅と呼ばれるペルム紀末の大絶滅では科数が激減した．(Sepkoski, 1984を改作；『絶滅の科学』学習研究社，1994)

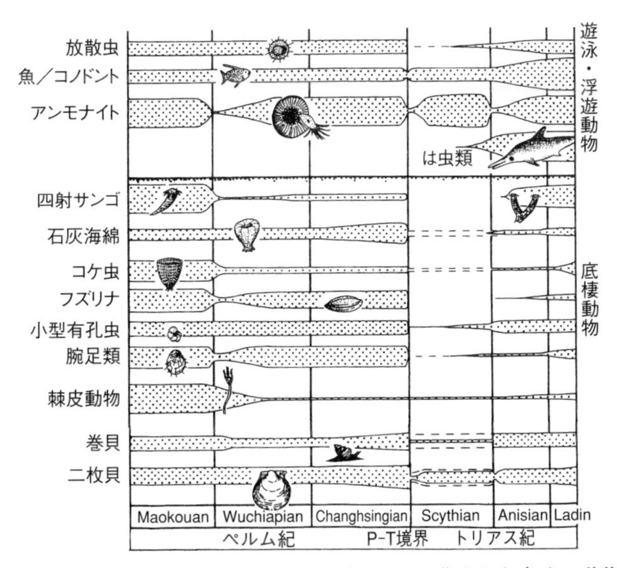

図 15.11　P-T 境界では，四射サンゴ，フズリナ，三葉虫など多くの動物群が絶滅した．またペルム紀中期末と P-T 境界の 2 段階で絶滅が発生した．(磯崎行雄，2002；熊澤峰夫ほか編『全地球史解読』東京大学出版会，2002)

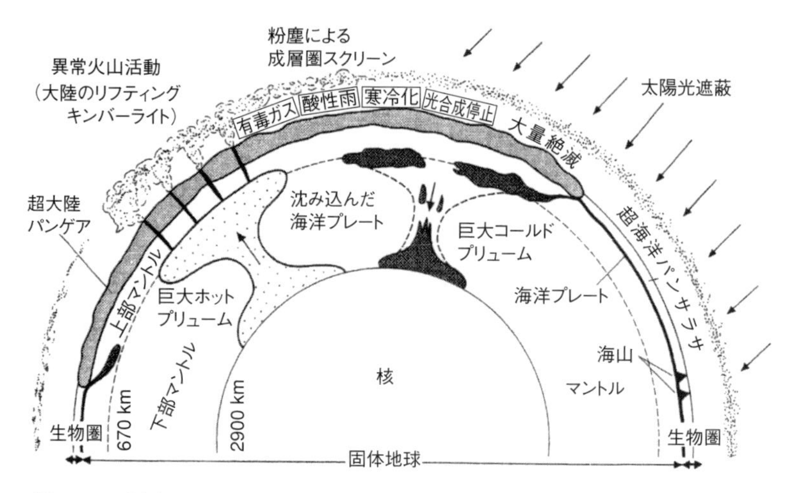

図 15.12　巨大ホットプリュームの上昇に伴う洪水玄武岩の活動により，P-T 境界の大量絶滅が起こったという「プリュームの冬」仮説の模式図.（磯崎行雄『科学 第67巻 第7号』岩波書店，1997）

ている．また，ペルム紀末期には海洋中の酸素が欠乏する事件が起こり，有機物が分解されなかったために黒い遠洋性堆積物ができ，炭素同位体の炭素12の比率が急激に増加している．これは炭素13に比べ有機物に選択的に蓄積する炭素12が，大量に放出されたことを意味している（コラム「古環境を解く鍵，安定同位体」を参照）.

その原因として有力視されているのが，マントルからのスーパープリュームの上昇とそれによる洪水玄武岩の活動である．P-T 境界に前後して超大陸パンゲアの分裂の先駆けとなった洪水玄武岩の活動が，世界各地で起こっている．シベリア，インド，中国，アフリカなどに記録された洪水玄武岩の活動によって，森林火災が起こるとともに，石炭層も燃えて大量の有機質粉塵が大気中に放出されたため，太陽光線が長期にわたって遮られ地球全体が寒冷化し，海退が生じ，生物の大量絶滅が起こったという説である（図15.12)．その是非については，世界中の研究者が様々な視点と手法で検証を行っているところである．なお三畳紀には急速な海進が記録されている．

5．K-T 境界と隕石の衝突

恐竜が栄え，アンモナイトが進化し，温暖な気候が卓越した中生代は，約

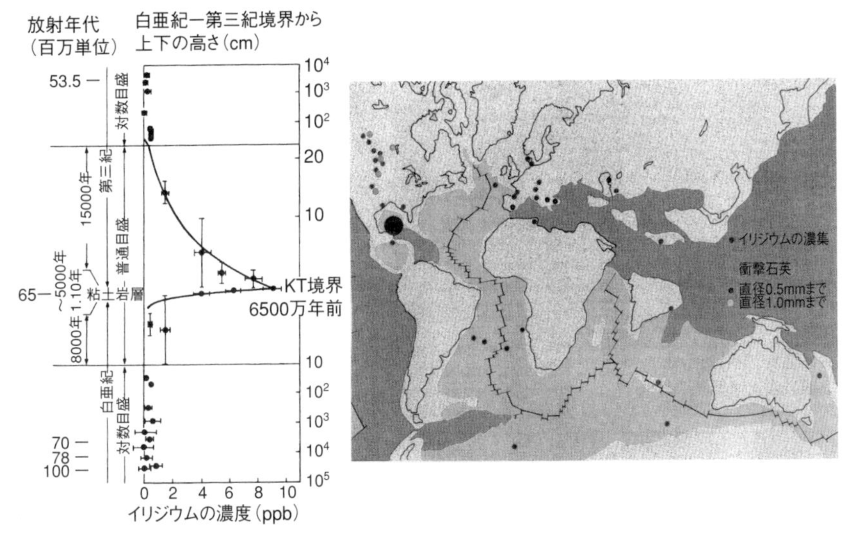

図 15.13 K-T(白亜紀 - 第三紀)境界の粘土層にみられるイリジウム濃度の異常(Alvarez, 1987)とそれが確認された地点.●:隕石が衝突したユカタン半島,チチュルブ・クレーターの位置.(Alvarez & Asaro, 1990;『日経サイエンス 12月号』日経サイエンス社,1990)

6500万年前に急に終わりを告げた.中生代と新生代の境界は白亜紀(ドイツ語のKreide)と第三紀(Tertiary)の境界であることから,K-T境界と呼ばれている.K-T境界で中生代最後の大絶滅が起こらなかったならば,恐竜の時代が今も続いており,新生代が哺乳動物の進化の時代になることもなかったし,人類も生まれていなかったかもしれない.ただし,この絶滅は古生代末の絶滅ほど大きくはなく,魚類はまったく絶滅せず,両生類や鳥類も大きな影響は受けず生き延びた.海生動物の科のレベルでは16%が,属のレベルで38~46%が失われたと推定されている(図15.10).

K-T境界の絶滅の原因について世界中で議論が沸騰したのは,1980年にカリフォルニア大学のアルバレズ親子(父は物理学者,子は地質学者)が隕石衝突説を唱えたのに端を発している.彼らは世界各地のK-T境界で,境界粘土と呼ばれる厚さ1~数センチメートルの微粒堆積物を発見し(口絵IV.13,14),その粘土層には共通してイリジウムが異常に濃集していることを指摘した(図15.13).イリジウムは白金属元素で,地殻の岩石にはほとんど含まれておらず,マントルや核,隕石に含まれていることから,直径10kmほどの隕石が地球に衝突し，爆発することによってまき散らされた物であり，恐竜の絶滅は隕石の衝突が原因だと主張した．

その後境界粘土層のイリジウム異常部分から，マイクロテクタイトと呼ばれる地殻物質が溶融し，急冷されてできた球状のガラス質物質やショックド・クオーツと呼ばれる超高圧の衝撃で変形した石英粒子が発見された．また境界粘土層の中から，上下の地層より高濃度の煤状炭素粒子が発見され，隕石の衝突によって世界各地で森林火災が発生した証拠だとされた．このような証拠から，約6500万年前に隕石が衝突したことは間違いないと考えられるようになった．

直径が10kmを超える隕石が衝突すると，その爆発により隕石と地表の岩石が粉塵となって飛び散り，一部は溶融する．クレーターから吹き上げられた粉塵は成層圏を突き抜け，何年間にもわたって太陽光線を遮断し，地球は急速に寒冷化する．そのため光合成ができず植物は枯死し，その結果食糧のなくなった動物も死滅する．そのシナリオは，全面核戦争によって大気の上縁まで噴き上げられた粉塵によって地球が寒冷化する，という「核の冬」と同様な現象，「衝突の冬」をもたらし，絶滅を引き起こしたというものである．

隕石が衝突したという状況証拠は充分に見つかったが，直径10kmほどの巨大な隕石が衝突したのであれば，当然地表に残したであろう直径200kmと推定されるクレーターはなかなか見つからなかった．しかし1991年，そのクレーターはユカタン半島の北端から発見された（図15.13）．この他にも同時代の隕石孔がアリゾナやシベリアからも報告されており，1994年に木星に衝突したシューメーカー・レビー第9彗星のように，複数の巨大な小天体がK-T境界の時代に地球に衝突した可能性も議論されている．

この恐竜絶滅の隕石衝突説に対して，一部の古生物学者から反論が提出されている．その論拠となったのは，生物の絶滅が突然起こったのではなく，徐々に起こったという事実であった．アンモナイトや二枚貝，有孔虫などはK-T境界より数百万年前から徐々に衰退を始め，K-T境界より少し前に絶滅している．もし隕石衝突によって絶滅が起こったのであれば，衝突直後の短期間に絶滅が起こったはずである．また海洋の表層水と深層水の温度は1500万年ほどまえから低下を始めており，K-T境界付近で寒冷になるが，それは突然の変化ではない．したがって，多くの古生物学者は隕石の衝突があったことは間違いないが，それが絶滅の原因ではないと考えている．

K-T境界の絶滅の原因をスーパープリュームの上昇による洪水玄武岩の活

動に求めている研究者もいる．インドのデカン高原は，約6600万年前の約100万年間に噴出した50万～10万 km^3の洪水玄武岩からなる．K-T境界の約200万年ほど前から始まった大規模な火山活動によって，絶滅が起こったと主張している．

用語解説●核の冬

全面核戦争により米ソの核弾頭の約半分が使用されたとすると，その爆発の結果大量の煙とすすが大気中に舞い上がり，太陽光線がさえぎられ長期にわたり気温が低下し，地球全体が氷に閉じこめられた状態が出現する．米国防総省の委託による全米アカデミーの調査報告では，6500メガトンの核弾頭の使用により，1億7500万トンの煙とチリが大気中に舞い上がり，太陽光線の99%以上が遮断され，北半球では夏の気温が平年より30℃低くなるという．旧ソ連の研究グループによる試算でも，核戦争40日後には，北半球の陸上で気温が10～50℃低下することが予測されている．コーネル大学のカール・セーガンらは，シミュレーションによって予測された核戦争による仮想的な冬を「核の冬」と呼んだ．隕石の衝突による爆発あるいはプリュームによる洪水玄武岩の噴出により，核の冬に似た「衝突の冬」や「プリュームの冬」が発生し，生物の大量絶滅が起こったことが議論されている．

●ストロマトライトの栄枯盛衰

地球上に様々な機能と形態をもった生物が大量に出現したのは，約5.5億年前のカンブリア紀である．それ以前の地層に残された生物の痕跡は，ストロマトライトを除くと多くは顕微鏡サイズの小さな化石である．ストロマトライトは地球が誕生して約10億年後の35億年前から現在まで，営々と生き続けたもっとも長寿の生物の化石ということができる．

ではストロマトライトとは，どんな生物の化石なのであろうか？　実はストロマトライトをつくったのは，藍藻と呼ばれる光合成によって独立栄養を営む原始的植物である．ただし，この植物はバクテリアと同様に細胞内に核をもたない原核生物である（図15.5）．藍藻の細胞には，核のみならずミトコンドリアや葉緑体のような細胞内小器官は発達していない．このような細胞の特徴から，藍藻類をシアノバクテリアと呼ぶこともある．現在地球上には1500種あまりの藍藻があるが，その形態は個々の単細胞が独立して生きている場合と鎖状につながった糸状体で生活している場合がある．後者の代表例が，富栄養化し

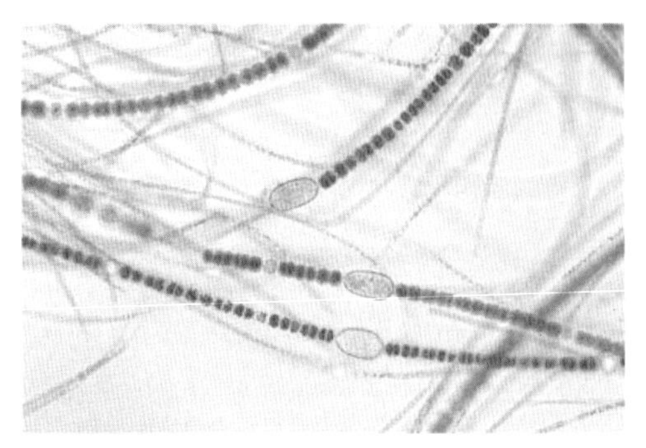

図 15.14　アオコを構成する藍藻類，ネンジュモ目，*Anabaena*（アナベナ属）．樽形の細胞の直径は 4 ～4.5 μm．（国立科学博物館ホームページ「アオコをつくる藍藻」より）

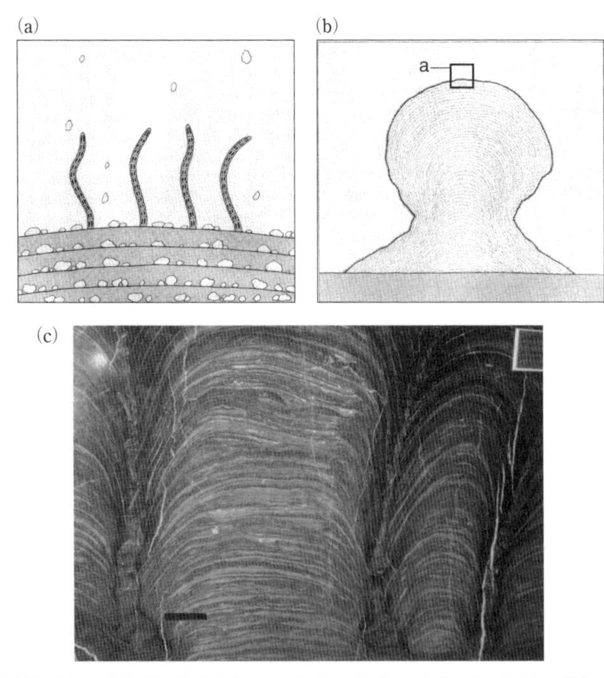

図 15.15　(a) 藍藻がストロマトライトをつくるプロセス．(b) 石灰質・砂質葉理の積み重なったマッシュルーム状のストロマトライトの断面．(NHK「地球大紀行 2 ―残された原始の海」より)；(c) カナダ，グレートスレーブ湖岸の約18億年前のストロマトライトの研磨断面．

た湖などに大発生し，湖面を緑の絨毯でおおってしまうアオコである．その他の例として，ネンジュモ（図15.14）や飼料資源として期待されているスピルリナなどがある．藍藻類は原始的な生物だけに，高温の温泉水からヒマラヤの雪氷の上まで様々な環境に適応して生活している．西ネパールのヒマラヤ地域で清浄な水が流れる川には，藍藻類がたくさん生育している．それを天日で乾燥させるとまさに川海苔で，長期間にわたる調査で副食がなくなった時など，好んで食べたものである．ただ藍藻の中には毒素をもつものもいて，これは動物プランクトンに食べられないための防御機能と考えられている．

藍藻のなかには，糸状体の表面にマグネシウムをたくさん含む方解石の微結晶を沈着させたり，マット状の表面に粘液質の皮膜をもっているものがある．また流れ込んでくる石灰質な粒子や砂粒をとらえ，藍藻表面に固着させる．季節によって，あるいは日昼と夜間では，沈着量や分泌物質の量が異なるので，有機質な薄層と石灰質な（あるいは砂質の）薄層が積み重なり，葉層構造が形成される（図15.15）．この葉層構造が上に上に積み重なってできたドーム状，マット状，筍状の岩石がストロマトライト（ギリシア語でストロマは層状の，ライトは岩石を意味する）である．その大きさは，数センチメートルから数メートルに達する．

6億年以上前の古い岩石から構成されている先カンブリア時代の堆積岩地帯を調査すると，決まってストロマトライトに出くわす．カナダの五大湖や北極圏に近いグレートスレーブ湖の周辺には，ストロマトライトからなる石灰岩やドロマイトの地層が広く分布している．この地域は約1万年前まで大陸氷床におおわれていたため，これらの岩石は厚い氷によって磨かれ，見事なストロマトライトが地平線の彼方まで露出している（口絵Ⅳ.17）．ストロマトライトを含む地層の中には，浅い海でできたさざ波の化石リップルマークや乾燥してひび割れた地層（乾裂の痕）などが観察されることから，藍藻類が光合成できるような浅い海でストロマトライトが形成されたことがわかる．

現世のストロマトライトが広く分布するのは，次の3カ所である：オーストラリア西岸のシャーク湾（図15.1），フロリダ沖バハマ諸島のアンドロース島，ペルシャ湾．この他グレート・ソルト湖のような内陸湖にも分布している．これらの地域に共通していることは，いずれも亜熱帯高圧帯直下の乾燥気候下にあり，塩分濃度が高いことである．またストロマトライトは，干潮時には広大な干潟が広がる，潮間帯から潮下帯にかけて広く分布している．1日に2度水中に没したり水上に現れたりする高塩水の海域は，生物の生息環境としては大変厳しく，生物の種数は限られている．そのような過酷な環境だからこそ，進化から取り残された原始的な生物だけが生き残っているのである．カンブリア紀以降，ストロマトライトは激減した．それは紫外線や乾燥にも耐えられる，藍藻を捕食する進化した生物の出現によって，ストロマトライトの生息域が縮小した結果なのである．

第16章

人類による地球環境の変化

20世紀の100年間で人間の生活は大きく変わった．食糧は安定して供給されるようになり，生活は便利になり，人間の行動範囲は飛躍的に広がった．それを支えてきたのは，科学技術の進歩による資源の大量消費と大量廃棄および人間の手による自然の改造であった．その結果，人口は急激に増大し，食生活は豊かになり，より快適にすごすことができるようになり，平均寿命はのびた．しかし，資源の大量消費と廃棄の結果，大気も水も大地も汚染され，地球環境は悪化の一途をたどっている．化石燃料の大量消費の結果，これまでの地質時代には経験しなかった速度で地球温暖化が進行している．二酸化炭素を吸収し，酸素を放出し続けてきた熱帯林は，1年間に九州とほぼ同じ面積の割合で伐採されている．

これ以上の地球環境の悪化を招かないために，私たちは大量消費と大量廃棄に支えられた生活を見直し，持続可能な発展の方法を探さなければならない．そのためには，まず最近の地球環境の変化の現状をしっかり把握することである．第16章では，人類による地球環境の変化の現状とその原因を概観する．

1．人類と地球環境

20世紀は人類史にとっても地球史にとっても，未曾有のきわめて異常な時代であった．技術革新・大量生産・大量消費のおかげで人口は爆発的に増加し，人類は急成長し豊かな生活を送ることができるようになった．19世紀末16億人であった世界の人口は，100年後の1999年には3.7倍の60億人に，2015年には73億人に達した（図16.1）．現在，世界中で年間6000万人が亡くなり，1.3億人が生まれており，このままでは21世紀中頃に100億人に達すると予想されている．この驚異的な人口増加は，科学技術の進歩と莫大なエネルギー消費によって支えられてきた（図16.2）．

この50年間に世界の耕作地は5.9億 ha から6.9億 ha へと17％増大した．また技術の進歩による土地生産性の向上によって，穀物生産量はこの100年間で4億トンから19億トンへと飛躍的に増加した．世界の総生産はこの100年間に，6000億ドルから13兆ドルと20倍以上に激増している．日本の人口は1900年に

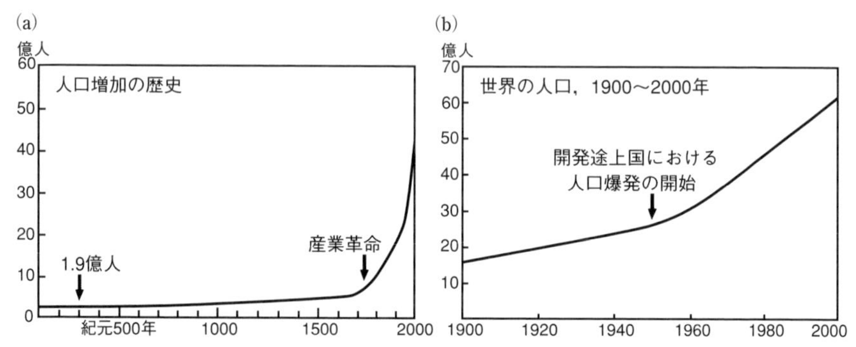

図 16.1　(a) 人類の人口増加の歴史．(b) 20世紀の100年間における世界の人口の変化．
（レスター・ブラウン編著『地球白書1999－2000』ダイヤモンド社，1999）

	1900年	1997～98年
人口	16億人 10億人（1825年）	60億人（'99） （10年間で1億人増加）
人口増加	1600万人／年	8000万人／年
平均寿命	35歳	66歳
年間総生産	2.3兆ドル	39兆ドル
年間所得／1人	1500ドル	6600ドル
自動車	数千台	5億100万台
年間総エネルギー量	9億1100万トン	96億4700万トン
年間石油使用量	1800万トン	29億4000万トン
年間石炭使用量	5億100万トン	21億2200万トン
天然ガス	900万トン	21億7300万トン
テレビ	400万世帯（'50）	10億世帯弱
100万都市	16	326
穀物消費量／1人	247kg	319kg
年間穀物収穫量	4億トン	19億トン
穀物作付面積	5億8700万 ha（'50）	7億3200万 ha（'81） 6億9000万 ha
単位面積収穫量	1.06トン /ha（'50）	2.73トン /ha（'97） 2.48トン /ha（'90）
灌漑用地	4800万 ha	2億6000万 ha
施肥量	1400万トン（'50）	1億3000万トン

図 16.2　激変の20世紀．1900年と20世紀末の人間活動に関する諸量の比較．

4400万人であったが，1999年には1億2700万人と2.6倍になった．また19世紀末に35歳だった世界の平均寿命は，現在2倍の70歳にのびている．

航空機の発達により大陸も海洋も容易に横断できるようになり，コンピュータによる情報ネットワークのグローバル化と迅速化により，地球は確実に小さ

21世紀前半の人口・食糧・エネルギー予測

人口	2015年：73億人，2025年：85億人，2050年：96億人
	人口増加は開発途上の人口過密国に集中
穀物生産	2010年　需要23.4億トン＝生産23.4億トン
	2025年　需要29.2億トン＞生産27.9億トン
	耕作地の増加，土地生産性の向上はあまり望めない
エネルギー	エネルギー資源の寿命：現在の消費量では645年
	消費の増加率　2（5）%の場合　寿命133（70）年
	2030年頃　石油生産のピーク
	160年　天然ガスの可採年数
食糧危機	2025年頃　穀物生産量＜穀物消費量：地球規模で危機

21世紀の課題と対策

人口問題	開発途上国の人口増加抑制（人口政策の強化）
食糧問題	食糧増産：水効率，穀物効率の改良
	灌漑用水資源の開発
	過食（脂肪分の多い畜産物摂取過多）の人々の食生活改善
エネルギー問題	エネルギーシステムの改変（石炭の液化技術の革新など）
	エネルギー変換効率の改良
地球環境問題	廃棄物の再資源化・リサイクル
	温室効果ガスの排出量削減
	環境税などの導入と環境保護産業の育成
	先進国のライフスタイルの見直し

図 16.3　21世紀前半の人口・食糧・エネルギーの予測および課題と対策．

くなっている．そして社会も経済も次第にボーダーレス化しようとしている．

これらの急激な変革は人類の成長を支えてきたが，一方で地球環境の悪化やエネルギー資源の枯渇の危機を招いている．年間1.2%以上の割合で増え続ける人類を養えるほど地球は広くなく，エネルギーは無限ではない．21世紀のはじめに生きるわれわれは，人類の発展と拡大が限界に来ていることを知っている．1972年のローマクラブによるレポート「成長の限界」以来，人類の近未来に対する幾多の予測が出されているが，どのレポートも21世紀の前半に人類は史上最大の危機に直面することを警告している（図16.3）．

その人類が直面している大きな問題とは，（1）地球環境問題，（2）人口（食糧）問題，（3）エネルギー問題である．人類はエネルギーと物質の大量消費と大量廃棄によって，現在の繁栄を謳歌しているが，そのつけが次のような地球環境問題を引き起こしている．

大気圏の変化―①大気汚染，②酸性雨，③オゾン層の破壊，④地球温暖化

水圏の変化——①海洋汚染，②水質汚濁
岩石圏の変化—①砂漠化，②土壌の流失
生物圏の変化—①重金属汚染，②合成化学物質汚染と環境ホルモン
③生物多様性への影響，④森林減少など

これら人為による地球環境変化は，個々独立しておらず相互に関係しあっている．また，その変化は一般に急激ではなく，数年～数十年かけて累積した結果であり，直接の因果関係を科学的に立証することが困難なものが多い．そのために環境変化の原因や人体への影響が指摘されてから，その社会的認知にいたるまで長い時間がかかったものが多い．本書では，オゾン層の破壊と砂漠化および重金属と合成化学物質による汚染と環境ホルモンの問題を取り上げる．個々の環境問題については，多くのテキストが出版されているので，それらを参照されたい（参考図書 p. 305～312）．

2．フロンガスによるオゾン層の破壊

1974年，カリフォルニア大学のローランドとモリーナは大気中に存在するフロンの量が，それまでに大気中に放出された量とほとんど変わらないことを見出した．つまり，フロンは長いこと大気中に浮遊し，成層圏に達し，オゾン層を消滅させるに充分な塩素原子を生成することに気づいた．この理論的予測の是非をめぐって，フロンガスを製造していたデュポン社と研究者たちはアメリカ議会を巻き込んで激しく議論した．その後1986年に南極のオゾン・ホールが発見され，そのオゾン濃度が1979年の半分以下になっていることが確認されることによって，フロンガスによるオゾン層の破壊は社会的に認知されるにいたった．そして1989年，フロンガスの製造を2000年までに全廃する国際条約が締結された．しかし，フロンの大気中での寿命は100年近く，安定な化合物であるために，これまでに放出されたフロンのうち成層圏にまで達したのは，約10%にすぎない．したがって，フロンを全廃しても今後100年以上にわたって，オゾン層が破壊され続けることは間違いない．

オゾン層が破壊され地表に有害な紫外線が降り注ぐようになると，皮膚ガンや白内障などの発生率が増加する．また植物の光合成が抑制され，成長が阻害され農作物の収穫量が減少するなど，生物界に重大な影響をもたらすと考えられている．

(1) オゾン層とは

高度10～50kmに広がる成層圏の中で，オゾン（O_3）が濃集している20～30kmの部分はオゾン層と呼ばれている（図16.4）．オゾンは大気中の酸素分子に紫外線があたり，光化学反応によって生じている．オゾンは波長200～320nmの紫外線をよく吸収し，地表の生物を紫外線から保護すると同時に，温室効果によって高度50km付近に極大値をもつ高温層を形成している．対流圏と成層圏の境界をなす圏界面付近で温度は－50～－60℃まで低下するが，オゾンによる紫外線の吸収によって次第に上昇し，高度50km付近でほぼ０℃になっている（図16.4）．

オゾンの生成率は太陽高度の高い低緯度地方で大きく，緯度が高くなるにつれ小さくなる．一方オゾン密度は，日射のない冬半球の高緯度地方で極大になる．この事実はオゾンが生成後，大気の運動によって高緯度地方にもたらされることを示している．

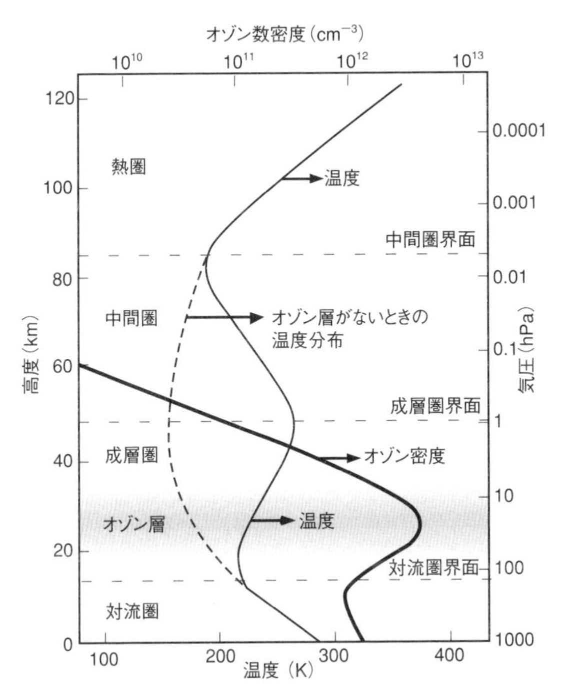

図 16.4　オゾン濃度の高度分布と大気の温度・圧力の変化．（富永健・巻出義紘『科学 第54巻 第８号』岩波書店，1984を改作）

(2) フロンガスによるオゾンの分解

フロンとは炭素とフッ素が直接結合した化合物の総称であるフルオロカーボンの法律上の名称である．沸点が低いため常温で気化し，周囲の空気から気化熱を奪うので冷蔵庫やエアコンの冷媒として使用されるほか，各種スプレーや溶媒として広く利用されてきた．

この有機フッ素化合物のなかの塩素は，激しい化合力をもつ元素で酸化作用が強い．そのためフロンが成層圏で紫外線により分解され塩素原子が生じると（①式），オゾンを分解し一酸化塩素（ClO）と酸素分子を発生させる（②式）．さらに一酸化塩素はオゾン分子を分解し，塩素原子と酸素分子を生成する（③式）．この塩素原子 1 個が再びオゾン分子を分解するという連鎖的触媒作用によって，数万のオゾン分子が分解されてしまうのである．その反応式は以下のようになっている．

$$CF_2Cl_2\ (\text{フロンの一種}) \xrightarrow{\text{紫外線分解}} CF_2Cl + Cl \quad ①$$

$$Cl + O_3 \rightarrow ClO + O_2 \quad ②$$

$$ClO + O_3 \rightarrow Cl + 2\,O_2 \quad ③$$

この他に窒素酸化物の触媒作用によってもオゾンは分解され，酸素分子と酸素原子になってしまう．一酸化窒素はオゾン分子から酸素原子を奪い，二酸化窒素になる．次に二酸化窒素は酸素原子と反応し，一酸化窒素となると同時に酸素分子を生成する．この連鎖反応によってオゾン分子と酸素原子が消滅する．成層圏を飛行する超音速ジェット機が排出する窒素酸化物によるオゾン層の破壊が心配されたが，その影響はフロンガスによるものに比べると小さいことがわかっている．

(3) オゾン・ホール

日本とイギリスの南極観測基地で，1982年と83年の 9 月から10月にかけて，成層圏オゾンの密度が異常に減少していることが観測された．例年オゾン密度がもっとも大きい春先に逆に減少した原因は，フロンガスによるオゾン層の破壊によると考えられた．そこで人工衛星の観測結果を調べたところオゾンが異常に少ない部分が確認され，オゾン・ホールと呼ばれるようになった（口絵Ⅳ.9，10）．その後1987年には南極上空の成層圏を飛行して観測を行った結果，オゾン・ホールが塩素酸化物の触媒反応で生じていることが確認された．この現象は南極の春である９月と10月にオゾン層が異常に減少することを指すが，それ以外の季節には例年と変わらないオゾン密度である．この異常は1979年以降継続しており，オゾン・ホールは増大の一途をたどっている．

南極では明瞭なオゾン・ホールが観測されているが，北極では春にオゾンの少ない地域が確認されているだけで，南極ほど明瞭ではない．それは北半球ではヒマラヤ・チベット山塊などの大規模山岳によって偏西風波動が励起され，赤道地域で生成したオゾンが極地方に運搬されやすいからである．南半球には大規模山岳や巨大な大陸がないため，偏西風波動が励起されにくく，オゾンが赤道地方から極地方へ運搬されにくいからである．

3．砂漠化

20世紀の爆発的な人口増加を支えるため，生態学的には脆弱な未開発の地域に人類は進出せざるを得なくなった．そして砂漠周辺の乾燥地帯や熱帯雨林など辺境の地を切り開いて放牧地や耕作地に変えてきた．この人口の圧力による無理な開発により自然の荒廃が進んでいるが，その典型が森林伐採による土壌流失と過放牧や不適切な灌漑による砂漠化である．今や地球上の陸地総面積の25％に達する約36億 ha の土地（この地域に９億人が住む）が，砂漠化の危機に瀕している．

（1）砂漠化とは

砂漠化とは乾燥・半乾燥（年間降水量200～600mm）・半湿潤（年間降水量700～1000mm）地域で，気候変動や人為的原因で土地が劣化し，生物生産能力が低下したり破壊され，砂漠の状態になっていくことをいう．

砂漠化の原因は２つに大別される．１つは自然の摂理にしたがった気候的原因によるものであり，もう１つは人為的原因によるものである．第四紀には数百年から10万年の周期で気候が変動した．それによって地球規模で大気の大循環のシステムが変動してきた．サハラ砂漠も実は今から１万年から8000年前頃には豊かな植生におおわれた「緑のサハラ」であり，多数の湖が分布していた(図16.5)．サハラ砂漠の中央に位置するタッシリ・ナジェールの約6000年前の先史岩壁画には，カバやワニ，魚などの水に住む動物がたくさん描かれているのは，その証拠である．ところがその後次第に草原化し，4500年ほど前を境に，本格的な乾燥が始まったことが壁画から読み取られる．これは地球の軌道要素

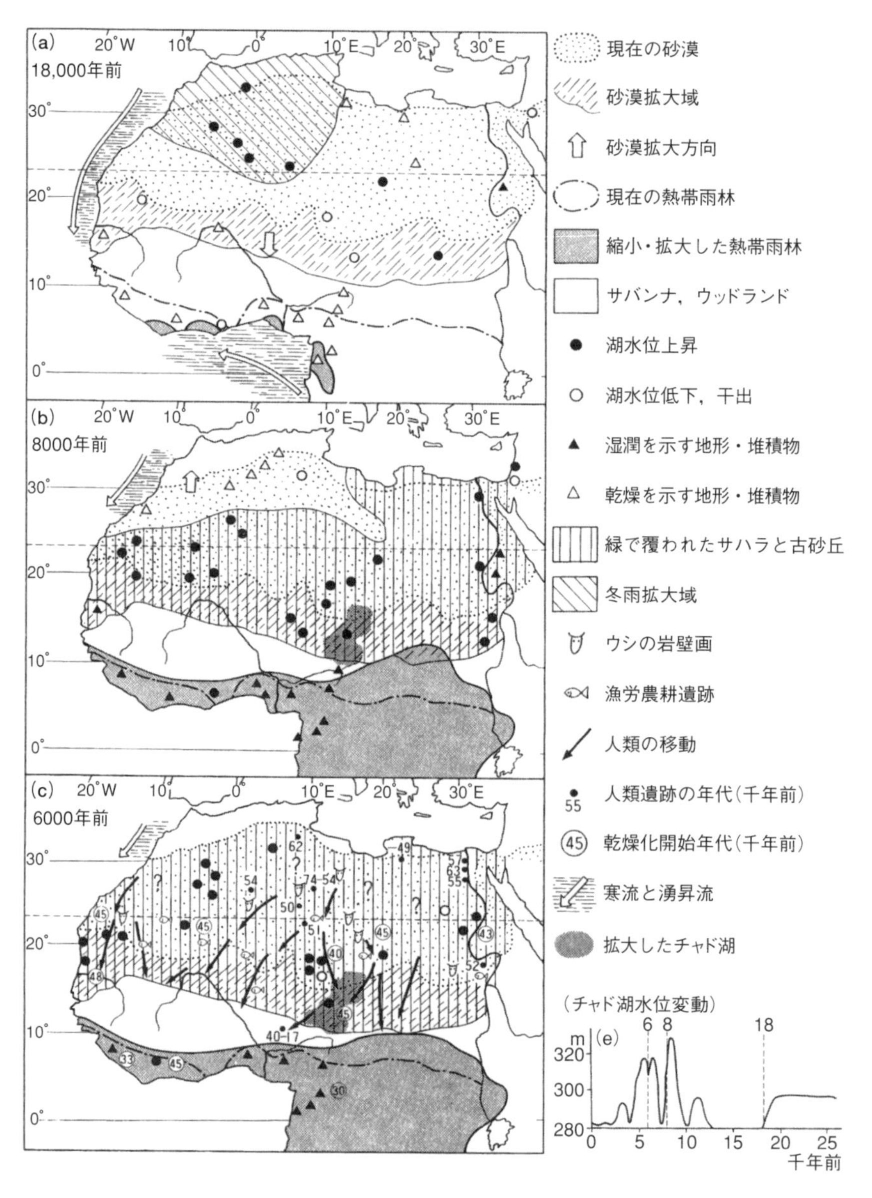

図 16.5　第四紀末（18,000～6000年前）における北アフリカの環境変遷．(a) 最終氷期最盛期の乾燥した時期，(b) 後氷河期の湿潤な時期，(c) 縄文海進の起こった湿潤期とそれ以後の乾燥による人類の移動．（門村浩，1990）

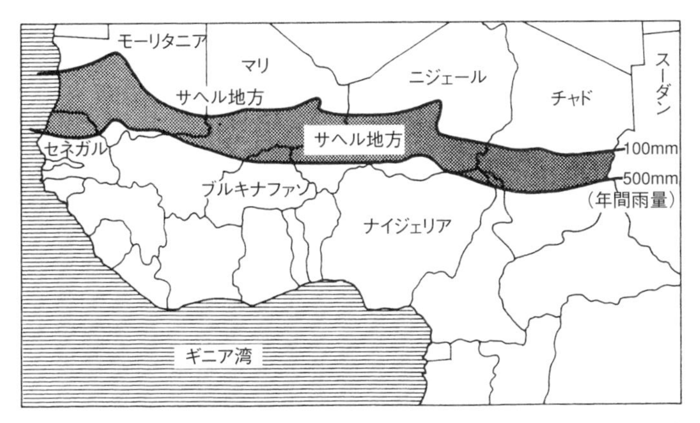

図 16.6 サハラ砂漠南方に広がるサヘル地方（年間降水量100～500 mm）.
（石弘之『地球生態系の危機』筑摩書房，1987）

の変化によって，日射量が減少するに伴い乾燥化が進行したことに対応している．このような砂漠化は，気候的原因によるものである．

気候的要因に人為的要因が加わった砂漠化の典型例は，サハラ砂漠の南に東西延長約5000km，幅200～500kmで広がるサヘル地方である（図16.6）．サヘルとはアラビア語で「岸辺」を意味し，雨期には緑の前線となる地域のことである．1960年代後半から半乾燥地帯のサヘル地方に人々が移り住むようになり，それに伴い薪炭のために森林が伐採され，家畜が過放牧され，農耕地を増やしていった．降水量が少ないこの土地では，それまで水分と養分を回復させるために耕作と休耕を数年ごとに繰り返していた．しかし約6倍に増えた人口の圧力により休耕期間を短縮し，農耕の限界を超えて耕作地を北に広げ，乱伐を続けた．その結果，「緑のサハラ」の時代に形成された有機物に富んだ表層の薄い土壌は破壊され，1980年代に入るとその下にあった砂丘が南方に移動を開始したのである．現在サハラ砂漠は，年平均数キロメートルの速度で拡大を続けている．

（2）土壌の塩類化と塩害

20世紀には世界の各地で大規模な灌漑が行われ，食糧の半分近くが灌漑農業で生産されるようになった．ところが多くの灌漑農業地域で土壌の塩類化が起こり，生産力が低下してきている．土壌に塩類がたまると，多くの植物は水を吸えなくなり，脱水症状を起こして枯死してしまう．そのメカニズムは次のようになっている．

土壌中の塩類の量は，地下水の動きによって決められる．降水量が蒸発量より多いと水は下方に移動し，土壌中の塩分はほとんど洗い流される．ところが乾燥地域では降水量より蒸発量が多いため，水は毛細管現象により上方に移動する．その結果塩分は洗い流されず，土壌中に蓄積されることになる（図16.7）．

灌漑地で土壌に人為的に大量の水を加えた場合，排水を適切に行わないと地表面で蒸発しただけ地下水面から水分は吸い上げられる．このときに水の上方への移動に伴い，地下の塩類や地下水に溶け込んでいた塩類が地表に運ばれる．地表に到達した水は蒸発し，塩類だけが残る．このプロセスが繰り返し起こることにより，表層の土壌に塩類が蓄積する（図16.7）．

このような灌漑水の不適切な利用によって，チグリス－ユーフラテス河流域の肥沃な土壌は塩類化し，古代メソポタミア文明は滅びてしまった．現在，パキスタンやインドなどの乾燥地域でも同様な灌漑地の塩類化が進行している．

このような塩類化も含めて砂漠化が灌漑農地に壊滅的な打撃を与え，大規模な自然破壊を発生させているのがアラル海周辺地域である．中央アジアのア

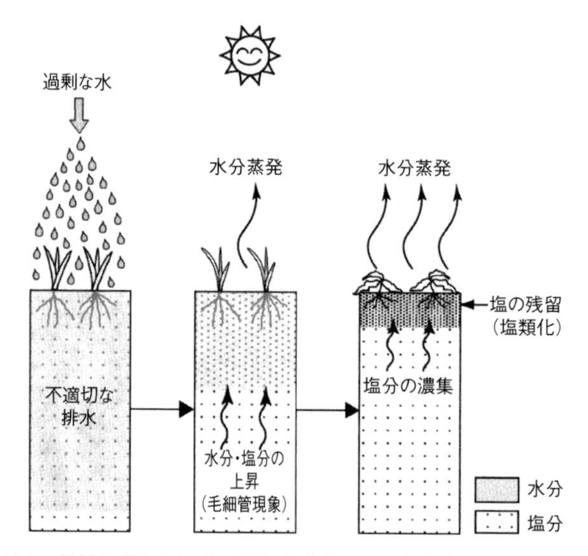

図 16.7　乾燥地域における不適切な灌漑による塩類化のメカニズム．

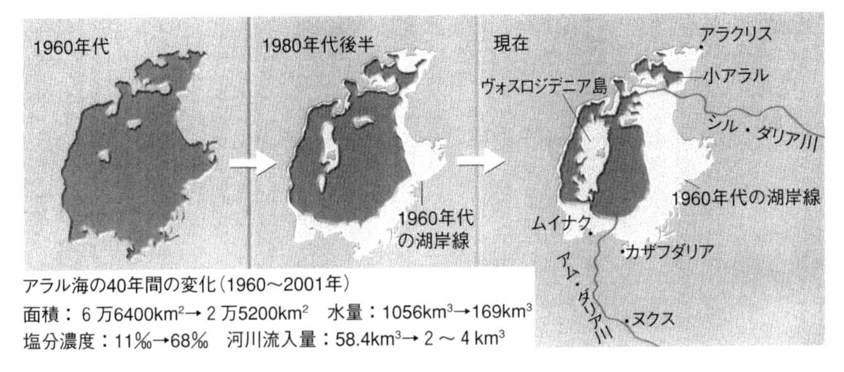

図 16.8　乾燥地域での不適切な大規模灌漑のため縮小してしまったアラル海．（マルクス・ベンスマン，2001；『ニュートン ７月号』ニュートンプレス社）

ラル海は６万6400km^2の面積に広がる世界第４位の湖（塩分濃度11‰）であった（図16.8）．年間降水量125mm の乾燥地域にあるアラル海の湖水位は，天山山脈とパミール高原から流入するシル・ダリア河とアム・ダリア河によって維持されていた．ところが旧ソ連時代に，中央アジアでの綿花栽培のために両河川から灌漑用水を引き込む大運河を建設して以来，アラル海に流入する水量は激減し，湖は縮小の一途をたどっている．アム・ダリア河口は完全に干上がり，アラル海へはこの10年間一滴の水も流入していない．その結果，過去40年間でその面積は38%に，水量は16%にまで減少し，湖は南北２つに分断されてしまった（図16.8，口絵 IV.21）．湖の東側では湖岸が100km 以上後退し，塩類を大量に含む干上がった湖底の泥や砂は風食され，耕作地に飛散し深刻な塩害をもたらし，住民の健康を蝕んでいる．また綿花も米も収穫量は激減し，アラル海での漁業は壊滅状態にある．

4．合成化学物質による汚染と環境ホルモン

20世紀の後半，増え続ける人間を養うためには食糧増産が不可欠であった．増大する食糧需要に応え増産するためには，害虫を根こそぎ駆除しかつ人間には害のない殺虫剤が必要とされた．そこで1940年以降 DDT を始めとする有機塩素系農薬が世界中で使われた．ところが毒性の低いはずの DDT は農産物に取り込まれ，わずかずつ人体内に蓄積され，やがて肝臓や腎臓の慢性疾患を引き起こしたのである．アメリカの動物学者レイチェル・カーソンは DDT など

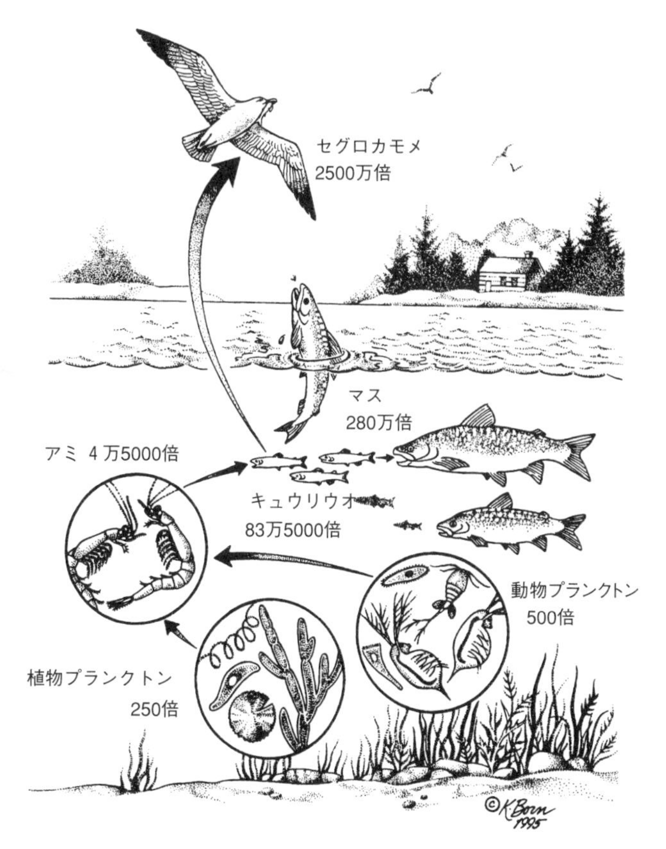

図 16.9 オンタリオ湖で食物連鎖を通して有害なPCB（ポリ塩化ビフェニール）が濃縮される過程．水中の残留化学物質PCBは，生物体内で濃縮されて2500万倍に達する．（シーア・コルボーンほか『奪われし未来 増補改訂版』翔泳社，1997）

の農薬によって農地が汚染され，食物連鎖の最下底にいる昆虫が死滅し，次にそれを食べる鳥がいなくなり，春になっても鳥のさえずりの聞こえない春が訪れ，最後にその害は人間にもおよぶことを，著書『沈黙の春』で警告した．1962年のことである．

これまでに人類が合成した化学物質は1000万種類を超える．しかしその合成化学物質が自然界の中でどのように分解されたり，微生物によって代謝されたりしているのか，そのメカニズムはほとんどわかっていない．にもかかわらず，十分な注意を払うことなく合成化学物質を廃棄し続けてきた．極微量だから廃棄しても大丈夫だろうという安易な考え方で．しかし，極微量であっても食物連鎖のプロセスの中で濃縮・蓄積され，その頂点に位置する人間や哺乳動物の体内では数千万～数億倍に濃縮されるのである（図16.9）．湖水に流入したPCB（ポリ塩化ビフェニール）はまず，プランクトン，次に甲殻類によって濃縮され，これらを餌とする魚の体内に蓄積され，水中にあったときの濃度の数百万倍に濃縮される．さらに，その魚を食べた鳥の体内で濃縮され2500万倍にもなることが報告されている（図16.9）．PCBやダイオキシンは非常に安定で，長期間体内に留まり濃縮される．ダイオキシンは母体中の40%近くが胎児に送り込まれる．また脂質を多く含む母乳には，これら化学物質が溶けやすく，濃度は高い．分解されにくい有機塩素化合物の一番の排出ルートも母乳である．このように化学合成物質は母体のみならず胎児や母乳にも大きな影響を与えるのである．しかも胎児に対しては，ppb（1/10億）とかppt（1/1兆）という超微量であっても重大な影響をおよぼすのである．

（1）有機水銀汚染

工場から廃棄された排水中の合成化学物質が，魚介類を汚染することによってもたらされた悲劇の先駆けが，水俣病である．1950～60年代，敗戦後の日本では米国型の豊かな消費生活を目指し，経済効率を第一に考えた工場経営がなされていた．チッソ水俣工場のある水俣では，1953年頃から猫が相次いで狂い死にし，鳥が空から落ちるという異変が起きた．また水俣湾周辺の漁村では原因不明の奇病が発生していた．そして1956年，原因不明の脳症患者の発生が報告され，これが水俣病発生の最初の公式確認記録となった．その特徴的症状は視野狭窄，運動失調，感覚麻痺，脳障害であり，原因は伝染病ではなく，魚介類の摂取による重金属中毒であることが明らかになった．また胎児性水俣病は，母体に蓄積された有機水銀の毒性が親の代に留まらず，胎児にまで影響を与えることを示した．

1959年，熊本大学医学部の研究班が水俣病の原因は魚介類に含まれた有機水銀であることを突き止めた．この年に工場付属の病院では，工場から廃棄していたアセトアルデヒド排水を投与した猫が水俣病を発症し（図16.10a），排水に原因があることがわかった．しかし工場側はこの事実を隠し，1968年まで工場排水を垂れ流し続けた．ようやく1968年になって政府は，水俣病の原因がチッソ水俣工場のアセトアルデヒド製造過程に副生された有機水銀（図16.10b）

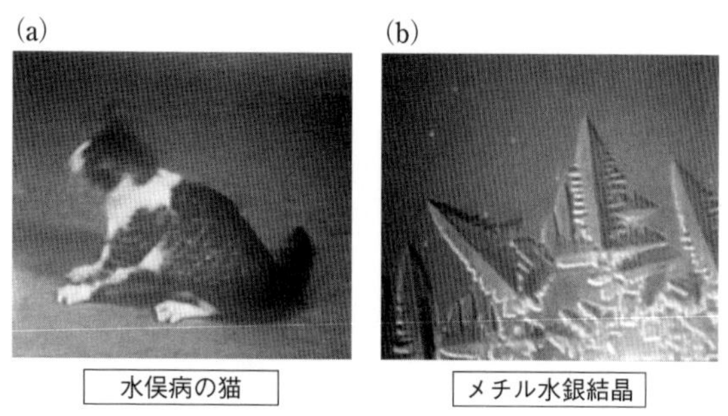

図 16.10　(a) チッソ水俣工場の排水を混ぜた餌を食べさせた結果，昭和34年10月に水俣病を発症した実験用猫400号．(b) アセトアルデヒド排水から抽出された有機水銀の結晶．（NHK，“戦後50年　その時日本は” 第５巻「チッソ水俣工場技術者たちの告白」より）

であることを認め，工場は製造を中止した．つまり水俣病の発見から12年間，原因が特定されてから９年間，有機水銀を含む排水は垂れ流し続けられたのである．水俣病の原因が工場排水にあることはわかっていたが，チッソ水俣工場は国策に従い，莫大な利益をもたらすアセトアルデヒドを製造し続けたのであった．その結果，1965年には新潟県阿賀野川流域で第二水俣病が発生した．これは水俣病に対する政府の施策が適切であれば食い止められるものであった．

(２) 環境ホルモン

人間がつくり出した合成化学物質は，種の存続まで脅かしている．それは環境ホルモンと呼ばれるホルモンと似た働きをする化学物質であり，生殖機能に異常をもたらす（図16.11）．

日本で知られている環境ホルモンによる野生生物への影響の代表例が，海岸に生息する巻貝の１種イボニシである．1990年三浦半島の油壺で発見されたイボニシには，メスにペニスがあり輸精管もあった．その後全国94地点のイボニシにメスの生殖器のオス化が認められた．その原因物質は，船底や漁網にフジツボや貝が付着するのを防ぐために使用されていた，塗布剤の有機スズであった．

フロリダのアプポカ湖に生息するオスのワニのペニスは，60%が通常の半分から1/4に小さくなっていた．また，ワニの卵の多くは無精卵で孵化せず，孵化率は18%しかなく，孵化してもほとんどが死亡した．また，ワニの血中ホル

生物	異常	疑いのある化学物質	報告場所
イボニシ (巻き貝)	メスの生殖器の雄性化	トリブチルスズ	日本，イギリスほか
ローチ (コイ科魚)	雌雄同体化	合成女性ホルモン	イギリス
ワニ	オスの生殖器異常など	デイコホル，DDT	フロリダ
ピューマ	精巣異常	水銀など	フロリダ
カワウソ，ミンク	繁殖減滅	魚の PCB	五大湖
サケ	甲状腺の異常	未特定	五大湖
メリケンアザラシ	生殖率の低下	ダイオキシンなど	ミシガン湖
白頭ワシ	孵化率低下，不妊	PCB，DDE，(DDT)	五大湖
カモメ	オスのメス化	PCB など	五大湖
ゼニガタアザラシ	個体数の減少	PCB	オランダ
シロイルカ	卵巣異常	PCB など	カナダ
クマ	メスの生殖器雄性化	未特定	カナダ

図 16.11 ホルモン様化学物質による野生生物の異常の報告例.

モン比率を測ったところ，オスの女性ホルモン比率が高くなり，メスも通常の2倍になっていた．その原因は湖岸近くの化学工場から流出したDDTが主成分の殺虫剤であった．流出事故後10年以上経過し，この湖の水質はきれいになっていたが，食物連鎖の頂点にいるワニの体内では濃縮され，毒性を発揮するだけのDDTが残っていたのである．

五大湖の1つミシガン湖では高価な毛皮となるミンクの養殖が行われていたが，1960年代から不妊異常が発生した．それはメスのミンクが子供を生まなくなり，生まれても直ぐに死んでしまうことであった．ミンクは湖に住む魚を餌に養殖されていたが，その魚がPCBに汚染されていたのである．

1970年，オンタリオ湖のセグロカモメの繁殖地でも異常が発生した．産み落とされた卵の80%近くが孵化する前に死に，死んだ雛鳥には足が変形したり，くちばしが捻れたり，眼のないものがいた．その原因はダイオキシンと考えられたが，五大湖のどこからもダイオキシン汚染は報告されていなかった．

このような生殖機能や発達の異常，子供の死滅は，その後世界中から報告されており，先進工業国の沿岸部から北極にまでおよんでいる．地球上の水の循環と食物連鎖，および動物の回遊・移動によって，合成された化学物質は濃縮されながら世界中に広がっているのである．

1992年，デンマークの研究チームは，20カ国，約1万5000人の男性の精子を調べ1940年と1990年を比べると，1cc中に含まれる精子の数が1億1300万個から6600万個に45%も減少していたという結果を発表した．このショッキングな報告に引き続き，ヨーロッパ各国やアメリカからも精子の数が減少したり，活動度が低下しているという報告が相次いだ．このセンセーショナルな報告の真偽のほどについては，まだ論争が続いているものの，人間にも環境ホルモンの影響がでていることは間違いないようである．

これまで自然界になかったDDTやDESなどの擬似ホルモン様物質が，生体内でなぜ本物のホルモンと間違われるのかについては，まだよくわかっていない．日本では70～145種類の合成化学物質が環境ホルモンの疑いがあるとされているが，その毒性や代謝のプロセスなどまだわかっていないことが多い．合成化学物質の使用に際しては，人間に影響があるという観点からだけでなく，野生生物への影響まで考慮した上で，「疑わしきは使用せず」の原則で対処するのが適当であろう．

5．地球環境問題への取り組み

20世紀初頭，人類が地球システムに与える影響は小さく，局所的であった．しかし，20世紀後半から人類の営為が地球規模のエネルギーや物質の循環に影響をおよぼすようになり，地球環境問題として認識されるようになった．この問題の解決のためには，地球と生命および人間社会についての深い理解と幅広い知識が不可欠であり，総合的な判断力が必要である．また地球環境問題に対処するには次のような様々な分野の協力が必要である．

①科学的研究：地球環境に関する個々の問題の現状を理解すると同時に，そのメカニズムを明らかにし，将来の予測をたてるのは科学分野の仕事である．

②技術開発：個々の問題に対処する技術，たとえば汚染物質の排出を低減する技術や有害な合成化学物質に替わる物質を開発することなどは技術分野の仕事である．

③法律整備：有害な物質の排出規制や技術開発にかかる経費のために課税するなどの法律を整備し，執行するのは法律家や政治家の仕事である．

④人生哲学：問題の原因を解明し，技術開発し，法律を整備しても地球環境問題は解決できない．問題を引き起こしている元凶は一人ひとりの人間である．そのライフスタイルや価値観を変え，個々人が問題に対処する必要がある．

⑤国際協調：発展途上国と先進国では，エネルギー政策や合成化学物質に対

する国としての対応が異なる．高度成長期の日本のように，国民の健康より経済優先になりがちな開発途上国と協調して，世界全体が対応しないと解決にも改善にも至らない．地球環境問題の根源は，人類の急激な人口増加とエネルギーの大量消費にある．この2つの問題と併せ総合的に対策をたてなければ，抜本的解決には至らない．

フロンガスにしてもDDTにしても，合成された当初は「間違いなく安全である」と太鼓判を押されていた．フロンガスなくしては冷蔵庫や冷房装置は働かず，DDTなくしてはマラリアや発疹チフスの蔓延を防ぐことはできなかった．現代文明は化石燃料と合成化学物質に支えられて成り立っており，これらの使用なくして現代の農業も工業も，そして文化も存立することはできない．

しかし，われわれは20世紀後半に化石燃料の莫大な消費が地球温暖化をもたらし，合成化学物質が種の保存の危機を招いていることを知るに至った．人類は高度な技術力をもつようになったと自負しているが，実は地球システムと生命システムについては，ほんの概要を知っているだけなのである．人間に対し地球システムはあまりに大きく複雑で，生命システムはあまりにも微細で複雑である．ほんの小さな人間の営為が長時間蓄積し，ある閾値を超えたとき，地球はどのように反応するのか．自然は私たちが考えつきもしなかったところで互いにリンクしており，思いがけない反応を起こすのである．21世紀の人類にとって大切なのは，地球と生命のシステムについて正しい知識をもつこと，知ろうとすること，そして生活のスタイルを見直すことなのではないだろうか．

あとがき

これまで15年にわたり，大学教養レベルの地球科学の講義を担当してきた．講義を始めた頃，『日経サイエンス』誌に掲載された，東京大学海洋研究所の小林和男教授による地球科学の入門書に関する一文を読んで痛く共感した．そこには，こう書かれていた．「高校を卒業し，大学に入学した学生向けの一冊にまとまった地球科学の本がない」と．私は学生時代，イギリスのエジンバラ大学教授アーサー・ホームズが書いた名著“Principles of Physical Geology”を読んで地球科学のおもしろさを知り，地球上のあらゆる所に旅し，地球の謎を解く擬似体験をした．その時の感動と驚きを，学生諸君にも伝えたいと思いながら講義することに努めてきた．また，いつか１冊にまとまった地球科学の入門書を書こうとも思った．しかし大学の改組や教養部の廃止，人員の削減による教室事務官の廃止などにより，年々大学教官の事務的仕事量が増え，筆をとることなく21世紀になってしまった．そんなときに，東海大学出版会の稲英史氏から教科書執筆を誘われ，即座に了承した．しかし執筆の方は遅々として進まず，稲氏には大変ご迷惑をかける結果となった．原稿完成まで辛抱強くお待ちいただいた稲氏に，まず感謝の意を表したい．

このテキストの内容の半分近くは，高校の「地学」でも取り扱っている．大学教養レベルのテキストとしては，もう少し突っ込んで書くべき所もあると思う．しかし日本の高校では現在ほとんど「地学」を履修していないこと，また理科科目が選択制になっているため学生の基礎知識にばらつきがあることを考え，このような構成とした．もっと詳しいことを知りたい人は，巻末の参考図書リストおよび各国研究機関のホームページにあたって，理解を深めて欲しい．

地球環境問題がこれほど大きな社会問題と化し，すべての人間の営為を地球規模でとらえることが必要な時代になった．そんな時代であるからこそ，もっと地球とそのシステムについて知る必要がある．しかし相変わらず日本は明治以来の富国強兵策（現在は強経済策か）を取り続け，実利に直接つながることの少ない「地学」は高校教育ではほとんど無視され，衰退の一途をたどっている．このテキストを読んで，私たち人類の住む地球についての学問「地学」の必要性と重要性を感じ取っていただければ幸いである．

本書は，現代社会に生きるすべての人々のためのリテラシー（基礎教養）としての地球科学入門書を目指した．しかし書き進むにつれ，限られた研究分野の一介の研究者にすぎない私が書くにはあまりにも対象が多岐にわたり，無謀な企画であることを痛切に感じ，執筆を取りやめようとも思った．しかし，学生諸君からの強い要望と激励もあって，何とか書き終えることができた．近い将来，大気，海洋，地球物理，地質，惑星科学など各分野の専門家が分担執筆した，1冊にまとまった本格的『地球学入門』が刊行されることを期待している．

最近，日本の子供たちは自然の中で遊ばなくなった．自然の中ですごす時間の絶対量が激減している．幼い頃の自然の中での体験があってこそ，自然に対する好奇心や疑問もわき，自然に対する愛着や畏怖心も生まれる．もっと少年少女時代や学生時代に自然の中に出て行って，自然と親しみ戯れる時間をもってほしいと思う．古くからいわれてきた言葉であるが，地球科学にとってはGo and See！が大切である．そしてそれに付け加えてFeel and Think！である．

ぜひ読者の皆さんもテキストを読むだけではなく，自然の中に出て，見て，感じて，考えて欲しい．そこから地球科学の次の世代の扉を開くオリジナリティーあふれる新しいアイデアが生まれてくるだろう．また地球環境をどうやって保全していけばよいのかについても，そこから新しいアイデアが生まれてくるものと確信する．

謝辞

本書の粗稿を読み，数多くの指摘と有益な意見を下さり，図表の作成を手伝っていただいた藤井理恵さんに深く感謝する．また校正原稿を読んで多くの問題点を指摘していただいた九州大学の桑原義博氏と大野正夫氏，および内容と文章表現などについて丁寧なご指摘をいただいた勘米良亀齢氏に心から感謝する．少年時代に筆者を山，川，海に連れ出し，自然のおもしろさとそれを慈しむ心を教えてくれた父，酒井大二郎がいなければ，本書を執筆することはなかったであろう．この場を借りて感謝の気持ちを表したい．

最後に本書を完成するにあたって大変お世話になった，デザイナーの中野達彦氏，港北出版印刷（株）の北野又靖氏に感謝する．

2003年1月31日　梅香る福岡にて

酒井治孝

参考図書

一般入門書として適当なものを各分野ごとに示す．できるだけ現在入手可能なものを取り上げたが，なかには名著だが絶版のものもある．一般入門書より専門的なことを学びたいときは，一番最後に紹介した地球科学選書や地球惑星科学講座などがある．

第I部　惑星地球の環境

惑星科学

『惑星科学入門』，松井孝典，講談社学術文庫，320p，(1996)
『地球進化論』，松井孝典，岩波書店，147p，(1988)
『現代の惑星学』，小森長生，東海大学出版会，186p，(1992)
『失われた原始惑星』，武田　弘，中公新書，216p，(1991)
『火星　解き明かされる赤い惑星の謎』，P. レイバーン，日経BP社，232p，(2001)
『火星と人類』，島崎達夫，新日本出版社，222p, (1999)
『地球と生命の起源』，酒井　均，講談社ブルーバックス，310p，(1999)
『新太陽系』，J. ビアティ他編，培風館，241p，(1983)
『太陽系グランドツアー』，中富信夫，新潮文庫，214p，(1989)
『コスモス（上下巻)』，C. セーガン，朝日文庫，304p，336p，(1996)
『惑星へ（上下巻)』，C. セーガン，朝日新聞社，266p，266p, (1996)

水の惑星地球

『新版水の科学』，北野　康，NHKブックス，205p，(1995)
『水と地球の歴史』，北野　康，NHKブックス，222p，(1981)
『化学の目で見る地球の環境』，北野　康，裳華房，152p，(1992)
『なぜ地球は人が住める星になったか』，W. S. ブロッカー，講談社ブルーバックス，309p，(1988)
『生命にとって水とは何か』，中村　運，講談社ブルーバックス，201p，(1995)
『生命からみた水』，上平　恒，共立出版，96p，(1994)

第II部　生きている固体地球

地球の成り立ち

『地球のしくみ』，浜野洋三，日本実業出版社，170p, (1995)
『地球がわかる50話』，島村英紀，岩波ジュニア新書，210p，(1994)
『青い惑星・地球』，松井孝典，講談社ブルーバックス，217p，(1982)
『地球とはなにか』，竹内　均，講談社ブルーバックス，229p，(1968)
『新しい鉱物学 結晶学から地球学へ』，砂川一郎，講談社ブルーバックス，254p，(1981)

『地球環境化学入門』，J. アンドリューズ・P. ブリンブルコム・T. ジッケルズ・P. リス，シュプリンガー・東京，264p,（1997）

火山と噴火

『火山の話』，中村一明，岩波新書，228p,（1978）
『火山とプレートテクトニクス』，中村一明，東京大学出版会，323p,（1989）
『火山と地震の国』，中村一明・松田時彦・守屋以智雄，岩波書店，338p,（1987）
『火山活動をとらえる』，下鶴大輔，東京大学出版会，146p,（1985）
『火山噴火と災害』，宇井忠英編，東京大学出版会，219p,（1997）
『火山とマグマ』，兼岡一郎・井田喜明編，東京大学出版会，240p,（1997）
『火山を読む』，守屋以智雄，岩波書店，170p,（1992）
『Q&A 火山噴火』，日本火山学会編，講談社ブルーバックス，222p,（2001）
『マグマ科学への招待』，谷口宏充，裳華房，179p,（2001）

地震と断層

『大地の躍動を見る 新しい地震・火山像』，山下輝夫編，岩波ジュニア新書，201p,（2000）
『地殻ダイナミクスと地震発生』，菊池正幸編，朝倉書店，222p,（2002）
『地震』，B. A. ボルト，古今書院，340p,（1995）
『地震と断層』，島崎邦彦・松田時彦編，東京大学出版会，239p,（1994）
『活断層』，松田時彦，岩波新書，242p,（1995）
『活断層とは何か』，池田安隆・島崎邦彦・山崎晴彦，東京大学出版会，228p,（1996）
『動く大地を読む』，松田時彦，岩波書店，163p,（1992）
『活断層と地震』，金子史朗，中公文庫，356p,（1995）
『新地震の話』，坪井忠二，岩波新書，211p,（1967）
『地震発生—災害・予知』，浅田　敏，東京大学出版会，278p,（1972）
『地震その本性をさぐる』，茂木清夫，東京大学出版会，164p,（1981）
『闇を裂く道』，吉村　昭，文春文庫，430p,（1990）

プレートテクトニクスとプリュームテクトニクス

『新しい地球観』，上田誠也，岩波新書，197p,（1971）
『海底下の 2 億年』，P. ブリックス，東海大学出版会，289p,（1976）
『深海底で何が起こっているか』，小林和男，講談社ブルーバックス，232p,（1981）
『海洋底地球科学』，小林和男，東京大学出版会，312p,（1977）
『地震・プレート・陸と海』，深尾良夫，岩波ジュニア新書，228p,（1985）
『地球の真ん中で考える』，浜野洋三，岩波書店，135p,（1993）
『地球は46億年何をやって来たか』，丸山茂徳，岩波書店，138p,（1993）
『地球ダイナミクスとトモグラフィー』，川勝　均編，朝倉書店，224p,（2002）

日本列島の成り立ち

『日本列島の生い立ちを読む』，斉藤靖二，岩波書店，153p,（1992）
『日本列島の誕生』，平　朝彦，岩波新書，226p,（1990）

『変動する日本列島』，藤田和夫，岩波新書，228p，(1985)
『東京の自然史』，貝塚爽平，紀伊国屋書店，239p，(1979)
『大地の動きをさぐる』，杉村　新，岩波書店，232p，(1973)
『弧状列島』，上田誠也・杉村　新，岩波書店，156p，(1970)

岩石の風化と土壌の形成

『土の世界—大地からのメッセージ』，「土の世界」編集グループ編，朝倉書店，159p，1990
『粘土のはなし』，白水晴雄，技報堂出版，184p，(1990)
『粘土と暮らし』，倉林三郎，東海大学出版会，183p，(1980)

堆積作用と堆積環境

『地球表層の物質と環境』勘米良亀齢・水谷伸治郎・鎮西清高編，岩波書店，326p. (1991)
『地層の解読』平朝彦，岩波書店，441p. (2004)
『堆積物と堆積岩』保柳康一・公文富士夫・松田博貴，共立出版，184p. (2004)
『地球のテクトニクスI 堆積学・変動地形学』箕浦幸治・池田安隆，共立出版，202p. (2011)
『海洋学』ポール・R・ピネ，東海大学出版会，599p. (2010)

第 III 部　大気・海洋の循環と気候変動

大気の科学

『流れの科学』，木村竜治，東海大学出版会，212p，(1979)
『流れをはかる』，木村竜治，日本規格協会，122p，(1989)
『地球の気候はどう決まるか？』，住　明正，岩波書店，135p，(1993)
『身近な気象の科学』，近藤純正，東京大学出版会，189p，(1987)
『大気の科学—新しい気象の考え方』，小倉義光，NHK ブックス，221p，(1968)
『一般気象学』，小倉義光，東京大学出版会，308p，(1999)
『教養の気象学』，日本気象学会，朝倉書店，224p，(1980)
『新しい気象学入門』，飯田睦治郎，講談社ブルーバックス，258p，(1980)
『基礎気象学』，浅井富雄・新田　尚・松野太郎，朝倉書店，202p，(2000)
『天気図と気象の本』，宮澤清治，国際地学協会，167p，(1991)
『高層天気図の利用法』，大塚龍造，国際地学協会，163p，(1979)
『ワクワク実験気象学—地球大気環境入門』，Z. ソルビアン，丸善，226p，(2000)
『「ひまわり」で見る四季の気象』，日本気象協会編，大蔵省印刷局，220p，(1993)

海洋の科学

『海洋のしくみ』，東京大学海洋研究所編，日本実業出版社，173p，(1997)
『海洋の科学』，蒲生俊敬，NHK ブックス，210p，(1996)
『海流の物理』，永田　豊，講談社ブルーバックス，231p，(1981)
『海洋化学入門』，W. S. ブロッカー，東京大学出版会，217p，(1981)

『化学が解く海の謎』，角皆静男，共立科学ブックス，200p，(1985)
『地球温暖化と海』，野崎義行，東京大学出版会，196p，(1994)
『海に何が起こっているか』，関　文威・小池勲夫編，岩波ジュニア新書，212p，(1991)
『海と環境』，日本海洋学会編，講談社，244p，(2001)
“Oceanography” 第 4 版，T. Garrison, Brooks/ Cole, 554p, (2002)

気候変動

『気候変動』，浅井富雄，東京堂出版，202p，(1988)
『地球環境をつくる太陽』，桜井邦明，地人書館，214p，(1990)
『地球環境の危機』，内嶋善兵衛編，岩波書店，280p，(1990)
『地球温暖化とその影響』，内嶋善兵衛，裳華房，202p，(1996)
『温暖化する地球』，田中正之，読売科学選書，227p，(1989)
『地球温暖化がわかる本』，北野　康・田中正之編著，マクミラン・リサーチ研究所，328p，(1990)
『エルニーニョを学ぶ』，佐伯理郎，成山堂，157p，(2001)
『エルニーニョ　自然を読め！』，M. グランツ，ゼスト，281p，(1998)
『モンスーン』，倉嶋　厚，河出書房新社，251p，(1972)
『気候変動 21世紀の地球とその後』，T. E. グレーテル・P. J. クルッツェン，日経サイエンス社，267p，(1997)
『リズミカルな地球の変動』，増田富士雄，岩波書店，146p，(1993)
『氷河時代の謎を解く』，J. インブリー・K. P. インブリー，岩波書店，263p，(1982)
『第四紀』，成瀬　洋，岩波書店，269p，(1982)
『氷河の科学』，岩浜吾郎，NHK ブックス，238p，(1978)
“Earth's Climate-Past and Future”, W. F. Ruddiman, W. H. Freeman and Company, 465p, (2001)

第Ⅳ部　地球環境の変化と生物の進化

生命の起源と進化

『生命の起源を探る』，柳川弘志，岩波新書，223p，(1989)
『生命の起源の謎』，野田晴彦，大和書房，240p，(1985)
『生命は熱水から始まった』，大島泰郎，東京化学同人，146p，(1995)
『生命の歴史』，R. コウエン，サイエンス社，255p，(1980)
『繰り返す大量絶滅』，平野弘道，岩波書店，141p，(1993)
『生物と大絶滅』，S. M. スタンレー，東京化学同人，240p，(1991)
『絶滅のクレーター』，W. アルヴァレズ，新評論，254p，(1997)
『生命とは何だろう』，中村　運，岩波ジュニア新書，203p，(1987)
『生命進化 7 つの謎』，中村　運，岩波ジュニア新書，213p，(1990)
『古生物学から見た進化』，大森昌衛ほか，東京大学出版会，195p，(1991)

『生命進化40億年の風景』，中村　運，化学同人，321p，(1994)
『生命と地球の歴史』，丸山茂徳・磯崎行雄，岩波新書，275p，(1998)
『進化の大爆発』，大森昌衛，新日本出版社，179 p，(2000)

人類による地球環境の変化

『地球環境報告 II』，石　弘之，岩波新書，218p，(1998)
『地球環境を考える』，渡辺　正編，丸善，111p，(1994)
『沈黙の春』，R. カーソン，新潮文庫，358p，(1974)
『奪われし未来』，T. コルボーン，D. ダマノスキ，J. P. マイヤーズ，翔泳社，366p，(1997)
『環境ホルモン入門』，中原英臣監修，ワニの NEW 新書，215p，(1998)
『地球白書1999～2000，2000～2001』，L.R. ブラウン編著，ダイヤモンド社，421p，421p，(1999，2000)
『地球白書2001～2002』，L. R. ブラウン編著，家の光協会，422p，(2001)
『国際援助の限界［ローマクラブ・リポート］』，B. シュナイダー，朝日新聞社，203p，(1996)
『一つの地球一つの未来』，米国科学アカデミー編，東京化学同人，191p，(1992)
『地球の未来を守るために』，大来佐武郎監修，福武書店，440p，(1987)
『地球 この限界』，綿抜邦彦，オーム社，136p，(1995)
『地球の破産』，小西誠一，講談社ブルーバックス，261p，(1994)
『環境学序説』，武内和彦・住　明正・植田和弘，岩波書店，190p，(2002)

地球科学に関するシリーズやデータ集・事典・図表

『岩波　地球科学選書』全10巻（学部用），岩波書店，(1992)
『岩波講座　地球惑星科学』全14巻（学部～大学院用）
（入門編）1巻　地球惑星科学入門，287p，(1996)，2巻　地球システム科学，220p，(1996)，3巻　地球環境論，212p，(1996)
（基礎編）4巻～11巻
（総合編）12巻～14巻
『新版地学教育講座』，全16巻，東海大学出版会，(1995)
『地球を丸ごと考える』，全9巻，岩波書店，(1993)
『新版日本の自然』，全8巻，岩波書店，(1996)
『日本の自然　地域編』，全8巻，岩波書店，(1996)
『地質学1　地球のダイナミックス』，平　朝彦，岩波書店，296p，(2001)
『理科年表』，丸善
『気象年鑑』，大蔵省印刷局
『気象データひまわり CD-ROM 1996～』，日本気象協会編，丸善
『天文年鑑』，誠文堂新光社
『地学事典』，平凡社，(1996)
『最新図表地学』，浜島書店（数ある高校「地学」の図表集の中で，もっとも優れている．最近の話題を取り上げ，毎年「特集」を改訂している）

『現代地球科学入門シリーズ』全16巻（学部～大学院用），共立出版，刊行中
『地球化学講座』全8巻（学部～大学院用），培風館，(2004)

地球科学に関する話題をよく紹介・特集している雑誌

各研究分野の最新の成果やレヴュー論文が掲載されている雑誌.
『日経サイエンス』，日経サイエンス社
『科学』，岩波書店
写真や図をふんだんに使った，ビジュアルで平易に書かれた読み物.
『ニュートン』，ニュートンプレス社
『ナショナルジオグラフィック日本版』，日経ナショナルジオグラフィック社

地球科学関係のホームページアドレス

地球・宇宙科学の最近の研究成果や最新のニュースは，研究機関のホームページを訪ねることで容易に手に入るようになった．海外の研究機関の中には，NASA のようにその内容が非常に充実しているところがある．本書のカラー口絵も，フリーで公開しているホームページの画像資料に負うところが大きい.

NASA（宇宙探査・宇宙観測） http://www.nasa.gov/
（太陽系の姿） http://solarsystem.nasa.gov/
http://photojournal.jpl.nasa.gov/
（地球観測） http://visibleearth.nasa.gov/
http://earth.jsc.nasa.gov/
（火星探査） http://cmex-www.arc.nasa.gov/
ハッブル宇宙望遠鏡（天体画像） http://oposite.stsci.edu/pubinfo/pictures.html
国立天文台（天文情報） http://www.nao.ac.jp/
宇宙科学研究所（宇宙観測） http://www.isas.ac.jp/
宇宙開発事業団（宇宙探査） http://www.nasda.go.jp/
地球観測センター（衛星地球観測） http://www.eoc.nasda.go.jp/
NOAA（気象） http://www.cpc.ncep.noaa.gov/
気象庁（気象・地震・火山） http://www.jma.go.jp/
日本気象協会（天気情報） http://www.jwa.or.jp/
日本地震学会（地震情報） http://wwwsoc.nii.ac.jp/ssj/
国土地理院（地図・航空写真） http://www.gsi.go.jp/
東京大学地震研究所（地震・火山） http://www.eri.u-tokyo.ac.jp/index-j.html
地質調査総合センター（地質図） http://www.gsj.go.jp/HomePageJP.html
アメリカ地質調査所（地質・地震・火山） http://www.usgs.gov/
ODP（国際深海掘削計画） http://www.oceandrilling.org/
http://www-odp.tamu.edu/
海洋科学技術センター（海洋） http://www.jamstec.go.jp/
東京大学海洋研究所（海洋） http://www.ori.u-tokyo.ac.jp
アメリカ海軍研究所（海洋） http://www.ocean.nrlssc.navy.mil/
全国科学博物館協議会 http://jcsm.kahaku.go.jp/

国立科学博物館　http://www.kahaku.go.jp/

装丁使用出典

カバー（表１）

提供：NASA

カバー（表４）

提供　西日本新聞

カバー（袖表）ODP

２＆５：Ocean Drilling Program 広報パンフレットより

３＆６：九州大学大学院比較社会文化研究院，西弘嗣氏提供

４＆８：同上，舟川哲氏提供

９：海洋科学技術センター提供

カバー（袖裏）PKL

９＆11：九州大学大学院比較社会文化学府，藤井理恵・林辰弥氏提供

口絵出典

口絵Ⅰ　太陽活動と太陽系の惑星

１〜13：NASA ホームページより

14：「Photographic Catalog of the Antarctica Meteorites」国立極地研究所（1987）より

15：「The Floor of the Ocean」Bruce C. Heezen & Marie Tharp, American Geographic Society より

口絵Ⅱ　大陸の分裂・衝突と海洋プレートの沈み込み

１：アメリカ地質調査所ホームページより

２＆４：東京大学地震研究所海半球ネットワーク計画ホームページより

３：「Oceanography：An Invitation to Marine Science」第４版，Tom Garrison (2002), Brooks/ Cole より

５：海洋科学技術センター提供

６＆17：NASA ホームページより

８：海洋科学技術センター，仲二郎氏提供

15＆16：（株）京都フィッション・トラック，岩野英樹・檀原徹氏提供

18：讀賣新聞社提供

口絵Ⅲ　火山と地震の国，日本列島

１：（株）テラ，中川一郎氏提供

５：1:100,000 ランドサットマップ「富士箱根及伊豆」，東京印書館より

７：「1986年伊豆大島噴火」絵葉書，日本火山学会より

11＆19：NASA ホームページより

12：九州大学理学部ホームページより

12b＆12c：東京大学地震研究所，中田節也氏提供

14：親和銀行ポスターより

20，21＆25：断層資料研究センター，藤田和夫氏提供

26＆27：（財）地震予知総合研究振興会，松田時彦氏提供

30：海洋科学技術センター，小平秀一氏提供

31：海洋科学技術センター，倉本真一氏提供

口絵 IV　大気・海洋の循環と気候変動

1～3，11，21：NASA のホームページより
4，7：気象庁のホームページより
5，6，8：アメリカ海軍調査研究所ホームページより
9 &10：宇宙開発事業団ホームページより
12，15，18：東京大学，磯崎行雄氏提供
13：日経サイエンスカレンダーより
14：Ocean Drilling Program 広報誌より
16：気象研究所，鬼頭昭雄氏より提供

口絵 V　堆積作用と堆積環境の写真出典

1，17，18：Google Earth より
4，7，12：アメリカ地球物理学連合，Eos より
Published as a Supplement to Eos, October 26, 1993 Photograph of the cover
Transaction, American Geophysical Union Vol. 69, No. 39 September 13, 1988 Photograph of the cover
Eos Vol. 87, No 50, 12, December, 2006, Page 565, Fig. 1
5，13，20，21：NASA ホームページより
9：北海道大学，山田知充氏提供
24：日経サイエンスカレンダーより
25：京都大学理学部，成瀬元氏提供

口絵 VI　地震・津波・土砂災害の写真出典

1，4～8，14，19：提供 毎日新聞
2：広島大学，中田高氏提供
3：提供 福島テレビ
9～12，27右：提供 朝日新聞
16：Soo, C. L. ほか（2008），*The Sedimentary Record*, 6 巻，3 号，4-9, SEPM
17：オレゴン州の魚類・野生生物局のホームページ http://www.dfw.state. or.us/
18：写真・エア・フォート・サービス
20：気象庁ホームページ，日本気象協会 tenki.jp
21：写真提供 国土交通省　九州地方整備局
22：（独）防災科学技術研究所
23：京都大学防災研究所，千木良雅弘氏提供
24：Tsuo et al. (2011) *Geomorphology*, 127, 166-178, Elsevier
26左：内閣官房ホームページよりをもとに東海大学出版部作成，国土地理院ウェブサイトをもとに東海大学出版部作成

以上の写真以外は筆者が撮影したものである．貴重な写真を提供していただいた上記の方々と諸機関に感謝する．

索引

【あ行】
アア溶岩　89
姶良カルデラ　102
アウターライズ地震　134
アセノスフェアー　41, 59, 67
阿蘇カルデラ　102
後浜　186, 187
亜熱帯高圧帯　198, 204, 243, 283
アラル海　295
アルフレッド・ウェーゲナー　65
アルベド　11, 12, 196, 243
安山岩　45, 48
安定同位体　264
イーストサイド物語　248
イオン半径　49
居礁　76
伊豆－小笠原弧　142, 143, 150
隕石　42, 279
隕石孔　8
インド洋津波　129
引力　37, 230
ウィーンの変位則　19
ウィルソンサイクル　78, 192
ウォーカー循環　240
雲仙普賢岳　91, 103, 155
雲母　48, 51
エイコンドライト　42
エクマン吹送流　225
エディアカラ動物群　273
エルニーニョ　233
縁海（背弧海盆）　141
沿岸砂州　185
沿岸湧昇　228
沿岸流　185, 187
塩基性岩　53
遠日点　20, 195, 262
猿人　248
遠心力　20, 37, 230
延性　105
塩分濃度　222, 283
遠洋性堆積物　46
塩類化　293
応力　105
大潮　231
沖縄トラフ　142, 156
沖浜　186, 187
オゾン　289
オゾン・ホール　290
オゾン層　18, 275
オゾン層の破壊　288
親元素　82
オリストストローム　148
温室効果　5, 12, 15, 26, 196
温室効果ガス　12, 25, 255
温帯前線　204
温度調節機構　25

【か行】
外核　41
海溝　29, 63, 143
海溝内側斜面　143
海溝充填堆積物　145
海山　144
塊状溶岩　89
海成段丘　160
外帯　143
海底地滑り　147, 164
海洋大循環　228
海洋地殻　44, 169
海洋底　29, 64
海洋底拡大説　67
海洋プレート　61
化学的沈殿岩　166
化学的風化　29, 167, 256
核　40
角速度　20
拡大速度　60, 70, 74
核の冬　281
角閃石　48, 52
核融合　214
かこう岩　29, 45, 48
火砕流　4, 90, 101
火山活動　29
火山弧　95
火山性内弧　143
火山前線（火山フロント）　95

可視光線　12, 18
火星　5, 6, 44
火成岩　52
化石燃料　15, 26
褐色森林土　171
活断層　115, 156
滑動　178
ガラス　46
ガラス質火山灰　46, 86
軽石　92
カルシウム　29
カルデラ　91
岩塩　31, 66
岩塩ドーム　32
岩株（ストック）　53
環境ホルモン　295, 298
環礁　76
岩床（シート）　54
完晶質　52
岩石　46
岩石砂漠　183
岩屑なだれ　91, 129
寒帯前線　204
関東地震　109
間氷期　157
岩餅（シル）　54
岩脈（ダイク）　54
かんらん岩　40, 46, 97
かんらん石　52
気圧傾度力　199
気圧の谷　210
気圧の峰　210
基質　52
輝石　48, 52
季節風　207
北アフリカモンスーン　245
北大西洋深層水（NADW）　227
起潮力　230
揮発成分　36, 86
逆帯磁　69
逆断層　109
逆断層型の地震　63
キューリー点　69
共役断層　110
共有結合　49
極高圧帯　204
極前線　204
極半径　37
極偏東風　204
秋霖（雨）前線　243
近日点　20, 195, 262
金星　4, 6, 44
グーテンベルグ不連続面　40
クラトン　44
グリーンタフ　155
クリストバライト　47
クレーター　7, 100
黒瀬川構造帯　150
珪酸塩鉱物　29, 49
珪藻　181
結晶分化作用　93
結晶片岩　149
ケプラーの 3 法則　20-22
圏界面　204, 210
限界歪み　105
原核生物　272, 281
懸濁流　188, 190
顕熱輸送　199
玄武岩　29, 45, 48
玄武岩質マグマ　97
高緯度低圧帯　204
降下軽石　103
光合成　3, 30, 220, 269
洪水玄武岩　259, 278
剛性率　38, 54
鉱石　47
造岩鉱物　49
高層天気図　202
公転軌道　21, 260
公転周期　20, 21
後背湿地　180
鉱物　46
コールドプリューム　57
黒体放射　13
黒点　252
小潮　232
盾状火山　87
弧状列島　45, 62, 78
古地磁気学　68, 153
古東京川　158
固溶体　51
コンドライト　42

コンドリュール　42
ゴンドワナ　65

【さ行】

歳差運動　254, 259
砂州（ポイントバー）　180
砂漠　183
砂漠化　291
サハラ砂漠　245, 271, 293
サヘル　293
サンアンドレアス断層　65
三角点　107
産業革命　26
三郡変成帯　149
サンゴ礁　77
三次元立体網目状構造　51
酸性岩　53
酸素同位体比　252, 255, 260, 265
酸素分子　3, 268
三陸地震津波　128
ジェット気流　208, 245
紫外線　18, 275, 289
縞状鉄鉱層　270
赤外線　12
磁極　72
地震断層　115
地震波速度　40, 55, 79
地震波トモグラフィー　79
地震波の影　41
沈み込み　78, 96, 99, 150
自然堤防　180
実体波　111
質量　19, 36
至点　261
自転軸　260
シベリア高気圧　205
四万十帯　144, 150
斜長岩　100
斜長石　29, 48
シャドーゾーン　41
重炭酸イオン　28
収束境界　61
重炭酸　167
重力　37
重力異常　64
重力加速度　16, 39
シュテファン－ボルツマンの法則　196
準乾燥地　183
礁性石灰岩　144
衝突　44, 65, 79, 151, 152
衝突山脈　79
衝突の冬　280
蒸発岩層　31
小氷河期　252
縄文海進　158, 292
食物連鎖　296
ジルコン　49, 83
震央距離　41
震央分布　60
進化　276
深海掘削　73
深海扇状地　188, 191
深海平原　189
真核生物　272
震源域　124, 125, 127, 128, 131, 134-136
深成岩　53
深層　223
深層水　222
震度　112
深発地震面　63, 143
水酸化鉄　167, 169, 270
スーパープリューム　80, 99, 255, 276, 278
スコリア　92
スコリア丘　87
ストロマトライト　31, 269, 281
ストロンボリ式噴火　87
砂砂漠　183
スピネル構造　57
スマトラ－アンダマン大地震　124-126
スマトラ沖地震　129
西岸強化　225
西高東低　202
脆性　105
脆性破壊　106
正帯磁　69
正断層　61, 109
正断層型地震　63
正長石　48
西南日本弧　142, 148
石英　48, 51
赤外線　18
赤外放射　13

石墨　46
石質隕石　43
赤色岩層　271
赤色巨星　216
赤色粘土　190
赤道低圧帯（収束帯）　204, 243
赤道半径　37
赤道湧昇　228, 233
石灰岩　15, 32, 167
石膏　31, 66
絶滅　258
前弧　143
鮮新世　31
前線（収束帯）　204
前置層　185, 186
潜熱　199
浅発地震　115
閃緑岩　52
造山帯　44
相転移　37, 40, 55, 79
掃流　178
塑性変形　106
外浜　186, 187
粗粒玄武岩（ドレライト）　54

【た行】

タービダイト　63, 145, 190, 192
ダイアモンド　46
ダイアモンド・アンビル　55
第一鹿島海山　146
ダイオキシン　297, 299
大気圧　5
堆積岩　48
堆積速度　46
体積弾性率　38, 54
太平洋高気圧　206
太平洋プレート　117, 142
太陽定数　195
太陽放射　13, 18, 195, 197, 252
第四紀　156
大陸　29
大陸移動説　65
大陸斜面　43, 188, 189
大陸棚　43, 188, 189
大陸地殻　44, 169, 271
大陸プレート　61
滞留時間　24
多形（同質異像）　47
蛇行河川　179, 180
脱出速度　5, 16
縦波（P 波）　111
単鎖状構造　50
炭酸　167
炭酸イオン　29
炭酸塩岩　15, 26, 30
炭酸塩陸棚　188
単成火山　97
端成分　51
炭素同位体　265, 278
丹那断層　118
丹波帯　149
地殻　40
地殻熱流量　62, 95, 143
地球温暖化　3
地球型惑星　5, 16
地球環境問題　2, 287, 300
地球磁場　68, 73
地球放射　13, 19, 197
地球放射の窓（大気の窓）　13, 19
地衡風　203
地磁気の逆転　68
地磁気の極　72
地磁気の縞異常　71
千島弧　142, 152
秩父帯　144, 150
地中海　24, 31, 78, 228
中央海嶺　45, 61, 71, 255
中央海嶺玄武岩（MORB）　98
中央構造線　143, 148
中国帯　149
中軸谷　61
柱状節理　90
中新世　31
中性岩　53
超塩基性岩　53
潮間帯　269, 283
超新星爆発　216
長石　51
頂置層　186
頂置面　185
地理的極　72
月の海　100

津波　122, 124-129
津波堆積物　138, 139
低角度衝上逆断層（スラスト）　145
ティコ・ブラーエ　21
デイサイト　93, 97
低速度層　40, 59
低置層　186
定置面　185
底盤（バソリス）　53, 149
デカン高原　99, 259, 281
鉄質隕石　43
テフラ　92
デルタ　185
デルタプレーン　185, 186
デルタフロント　185, 186
転向力（コリオリの力）　200, 225
電磁波　18
転動　178
天皇海山列　75, 76
島弧　45, 95
島弧－海溝系　141
東北地方太平洋沖地震　130-133, 135-137, 139
東北日本弧　63, 142, 152
独立四面体構造　49
土石流　162
トランスフォーム断層　61, 64

【な行】

内核　41
内帯　143
ナトリウム　29
南海道地震　161
南海トラフ　146, 150
南極環流　226, 256
南極深層水　226
南極氷床　23, 28
軟泥　190
南方振動　240
二酸化炭素　3, 15, 18, 26, 167
二次元網目状構造　51
二重鎖状構造　51
日本海　153, 154
日本海中部地震　127
熱塩循環　226
熱残留磁気　68
熱収支　196
熱容量　206, 221
粘性　86
年層　181, 182
粘土鉱物　48, 169, 172

【は行】

バージェス動物群　273
ハードレー循環　199, 213
ハードレーセル　203
梅雨前線　243, 245
背弧海盆　143, 156
白色矮星　217
破砕帯　118
波食　188
発散境界　61
発震機構　110
パホイホイ溶岩　89
波浪限界（ウエーブ・ベース）　186, 187
ハワイ海山列　75, 77
パンゲア　65, 276, 278
半減期　82
反射能（アルベド）　5, 11, 12
斑晶　52
半深成岩　53
万有引力の法則　16, 21, 22, 37
氾濫原　180
はんれい岩　46, 52
非火山性外弧　143
東アフリカ地溝帯　77, 249
非活動的大陸縁辺　189
非活動的な縁辺　77
歪み　105
歪み速度　106
飛騨変成帯　149
左横ずれ断層　109
ヒマラヤ・チベット山塊　243, 250, 291
氷河　23, 66
氷河期　157
氷冠　5, 17
氷縞粘土　182
兵庫県南部地震　115, 122
氷床　23, 157, 257
表層（混合層）　222
表面温度　5, 196
表面波　111

漂礫岩　182
フィリピン海プレート　120, 142
富栄養化　181
フェレルセル　203
付加体　145
付加帯　149
腐植　169
伏角　68
物理的風化　166
部分溶融　96
浮遊性有孔虫　74
プリニー式噴火　88
浮流　178, 183, 185
プリュームの冬　278
ブルカノ式噴火　88
プレート運動　29
プレート境界断層　114, 150
プレートテクトニクス　59
プレート内地震　115
プロデルタ　185, 186
フロンガス　288, 290
分子量　16
分点　261
平行岩脈群　46
劈開　46
別府－島原地溝帯　155
ペロブスカイト構造　57
偏角　68
変形前線　145
変成岩　48
変成帯　148
偏西風　183, 204
偏西風波動　208, 291
変動帯　44
扁平率　38
片麻岩　149
貿易風　183, 204, 245
放散虫チャート　144
放射性元素　81
放射平衡温度　14, 196
膨潤　174
保礁　76
北海道南西沖地震　127, 128
ホットスポット　75
ホットプリューム　57, 278
ホットリージョン　98
ポドゾル　171

【ま行】

マイクロ波　13
マウンダー極小期　252
前浜　186, 187
マグニチュード　113
マグマ　85
マグマオーシャン　100
マグマ水蒸気爆発　88
マグマ溜まり　93
枕状溶岩　46, 90, 144
マントル　40, 55
マントル対流説　66
マントルプリューム　98
右横ずれ断層　64, 109
密度　36, 54
密度躍層（温度躍層）　222
緑のサハラ　291
水俣病　297
美濃帯　149
ミランコヴィッチサイクル　259
三波川変成帯　149
無色鉱物　53
娘元素　82
室戸岬　161
メッシニアン　31
メランジュ　148, 190
網状河川　179
木星型惑星　5, 7, 16
モホ面　40
モホロビチッチ不連続面　40
モーメントマグニチュード　130
モレーン　182
モンスーン　240

【や行】

躍動　178, 183, 185
湧昇　228
有色鉱物　53
溶存酸素　220
溶脱　168
横ずれ断層　109
横波（S 波）　111
余震　115, 124-127, 134-136

【ら行】
ラテライト　171, 178
ラニーニャ　234, 240
藍藻（シアノバクテリア）　269, 283
陸弧　63, 155
離心率　259
リソスフェアー　41, 59
琉球弧　142
流紋岩　52, 97
領家変成帯　149
類人猿　248
レス（黄砂）　178, 183, 184
ローラシア　65
ロスビー循環　199, 214

【わ行】
和達－ベニオフ帯　63

C
^{14}C 年代　83
D
DDT　295, 299
E
ENSO　240
H
HR 図（ヘルツスプルング・ラッセル図）　216
K
K-T 境界　279
P
P-T 境界　276
PCB　297, 299
P 波　40, 54
S
SiO_2　85
SiO_4四面体　49, 52
S 波　54
X
X 線　18

著者紹介

酒井　治孝（さかい　はるたか）

1953年　福岡県北九州市に生まれる
1980〜83年　九州大学大学院を休学．日本青年海外協力隊より派遣され，ネパール国立トリブバン大学理工学部地質学教室で講師として勤務
1984年　九州大学大学院理学研究科博士課程修了（理学博士）
1985〜88年　日本学術振興会特別研究員．東京大学地震研究所，宇都宮大学で研究・教育に従事
1989年　九州大学教養部地学教室助教授
1997〜2007年　九州大学大学院比較社会文化研究院環境変動部門教授
2007〜2018年　京都大学大学院理学研究科地球惑星科学専攻教授
現在，京都大学名誉教授
受賞：四万十付加体と第三紀火砕流堆積物の研究で，日本地質学会から論文賞（1990，1996）と小藤賞（1989）．
専門：ヒマラヤ山脈と日本列島を対象にして，大陸の衝突，島弧の大陸からの分裂，プレートの沈み込み開始に伴うテクトニクスとその地球環境への影響などについて研究を進めてきた．

主な著書
上昇するヒマラヤ（共著，1988，築地書館）
ヒマラヤの渚（単著，1995，近代文芸社）
ヒマラヤの自然誌（編著，1997，東海大学出版会）
ネパールに学校をつくる（単著，2015，東海大学出版部）
Himalayan Uplift and Palaeoclimatic Changes in Central Nepal（編著，2001，Special Issue of Nepal Geological Society）
ヒマラヤ山脈形成史（単著，2023，東京大学出版会）

装丁　中野達彦

本書は2003年３月に東海大学出版部より刊行された同名書名（最終版：2017年10月第２版第２刷）を弊社において引き継ぎ出版するものです．

新装版 地球学入門　惑星地球と大気・海洋のシステム

2003年３月31日　第１版第１刷発行　2017年10月20日　第２版第２刷発行
2015年４月20日　第１版第15刷発行　2021年４月１日　新装版第１刷発行
2016年３月20日　第２版第１刷発行　2024年３月25日　新装版第３刷発行

著　者　酒井治孝
発行者　原田邦彦
発行所　東海教育研究所
〒160-0022 東京都新宿区新宿１丁目９番５号
新宿御苑さくらビル４階
TEL：03-6380-0490（代）　FAX：03-6380-0499
URL：https://www.tokaiedu.co.jp/bosei/
印刷所　港北メディアサービス株式会社
製本所　誠製本株式会社

ISBN978-4-924523-18-0

単位

量	単位記号(単位名)		その他の単位	
長さ	m		Å (オングストローム) μm (ミクロン) nm (ナノメール) AU (天文単位) ly (光年)	1Å＝10^{-10}m 1μm＝10^{-6}m 1nm＝10^{-9}m 1AU＝1.4960×10^{11}m (太陽と地球の平均距離) 1ly＝9.4605×10^{15}m (＝6.32×10^{4}AU)
質量	kg		t (トン), Gt (ギガトン)	1t=10^3kg, 1Gt＝10^9t (10億トン)
時間	s (秒)		平均恒星日 平均太陽日 恒星年 太陽年	1平均恒星日＝$23^h56^m4.0905^s$平均太陽時 1平均太陽日＝$24^h3^m56.554^s$平均恒星時 1恒星年＝365.2564日 1太陽年＝365.2422日
加速度	m/s^2		gal (ガル)	1gal＝$10^{-2}m/s^2$
力	N (ニュートン)	($kg{\cdot}m/s^2$)	kgw (キログラム重)	1kgw＝9.80665N
圧力	Pa (パスカル)	(N/m^2)	atm (気圧)	1atm＝760mmHg＝1.01325×10^5Pa＝1013.25hPa 1hPa (ヘクトパスカル)＝10^2Pa＝(1013.25mb)
仕事 エネルギー	J (ジュール)	(N・m)	kWh (キロワット時) cal (カロリー)	1kWh＝3.6×10^6J 1cal＝4.18605J
仕事率	W (ワット)	(J/s)		
温度(差)	K (ケルビン)		273.151K＝0℃	
比率 (濃度)			ppm (ピーピーエム) ppb (ピーピービー)	1ppm＝100万分の1 1ppb＝10億分の1

標準大気表

高度 (m)	温度 (℃)	気圧 (hPa)	密度 (kg/m^3)	高度 (m)	温度 (℃)	気圧 (hPa)	密度 (kg/m^3)
0	15.0	1013	1.2249	8,000	−36.9	357	0.5252
100	14.4	1000	1.2083	10,000	−49.9	265	0.4127
500	11.8	955	1.1626	12,000	−56.5	193	0.3109
1000	8.5	899	1.1071	14,000	−56.5	141	0.2268
1500	5.3	846	1.0538	20,000	−56.5	55.3	0.0889
2000	2.0	795	1.0024	50,000	−2.5	7.98×10^{-1}	1.03×10^{-3}
2500	− 1.3	747	0.9531	80,000	−74.5	1.05×10^{-2}	1.85×10^{-5}
3000	− 4.5	701	0.9054	100,000	−78.1	3.20×10^{-4}	5.60×10^{-7}
3500	− 7.8	658	0.8598	200,000	581.4	8.47×10^{-7}	2.54×10^{-10}
4000	−11.0	617	0.8159	400,000	722.7	1.45×10^{-8}	2.80×10^{-12}
5000	−17.5	540	0.7331	600,000	726.7	8.21×10^{-10}	1.14×10^{-13}
6000	−24.0	472	0.6571	1,000,000	727.0	7.51×10^{-11}	3.56×10^{-15}

公式

弧度法	$1\mathrm{rad}=\frac{180^\circ}{\pi}\fallingdotseq 57^\circ 17' 45''$, 2π〔rad〕＝360°, π〔rad〕＝180°
円	円周 $l=2\pi r$, 面積 $S=\pi r^2$, 方程式 $x^2+y^2=r^2$ (r:半径)
扇形	孤の長さ $l=r\theta$, 面積 $S=\frac{1}{2}r^2\theta=\frac{1}{2}lr$ (θ:中心角〔rad〕)
楕円	面積 $S=\pi ad$, 方程式 $\frac{x^2}{a^2}+\frac{y^2}{b^2}=1$
球	表面積 $S=4\pi r^2$, 体積 $V=\frac{4}{3}\pi r^3$
楕円体	体積 $V=\frac{4}{3}\pi abc$

10の整数乗倍の接頭語

名称	記号	大きさ	名称	記号	大きさ	名称	記号	大きさ
テラ	T	10^{12}	ヘクト	h	10^2	ミリ	m	10^{-3}
ギガ	G	10^9	デカ	da	10	マイクロ	μ	10^{-6}
メガ	M	10^6	デシ	d	10^{-1}	ナノ	n	10^{-9}
キロ	k	10^3	センチ	c	10^{-2}	ピコ	p	10^{-12}